民族文字出版专项资金资助项目
新型职业农牧民培育工程教材

《肉牛养殖技术》编委会　编

青海人民出版社

图书在版编目(CIP)数据

肉牛养殖技术：汉藏对照／《肉牛养殖技术》编委会编；角巴太译. -- 西宁：青海人民出版社，2016.12(2018.8重印)
(农牧区惠民种植养殖实用技术丛书)
ISBN 978-7-225-05274-8

Ⅰ. ①肉… Ⅱ. ①肉… ②角… Ⅲ. ①肉牛—饲养管理—汉、藏 Ⅳ. ①S823.9

中国版本图书馆CIP数据核字（2016）第322470号

农牧区惠民种植养殖实用技术丛书
肉牛养殖技术(汉藏对照)
《肉牛养殖技术》编委会　编
角巴太　译

出 版 人　樊原成
出版发行　青海人民出版社有限责任公司
西宁市五四西路71号　邮政编码:810023　电话:(0971)6143426(总编室)
发行热线　(0971)6143516/6137730
网　　址　http://www.qhrmcbs.com
印　　刷　青海西宁印刷厂
经　　销　新华书店
开　　本　890mm×1240mm　1/32
印　　张　11.25
字　　数　282千
版　　次　2016年12月第1版　2018年8月第2次印刷
书　　号　ISBN 978-7-225-05274-8
定　　价　32.00元

《肉牛养殖技术》编委会

主　　任：张黄元

主　　编：焦小鹿

副 主 编：马清德　　宁金友

编写人员：王　煜　　宁金友　　周佰成　　付弘赟

李　浩　　陈永伟

审　　稿：杨毅青　　马双青　　邓生栋

策　　划：熊进宁　　毛建梅　　马　倩

翻　　译：角巴太

《སྨམས་ཀྱི་གསོ་སྤྲེལ་ལག་རྒྱལ》

རྩོམ་སྒྲིག་ཨུ་ཡོན་ལྷན་ཁང་།

གྲུའུ་རིན། གྲང་ཧྲང་ཡོན།

གཙོ་སྒྲིག་པ། ཙའོ་ཞའོ་ལུའུ།

གཙོ་སྒྲིག་གཞོན་པ། མ་ཚེན་ཏིག ཉིང་ཅིན་ཡིའུ།

རྩོམ་འབྲི་མི་སྣ། ཕང་ཡུས། ཉིང་ཅིན་ཡིའུ། ཀྲོའུ་པའེ་ཁྲིང་།

སྦྲུ་ཧྲུང་ཡུན། ལི་ཧྲའོ། ཁྲིན་ཡུང་ལེ།

མ་ཡིག་ཞུ་དག དབྱང་དབྱི་ཚེན། མ་རྫོང་ཚེན། ཏིན་ཧྲེང་ཧྲུང་།

རྩིས་འགོད། ཞུན་ཅིན་ཉིན། མའོ་ཙན་མེ། སྣ་ཚན།

ཡིག་སྒྱུར་པ། གཙོད་པ་ཐར།

前　　言

牛肉蛋白质含量高于其他肉类，是低脂肪、低胆固醇的理想肉食，在国际市场上牛肉一直供不应求。除牛肉外，皮毛及肠衣是轻工业的原料，也是出口创汇的重要产品。从近几年的发展情况看，全世界肉牛养殖业总体发展趋势是饲养数量稳中有升，肉牛产量增加幅度较大，个体产肉性能明显提高。

目前，国家引导发展节粮型畜牧业的政策扶持力度逐年加大，未来数年我国肉牛业必将进入一个高速发展的黄金时期。青海省由于肉牛养殖生产水平不高，优质肉牛比重少，牛肉档次低，仍然是制约全省肉牛业发展的主要因素。肉牛的生产水平低，突出表现在牛的生长周期长、出栏率低，其主要原因是由于肉牛的良种化程度低，饲养管理特别是营养水平低下。为了抓住机遇发展肉牛业，我们根据青海实际情况，组织有关专家和科技人员编写了《肉牛养殖技术》一书，共分九章二十七节，主要介绍了青海省肉牛品种、肉牛的消化生理特点、母牛的繁殖、肉牛的饲料及其加工调制、肉牛的营养需要特点和日粮配合、肉牛的饲养管理、母牛的育肥技术、肉牛场建设及管理、肉牛的防疫保健等内容。可作为农牧区肉牛养殖技术培训教材，也可供肉牛场及肉牛养殖户的技术参考。

由于时间仓促和编写水平有限，书中难免会存在不妥和疏漏之处，敬请广大读者不吝指正。

编　者

2014 年 1 月

གླེང་གཞི།

སྐམས་ཤའི་སྤྲི་དཀར་རྫས་འདུས་ཚད་ཤ་རིགས་གཞན་ལས་མཐོ་ཞིང་། ཚིལ་དང་མཁྲིས་རྒྱུ་གཤེར་རྩི་ཉུང་བའི་ཆེས་ལེགས་པའི་ཤ་ཟས་ཤིག་ཡིན་ལ། རྒྱལ་སྤྱིའི་ཁྲོམ་རར་ཐོག་མཐའ་བར་གསུམ་དུ་སྐམས་ཤའི་དགོས་མཁོ་བསྐང་ཐུབ་ཀྱི་མེད། སྐམས་ཤ་ལས་གཞན། ཀོ་ལྤགས་དང་རྒྱུ་ནག་ནི་ཡང་བའི་བཟོ་ལས་ཀྱི་མ་བཅོས་རྒྱུ་ཆ་ཡིན་ཞིང་། ཕྱིར་གཏོང་བྱས་ཏེ་ཕྱི་དངུལ་ལེན་པའི་ཐོན་རྫས་གལ་ཆེན་ཡང་ཡིན། ཉེ་བའི་ལོ་ཤས་ཀྱི་འཕེལ་རྒྱས་གནས་ཚུལ་ལ་བལྟས་ན། འཛམ་གླིང་ཡོངས་ཀྱི་སྐམས་གསོ་སྤེལ་ལས་རིགས་ཀྱི་སྤྱིའི་འཕེལ་ཕྱོགས་ནི་གསོ་ཚགས་བྱེད་པའི་གྲངས་ཀ་བརྟན་ཞིང་འཕར་བ་དང་། སྐམས་ཀྱི་ཐོན་ཚད་འཕར་བའི་ཚད་ཙུང་ཆེ་ལ། ཁེར་གཉེར་གྱིས་ཤ་ཐོན་སྐྱེད་བྱེད་པའི་ནུས་པ་མངོན་གསལ་གྱིས་མཐོར་འདེགས་བྱུང་ཡོད།

མིག་སྔར། རྒྱལ་ཁབ་ཀྱིས་གཟན་འབྲུ་གྲོན་ཆུང་རྣམ་པའི་ཕྱུགས་ལས་འཕེལ་རྒྱས་ལ་སྐུལ་ཁྲིད་བྱེད་པར་སྲིད་ཇུས་ཀྱིས་རྒྱབ་སྐྱོར་བྱེད་པའི་ཤུགས་ཚད་ལོ་རེ་བཞིན་ཆེ་རུ་གཏོང་བཞིན་ཡོད་པས། མ་འོངས་པའི་ལོ་འགའི་ནང་རང་རྒྱལ་གྱི་སྐམས་ཀྱི་ལས་རིགས་དེ་མགྱོགས་མྱུར་འཕེལ་རྒྱས་འབྱུང་བའི་རྫོགས་ལྡན་དུས་སྐབས་ཤིག་ཏུ་བསླེབ་པ་གདོན་མི་ཟ། མཚོ་སྔོན་ཞིང་ཆེན་གྱི་སྐམས་གསོ་སྤེལ་གྱི་ཆུ་ཚད་མི་མཐོ་ལ། སྤུས་ལེགས་སྐམས་ཀྱི་བསྡུར་ཚད་ཉུང་བ། སྐམས་ཤའི་རིམ་པ་དམའ་བ་བཅས་ནི་སྔར་བཞིན་ཞིང་ཆེན་ཡོངས་ཀྱི་སྐམས་ཀྱི་ལས་རིགས་འཕེལ་རྒྱས་ལ་ཚོད་འཛིན་ཐེབས་པའི་རྒྱུ་རྐྱེན་གཙོ་བོ་ཡིན། སྐམས་ཀྱི་ཐོན་

སྐྱེད་ཚུ་ཚད་དམའ་བ་དེ་ནོར་གྱི་སྐྱེ་འཚར་འཁོར་ཡུན་རིང་བ་དང་བཤས་ཁོངས་སུ་གཏོང་འབོར་ཉུང་བའི་ཕྱོགས་ནས་འབུར་དུ་ཐོན་ཡོད། དེའི་རྒྱུ་རྐྱེན་གཙོ་བོ་ནི་སྐམས་ཀྱི་རྒྱུད་བཟང་དུ་འགྱུར་བའི་ཚུ་ཚད་དམའ་བར་བརྟེན། གསོ་ཚགས་ཀྱི་དོ་དམ་ཨམ་ལྷག་པར་དུ་འཚོ་བཅུད་ཚུ་ཚད་དམའ་བ་རེད། ཀོ་སྐབས་དམ་འཛིན་གྱིས་སྐམས་ཀྱི་ལས་རིགས་གོང་དུ་སྤེལ་བར་དམིགས་ནས། ང་ཚོས་མཚོ་སྔོན་གྱི་དོན་དངོས་གནས་ཚུལ་གཞིར་བཟུང་སྟེ། འབྲེལ་ཡོད་ཀྱི་ཆེད་མཁས་པ་དང་ཚན་རྩལ་མི་སྣ་རྩ་འཛུགས་བྱས་ནས《སྐམས་ཀྱི་གསོ་སྐྱེལ་ལག་རྩལ》ཞེས་པའི་དཔེ་དེབ་འདི་རྩོམ་འབྲི་བྱས་ལ། བསྡོམས་པས་ལེའུ་དགུ་དང་ས་བཅད 27ཡོད་ཅིང་། གཙོ་བོར་མཚོ་སྔོན་ཞིང་ཆེན་གྱི་སྐམས་ཀྱི་རིགས་རྒྱུད་དང་སྐམས་ཀྱི་འཛུ་བྱེད་ཀྱི་ལུས་ཁམས་ཁྱད་ཆོས། མོ་ཟོག་གི་རྒྱུད་འཕེལ། སྐམས་ཀྱི་གཟན་ཆག་དང་དེའི་ལས་སྣོན་སྦྱོར་བཟོ། སྐམས་ཀྱི་འཚོ་བཅུད་དགོས་མཁོའི་ཁྱད་ཆོས་དང་ཉེན་རེའི་གཟན་ཆག་སྦེབ་ཚུལ། སྐམས་ཀྱི་གསོ་ཚགས་དོ་དམ། སྐམས་ཀྱི་ནད་གསོ་ལག་རྩལ། སྐམས་གསོ་ར་བ་འཛུགས་སྐྲུན་དང་དོ་དམ། སྐམས་ཀྱི་རིམས་འགོག་ལུས་ཁམས་བདེ་སྲུང་སོགས་ཀྱི་ནང་དོན་མཚམས་སྦྱོར་བྱས་ཡོད་པས། ཞིང་ཕྱོགས་ལས་ས་ཁུལ་གྱི་སྐམས་གསོ་སྐྱེལ་ལག་རྩལ་གསོ་སྦྱོང་གི་བསླབ་དེབ་བྱེད་ཆོག་ལ། སྐམས་གསོ་ར་བ་དང་སྐམས་གསོ་སྐྱེལ་དུད་ཚང་གི་ལག་རྩལ་དཔྱད་གཞིར་མཁོ་སྤྲོད་བྱེད་ཀྱང་རུང་བ་ཡིན།

དུས་ཚོད་བྲེལ་སྐབས་ཆེ་བ་དང་རྩོམ་འབྲིའི་ཚུ་ཚད་ལ་ཚད་བཀག་ལྡན་ཕྱིར། དཔེ་དེབ་ནང་དུ་མི་འགྲིག་ས་དང་ཆད་ལུས་འབྱུང་བ་ཐོག་ཏུ་མེད་པས། རྒྱ་ཆེའི་ཀློག་མཁན་རྣམས་ནས་འཛེམ་དོགས་མི་གནང་པར་ལེགས་བཅོས་ཡོད་པ་ཞུ།

སྒྲིག་མཁན་གྱིས།

2014ལོའི་ཟླ 1པར།

目　　录

དཀར་ཆག

第一章　肉牛品种

第一节　青海地方品种与培育品种

一、牦牛

（一）生物学特性

牦牛适合于高原放牧，耐粗饲，耐高寒，合群性好；对高海拔、低气压、缺氧的高山草原适应性很强；对寒冷气候适应性很强，但对湿热的环境反应很敏感；能充分利用低草和陡峻山坡牧草。

（二）体质及外貌特征

牦牛体型紧凑，前躯发达，后躯较差，鬐甲高、尾短且着生蓬松长毛。前肢短而端正，后肢呈刀状，体侧下部密生长毛，犹穿裙络。母牛头长额宽，颈长而薄，眼大而圆；公牛头粗重，颈短而深，无垂皮。牦牛胸椎比普通牛属多 1 ~ 2 节；肋骨多 1 ~ 2对；心肺发育好，适于高山缺氧地区；背腰椎比普通牛属少 1 个；荐椎比普通牛属多 1 个；尾较短，尾椎比普通牛少 2 节。

（三）繁殖性能

公牛 1 岁左右有爬跨母牛和交配的性行为，2 ~ 3 岁时开始配种。一头公牛自然本交15～20头母牛，受胎率最高，个别可到30头，使用年限8～10年。3～9月为产犊季节。发情季节明显，每年6月中下旬发情，持续到8～9月；每年7月开始发情，发情周期平均21.3天（14～28天），发情持续期平均41.6～51小时。妊娠期平均256.8天。营养状况好的可1年1产。

（四）青海牦牛的生态类型

由于青海省地理环境、气候条件存在较大差异，青海牦牛在不同的生态环境下生存，出现了不同的生态类型。依地理环境不同，青海牦牛可分为以下几种类型。

1. 高原牦牛：主要分布于玉树州、果洛州、海南州兴海县西部三乡等地。成年公牛平均体重443.39千克，母牛平均体重256.43千克，屠宰率为50.59%～54.43%（图1－1）。

图1－1　高原牦牛（公）

图1－2　环湖型牦牛（公）

2. 环湖型牦牛：主要分布在环青海湖地区。成年公牛平均体重为323.15千克，成年母牛平均体重为210.63千克，屠宰率为48.68%～49.06%（图1－2）。

3. 白牦牛：主要分布于海北州门源县仙米乡、珠固乡和互助县松多乡、巴扎乡、加定乡境内。省内其他地区牦牛群中也有极少数白牦牛。成年公牛平均体重223.6千克，成年母牛平均体重160.38千克，屠宰率50.48%（图1－3）。

图1－3　白牦牛（公）

图1－4　天峻牦牛（公）

4. 天峻牦牛：主要分布于海西州天峻县境内。成年公牛平均体重为405.52千克，成年母牛平均体重为261.24千克，屠宰率53.95%（图1－4）。

5. 祁连牦牛：主要分布于海北州祁连县峨堡、默勒、阿柔、野牛沟、央隆等6个牧业乡镇。成年公牛平均体重317.43千克，成年母牛平均体重180.63千克，屠宰率43.18%～45.07%（图1－5）。

图1－5　祁连牦牛（公）

图1－6　雪多牦牛（公）

6. 雪多牦牛：主要分布于黄南州河南县赛尔龙乡兰龙村雪多地区。成年公牛平均体重212.80千克，成年母牛平均体重190.28千克，屠宰率43.79%～45.99%（图1－6）。

7. 岗龙牦牛：主要分布于果洛州甘德县岗龙地区。成年牦牛平均体重373.6千克，成年母牛平均体重183.56千克，屠宰率53.0%（图1－7）。

图 1－7　岗龙牦牛（公）

图 1－8　久治牦牛（公）

8. 久治牦牛：久治牦牛主要分布于久治县五乡一镇。成年公牛平均体重 309.8 千克，成年母牛平均体重 195.2 千克，屠宰率为 49.5% ~53.5%（图 1－8）。

二、柴达木黄牛

柴达木黄牛产区位于青藏高原西北部，北纬 36°~39°，东经 90°30′~99°30′，面积 25 万公顷，盆地海拔 2 600~3 200 米，山地高出盆地 1 500~3 000 米，是我国面积大、海拔高的内陆盆地。柴达木黄牛主要分布在海西州德令哈市、格尔木市、都兰县、乌兰县境内，公牛头偏短小，额及顶密生卷毛并延伸至前颈上缘，母牛头显狭长、清秀，额宽广、面直；公母均有角，多向外、向上再向前弯曲，也有向前下方弯曲或左右平伸，耳壳内密生长绒毛(图 1－9)。

图 1－9　柴达木黄牛（公）

公牛颈短深而厚，母牛浅薄而较长；鬐甲低而显长，与背腰几乎成水平；背腰平直，后躯略高于前中躯，形成高尻；腹圆大，乳房（母牛）较大。肢长中等，肢势较正；蹄大小中等坚实。皮肤较厚、富弹性。成年公牛平均体重为 344.6 千克，成年母牛平均体重为 232 千克。成年阉牛屠宰率为 52%，净肉率为 40.3%，骨肉比1∶3.6。柴达木黄牛与西门塔门尔牛等肉用品种杂交，可提高后代产肉性能，用于肉牛生产。

三、培育品种——大通牦牛

大通牦牛是利用野牦牛，通过人工培育而成的品种。主产区为青海省大通种牛场，主要分布在海北州、海西州、海东市、西宁市等大通牦牛推广区。具有野牦牛的明显特征，面部清秀不生长毛，眼大明亮，嘴端灰白，角基粗，角面宽；鬐甲似有肩峰，从顶嵴有不完全棕色或灰色背绒，体质结实，发育良好；毛色为全黑夹有棕色纤维，悍威强，绒毛厚。背腰平直，前胸开阔，胸宽而深，肋骨弓圆，腹大而不下垂，尻平宽发育良好，尾粗短，紧密或帚状；外生殖器及睾丸发育良好。肢高而结实，肢势端正，蹄质结实，蹄型圆而大，蹄叉闭合良好；后肢结构角度好，爬跨支持有力（图 1－10）。

图 1－10　大通牦牛（公）

2.5 岁大通牦公牛宰前活重为 328.33 千克，胴体重为 159.67 千克，屠宰率为 48.63%，净肉率120.33%。母牦牛发情周期平均为 21.3 天；利用年限 3.5～14 岁。目前大通牦牛已在青海、甘肃、四川、西藏、新疆等省区进行推广。

第二节　引入品种

一、西门塔尔牛

西门塔尔牛原产于瑞士西部的阿尔卑斯山区，主要产地为西门塔尔平原和萨能平原，在法国、德国、奥地利等国边邻地区也有分布。

毛色为黄白花或淡红白花，头、胸、腹下、四肢及尾帚多为白色，皮肤为粉红色，头较长、面宽；角较细而向外上方弯曲，尖端稍向上。颈长中等；体躯长，呈圆筒状，肌肉丰满；前躯较后躯发育好，胸深，尻宽平，四肢结实，大腿肌肉发达；乳房发育好。成年公牛平均体重为800～1 200千克，成年母牛平均体重为650～800千克（图1－11）。

西门塔尔牛是青海省杂交利用的主推品种。

图1－11　西门塔尔牛（公）

二、皮埃蒙特牛

皮埃蒙特牛原产于意大利北部皮埃蒙特地区，故因此而得名。

体型较大，体躯发育充分，胸部宽阔，全身肌肉高度发达，双肌肉性状明显。四肢强健，皮薄骨细。公牛被毛为灰色，眼圈、鼻镜、唇和四肢下部以及尾端为黑色。母牛毛色为全白，有的个体眼圈为浅灰色，眼睫毛、耳廓四周为黑色。犊牛出生到断奶月龄为淡黄色，4 ~6 月龄胎毛褪去后，呈成年牛毛色。牛角在12 月龄变为黑色，成年牛角基部为浅黄色，角尖呈黑色，角形为平出微前弯（图 1 –12）。

图 1 –12　皮尔蒙特牛（公）

该牛能适应各种环境，适于海拔 1 500 ~2 000 米山地牧场放牧，也可在夏季较热地区舍饲喂养。目前已被世界 22 个国家引进。

1 周岁公牛体重可达 400 ~430 千克，14 ~15 月龄体重可达 400 ~500 千克，屠宰率为 65% ~70%。胴体重为 329. 69 千克时，眼肌面积为 98. 3 平方厘米。

三、安格斯牛

安格斯牛原产于英国阿伯丁、安格斯和金卡丁等郡，故此而得名。目前，世界大多数国家都有该品种牛。

被毛黑色和无角为安格斯牛重要特征，故亦称为无角黑牛。体躯低矮、结实，头小而方、额宽；体躯宽深，呈圆筒形，四肢短而直，前后档较宽；全身肌肉丰满，具有现代肉牛的典型体型。安格成年体高公母牛分别为 130. 8 厘米和 118. 9 厘米。成年公牛平均体重为 700 ~ 900 千克，成年母牛平均体重为 500 ~ 600 千克，犊牛平均初生重 25 ~ 32 千克，哺乳期日增重 900 ~ 1 000克。育肥期日增重（1.5 岁以内）平均 0.7 ~ 0.9 千克，屠宰率为 60% ~ 65%，肌肉呈大理石纹（图 1 – 13）。

图 1 – 13　安格斯牛（公）

第二章　肉牛的消化生理特点

第一节　肉牛的消化系统

一、牛胃的组成和功能

（一）牛胃的组成

牛胃是由瘤胃、蜂巢胃（网胃）、瓣胃、真胃 4 个部分组成，占据了腹腔的绝大多数空间，能容纳 151.42 ~ 227.12 升饲料。每个部分在饲料的消化中都有特殊的功能。瘤胃体积最大，是细菌发酵饲料的主要场所，有“发酵罐”之称，一般为 94.6 升。

瘤胃是由肌肉囊组成，通过蠕动而使食团按规律流动；网胃靠近瘤胃，功能同瘤胃，还能帮助食团逆呃和排出胃内的发酵气体（嗳气）；瓣胃是榨干食糜中的水分和吸收少量营养；真胃产生并容纳胃液及胃酸，也是消化菌体蛋白质和瘤胃蛋白质。食糜经幽门进入小肠，消化后的营养物质通过肠壁吸收到血液。

（二）牛胃的功能

瘤胃具有贮积、加工和发酵饲料的功能，虽然没有消化液分泌，在微生物的作用下对食物起到消化作用，能有力地收缩和松弛，使瘤胃节律性蠕动，揉磨和搅拌饲料（瘤胃内容物）。瘤胃通过蠕动将内容物向后送入网胃继续消化。

网胃亦参与饲料的发酵，使食物暂时逗留在此，能使微生物在这里充分消化食物。

瓣胃（俗称百叶）起着磨碎、压榨、过滤食物和吸收水分的作用。

皱胃（真胃）具有分泌消化液的功能，消化饲料中的营养物质来满足牛的营养需要，保证生长发育和维持生理需要。

（三）牛的消化生理特点

牛的消化生理主要包括反刍、唾液分泌、食道沟反射、瘤胃发酵及嗳气。

牛通过反刍，可以将这类粗饲料被二次咀嚼（粉碎）和混合唾液，以增大瘤胃细菌的附着面积。

唾液分泌是为适应消化粗饲料的需要，牛分泌的大量富含缓冲盐类的腮腺唾液，其中唾液氮含量为1%～2%，尿素含量为60%～80%，还有少量的糖蛋白质、N—乙酰基半乳糖和己糖胺。

食道沟是食道的延续，收缩时呈现一中空管子（或沟），可使食团穿过瘤—网胃而直接进入瓣胃。

瘤胃发酵及嗳气是瘤胃和网胃中寄居的细菌和纤毛虫不断进入饲料营养物质，产生挥发性脂肪酸及各种气体，然后通过不断的嗳气动作排出体外。

二、反刍

反刍是牛消化生理的特点之一，也叫倒沫或倒嚼。进入瘤胃的粗料由瘤胃返回到口腔重新咀嚼的过程。唾液随食团进入瘤胃，起到中和瘤胃发酵产生的挥发性脂肪酸，从而使瘤胃保持合适的酸碱度。每一口倒沫的食团经咀嚼约1分钟又咽下，采食的粗饲料比例越高，反刍的时间越长。反刍就能促进更多地采食而增加营养。

三、牛肠道的组成及食物消化

牛的肠道由小肠、盲肠、结肠三部分组成。牛的肠子长度与体长之比为25～28：1，其中小肠最长为27～49米。食糜进入小肠后，在消化液的作用下，大部分可消化的营养物质被充分吸收。盲肠和结肠两大发酵罐能同时进行发酵作用，消化饲料中15%～20%纤维素。纤维素经发酵产生大量挥发性脂肪酸，可被吸收利用。

第二节　肉牛对营养物质的消化与吸收

一、碳水化合物的消化与吸收

瘤胃微生物消化可消化淀粉、可溶性糖类、纤维素、半纤维素和果胶等。对于大多数谷物（玉米、高粱除外），90%以上的淀粉通常是在瘤胃中发酵，70%玉米也在瘤胃中发酵。

碳水化合物（淀粉、纤维素、半纤维素等）在瘤胃的降解，首先降解为单糖，如葡萄糖、果糖、木糖、戊糖等，然后单糖进一步降解为挥发性脂肪酸（乙酸、丙酸、丁酸、二氧化碳、甲烷和氢等）。

瘤胃发酵生成的挥发性脂肪酸约有75%直接从瘤—网胃壁吸收进入血液，约20%在瓣胃和真胃中吸收，约5%随食物糜进入小肠，可满足牛维持和生产所需能量的65%左右。丙酸进入肝脏，在肝脏中形成糖元，参与葡萄糖的代谢途径。丁酸可分解成乙酸，近而合成体脂。瘤胃发酵过程中产生的甲烷及氢则以嗳气排出。丙酸发酵可以向牛提供较多的有效能，提高牛对饲料的利用率。瘤胃中的丙酸比例提高，使体脂肪沉积增加，体重增大，有利于牛的育肥。

二、蛋白质的消化与吸收

（一）瘤胃对饲料蛋白质的消化和吸收

牛的瘤胃能同时利用饲料的蛋白质和非蛋白氮，构成微生物蛋白质供机体利用。进入瘤胃的蛋白质约有 60% 被微生物所降解，生成肽、游离氨基酸，为机体所利用。

蛋白质进入瘤胃后以不同的途径进行消化，大部分日粮中的蛋白质被瘤胃微生物分解为胃蛋白、氨基酸和氨。

（二）非蛋白氮在瘤胃的消化和吸收

青绿饲料和青贮饲料中含有很多非蛋白氮，瘤胃微生物能把饲料中的非蛋白氮和尿素类添加剂转变为微生物蛋白质，最后被牛消化利用。

瘤胃微生物利用非蛋白氮的形式主要是氨。在生产中饲喂低质粗饲料为主的日粮，用尿素补充蛋白质时，加喂高淀粉精料可以提高尿素的利用效率。

三、脂肪的消化与吸收

进入瘤胃的脂类物质经微生物作用，一部分脂类被水解成低级脂肪酸和甘油，甘油又可被发酵产生丙酸；另一部分不饱和脂肪酸在瘤胃中被微生物氢化，转变成饱和脂肪酸。未被瘤胃降解的那部分脂肪称为“过瘤胃脂肪”。一般肉牛日粮中，粗脂肪含量以不超过 2% 为宜。

四、维生素、矿物质的消化与吸收

（一）维生素的消化与吸收

牛体内的维生素来源有两条途径：一是外源性维生素，即由饲料中摄取；二是牛体内维生素合成的内源性维生素，消化道微生物和某些器官组织是内源性维生素的合成场合。

幼龄牛的瘤胃发育不全，全部维生素需要由饲料供给。瘤胃中微生物可以合成B族维生素及维生素K，不必由饲料供给，但不能合成维生素A、维生素D、维生素E，因此在日粮中应经常提供这些维生素。

瘤胃中B族维生素的合成受日粮营养成分的影响，如日粮类型、日粮的含氮量、日粮中碳水化合物及日粮矿物质元素。适宜的日粮营养成分有利于瘤胃微生物合成B族维生素。

（二）矿物质的消化与吸收

瘤胃内的无机盐有常量元素和微量元素，这些无机盐主要由日粮供给，另一部分则来源于唾液和瘤胃壁分泌物。瘤胃液中的矿物质元素由微生物的无机盐元素和可溶性元素构成。瘤胃对无机盐的消化能力强，消化率为30%～50%。

常量元素是瘤胃微生物生命活动所必需的营养物质外，还参与瘤胃生理生化环境因素（如渗透压、缓冲能力、氧化还原电位、稀释率等）的调节。微量元素对瘤胃糖代谢和氨代谢也有一定的影响。有些微量元素影响脲酶的活性，有些参与蛋白质的合成。适当添加无机盐对瘤胃的发酵有促进作用。

五、真胃和肠对饲料营养物质的消化作用

在瘤胃中约有40%被微生物分解的蛋白质与菌体蛋白（瘤胃细菌和纤毛原虫）一起转移到真胃，受到胃液中胃蛋白酶和盐酸的作用分解成蛋白胨，进入小肠后在酶的作用下分解为肽和氨基酸，最后被肠壁吸收，由血液送至肝脏，合成体蛋白。

饲料中的一部分淀粉，瘤胃不能降解而进入真胃及小肠，只能通过分泌的消化液将其分解为葡萄糖被吸收利用。纤维素、半纤维素进入真胃和小肠后不被消化吸收，只有进入大肠后才能被其中的微生物降解为挥发性脂肪酸被吸收进入血液。

牛消化道中，中、长链脂肪酸主要在小肠吸收。过瘤胃脂肪

进入真胃和小肠后，在胆汁、胰液及肠液等的作用下，进一步分解为脂肪酸被牛体吸收利用。

在瘤胃中未被吸收的矿物质，主要在小肠中被吸收利用。未被瘤胃破坏的脂溶性维生素，经过真胃和小肠后被吸收利用。在瘤胃合成的 B 族维生素也主要在小肠被吸收。

肉牛的盲肠和结肠这两大发酵罐能同时进行发酵作用，能消化饲料中纤维素的 15% ~20% 。纤维素经发酵产生大量挥发性脂肪酸，可被吸收利用。

第三章　母牛的繁殖

第一节　母牛的发情鉴定

一、发情周期、季节与初配时间

（一）母牛的发情

母牛完整的发情通常有以下三个方面的变化。

1. 母牛的精神兴奋：精神兴奋、鸣叫不安、食欲下降、泌乳量下降、频频作排尿状、尾根举起或摇动。

2. 有求偶表现：在发情高潮到来时，有强烈的交配欲望，主动接近公牛，接受交配，后腿撑开、举尾，或嗅闻公牛等。

3. 生殖系统发生一系列变化：卵巢上有卵泡发育并成熟排卵；外阴部、阴蒂和阴道上皮充血；来自子宫颈和前庭分泌的黏液增多，流至阴门外；子宫颈松弛等。

在一个发情期中，性欲有不同程度上的变化。初发情时，性欲的表现不太明显，或爬跨其他母牛而不接受其他母牛的爬跨，以后随着卵泡的发育，性欲加强，静立接受爬跨的姿态十分明显。排卵后，性欲逐渐减弱，直至消失而不再允许公牛接近。

（二）发情周期

母牛到了初情期后，生殖器官及整个有机体便发生一系列周期性的变化，这种变化周而复始（非发情季节及怀孕母牛除外），一直到性机能停止活动的年龄为止。这种周期性的性活动，称为发情周期，它是指从一次发情的开始到下一次发情开始的间隔时间。肉牛发情周期为 18 ~23 天，平均为 21 天，但也存在个体差异。

（三）发情季节

牛的发情周期虽然不像马、羊及其他野生动物那样有明显的季节性，但还是受季节影响。非当年产犊的母牛发情最多集中于 7 ~8 月份；初配母牛发情次之，多在 8 ~9 月份；当年产犊哺乳母牛多集中在 9 ~11 月份发情。发情的季节性在很大程度上受气候、牧草及母牛营养状况的影响，都是在当地自然气候及草场条件最好的时期。此外，海拔在 3 000 米以上的地区，7 月初才有个别母牛发情。

（四）初配时间

母牛的初配年龄应根据牛的品种及其具体生长发育情况而定，一般比性成熟晚些，初配时的体重应为其成年体重的 70% 左右。年龄已达到但体重还未达到时，初配年龄应推迟；相反则可适当提前。一般肉牛的初配年龄为：早熟品种母牛 16 ~18 月龄；晚熟品种母牛 18 ~22 月龄。

二、发情鉴定方法

发情鉴定的目的是及时发现母牛配种时间，防止误配、漏配，提高受胎率。鉴定母牛发情的方法有外部观察法、试情法、阴道检查法和直肠检查法等。

（一）外部观察法

外部观察法是鉴定母牛发情的主要方法，主要根据母牛的外部表现判断发情情况。母牛发情时往往表现兴奋不安，采食量减少，尾根举起，追逐和爬跨其他母牛并接受其他牛爬跨。两者的区别是被爬跨的牛如发情，则站立不动，并举尾，如不是发情牛则往往拱背逃走；发情牛爬跨其他牛时，阴门搐动并滴尿，具有公牛交配的动作；外阴部红肿，从阴门流出黏液。

母牛的发情表现虽有一定规律性，但由于内外环境因素的影响，有时表现不大明显或欠规律性。因此，在确定输精适期时，必须综合判断，具体分析。

（二）试情法

根据母牛爬跨的情况来判断牛发情，这是最常用的方法。此法尤其适用于群牧的繁殖母牛群，可以节省人力，提高发情鉴定效果。

试情法有两种：第一种是将结扎输精管的公牛放入母牛群中，白天放在牛群中试情，夜间将公母牛分开，根据公牛追逐爬跨情况以及母牛接受爬跨的程度来判断母牛的发情情况。第二种是将试情公牛接近母牛，如母牛喜靠公牛，并作弯腰弓背姿势，表示可能发情。

（三）阴道检查法

阴道检查法是用阴道开张器来观察阴道的黏膜、分泌物和子宫颈口的变化来判断发情与否。发情母牛阴道黏膜充血潮红，表面光滑湿润；子宫颈外口充血、松弛、柔软开张，排出大量透明的牵缕性黏液，如玻棒状（俗称吊线），不易折断。黏液最初稀薄，随着发情时间的推移，逐渐变稠，量也由少变多。到发情后期，黏液量逐渐减少且黏性差，颜色不透明，有时含淡黄的细胞碎屑或微量血液。不发情的母牛阴道苍白、干燥，子宫颈口紧闭，所以无黏液流出。

（四）直肠检查法

一般正常发情的母牛，其外部表现比较明显，用外部观察法就可判断牛是否发情。阴道检查是在输精时作为一种鉴定发情的辅助方法。目前，随着直肠检查法把握输精的进展，在生产实践中被广泛采用。即把手臂伸入母牛直肠内，隔着直肠壁触摸卵巢上卵泡发育的情况来判断发情与否。母牛在发情时，可以触摸到突出于卵巢表面并有波动的卵泡。排卵后，卵泡壁呈一个小的凹陷，在黄体形成后，可以摸到稍为突出于卵巢表面、质地较硬的黄体。

第二节　人工授精技术

人工授精是利用器械采取公牛的精液，经过品质检查和处理，再用器械把精液输送到发情母牛的生殖道内，使其妊娠，以代替公母牛自然交配的一种繁殖方法。

一、冷冻精液的保存与运输

目前，冻精的贮存多采用液氮作为冷源。精液要有效的保存和运输。精液的包装应妥善严密，要避免高温和剧烈的震动与碰撞。

二、冷冻精液的解冻

冻精解冻是验证精液冷冻效果的一个必要环节，也是输精前必须进行的工作。常用方法为温水（30～40℃）解冻，特别是以38～40℃温水解冻效果最好。

细管冻精、安瓿冻精可直接投放到温水中解冻，待冻精融化一半后即可取出备用。解冻后进行镜检并观察精子的活力，活力在0.3级以上者才能用于输精。

三、母牛的输精

（一）输精前的准备

认真做好输精前的各项准备工作，是输精操作顺利进行的基本保证。

1. 场地的准备：输精场地在输精前应进行环境消毒、通风，保证清洁、卫生、安静的输精环境。

2. 母牛的准备：母牛经发情鉴定后，确定输精适时后，将其进行保定，并进行外阴的清洗消毒。

3. 器械的准备：各种输精用具在使用之前必须彻底洗净严格消毒，临用前用灭菌稀释液冲洗。每头牛备用一只输精管，如果使用一只输精管给两头以上母牛输精，需消毒处理后方能使用。

4. 精液的准备：常温保存的精液需轻轻振荡后升温至35℃，镜检活力不低于0.6；低温保存的精液升温后活力在0.5以上；冷冻精液解冻后活力不低于0.3。

5. 输精人员的准备：输精人员应穿好经过消毒的工作服，指甲剪短磨光，手及手臂洗净擦干后用75%酒精消毒，必要时涂以润滑剂。

（二）输精时间的确定

在母牛接受爬跨（即站立发情阶段的末期或发情后期的开始阶段）；卵泡发育期的后期或卵泡成熟期输精可获得最佳的受胎效果。在母牛接受爬跨第8～24小时输精的受胎率最高。输精人员应掌握以下规律：母牛在早晨接受爬跨，应在当日下午输精，若次日早晨仍接受爬跨应再输精1次；母牛下午或傍晚接受爬跨，可推迟到次日早晨输精。如果输精员由本场人员担任，一般在第一次输精后12小时做第二次输精。

（三）输精部位和输精次数

1. 输精部位：大量的试验证明，采用子宫颈深部、子宫体、排卵侧或排卵侧子宫角输精的受胎率没有显著差异。当前普遍采用子宫颈深部（子宫颈内口）输精。

2. 输精次数：冷冻精液输精，除母牛本身的原因外，母牛的受胎率主要受精液质量和发情鉴定准确性的影响。若精液质量优良，发情鉴定准确，1 次输精可获得满意的受胎率。由于发情排卵的时间个体差异较大，一般掌握在 1 ~ 2 次为宜。

（四）输精方法

输精方法有开张器输精和直肠把握输精两种。

1. 开张器输精法：用开张器将母牛的阴道扩大，借助一定的光源（手筒、额镜、额灯等）找到子宫颈外口，把输精管插入子宫颈 1 ~ 2 厘米处，注入精液，随后取出输精管和开张器。此法虽然简单、容易掌握，但输精部位浅，易感染，受胎率低。因此，目前很少采用。

2. 直肠把握子宫颈输精法：与直肠检查相似，一只手戴上薄膜手套伸入直肠，掏出宿粪，寻找子宫颈，并握住子宫颈的外口端，使子宫颈外口与小指形成的环口持平。用伸入直肠的手臂压开阴门裂，另一只手持输精器插入阴门（插入时先斜上再转成水平，切勿将输精器插入尿道开口）。借助握子宫颈外口处的手与持输精器的手协同配合，使输精器缓缓越过于宫颈内侧的皱褶（一般为 42 个），然后注入精液。在把握子宫颈时，位置要适当，才有利于两手的配合，既不可靠前，也不可太靠后，否则难以将输精器插入子宫颈深部（图 3 – 1）。

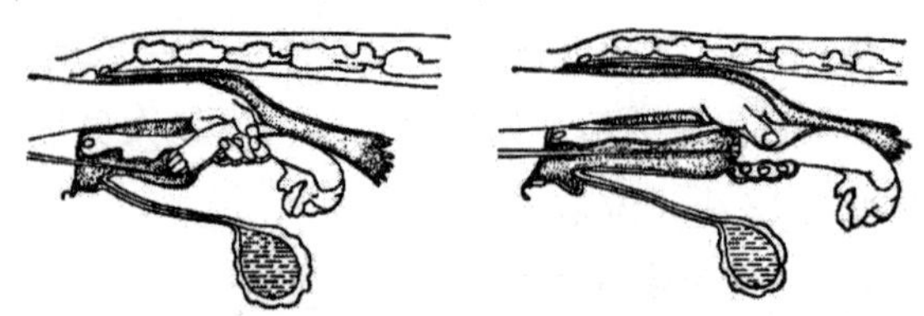

（左）牛直肠把握子宫颈深部输精中，错误的子宫颈把握方法，即子宫颈倾斜或没有向前拉，无法将输精器导入子宫颈口；（右）正确的操作方法，可将输精器顺利导入子宫颈口

图 3 – 1　直肠把握子宫颈输精法

直肠把握子宫颈法是国内外普遍采用的输精方法，具有用具简单，不易感染，输精部位深和受胎率高的优点。其受胎率比开张器法高出 10% ~20%，大幅度地提高了牛的繁殖率和经济效益。同时借助直肠触摸母牛子宫和卵巢的变化，也可进一步判断发情或妊娠情况，防止误配或造成流产。

第三节　母牛的妊娠诊断

妊娠诊断就是根据雌性动物妊娠与非妊娠阶段的生理、生化、行为和体征体态变化，做出确认。

一、早期妊娠诊断的意义

早期妊娠诊断，是指在母畜配种后的最短时间（通常是指 1 ~3 个情期）内，确诊妊娠与否，对于保胎护产、减少空怀、提高繁殖效率尤其重要。

二、妊娠诊断的方法

（一）外部症状观察法

对配种后的母牛在下个发情期到来前后，注意其是否再次发情，如不发情，则可能受胎。但这并不完全可靠，因为有的母牛虽然没有受胎，但在发情时症状不明显（安静发情/暗发情）或不发情，而有些母牛虽已受胎但仍有表现发情的（假发情）。另外观察其行为、食欲、营养状况及体态等对妊娠诊断也有一定的参考价值。

（二）阴道检查法

妊娠母牛阴道黏膜变为苍白，比较干燥。怀孕 1.5 ~2 个月时，子宫颈口附近即有黏稠黏液，但量尚少；至 3 ~4 个月后，就很明显，并变得黏稠灰白或灰黄，如同稀糊，以后逐渐增多，粘附在整个阴道壁上，附着于开膣器上的黏液呈条纹或块状。至妊娠后半期，可以感觉到阴道壁松软、肥厚，子宫颈位置前移，且往往偏于一侧。

（三）直肠检查法

直肠检查法是牛妊娠诊断中最基本最可行的方法，在整个妊娠期均可采用，并能判断怀孕的大体月份、孕牛的假发情、假怀孕，一些生殖器官疾病及胎儿的死活。

在怀孕初期，要以子宫角的形状质地的变化为主；在胎胞形成后，则以胎胞的发育为主，当胎胞下沉不易触摸时，以卵巢位置及子宫动脉的妊娠脉搏为主。

配种后19~22天，子宫勃起反应不明显，在上次发情排卵处有发育成熟的黄体，体积较大，疑为妊娠。如果子宫勃起反应明显，无明显的黄体，而一侧卵巢上有大于1厘米的卵泡，说明正在发情；如果摸到卵巢局部有凹陷，质地较软，可能是刚排过卵，这两种情况均表现未孕。

妊娠30天，孕侧卵巢有发育完善的妊娠黄体并突出于卵巢表面，因而卵巢体积往往较对侧卵巢体积增大1倍。两侧子宫角已不对称，孕角较空角稍增大，质地变软，有液体波动的感觉，孕角最膨大处子宫壁较薄，空角较硬而有弹性，弯曲明显，角间沟清楚。用手指轻握孕角从一端向另一端轻轻滑动，可感到胎膜囊由指间滑动，或用拇指及食指轻轻提起子宫角，然后稍为放松，可以感到子宫壁内先有一层薄膜滑开，这就是尚未附植的胚囊。据测定，28天羊膜囊直径为2厘米，35天为3厘米，40天以前羊膜囊为球形。

妊娠60天，由于胎水增加，孕角增大且向背侧突出，孕角比空角约粗1倍，而且较长，两侧悬殊明显。孕角内有波动感，用手指按压有弹性。

妊娠 90 天，孕角如排球大小，波动明显，开始沉入腹腔，子宫颈移至耻骨前缘，初产牛子宫下沉时间较晚，有时可以触及漂浮在子宫腔内如硬块的胎儿，角间沟已摸不清楚。

妊娠 120 天，子宫全部沉入腹腔，子宫颈越过耻骨前缘，触摸不清子宫的轮廓形状，只触摸到子宫背侧及该处明显突出的子叶，形如蚕豆或小黄豆，偶尔能摸到胎儿。子宫动脉的妊娠脉搏明显可感。

妊娠 150 天，全部子宫增大沉入腹腔底部，由于胎儿迅速发育增大，能够清楚地触及胎儿。子叶逐渐增大，大如胡桃、鸡蛋；子宫动脉变粗，妊娠脉搏十分明显，空角侧子宫动脉尚无或稍有妊娠脉搏。

妊娠 180 天至足月，胎儿增大，位置移至骨盆前，能触及到胎儿的各部分并感到胎动，两侧子宫动脉均有明显的妊娠脉搏。

（四）超声波诊断法

利用多普勒测定仪探查，用探头通过直肠探测母牛子宫动脉的妊娠脉搏，由信号显示装置发出的不同的声音信号来判断妊娠与否。应用 SCD – Ⅱ型超声多普勒诊断仪，对配种后 33 ~ 70 天的母牛进行探测，其妊娠诊断准确率可达 90% 左右。

在有条件的大型牛场也可采用较精密的 B 型超声波诊断仪。其探头放置在右侧乳房上方的腹壁上，注意探头应涂以接触剂（凡士林或石蜡油），接触部位应剪毛。探头方向应朝向妊娠子宫角。通过显示屏可清楚地观察胚泡的位置、大小，并且可以定位照相。通过探头的方向和位置的移动，可见到胎儿各部的轮廓、心脏的位置和跳动情况、单胎或双胎等。

第四节　母牛的分娩和助产技术

一、分娩预兆

母牛分娩前，在生理、形态和行为上发生一系列变化，以适应排出胎儿及哺育牛犊的需要，通常把这些变化称为分娩预兆。从分娩预兆可以大致预测分娩时间，以便做好接产的准备工作。

（一）乳房变化

分娩前，母牛乳房膨胀增大，有的并发水肿，并且可由乳头挤出少量清亮胶状液体或少量初乳；至产前2天内，不但乳房极度膨胀，皮肤发红，而且乳头中充满白色初乳，乳头表层被覆一小层蜡样物，由原来的扁状变为圆柱状。有的牛有漏乳现象，乳汁成滴或成股流出来，漏乳开始后数小时至1天即分娩。

（二）软产道变化

子宫颈在分娩前1～2天开始膨大、松软；子宫颈管的黏液软化，流入阴道，有时吊在阴门之外，呈半透明索状；阴唇在分娩前1周开始逐渐柔软、肿胀、增大，一般可增大2～3倍，阴唇皮肤皱襞展平。

（三）骨盆韧带变化

骨盆韧带在临近分娩时开始变得松软，一般从分娩前1～2周即开始软化。产前12～36小时，荐坐韧带后缘变得非常松软，外形消失，尾根两旁只能摸到一堆松软组织，且荐骨两旁组织明显塌陷。初产牛的变化不明显。

（四）体温变化

母牛妊娠7个月开始体温逐渐上升，可达39℃。至产前12小时左右，体温下降0.4～0.8℃。

二、分娩过程

分娩是母牛借子宫和腹肌的收缩，把胎儿及其附属膜（胎衣）排出体外。分娩过程是指子宫开始出现阵缩到胎衣完全排出的整个过程（图3－2）。分娩过程可分成3个时期，即子宫开口期、胎儿产出期和胎衣排出期，但子宫开口期和胎儿产出期之间的界限不明显。

（一）子宫开口期

子宫开口期是指从子宫阵缩开始，到子宫颈充分开大或充分开张与阴道之间的界限消失为止。阵缩即子宫间歇性的收缩。这一时期一般仅有阵缩，没有努责，子宫颈变软扩张。开始收缩的频率低，间隔时间长，持续收缩频率加快；随着分娩进程的加剧，收缩频率加快，收缩的强度和持续的时间增加，以至每隔几分钟收缩1次。开口期时，母牛寻找不受干扰的地方等待分娩，轻微不安、时起时卧、食欲减退、时吃时停、转圈刨地、回头顾腹、尾根抬起，常有排尿姿势。放牧母牛有离群现象。

（二）胎儿产出期

胎儿产出期是指从子宫颈充分开大，胎囊及胎儿的前置部分楔入阴道，或子宫颈已能充分开张，母牛开始努责，到胎儿排出或完全排出（双胎）为止。努责是指膈肌和腹肌的反射性和随意性收缩，一般在胎膜进入产道后出现。在这一时期，阵缩和努责共同发生作用，但努责是胎儿产出的主要动力。努责比阵缩出现得晚，停止得早。母牛烦躁不安，呼吸加快加剧，侧卧，四肢伸直，努责十分强烈。

胎儿产出期，母牛表现极度不安，急剧起卧，前蹄刨地，有时后踌踢腹，回顾腹部，嗳气，拱背努责。在最后卧下破水后，呈侧卧姿势，四肢伸直，腹肌强烈收缩，当努责数次后，休息片刻，然后继续努责，脉搏、呼吸加快。在头露出阴门之后，母牛往往稍微休息。胎儿如为正生，母牛随之继续努责，将其胸部排出，然后努责即骤然缓和，其余部分也能迅速排出，脐带亦被扯断，仅将胎衣留在子宫内。这时母牛不再努责，休息片刻后站起，以照顾新生牛犊。

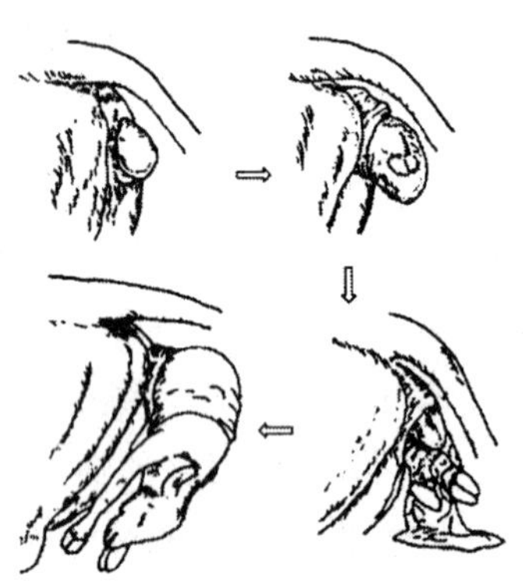

图3－2　母牛分娩过程示意图

（三）胎衣排出期

胎衣是胎儿附属膜的总称，其中包括部分断离脐带。胎衣排出期是指从胎儿排出后算起，到胎衣完全排出为止。其特点是当胎儿排出后，母牛即安静下来，经过几分钟后，子宫主动收缩，有时还配合轻度努责而使胎衣排出。

四、助产技术

分娩是母牛正常的生理过程，在一般情况下，胎儿均能自行娩出。在人工饲养的情况下，由于母牛生产性能得到很大提高，运动减少，饲料成分改变，加之环境因素干预，这些都使牛的自然分娩过程受到影响，所以为了保证母牛和胎儿的安全，提高产仔成活率，必须做好助产工作。

（一）助产前的准备工作

1. 产房的准备：为了母牛分娩安全，应设有专用产房。产房应宽敞、光照充足、通风良好、干燥清洁；产房地面和墙壁要平整，产房内地板上应铺上一层褥草；对产房的舍温要适当调整，不可使牛犊受冷；整个产房要便于进行清洗和消毒，包括地面、墙壁和用具等，并容易清除粪尿。

临产母牛应在预产期前 1～2 周送入产房，以便让其熟悉产房环境，并随时注意观察分娩预兆。

2. 药械及用品准备：准备注射器及针头、常规产科器械、产科绳、止血钳、镊子、剪刀、绷带、体温表、听诊器、棉花、纱布、肥皂、脸盆、毛巾、75% 酒精、2% ～5% 碘酒、0.1% 煤酚皂溶液及消炎粉等。另外，助产时的工作服、胶鞋、橡胶手套等要备齐，以便使用时随时可取。

3. 助产人员：产房内应有固定的助产人员，夜间必须值班。助产人员应该受过专门训练，熟悉母牛的分娩规律，有高度的责任心和吃苦精神。对于放牧牛群，接产工作应由放牧人员负责，在分娩季节出牧时，必须带上助产物品。

（二）正常分娩的助产技术

母牛正常分娩时，一般不需人为帮助，助产人员的主要任务是监视分娩情况和护理犊牛。因此，当母牛出现临产症状时，助产人员必须做好临产处理准备，实施助产，保证牛犊产出和母牛安全。

对母牛外阴部及周围环境进行消毒，检查胎儿和产道的关系是否正常、胎儿的姿势是否正常、黏液是否擦净；观察母牛的阵缩和努责状态、保护会阴及阴唇；避免脐带血管断在脐孔内，防止新生牛犊摔伤。

（三）难产及其救助技术

由于母体异常引起的难产有产力性难产和产道性难产；由胎

儿异常引起的难产称为胎儿性难产，一般以胎儿性难产为多见，在牛的难产中占 3/4。

产力性难产是分娩母牛因阵缩及努责微弱、母牛阵缩及破水过早和母牛的子宫疝气等所引起的难产；产道性难产是因子宫扭转、子宫颈狭窄、阴道及阴门狭窄、子宫肿瘤等引起。胎儿性难产是包括胎儿与母牛骨盆大小不相适应，如胎儿过大、双胎难产等；胎儿姿势不正；胎儿位置不正，如侧位、下位等；胎儿方向不正，如竖向、横向。

难产的检查主要有产道检查和胎儿检查。正生时，将手指伸入胎儿口腔或者轻轻拉舌头、轻压眼球、轻拉前肢，注意有无生理反应，如口、舌有吸吮、收缩动作，眼球转动，前肢伸缩则表示胎儿活着，也可触诊颌下动脉或心区有无搏动。倒生时，最好触到脐带查明有无搏动，或将手指伸入肛门，或牵拉后肢，注意有无收缩或反应。如胎儿死亡，助产时则不需顾忌胎儿的损伤。

难产的救助原则是保护母子安全、母牛保定、润滑产道、矫正整复、配合分娩动力。一般不正常的胎向、胎位和胎势所造成的难产，可采用非手术方法进行矫正。

1. 头颈侧弯：先将产科绳缚在两前肢腕关节上，用器械或产科梃将胎儿推入子宫，然后将绳套缚住下颌部或以手握住胎头，拉直头颈。对于死胎儿可直接用产科钩钩住胎头下颌拉直头颈。

2. 头颈下弯：可将手掌平伸入骨盆底，握住唇端，将胎儿头颈部推入子宫，必要时套以产科绳套或产科钩，将胎头向前拉直，连同两前肢一同拉直胎儿。

3. 头向后仰：用产科梃将胎儿推入子宫，以产科绳缚在下颌部拉直胎头。

4. 前肢腕关节屈曲：先以产科梃将胎儿推入子宫，用手握住腕部并向上抬起，沿着腕部下移握住蹄部，在阵缩间歇时将前肢完全伸直而引入骨盆。

5. 肩部前置：术者手伸入产道，握住腕关节或缚以产科绳前拉，使肘关节和腕关节屈曲，再以腕关节屈曲胎势，方法矫正。

6. 后肢跗关节屈曲：先将胎儿推入子宫内，以手握住跗关节将后肢向上抬起，再握住胎蹄向后牵拉，使后肢向后伸直，将胎儿矫正成倒生姿势。

7. 臀部前置：先将胎儿推入子宫，然后握着跗关节向后牵拉成跗关节屈曲，再以后肢跗关节屈曲姿势进行矫正。

8. 下位和侧位：母牛仰卧保定后，将胎儿推入腹腔，当处于下位时，可以手握住胎儿的右肩或左肩（或股部），将胎儿沿纵轴转向 90°呈侧位，再转向 90°呈上位。

9. 横向：先抬高母牛的臀部，以产科梃向母牛前方抵住胎儿的臀端或肩胸部，将另一端向子宫颈外口方向牵拉，令胎儿方向矫正成为纵向的正生或倒生。同时出现有其他胎势异常时，也一并进行矫正。

10. 胎儿过大：先在产道内充分灌入润滑剂，再依次牵拉前肢，以缩小胎儿肩部的横径，配合母牛阵缩和努责，将胎儿拉出。

11. 双胎：首先将两个胎儿的身体各部分区别开来，然后用产科绳套缚在前面或上面胎儿向前拉，而将另一胎儿推入子宫内，再依次拉出。

难产极易引起牛犊死亡，使母牛子宫及软产道受到感染，影响以后受孕。因此，积极预防难产，对牛的繁殖有重要意义。在饲养管理措施上，切勿使未达体成熟的母牛过早配种。母牛妊娠期间，应进行合理的饲养，给予完善的营养，以保证胎儿的生长和维持母牛的健康。同时，对妊娠母牛要安排适当的运动，产前半个月可作牵溜运动。母牛临产时分娩正常与否要尽早做出诊断，以便采取适当的措施，尽量避免难产的发生。

（四）新生牛犊的护理技术

1. 保证牛犊呼吸畅通：胎儿产出后，立即擦净口腔和鼻孔的黏液，观察呼吸是否正常。若无呼吸，应立即用草秆刺激鼻黏膜，或用氨水棉球放在鼻孔上，诱发呼吸反射。另外，也可将胶管插入鼻腔及气管内，吸出黏液及羊水，还可进行人工呼吸。

2. 脐带处理：牛犊娩出时，脐带一般被扯断，应在脐带基部涂上碘酒，或以细线在距脐孔 3 厘米处结扎，向下隔 3 厘米再打一线结，在两结之间涂以碘酒后，用消毒剪剪断，也可采用烙铁切断脐带。

3. 擦干牛犊体表：对于出生后的牛犊可令母牛舔干体表。

4. 尽早吸食初乳：待体表被毛干燥后，牛犊即试图站立，此时即可帮助吮乳。吮乳前先从乳头内挤出少量初乳，擦洗净乳头，令牛犊自行吮乳，对于母性不强者，应辅助吮乳。

5. 检查排出的胎膜：胎膜排出后，应检查是否完整，并从产房及时移出，防止母牛吞食胎膜。

（五）母畜的护理

在整个分娩过程和妊娠期母牛机体特别是生殖器官会发生急剧的变化。在胎儿产出期母牛持续不断的努责和子宫肌的收缩使其体力受到极大的消耗，机体抵抗力显著降低，同时在胎儿产出时，子宫颈扩张，产道黏膜表层也会受到一些损伤。产后子宫内又积存着大量恶露，为病原微生物的侵入和繁衍创造了条件。此外，母牛分娩后一般都有泌乳和哺育仔畜的任务。因此，必须重视对产后期母牛的妥善护理，以促进母牛机体尽快恢复，防止产后疾病的发生，以保证母牛的健康和正常的繁殖。

在分娩过程中母牛会损失大量水分，产后应及时供给足够的温水或麸皮汤，以补充体内水分的损耗，同时也有助于促进母牛的泌乳活动。

产后需用消毒液清洗母牛外阴部、尾巴及后躯，对难产并进行过助产的母畜应进行抗菌消炎、强心利尿，可用安乃近或安痛定注射液 10 毫升，配链霉素 200 万单位、青霉素 240 万 ~400 万单位肌注，防止子宫炎症感染。

喂给质量高、容易消化的饲料，但量不宜过多，以免引起消化道或乳腺疾病，10 天后饲料应逐渐转变为正常。要随时注意和观察母牛产后可能出现的一些病理现象。

第四章　肉牛的饲料及其加工调制

现代畜牧业生产的实质，就是通过畜禽把饲料转化为乳、肉、蛋、皮、毛等动物性产品。在畜牧生产中，饲料的支出可占全部开支的60%～80%。因此，能否合理利用饲料，直接影响畜牧业经济效益。为了充分发挥畜禽的生产潜力，提高饲料转化率，并获得优质畜禽产品和较高的经济效益，就必须在认识饲料和掌握其营养特点以及品质的基础上，科学合理地贮藏、加工和利用饲料。

第一节　精饲料及其加工

一、能量饲料

能量饲料是指饲料干物质中粗纤维含量在18%（不包括18%）以下，粗蛋白含量在20%（不包括20%）以下，且每千克含消化能在10.46兆焦以上的饲料称为能量饲料，如玉米、麦麸、大麦等。

（一）谷实类饲料

能量饲料主要包括谷实类、糠麸类、淀粉质块根块茎及瓜果类等，其中谷实类饲料是禾本科植物籽实的统称。

1. 营养特点：能量含量高，无氮浸出物占干物质的 70% ~ 80%，主要为淀粉。燕麦含量较低（60%）；粗纤维含量低，一般在 5% 以内，只有带颖壳的大麦、燕麦、稻和粟等可达 10%；粗蛋白质含量低，仅为 10% 左右，且品质不佳，氨基酸组成不平衡，缺乏赖氨酸和蛋氨酸等；脂肪含量少，一般占 2% ~5%，且以不饱和脂肪酸为主；矿物质中钙、磷比例极不符合畜禽需要，钙含量在 0.1% 以下，而磷含量达 0.31% ~0.45%，多半以植酸磷的形式存在；含有丰富的维生素 B_1 和维生素 E，缺少维生素 D。

2. 常用的禾本科籽实

（1）玉米：普通玉米粗蛋白含量为 8% ~10%，粗脂肪含量达 4.7%，多为不饱和脂肪酸，缺少赖氨酸和色氨酸。粉碎后玉米粉容易酸败变质，不易长期保存。因此，以贮存整粒玉米为好。

（2）燕麦：是我国高寒地区种植的主要作物之一，粗纤维含量为 8.9%。燕麦蛋白质及其氨基酸含量与比例均优于玉米，但由于粗纤维含量高、容积大，有效能值低，特别适宜饲喂马属动物和牛。

（3）小麦：营养价值与玉米相似，粗蛋白质含量在 13% 以上，饲喂肉牛时小麦占精饲料的比例不应超过 50%，否则会引起消化障碍，且饲喂前应予粉碎。

（4）大麦：带皮大麦的粗纤维含量为 5.5% 左右，粗蛋白质为 12.6%，是谷实类饲料中粗蛋白质含量较多的饲料。大麦是饲喂奶牛和肉牛的好饲料，压扁和粉碎效果更好。

（5）青稞：营养丰富，蛋白质含量最高可达 12% 以上。

（二）糠麸类饲料

一般谷实的加工分为制米和制粉两大类。制米的副产物称做糠，制粉的副产物则为麸。主要是由籽实的种皮、糊粉层与胚组成。营养价值的高低随加工方法而异。一般营养特点为：①无氮浸出物比谷实少，约占40%～50%，与豌豆和蚕豆相近；②粗纤维含量比籽实高，约占10%；③粗蛋白质数量与质量均介于豆科与禾本科籽实之间；④米糠中粗脂肪含量达13.1%，其中不饱和脂肪酸含量高；⑤矿物质中磷多（1%以上），钙少（0.11%）；⑥维生素 B_1、烟酸及泛酸含量较丰富，其他均缺少。生长快或生产水平高的畜禽应少用或不用这类饲料。

1. 小麦麸：俗称麸皮，是面粉加工过程中的副产物。粗蛋白质含量为12%～16%，粗纤维为10%左右，并含有较多的B族维生素（如维生素 B_1、维生素 B_2、烟酸和胆碱等）和维生素E。麸皮质地轻松，适口性好，具有轻泻性，因能量水平低，乳牛饲料使用30%左右。

2. 其他糠麸：主要有高粱麸、玉米皮等。如高粱麸消化能高于小麦麸，饲喂奶牛和肉牛效果较好。

（三）淀粉质块根、块茎及瓜类饲料

常见的有马铃薯、甜菜、胡萝卜、南瓜等。这类饲料的最大特点是水分含量高达75%～90%。干物质中无氮浸出物含量达60%～80%，粗纤维为3%～10%，粗蛋白质仅为5%～10%，矿物质为0.8%～1.8%，缺乏B族维生素。该类饲料适口性好、消化率高，且干物质的代谢能高，除胡萝卜和南瓜外，其他的都缺乏胡萝卜素。

1. 马铃薯：干物质含量为25%，其中淀粉含量占干物质的80%左右，在鲜马铃薯中维生素C含量丰富，但其他维生素贫乏。马铃薯对反刍家畜可生喂。由于马铃薯的幼芽、芽眼及绿色表皮含有龙葵素，大量采食可导致家畜消化道炎症和中毒，因此饲用时必须清除表皮和幼芽，或蒸食，但煮水不能供家畜饮用。

2. 胡萝卜：每千克鲜胡萝卜含胡萝卜素80毫克，可作为某些畜禽维生素A的来源之一。胡萝卜素多汁味甜，各种家畜都喜食，对种公畜和繁殖母畜有很好的调养作用。

二、蛋白质饲料

蛋白质饲料又称蛋白质补充饲料，主要包括动物性蛋白质饲料、植物性蛋白质饲料、单细胞蛋白质饲料和非蛋白质含氮饲料四大类。蛋白质饲料是指饲料干物质中粗蛋白质含量在20%（包括20%）以上，粗纤维含量在18%（不包括18%）以下的饲料均属此类，如豆粕和菜籽粕等。

（一）植物性蛋白质饲料

这一大类饲料包括豆类籽实及各种饼粕等。

1. 豆类籽实：多为油料作物，一般较少直接用作饲料。其共同点是在植物性饲料中，蛋白质含量较高，占干物质的25%～40%；但品质略低于动物性饲料，无氮浸出物含量一般稍低于禾本科籽实类。另外，豆科籽实含有多种蛋白质酶抑制物和脲酶等有害物质，故须经适当处理后才可饲喂。在肉用畜禽日粮中作为部分蛋白质的来源，使用效果颇佳。

2. 饼粕类：饼粕是油料作物籽实被提取油脂后的副产品，如用压榨法生产的叫油饼，而用浸提法生产的称油粕。

（1）菜籽饼粕：蛋白质含量为36%～40%，蛋白质中氨基酸比较齐全，蛋氨酸含量比豆饼还高。但其味辛辣，适口性不佳，用量不宜多。用作肉牛蛋白质饲料，可占精饲料的20%，育肥效果好。

（2）大豆饼粕：是我国玉米、大豆饼粕型饲粮的骨干饲料之一。粗蛋白质含量高达45%左右，赖氨酸含量较高，是玉米的10倍。豆饼有芳香味，适口性好，蛋白质消化率达82%，居所有饼粕之首。大豆饼粕含有抗胰蛋白酶、尿素酶、血细胞凝集素等有害物质，但在适当水分条件下经加热或膨化即可破坏。大豆饼粕可用作肉牛蛋白质补充料，也可与少量动物性蛋白质补充料及其他饼粕等混合使用，以期充分利用各种蛋白质资源，降低饲料成本。

菜籽饼粕的脱毒（菜籽饼坑埋法）是挖一土坑，大小视菜籽饼用量和周转期而定。坑内铺放塑料薄膜或草席，先将粉碎的菜籽饼按 1∶1 加水浸泡，而后按每立方米 500～700 千克将其装入坑内，接着在顶部铺草或覆以塑料薄膜，最后在上部压土 20 厘米以上。2 个月后，即可饲喂。

三、精饲料的加工

豆科及禾本科籽实喂前应合理加工调制，可提高其营养价值及消化率。常用的方法有以下多种。

1. 粉碎：饲料经粉碎后饲喂，可增加其与消化液的接触面积，有利于消化。如大麦有机物质的消化率在整粒、粗磨和细磨后分别为 67.1%、80.6% 和 84.6%，差别很大。籽实饲料的磨碎程度可根据饲料的性质及家畜种类、年龄、饲喂方式等来确定。

2. 压扁：将玉米、大麦、高粱等去皮（喂牛不去皮），加水，将水分调节至 15%～20%，用蒸气加热到 120℃左右，再以对辊压片机压成片状后，干燥冷却，即成压扁饲料。压扁可明显提高消化率，主要用于喂马、奶牛及肉牛。

3. 浸泡：籽实饲料经水浸泡后，膨胀柔软，容易咀嚼，便于消化。有些饲料含单宁、皂角甙等微毒物质，并具异味，浸泡后毒质与异味可减轻，从而提高适口性和可利用性。浸泡一般用凉水，料水比为1∶1～1∶5，浸泡时间随季节及饲料种类而异，但豆类籽实及在夏季浸泡时间宜短，以防饲料变质。

4. 蒸煮：豆类籽实蒸煮可提高其营养价值。如大豆经过适当湿热处理，可破坏其中的抗胰蛋白酶等并提高消化率。但蒸煮也有使部分蛋白质变性的弊端。

5．膨化：在粒状、粉状及混合饲料中添加适量水分或蒸气，并于100～170℃高温及（2～10）$\times 10^6$帕高压下，迫使其连续射出的物料体积骤然膨胀，水分快速蒸发，由此膨化成多孔状饲料。膨化饲料多用于肉用畜禽。膨化大豆可替代部分饼粕，效果很好。

第二节　粗饲料及其加工调制

一、青干草

青干草是指青草或其他青饲料作物在结籽实前刈割，经天然或人工干燥而成的一种粗饲料，简称干草。优质干草具有叶片多、颜色青绿、气味芳香、制作简便、容易贮藏、来源广泛和营养较丰富等特点，是草食家畜喜食的饲料。大量贮备青干草，在北方对保证家畜安全越冬和防止春季掉膘具有重要意义。

（一）营养特点

青干草中粗蛋白质含量为7%～17%，粗纤维含量为20%～35%，胡萝卜素为5～405毫克/千克，维生素D为16～150微克/千克；有机物质的消化率为46%～79%。就其总营养价值而言，劣质青干草有时不如稿秆，而优质青干草接近小麦麸。为了生产优质干草，应重视青干草调制和贮藏中的一系列技术问题。

（二）饲用价值

青干草是草食家畜的基本饲料。特别是优质干草，不仅是草食家畜的好饲料，而且将青干草与多汁饲料配合饲喂奶牛，可增加干物质和粗纤维采食量，从而保证产奶量和乳脂率。青干草作为重要的粗饲料，被广泛用于肉牛生产中，可占育肥牛日粮能量的30%，占其他肉牛日粮能量的90%，青干草虽然主要作为能量来源，但是豆科牧草也是很好的蛋白质来源。

（三）青干草的制备

在青干草制备过程中，青草中的干物质或养分含量都有所损失。如苜蓿从收割到饲喂，叶片可损失35%，干物质损失20%，粗蛋白质损失29%。青草在地里放置时间越长，营养损失越多。

调制青干草的方法不同，养分损失差别很大。一般制备青干草的方法可分为两种，一种是自然干燥（晒干或舍内晾干），另一种是人工干燥。晒制过程中营养物质损失途径有呼吸损失、机械损失、发热损失以及日晒雨淋的损失等。在割下青饲料后应尽量加快植物体内水分的蒸发，使水分由60%～80%迅速下降到38%左右。在这个过程中，所用时间尽量缩短，减少营养损失。自然干燥调制时，应把收割后的青草平铺成薄层，在太阳下曝晒，尽量在短时间内使水分降到38%左右。在使水分进一步蒸发降至14%～17%的阶段中，尽量减少曝晒面积和时间。

青干草制作过程中，应注意避免因叶片大量脱落而造成营养价值降低。安全贮存青干草的最大含水量为：疏松干草为25%，打捆干草为20%～22%，切碎干草为18%～20%，干草块为16%～17%。在干草水分达到14%～17%时，可堆垛或打捆贮存。干草水分为17%就可贮存；在气候潮湿时，干草水分为14%时才能贮存。

（四）青干草质量的判断要点

优质青干草具有营养价值高、适口性好、消化率高和利用效率高等特点，其质量判断要点如下。

1. 牧草品种：豆科牧草的营养价值比禾本科牧草高。

2. 收割期：牧草在盛花期和成熟期收割时蛋白质、无机盐、维生素的含量比初花期收割要低。

3. 叶片比例：叶片的营养价值最高，当叶片比例高时，青干草的营养价值就高。

4. 颜色：深绿色牧草的质量最高。

5. 气味：优质牧草有香味而有霉味的牧草质量低。

6. 柔软性：牧草的柔软性好时，质量较高。

7. 其他：如杂质和脏物少时，牧草质量亦较高。

（五）青干草的饲喂技术

青干草饲喂前，常用的加工调制方法有铡短、粉碎、压块和制粒。干草可以单喂，也可以与精饲料混合喂。青干草饲喂前加工调制的好处是避免牛挑食和减少剩料，增加干草适口性和采食量。

在饲喂时要掌握以下换算关系：1 千克青干草相当于 3 千克青贮料或 4 千克青草；2 千克青干草相当于 1 千克精饲料。

二、农副产品类饲料

农副产品类饲料主要包括秸秆、秕壳、蔓秧、树叶等。其中稿秕饲料是农作物籽实成熟和收获以后所剩余的副产品，包括秸秆和秕壳两部分。脱籽后的作物茎秆和秸叶称为秸秆，如玉米秸、各种麦类、豆类秸秆等。作物脱粒时，分离出包被籽实的颖壳、荚皮与外皮和碎落的叶片等统称为秕壳。

（一）营养特点

粗纤维含量达 30% ~45%，其中木质素比例为 6.5% ~12%。其体积大，适口性差，且消化率低。蛋白质含量为 2% ~8%，且品质差，缺乏必需氨基酸。豆科好于禾本科。粗灰分达 6% 以上，其中稻壳的灰分近 20%，大部分是硅酸盐，而钙、磷含量较少。另外，除维生素 D 以外多种维生素含量均低。

（二）饲用价值

这类饲料营养价值较低，只适用于反刍家畜及其他草食畜禽。同类作物的秸秆与秕壳相比，通常后者略好于前者。大麦秕壳夹杂芒刺，易损伤口腔黏膜引起口腔炎，故需加工处理后使用。

此外，树叶及其他饲用林产品也可作为草食畜的饲料。但大多营养价值低，且适口性差，故应特别注意收集和加工，以尽量保持和改善其品质。

三、粗饲料的加工处理

（一）粗饲料的处理

1. 切短：秸秆切断后，可减少家畜咀嚼秸秆的能量消耗，减少饲料浪费，提高采食量，并利于拌料和改善适口性。切短的长度依家畜种类与年龄而异，牛 3 ~ 4 厘米，幼年畜可更短一些。

2. 颗粒饲料：粗饲料经粉碎与其他辅料（如少量精料、尿素等）混合制成的颗粒或块状饲料，适口性好，并能减少精料消耗。饲料颗粒的直径因畜种而异，牛 9. 5 ~ 16 毫米，犊牛 4 ~ 6 毫米。

3. 氨化饲料：在一定的密闭条件下，用氨水、无水氨（液氨）或尿素溶液，按照比例喷洒在农作物秸秆等粗饲料上，在常温下经过一定时间的处理，提高秸秆饲用价值的方法叫氨化。经过氨化处理的粗饲料叫氨化饲料。氨化饲料主要适用于牛、羊等反刍家畜。

经氨化处理过的粗饲料，比原来变得柔软，有一种糊香或酸香的气味，适口性及营养价值显著提高，并且还能大大降低粗纤维含量，提高饲料的消化率；由于氨化饲料饲喂效果好，有效地提高了粗饲料的饲用价值，从而降低了饲养成本，为解决饲料资源的紧缺，提供了一条有效途径。

氨化秸秆中的氨作为碱化剂，可提高秸秆中纤维素的利用率；通过氨化作用提高秸秆的含氮量和营养价值；又由于中和作用，促进了瘤胃内微生物的活动，进一步提高营养价值和消化率，也增加了秸秆的适口性。

（二）秸秆氨化（堆垛法）

1．材料与用具：①新鲜的秸秆；②氨水或无水氨；③无毒的聚乙烯薄膜，厚度在0.2毫米以上；④水桶、喷壶、注氨管、秤、铁锹、泥土等。

2．方法和步骤：清场和堆垛、注入氨或喷洒尿素溶液、密闭氨化、放氨。

3．贮存方法与注意事项：氨化秸秆应随时处理随时饲用，这样营养价值高，适口性又好。在冬季可充分利用氨化饲料，应贮备足够量。具体贮存方法有以下三种。

（1）原封贮存法：利用原来的氨化方法所用的氨化容器（如土坑、土窖、塑料袋、缸等），原封，长期保存，但要注意防止漏气或漏水。

（2）室内贮存法：将氨化好的秸秆取出后，迅速晒干，充分放氨，晒得越干效果越好。氨化秸秆放到室内贮存，要注意防水，若发现晒不干或漏雨的秸秆要及时晒干。

（3）大垛贮存法：氨化秸秆贮存冬用，不宜切短，将氨化好的秸秆取出后，立即快速晒干，在地上堆成大垛，越大越实越好。然后用塑料薄膜盖严，可长期保存饲喂。

四、青贮饲料

青贮饲料是指青贮原料在厌氧条件下，经过乳酸菌发酵调制和保存的一种青绿多汁饲料，如玉米、燕麦等。

青饲料虽有许多优点，但因水分含量高不易保存，青饲料的生产集中在夏季，故不易做到青饲料的全年均衡供应。青贮是贮存和调制青饲料并保持其营养特性的一种最好方法。青贮饲料是草食家畜冬春维持高产不可缺少的饲料。

（一）青贮饲料的优越性

1. 能保存青饲料的绝大部分养分：干草在调制过程中，养分损失达 20% ~40%；而调制青贮饲料，干物质仅损失 1% ~15%，可消化蛋白质仅损失 5% ~12%。特别是胡萝卜素保存率，青贮比其他任何方法高。

2. 延长青饲季节：青海省青饲季节不足半年，冬、春季节又缺乏青饲料。而采用青贮的方法可以做到青饲料四季均衡供应，可以保证草食家畜养殖业的优质高产和稳定发展。

3. 适口性好，易消化：青贮料不仅营养丰富，气味芳香，柔软多汁，适口性好，而且有刺激家畜消化腺分泌和提高饲料消化率的作用。因此，可视为家畜的保健性饲料。

4. 调制方便，耐久藏：青贮料调制简便，不易受气候条件限制，加之取用方便，随用随取，饲料制成后，若当年用不完，只要不漏气，可保存数年不变质。

5. 扩大饲料资源：有些植物，如菊科类植物及马铃薯茎叶等在青饲时有异味，且适口性差，利用率低。但青贮后，气味改善，柔软多汁，可提高适口性，并减少废弃部分。

（二）青贮饲料的加工调制

1. 确定青贮设备大小的依据：窖式青贮建筑，一般高度不小于直径的 2 倍，也不大于直径3.5倍。其直径应按每天饲喂青贮饲料的数量计算，深度或高度由饲喂青贮饲料的时间长短而定。

青贮壕的适宜宽度应取决于每天饲喂的青贮饲料的数量，长度由饲喂青贮料的天数决定。每日取料的挖进量以不少于 15 厘米为宜。

青贮壕的长度（厘米）=计划饲喂天数×15（厘米/天）

青贮建筑中青贮饲料重量的估算（表4－1）：

青贮料重量=青贮建筑设备的容积×每立方米青贮料的平均重量

圆形青贮窖容积=3.1416×（半径）^{2}×高

长形青贮壕容积=长×宽（上、下宽的中数）×高

表4－1　每立方米青贮饲料的重量

原料种类	重量（千克）
玉米秸秆	400～500
全株玉米	500～550
禾本科牧草	550～600
甜菜叶、芜菁	600～650

2. 材料、用具、设施：青贮原料有玉米、高粱、禾本科牧草等原料。用具有铡草机、青贮切割机、动力、电源、运输、压实等。青贮的理想机具是青贮联合收割机，可一次完成割、切碎、装运联合作业，提前要检修、保养。

青贮容器要根据需要选用，主要有青贮窖、青贮壕、青贮塔、青贮袋等，事前要清扫、检查、修补、消毒等。组织足够的人力和运输力参与，要全体工作人员了解青贮的意义、方法和步骤。青贮原料按照不同季节，因地制宜，分期分批采收，分期分批青贮。青贮原料采集时往往正是农忙季节，故须统筹安排，做好准备，集中力量采集，突出青贮，做到青贮、农忙两不误。

3. 常规青贮：包括切碎、装填、压实、密封和管护等5个步骤。

（1）切碎：青贮原料切碎，是便于青贮时压实，提高青贮窖的利用率，排除原料间隙中的空气，有利于乳酸菌生长发育。对

带果穗的全株青贮玉米，通过切碎，可把籽粒打碎，以提高饲料的利用率。饲喂牛、羊等反刍动物时，一般把禾本科牧草和豆科牧草及叶菜类等原料切成 2 ~ 3 厘米，玉米和向日葵等粗茎植物切成 0.5 ~ 2 厘米，一些柔软幼嫩的植物也可不切碎。原料的含水量越低，切得越短，反之，则可切得长一些。切碎的机具有青贮联合收割机、青饲料切碎机和滚铡草机等。

（2）装填：青贮原料应随切碎，随装填。在青贮原料装填之前，要对曾经用过的青贮设施清理干净，可在青贮窖或青贮壕底，铺一层10 ~ 15厘米厚的切短秸秆或软草，以便吸收青贮汁液。窖壁四周铺一层塑料薄膜，以加强密封性，避免漏气和渗水。一旦开始装填，就要求迅速进行，以避免原料腐败变质。一个青贮设施要在 2 ~ 5 天内装满，装填时间越短越好。原料装入圆形青贮设备时，要一层一层地装匀铺平。装入青贮壕时，可酌情分段、按顺序装填。

（3）压实：装填原料的同时，如为青贮壕必须用履带式拖拉机或用人力层层压实，尤其要注意窖或壕的四周和边缘。在拖拉机漏压或压不到的地方，一定要上人踩实，越压实越易造成厌氧环境，越有利于乳酸菌的活动和繁殖。在压实过程中，不要带进泥土、油垢和铁钉、铁丝等，以免污染青贮原料，避免牛、羊食后造成瘤胃穿孔。根据窖的大小、劳动力和机械装备等具体情况，尽量做到边装窖、边踩实、及时封窖。一般应将原料装至高出窖面 1 米左右，在原料的上面盖一层 10 ~ 20 厘米切短的秸秆或牧草，覆上塑料薄膜后，在覆上 30 ~ 50 厘米的土，踩踏成馒头形或屋脊形。

（4）密封：原料装填完毕，应立即密封和覆盖，以隔绝空气继续与原料的接触，防止雨水进入。拖延封窖，会使青贮原料温度上升，营养损失增加，降低青贮饲料的品质。

(5) 管护：密封后，须经常检查，发现裂缝、漏气处要及时覆土压实，杜绝透气并防止雨水渗入。在四周约1米处挖排水沟。最好在青贮窖、青贮壕或青贮堆周围设置围栏，以防牲畜践踏，踩破覆盖物。

（三）青贮原料的使用

饲料青贮后经过30～50天，便可开窖取用。窖口最好搭棚遮荫，以防日晒、雨淋后易发霉变质。取用时，避免混入泥土，拣出霉败饲料，并逐层逐段取用；随用随取，保持新鲜，不可取出久置而降低适口性及品质；取料后应随即用草帘等盖严料面，以免冻结或泥土污染而造成浪费。

青贮料的喂量开始不宜多，且不宜单喂，要逐渐增加喂量。青贮料具有轻泻作用，故妊娠母牛喂量不宜太多，以防流产。犊牛喂量3～5千克/头/天，牛喂量8～12千克/头/天。

第三节　饲料补充料

饲料补充料是指提高基础日粮营养价值的浓缩料，含有蛋白质或氨基酸、无机盐或维生素。补充料可以直接饲喂，也可以与基础日粮混合后饲喂，主要功能是防止营养缺乏症、保持肉牛的最快生长速度。

一、矿物质补充料

牛在生长、发育生产过程中，需要多种矿物质元素。虽然各种动、植物性饲料中都含有一定量矿物质，但牛处于生长、繁殖及较高生产水平的情况下，对某些矿物质的需要量会明显提高，必须在饲粮中另行添加。微量元素一般作为添加剂使用。

（一）含钠与氯的饲料

植物性饲料大多含钠、氯较少。因此，对以植物性饲料为主的牛应补充钠和氯。

1. 食盐（氯化钠）：氯含量为 60.65%，钠为 38.35%。为保持生理平衡，应对以植物为主要饲料的牛补饲食盐。食盐具有调味作用，可提高饲料的适口性，增进食欲。

在牛的风干饲料中，食盐补饲量为 1%。补饲食盐的方法有两种，一种是可将食盐按饲料 0.25% ~0.5% 的比例，碾碎后添加在饲料内，或用水溶化后拌料饲喂；一种是制成盐砖，供牛自由舔食。

补饲食盐时应注意的事项：①补饲食盐不可过量，以免引起畜禽中毒；②要保证充足的饮水；③在缺碘地区，宜补饲碘化食盐。

2. 碳酸氢钠：牛对钠的需要量，一般高于对氯的需要量。碳酸氢钠常用于补充饲粮中钠的不足。

（二）含钙与磷的饲料

配合畜禽日粮时，必须补加含钙饲料和含钙与磷的饲料。磷资源较钙资源更宝贵，故应节省。

石粉主要指石灰石粉，它是一种天然碳酸钙，一般含钙 35% 左右，是补充钙的最廉价原料。此外，较纯的商品碳酸钙、白垩等，具有与石粉同样的营养作用。

骨粉是动物杂骨经热压、脱脂和脱胶后，经干燥并粉碎而成。其钙、磷比例为 2∶1，是钙、磷较平衡的矿物质饲料。骨粉中含钙30% ~35%，含磷 8% ~15%，另有少量镁和其他元素。骨粉含氟量为0.035%，用量宜控制在 2% 以下。使用中，应充分考虑其质量的不稳定性。

二、维生素补充料

维生素饲料是指工业合成或提纯的单一种维生素或复合维生

素，不包括某些维生素含量较多的天然饲料。饲料中维生素含量主要受植物品种、部位、收割、贮存和加工的影响。维生素容易受热、阳光、氧气和霉菌的破坏。成年肉牛维生素 A、维生素 D 和维生素 E 容易缺乏，其中维生素 A 最容易引起缺乏。正常情况下，肉牛瘤胃微生物能合成 B 族维生素和维生素 K。在舍饲时应该注意补充维生素 D。但在我国养殖生产实践过程中，某些不具备饲料配合的条件或不使用配合饲料的情况下，将苜蓿、青干草及胡萝卜等作为胡萝卜素的补充饲料；而将酒糟、糠麸、酵母等作为补充 B 族维生素的饲料使用。

（一）维生素 A 和胡萝卜素

青绿饲料和黄玉米含有丰富的胡萝卜素，胡萝卜素又称维生素 A 原，在肉牛体内可以转化为维生素 A，维生素 A 加在饲料中饲喂，也可以肌肉注射。

（二）维生素 D

对舍饲肉牛要补充维生素 D，如肉牛每天晒太阳的时间在 6 小时以上，就不需要在日粮中另外补加维生素 D。缺乏维生素 D 时，肉牛易患佝偻病和软骨症。

（三）维生素 E

维生素 E 对繁殖和肌肉的质量有影响，谷物和植物叶中都含有较多的维生素 E。一般的肉牛饲料中不需要添加。但是对应急、运输和免疫力差的肉牛，应补充维生素 E。

（四）维生素 K 和 B 族维生素

瘤胃微生物能合成维生素 K 和 B 族维生素，不需要在肉牛日粮中添加。8 周龄前的犊牛需要补充。

三、饲料添加剂

（一）饲料添加剂在养殖业中的作用

饲料添加剂是在配合饲料中加入的各种少量或微量成分。其主要作用是为了完善饲料的营养，提高饲料的利用效率；促进畜禽生长和预防疾病；减少饲料在贮藏期间营养物的损失；以及改进畜禽、鱼等产品的品质。饲料添加剂是配合饲料中不可缺少的部分，在养殖生产中居重要地位。在一种高质量的配合饲料中，所使用的饲料添加剂的品种达30种以上，这些饲料添加剂虽只占饲料重量的4%～5%，但却占饲料总成本的30%以上。

（二）养殖生产实践对饲料添加剂的要求及选用原则

1. 长期使用不会对畜禽产生毒害作用和不良影响，对种用畜禽不影响生殖生理及胎儿。

2. 有明显的生产效果和经济效益。

3. 在饲料和畜禽体内具有较好的稳定性。

4. 不影响畜禽对饲料的采食。

5. 在畜禽产品中的残留量不能超过标准，不影响畜禽的质量和人体健康。

6. 用作添加剂的抗生素和抗球虫药不易或不被肠道吸收。

7. 不污染环境，有利于畜牧业可持续发展。

总之，饲料添加剂的研究、生产和选用要符合安全性、经济性和使用方便的原则。

四、饲料添加剂的种类、特点与使用方法

（一）饲料添加剂的种类

饲料添加剂种类很多，一般分为两大类，一类是给畜禽提供营养成分的物质，称为营养性添加剂，主要是氨基酸、矿物质与维生素等；另一类是促进生长、保健及保护饲料养分的物质，称为非营养性添加剂，如抗生素、酶制剂、防霉剂等。

1. 营养性添加剂：主要用于平衡畜禽日粮的营养。

（1）氨基酸添加剂：常用的有蛋氨酸、赖氨酸等。

（2）微量元素：常用的微量元素添加剂有硫酸亚铁、硫酸锌、硫酸铜、硫酸锰、碘化钾、亚硒酸钠和氯化钴等。其用量虽少，却是饲料配合过程中必需添加的成分。在操作时，其他饲料中含有的微量元素亦应予以考虑。此外，还应注意微量元素的品质，如吸收率、结晶水数量、游离水含量及粒度等。

（3）维生素添加剂：作为添加剂的维生素有维生素 A、维生素 D_3、维生素 E、维生素 K_3、维生素 B_1、维生素 B_2、维生素 B_6、维生素 B_{12}、泛酸钙、烟酸、叶酸和生物素等。

2. 非营养性添加剂：主要起调节代谢、促进生长、驱虫、防病保健、改善产品质量等作用，另外对饲料中养分起保护作用。

（1）保健和促进生长添加剂：抗生素作为饲料添加剂的主要功能是抑制有害微生物繁殖，促进有益微生物生长，使肠壁变薄，改善消化道的吸收状况，增进牛体健康，提高生产性能。在卫生条件较差和日粮营养不完善的条件下，抗生素作用更为显著。使用时，必须按规定操作并及时停药。

（2）驱虫保健剂：驱虫剂的种类很多，一般毒性较大，应在发病时作为治疗药物短期使用，不宜连续在饲料中用作添加剂。否则这些药物残留在牛产品中，危害人类健康。

（二）饲料添加剂的特点与使用方法

1. 饲料添加剂的特点：饲料添加剂具有种类多、用量少、作用大、化学稳定性差、相互之间关系复杂、容易发生化学变化等特点，因此在操作时，应特别注意混合均匀。

2. 饲料添加剂的使用方法：饲料添加剂使用时必须注意以下几点：①使用前要充分了解饲料添加剂的作用特点，然后根据饲养目的、对象的不同进行有目的的选择使用；②饲料添加剂的使用对象、数量及其效果，不能千篇一律一成不变，必须在实践中加以验证和改进；③严格添加量，注意配伍禁忌；④注意添加剂的对象、使用的时间，因地制宜，不可乱用；⑤注意使用后对畜禽的影响，做好有关试验和记录，不断改进工作；⑥注意添加剂在配合饲料中的含量及均匀度；⑦添加剂一般只能混合于干饲料中，不能混于湿料或水中饲用，个别品种除外；⑧添加剂的储存必须依照说明进行，不可图省事，以免造成损失和浪费。

第五章　肉牛的营养需要特点和日粮配合

第一节　肉牛的营养需要特点

家畜因种类、品种、年龄、性别、生长发育阶段、生理状态及生产目的不同，对营养物质的需要亦不相同。家畜从饲料摄取的营养物质，一部分用来维持正常体温、血液循环、组织更新等必要的生命活动，另一部分则用于妊娠、泌乳、生长、产肉、产毛、劳役和产蛋等生产活动。因此，家畜的营养需要是指每天每头（只）畜禽对能量、蛋白质、矿物质和维生素等营养物质的总需要量。(总营养需要 = 维持营养需要 + 生产营养需要)

牛采食的饲料营养物质被消化吸收后用于机体维持营养需要和生长、繁殖等的需要，不被消化吸收的部分被排出体外。因此，牛对营养物质的需要可分为以下两种：①维持营养需要：相当于成年牛在既不生产产品，又不劳役，摄食的养分能够保持体重不变、身体健康、体组织成分恒定以及必要的非生产性活动的营养需要称为维持营养需要。通常情况下牛所采食的营养物质有

30%～50%用于维持需要上。影响维持营养需要的因素主要有种类、品种、运动、气候、应激、环境温度、体格大小等。②生产营养需要：包括生长需要、繁殖需要、泌乳需要等。

一、能量需要

饲料中的碳水化合物、脂肪和蛋白质都可以给肉牛提供能量，而碳水化合物是肉牛的主要能量来源。肉牛采食的饲料首先满足维持营养需要，多余的能量用于生产和繁殖等。满足肉牛维持需要时，以粗饲料为主，在育肥后期要增加精饲料的用量。

二、蛋白质需要

肉牛在早期生长速度快，瘦肉比例大，对蛋白质的需要量亦大。不同肉牛的蛋白质需要和日粮的营养水平也不同，对于架子牛和繁殖母牛，用豆科牧草就能满足蛋白质的维持需要；对育肥牛和妊娠母牛，每日需要添加0.5～1千克蛋白质补充料。

三、矿物质需要

根据牛体对矿物质的需要量，可分为常量元素（钙、磷、镁、钾、氯、硫等）和微量元素（锰、铜、锌、钴、铁、硒等）。

肉牛对矿物质的缺乏和硒、氟、钼元素的过量都十分敏感。保证矿物质需要量的较好方法是在育肥牛场放置两个盐盒，一个内含碘化食盐，另一个含必需的微量元素，供肉牛自由采食。

1. 钠（Na）和氯（Cl）：每日每头牛需要2～3克钠和5克氯，添加量占日粮的0.3%。

2. 钙（Ca）：主要在十二指肠内吸收，从粪中排出。饲喂秸秆时容易引起钙的缺乏，因为秸秆中的钙不容易被吸收。对喂以精饲料为主的育肥牛，要补充钙。犊牛缺钙会引起佝偻病，成年牛缺乏钙容易引起软骨症。豆科作物和饼粕类饲料的含钙量高。也可用碳酸钙、石粉、骨粉、磷酸氢钙和硫酸钙补充钙的不足，其中骨粉和磷酸氢钙能同时补充钙和磷的不足，为了保证钙的利用率，钙和磷比例必须保持2∶1。

3. 磷（P）：磷的吸收取决于肠道的酸碱度，钙、钾、铁、铝、镁、钠和脂肪等都能影响磷的吸收。肉牛缺乏磷可导致生长缓慢、食欲不振、饲料利用率低、异食癖、母牛繁殖力降低等。饼粕类饲料和动物产品内以及精饲料中含磷量高。磷的用量不超过日粮干物质的1%，高磷容易造成尿结石。磷的主要来源有磷酸氢钙、脱氟磷酸盐、骨粉、磷酸钠等。钙和磷的最佳比例为1～2∶1。

4. 硒（Se）：硒是谷胱甘肽酶的成分。育肥牛的适宜水平为0.1 毫克/千克。母牛缺硒容易造成胎衣不下、犊牛死亡率高、犊牛白肌病多、断奶体重低，这时可以用亚硒酸钠补充。当日粮干物质内硒含量超过10～30 毫克/千克时，会造成硒中毒，出现食欲丧失、尾毛脱落等。

5. 锌（Zn）：肉牛对锌的需要量为干物质含量的30 毫克/千克，放牧时肉牛通常缺锌。育肥肉牛缺硒时，主要表现为生长缓慢，没有其他特殊症状。植酸和钙都影响锌的吸收，因此日粮内补锌能提高育肥牛的日增重和饲料利用率。一般用硫酸锌或碳酸锌补充。

四、维生素需要

维生素对于牛体的正常生命活动及生长发育是必需的营养。日粮中加入适量的维生素，可以促进和改善营养物质的利用。牛瘤胃可以合成足够的B族维生素和维生素K，但脂溶性维生素（维生素A、维生素D、维生素E）必须从饲料中供给和满足。严重缺乏维生素会造成肉牛死亡。生产中一般会出现中等程度的维生素缺乏症，不表现任何症状，但影响生长速度。犊牛必须从饲料内获得各种维生素，优质牧草可以提供维生素A和维生素D。

（一）脂溶性维生素

1. 肉牛对脂溶性维生素的需要量：维生素A是肉牛日粮中

最容易缺乏的维生素，给肉牛饲喂高精料日粮或饲料贮存时间过长，容易缺乏维生素 A，造成采食量下降、皮肤粗糙、生长速度减慢，严重时发生夜盲症。

2. 维生素 D 可以调节钙和磷的吸收：用高青贮日粮和高精饲料日粮育肥肉牛时易缺乏维生素 D，主要会影响骨骼的生长。犊牛维生素 D 缺乏时出现佝偻病，成年牛缺乏时出现软骨症。如果肉牛每日能照晒 6 ~ 8 小时阳光，就不会缺乏维生素 D。

3. 维生素 E 能促进维生素 A 的利用：肉牛日粮内应添加维生素 E，缺乏时容易造成白肌病。

4. 在正常情况下瘤胃微生物能合成维生素 K：给肉牛饲喂霉变的草木犀时，会导致维生素 K 缺乏，发生草木犀出血病。维生素 K 能促进肝脏合成凝血酶原及凝血因子，当维生素 K 缺乏时会造成凝血时间延长，发生皮下、肌肉和肠胃出血。

（二）水溶性维生素

1. B 族维生素：瘤胃发育之前的犊牛，需要补充硫胺素、生物素、烟酸、吡哆醇、泛酸、核黄素和维生素 B_{12} 等 B 族维生素。成年牛的瘤胃微生物可由钴来合成维生素 B_{12}。因此，只要不缺乏钴，一般不缺乏维生素 B_{12}。

2. 维生素 C：在肉牛瘤胃中的微生物作用下能够合成。

五、水需要

水在肉牛体内主要参与饲料的消化吸收、粪便排出和调节体温。水的需要量受肉牛的体重、环境温度、生产性能、饲料类型和采食量等影响。当水内含盐量超过 0.1% 时，就会使肉牛中毒；含过量亚硝酸和碱的水对肉牛有害；在 4℃之内，肉牛的需水量较为恒定，夏天饮水量增加，冬季饮水量减少；冬季给肉牛的供水温度只要保持不结冰即可，无需额外加热。

第二节　日粮配合要点

一、日粮、饲粮、全价饲料、预混合料的概念

（一）日粮

日粮是指一昼夜内一头家畜所采食的饲料量。它是根据饲养标准所规定的各种营养物质的种类、数量和牛的不同的生理状态和生产性能，选用适当的饲料配合而成。当日粮中各种营养物质的种类、数量及其相互比例能满足牛的营养需要时，则称之为平衡日粮或全价日粮。

（二）饲粮

按日粮中饲料比例配制成的大量混合饲料，称为饲粮。

（三）添加剂预混合饲料

将一种或多种微量的添加剂原料（各种维生素、微量元素、合成氨基酸和药物添加剂等）与稀释剂或载体按要求配比均匀混合而成的产品，称为添加剂预混合饲料，简称预混料。通常要求其在配合饲料中添加0.01%～5%，一般按最终配合饲料产品的总需求为依据设计，常称其为配合饲料的核心。

（四）浓缩饲料

由添加剂预混合饲料、蛋白质饲料和常量矿物质饲料（钙、磷和食盐）配制而成的配合饲料半成品。浓缩饲料含营养成分的浓度很高，某些成分约为全价配合饲料的2.5～5倍，但必须按一定比例与能量饲料配合后，才能构成全价配合饲料或精料补充饲料。一般在全价配合饲料中占20%～40%的比例。

（五）全价配合饲料

由能量饲料（占60%～80%）和浓缩饲料配合而成。它能全面满足畜禽的营养需要，并可直接用来饲喂畜禽。

（六）精料补充饲料

主要由能量饲料、蛋白质饲料和矿物质饲料等组成的一种配合饲料，用于牛、羊等草食家畜，补充粗料中养分的不足。

二、日粮配合的要点

在配合肉牛饲粮时，可以把饲料分为三类：精饲料、粗饲料、补充料。

（一）依据饲养标准确定营养指标

配合日粮时，必须选择与畜禽种类、品种、性别、年龄、体重、生产用途及生产水平等相适应的饲养标准，以确定出营养需要指标。在此基础上，再根据短期饲养实践中畜禽生长与生产性能反映的情况予以适当调整。如发现日粮的营养水平偏高，可酌量降低；反之，则可适当予以提高。

（二）注意营养的全面与平衡

首先必须满足畜禽对能量的要求，其次考虑蛋白质、氨基酸、矿物质和维生素等的需要，并注意能量蛋白的比例、能量与氨基酸的比例等应符合饲养标准的要求。

（三）注意日粮质地

配合日粮或饲粮时，既要满足畜禽营养需要，又要考虑其适口性与调养性，尤其对种用家畜、繁殖母畜和幼畜更是如此。要保证选用的饲料品质良好、无毒、无害、不含异物、不发霉、无污染等，更应符合我国饲料质量标准和卫生标准。

（四）饲料要合理搭配

日粮应选用多种饲料进行配合，适口性好，消化率高，避免饲料单一，营养不全。注意精、粗饲料之间的比例。肉牛是草食家畜，需要采食一定量的粗纤维，才能保证正常的消化功能。

（五）饲料成分及营养价值表的选用

为了保证饲料成分及营养价值表真实地反映所用原料的营养成分含量，应首先使用本地区或自然条件相近地区饲料营养成分表。

（六）选用饲料要经济实用

在肉牛生产中，由于饲料费用占很大比例，配合日粮时必须因地因时制宜，精打细算，巧用饲料，尽量选用营养丰富、质量稳定、价格低廉、资源充足、当地产的饲料，增加农副产品比例。如利用玉米胚芽饼、粮食酒糟等替代部分玉米等能量饲料；利用脱毒菜籽饼粕和苜蓿粉等替代部分大豆饼粕和鱼粉等价格昂贵的蛋白质饲料，以充分利用饲料资源，降低饲养成本，并获得最佳经济效益。

三、计算日粮配方的方法

在计算肉牛日粮配方前，首先要了解肉牛的体重、采食量和日增重，然后从肉牛的饲养标准中查出每日每头牛的营养需要量，再从肉牛常用饲料的成分与营养价值表中查出现有饲料的营养成分，根据营养成分进行计算，合理进行搭配。计算肉牛的日粮配方有许多方法，其中最常用的就是对角线法和试差法，但近年来由于计算机的准确快捷，用专门的配方软件进行日粮配合和计算也已越来越普遍。

现在市场上已有专用饲料配方软件，数据量大，计算速度快，操作便捷。有关饲料配方软件的使用方法，应根据其使用说明进行操作，其步骤如下。

1．确定饲料种类：根据饲料资源、库存情况、市场行情、畜禽种类及不同生理阶段、生产目的及生产性能等，确定采用的饲料原料种类。

2. 确定营养指标：根据畜禽的不同种类、不同生理阶段、不同生产目的及生产性能等，确定营养指标的需要量。对于有上下限（只有上限或下限）约束的指标，可将其纳入计算，其他非主要指标可纳入非约束计算，以保证主要指标的满足和平衡。

3. 查饲料营养成分表：最好对各种饲料取样分析后，再参阅营养成分表，确定所输入的营养含量值。

4. 确定饲料用量范围：根据饲料的来源、库存、价格、适口性、消化特点、营养特点、有无毒素、畜禽种类及生理阶段、生产性能等情况，必须规定某些饲料的使用量，否则，会影响饲料的充分、合理选用。

5. 查实饲料原料的价格。

6. 述各步的数据逐一输入计算机内。

7. 运行配方计算程序，求解。

8. 审查计算机打印出的配方，对不理想的约束条件或限制用量等结果，要予以修正，从而得到一个营养平衡、价格低廉的科学配方。

四、配合饲料的加工

配合饲料是根据肉牛的不同品种、不同生长阶段和生产水平对各种营养成分的需要量和饲料资源、价格情况、经线性规划法优先选出营养完善、价格便宜的科学配方，将多种饲料按一定比例，经工业生产工艺配制和生产出均匀度高，能直接饲喂的商品饲料。配合饲料所含的营养成分的种类和数量均能满足各种动物的生长与生产的需要，使其达到一定的生产水平。

把各种饲料混合在一起制作配合饲料的目的是减小颗粒体积，防止牛挑食。同时又要注意颗粒不能太小，以免影响瘤胃发酵。

第六章　肉牛的饲养管理

第一节　犊牛的饲养管理

一、犊牛的消化生理特点

出生后头3周的犊牛，瘤胃、网胃和瓣胃均未发育完全。这个时期犊牛的瘤胃虽然也是一个较大的胃室，但是它没有任何消化功能。牛奶经过食管沟直接进入瓣胃以后进行消化。犊牛的皱胃占胃总容量的70%（成年牛皱胃只占胃总容量的8%），牛奶进入皱胃时，由皱胃分泌的凝乳酶对牛奶进行消化。犊牛3周龄时开始尝试咀嚼干草、谷物和青贮饲料，瘤胃内的微生物体系开始形成，内壁的乳头状突起逐渐发育，瘤胃和网胃开始增大。随着瘤胃的发育，犊牛对非奶饲料消化能力逐渐增强，才能和成年牛一样具有反刍动物的消化功能。

二、犊牛的饲养管理

（一）初乳期饲养管理

1．初乳期饲养：犊牛初生后，其生活环境发生了很大的转变，此时犊牛的组织器官尚未发育完全，对外界环境的适应能力很差。加之胃肠空虚，缺乏分泌反射，蛋白酶和凝乳酶也不活跃，真胃和肠壁上无黏液，易被病原微生物穿过侵入血液，引起疾病。因此，应让犊牛早吃并吃好初乳。

母牛分娩1周内所分泌的乳汁称为初乳，初乳中含有溶菌酶和抗体蛋白质，有很好地提高抵抗力之作用。犊牛出生后应尽快让其吃到初乳。一般犊牛生后0.5～1小时便能自行站立，此时要引导犊牛接近母牛乳房寻食母乳，若有困难则需人工辅助哺乳。若母牛健康，乳房无病，可令犊牛直接吮吸母乳，随母牛自然哺乳。

人工辅助哺乳时，犊牛饲养的环境及所用器具必须符合卫生条件，每次饲喂初乳量不能超过犊牛体重的5%，每天6～8千克，分3～5次饲喂。

2. 初乳期管理

（1）做好新生牛犊的护理工作。犊牛出生后，如果不呼吸或呼吸困难，通常与难产有关，必须首先清除犊牛口鼻中的黏液，使犊牛头部低于身体其他部位或倒提犊牛几秒钟以使黏液流出，然后用人工方法诱导犊牛呼吸。

（2）出生后的犊牛应及时喂给初乳，每天喂5～7次，每次1.5～1.7千克。

（3）新生犊牛最适宜的外界温度是15℃，故应给予保温、通风、光照及良好的舍饲条件。

（4）饲喂犊牛过程中一定要做到“四定”：一是定质：喂给犊牛的奶必须是健康牛的奶，忌喂劣质或变质的牛奶，也不要喂患乳腺炎牛的奶；二是定量：按体重的8%～10%确定；三是定时：要固定喂奶时间，严格掌握，不可过早或过晚；四是定温：指饲喂乳汁的温度，夏天掌握在34～36℃，冬天在36～38℃。

（5）要防止犊牛下痢：一是给犊牛喂奶要做到定时、定量、定温；二是天冷时要铺厚垫料，垫料必须干燥、洁净、保暖，不可使用霉变或被污染过的垫料；三是对有下痢症状的犊牛要隔离，及时治疗，保证所用的精粗饲料干净，对环境经常进行消毒。

（二）常乳期饲养管理

1. 早期补饲：应根据犊牛发育及母牛体质情况对犊牛进行适当的补饲，早期让犊牛采食以下植物性饲料，既有利于满足犊牛的营养需要，又利于犊牛的早期断奶。

（1）干草：犊牛从 7 ~ 10 日龄开始，训练其采食干草，可饲喂苜蓿、野杂草、禾本科牧草等优质干草；出生 2 个月以内的犊牛，饲喂铡短到 2 厘米以内的干草；对出生 2 个月以后的犊牛，可直接饲喂不铡短的干草。建议饲喂混合干草，其中苜蓿草占 20% 以上。

（2）精饲料：犊牛生后 15 ~ 20 日龄，开始训练其采食精饲料。犊牛开食料应有良好适口性、粗纤维含量低而蛋白质含量较高的精料。如购买奶牛犊牛用的代乳料、犊牛颗粒料，或自己加工的犊牛颗粒料，每天早、晚各喂 1 次。初喂精饲料时，可在犊牛喂完奶后，将犊牛料涂在犊牛嘴唇上诱其舔食，经 2 ~ 3 日后可在犊牛栏内放置饲料盘供其自由舔食。因初期采食量较少，精料不应放多，每天必须更换，以保持饲料及料盘的新鲜和清洁。最初每头日喂干粉料 10 ~ 20 克，数日后可增至 80 ~ 100 克，等适应一段时间后再喂以混合湿料，即将干粉料用温水拌湿，经糖化后给予。湿料给量可随日龄的增加而逐渐加大。

（3）多汁饲料：从生后 20 天开始，在混合精料中加入 20 ~ 25 克切碎的胡萝卜，以后逐渐增加。无胡萝卜时可饲喂甜菜和南瓜等，但喂量应适当减少。

（4）青贮饲料：从 2 月龄开始喂给，最初每天 100 ~ 150 克，

3 月龄可喂到 1.5 ~ 2.0 千克，4 ~ 6 月龄增至 4 ~ 5 千克。

（5）饮水：因喂给牛奶中的含水量不能满足犊牛正常代谢的需要，必须训练犊牛尽早饮水。开始时可饮 36 ~ 37℃ 温开水，10 ~ 15 日龄后改饮常温水，1 月龄后可在运动场内备足清水，任其自由饮用。

（6）补饲抗生素：为预防犊牛拉稀，可补饲抗生素饲料，每头补饲 1 万国际单位的金霉素，30 日龄以后停喂。

2. 早期断奶：按断奶犊牛的年龄大小，可分为早期断奶和较早期断奶两种类型。较早期断奶多用于奶牛，断奶时间为 4 ~ 8 周。早期断奶是指犊牛在 2 ~ 3 月龄时的断奶。对于肉用母牛来说，大多数母牛在泌乳 2 ~ 3 个月后，泌乳量开始下降，而犊牛的营养需要却在增加。此时应补给犊牛草料供其采食。犊牛 2 ~ 3 月龄断奶时，已基本习惯了采食干草和精料日粮，幼犊日粮中精、粗饲料的配比必须合理，要求精、粗饲料的比例为 1 ∶ 1。粗饲料最好喂给优质干草、青草和青贮玉米。随着年龄增大，4 月龄后可逐渐添加秸秆饲料，到 9 月龄时秸秆饲料的喂量可占全部粗饲料的 1/3。

3. 日常管理

（1）注意保温、防寒：冬季天气严寒风大，要注意犊牛舍的保暖，防止贼风侵入。在犊牛栏内要铺柔软、干净的垫草，保持舍温在 0℃ 以上。

（2）去角：对于将来用做育肥的犊牛和群饲的犊牛去角更有利于管理。去角的适宜时间多在出生后 7 ~ 10 天，常用的去角方法有电烙法和固体苛性钠法两种。电烙法是将电烙器加热到一定温度后，牢牢地压在角基部直到其下部组织烧灼成白色为止（不宜太久太深，以防烧伤下层组织），再涂以青霉素软膏或硼酸粉。固体苛性钠法是在晴天且哺乳后进行，先剪去角基部的毛，再用凡士林涂一圈，以防以后药液流出，伤及头部或眼部；然后用棒状苛性钠稍蘸水涂擦角基部，至表皮有微量血渗出为止。在伤口未变干之前不宜让犊牛吃奶，以免腐蚀母牛乳房的皮肤。

（3）母仔分栏：在小规模系养式母牛舍内，一般都设有产房及犊牛栏，但不设犊牛舍。在规模大的牛场或散放式牛舍，才另设犊牛舍及犊牛栏。犊牛栏分单栏和群栏两类，犊牛出生后即在靠近产房的单栏中饲养，每犊一栏，隔离管理，一般 1 月龄后才过渡到群栏。同一群栏犊牛的月龄应一致或相近，因不同月龄的犊牛除在饲料条件的要求上不同以外，对于环境温度的要求也不相同，若混养在一起，对饲养管理和健康都不利。

（4）刷拭：在犊牛期，由于基本上采用舍饲方式，因此皮肤易被粪及尘土所粘附而形成皮垢，这样不仅会降低皮毛的保温与散热力，而且还会促使皮肤血液循环恶化，引起患病。因此，对犊牛每日必须刷拭 1 次。

4. 运动与放牧：犊牛从出生后 8 ~ 10 日龄起，即可开始在犊牛舍外的运动场做短时间运动，以后可逐渐延长运动时间。如果犊牛出生在温暖的季节，开始运动的日龄还可适当提前，但需根据气温的变化，掌握每日运动时间。

在有条件的地方，可以从生后第 2 个月开始放牧，但在 40 日龄以前，犊牛对青草的采食量极少，在此时期间与其说是放牧不如说是运动。运动对促进犊牛的采食量和健康发育都很重要。在管理上应安排适当的运动场或放牧场，场内要常备清洁的饮水，在夏季必须有遮荫条件。

第二节　育成牛的饲养管理

犊牛断奶至第一次配种的母牛，或做种用之前的公牛，统称为育成牛。此时是犊牛生长发育最迅速的阶段，必须加强精心的饲养管理，不仅可以获得较快的增重速度，而且可使幼牛得到良好的发育。

一、饲养育成牛应注意的问题

1. 新进的牛应先放在隔离圈舍观察 15 天，防止疫病传播。隔离观察期间，应根据牛的体重、年龄、性别将其相近的牛进行分群重组。

2. 隔离期间应进行防疫驱虫健胃。驱虫前一天晚上宜自由饮水，不喂草料，第二天早晨根据牛的体重计算出用药量，逐头驱虫，驱虫药物可选用清虫佳、虫克星、丙硫咪唑、左旋咪唑、抗蠕敏等。1 周后再进行一次驱虫。驱虫 2 ~3 天后用健胃散（也可用人工盐、大黄苏打片加酵母片）对所有牛进行健胃，随着牛体况的恢复和对环境的适应，逐步添加精饲料。按免疫程序防疫，实施卫生措施，减少牛病损害、致死牛只和疫病在场内传播。

3. 减少应急反应。新购牛入舍的前 3 天，喂温水时加入 0.5% ~1% 食盐和适量的糖，以建立适应育成牛的肠道微生物区系，减少消化道疾病，保证育肥的顺利进行。其方法是牛入舍前 3 天以喂干草为主，然后逐日开始加喂精料，7 天左右过渡为配合精料。

4. 夏季防暑、喝凉水，冬季防寒、喝热水，保证牛只生活在 7 ~27℃的适宜环境之中，快速生长发育。

5. 草料要切短、检净，严防异物污染（无铁钉、塑料等）。

6. 每天刷试牛体 2 次，每周清理蹄叉 1 次，刷拭可以促进体表血液循环，保持体表清洁，有利于新陈代谢，促进增重。

7. 充足供应干净饮水，最好每头牛有一个独立的饮水器，以减少疫病传播。拴系式每天饮水 3 ~4 次。

8. 及时清除粪便，保持牛床干燥，天天清洗食槽、水槽、工具和工作服要专用。

9. 每天喂料 2 ~3 次，每次饲喂的时间间隔要均等，以保证牛只有充分的反刍时间（每天吃草料时间为 5 ~6 小时，反刍需要为 7 ~8 小时）。

10. 不喂霉败变质饲料，更换饲料要有 3 ~5 天的缓冲期，以免影响生长发育及增重。

11. 育成牛所吃的草料数量既不要按书本生搬硬套，也不要搞平均主义，头头相同（一般精饲料饲喂量为牛体重的 0.8% 左右），要观察牛粪的质地气味、牛鼻镜的水珠情况及牛的精神状态等，按需定量，并根据其体重增加，实行动态管理。

12. 每月定时称重，以便根据增重情况，采取有效饲养措施，调整饲料配方。架子牛进场和育肥牛出栏的运输前要检疫，要按运输安全措施办理，确保人畜安全。

二、育成母牛的饲养管理

育成期是母牛生长发育最迅速的阶段，精心的饲养管理，不仅可以获得较快的增重速度，而且可使幼牛得到良好的发育。

（一）育成母牛的饲养

1. 6 ~12 月龄：为母牛性成熟期。在此时期，母牛的性器官和第二性征发育很快，体躯向高度和长度两个方向急剧生长，同时其前胃已相当发达，容积扩大 1 倍左右。因此，在饲养上要求既要能提供足够的营养，又必须具有一定的容积，以刺激前胃的生长。对这一时期的育成牛，除给予优质的干草和青饲料外，还必须补充一些混合精料，精料比例占饲料干物质总量的 30% ~ 40% 。

2. 12 ~18 月龄：育成牛的消化器官更加扩大，为进一步促进其消化器官的生长，其日粮应以青、粗饲料为主，其比例约占日粮干物质总量的75%，其余25%为混合精料，以补充能量和蛋白质的不足。

3. 18 ~24 月龄：此时母牛已配种受胎，生长强度逐渐减缓，体躯显著向宽深方向发展。若饲养过丰，在体内容易蓄积过多脂肪，导致牛体过肥，造成不孕；但若饲养过于贫乏，又会导致牛体生长发育受阻，成为体躯狭浅、四肢细高、产奶量不高的母牛。因此，在此期间应以优质干草、青草或青贮饲料为基本饲料，精料可少喂甚至不喂。但到妊娠后期，由于体内胎儿生长迅速，则须补充混合精料，日定额为 2 ~3 千克。

如有放牧条件，育成牛应以放牧为主。在优良的草地上放牧，精料可减少 30% ~50%；放牧回舍，若未吃饱，则应补喂一些干草和适量精料。

（二）育成母牛的管理

在管理上，育成牛应与大龄母牛分开饲养，可以系留饲养，也可围栏圈养，每天刷拭 1 ~2 次，每次 5 分钟。同时要加强运动，促进肌肉组织和内脏器官发育，尤其是心、肺等呼吸和循环系统的发育，使其具备高产母牛的特征。配种受胎 5 ~6 个月后，母牛乳房组织处于高度发育阶段，为促进乳房的发育，除给予良好的全价饲料外，还要按摩乳房，早晚各按摩 1 次，产前 1 ~2 个月停止按摩，以利于乳腺组织的发育，且能养成母牛温顺的性格。

三、育成公牛的饲养管理

公、母犊牛在饲养管理上几乎相同，但进入育成期后，二者在饲养管理上则有所不同，必须按不同年龄和发育特点予以区别对待。

（一）育成公牛的饲养

育成公牛的生长比育成母牛快，因而需要的营养物质较多，特别需要以补饲精料的方式提供营养，以促进其生长发育和性欲的发展。对育成公牛的饲养，应在满足一定量精料供应的基础上，令其自由采食优质的精、粗饲料。6～12 月龄，粗饲料以青草为主时，精、粗饲料占饲料干物质的比例为 55：45；以干草为主时，其比例为 60：40。在饲喂豆科或禾本科优质牧草的情况下，对于周岁以上育成公牛，混合精料中粗蛋白质含量以 12% 左右为宜。

（二）育成公牛的管理

在管理上，育成公牛应与大龄母牛隔离，且与育成母牛分群饲养。留种公牛 6 月龄开始带笼头，拴系饲养。为便于管理，到 8～10 月龄时就应进行穿鼻带环，用皮带拴系好，沿公牛额部固定在角基部，鼻环以不锈钢的为最好。牵引时，应坚持左右侧双绳牵导。对烈性公牛，需用勾棒牵引，由一个人牵住缰绳的同时，另一人两手握住勾棒，勾搭在鼻环上以控制其行动。肉用商品公牛运动量不易过大，以免因体力消耗太大影响育肥效果。对种用公牛的管理，必须坚持运动，上午、下午各进行 1 次，每次 1.5～2 小时，行走距离 4 千米，运动方式有旋转架、套爬犁或拉车等。若运动不足或长期拴系，会使公牛性情变坏，精液质量下降，易患肢蹄病和消化道疾病等，但运动过度或使役过劳，对公牛的健康和精液质量同样有不良影响。每天刷拭 2 次，每次刷拭 10 分钟，经常刷拭不单有利于牛体卫生，还有利于人牛亲和，且能达到调教驯服的目的。此外，洗浴和修蹄也是管理育成公牛的重要操作项目。

第三节　母牛的饲养管理

人们饲养肉用种母牛，期望母牛的受胎率高、泌乳性能高、哺育犊牛的能力强、产犊后返情早；期望产生的犊牛质量好，初生重、断奶重、断奶成活率高。

一、母牛饲养中的关键性营养问题

1. 对繁殖母牛，应该牢记能量是比蛋白质更重要的限制因子。

2. 缺乏磷对繁殖率有不良影响。

3. 补充维生素 A，可以提高青年母牛的繁殖率。

4. 产犊前后 100 天的饲料、饲养状况能对母牛的发情率和受胎率起决定作用。产犊后，由于母牛产奶增加，对饲料的需要量大幅度增加。因此，哺乳期母牛的营养需要量要比妊娠期高 50%，否则会导致母牛体重下降，不能发情或受孕。

5. 在怀孕期间，母牛的增重至少要超过 45 千克，产犊后每天增重 0.25 ~0.3 千克，直到配种完毕。如果母牛产犊时体况瘦弱，产后的日增重应该达到 0.3 ~0.9 千克，这样产犊前每天需要饲喂 6 ~10千克中等质量的干草，产犊后每天要饲喂 6 ~ 12.7 千克干草加 2 千克精料，同时应注意蛋白质、无机盐和维生素的供应。

6. 母牛有无营养性繁殖疾病可以从以下三点来判断：①在发情季节能按正常周期（21 天）发情和配种的母牛很少；②第一次配种的受胎率很低；③犊牛 2 周内的成活率很低。

二、妊娠母牛的饲养管理

母牛妊娠后，不仅本身生长发育需要营养，而且还要满足胎儿生长发育的营养需要和为产后泌乳进行营养蓄积。因此，要加强妊娠母牛的饲养管理，使其能够正常的产犊和哺乳。

1. 加强妊娠母牛的饲养：母牛在妊娠初期，由于胎儿生长发育较慢，其营养需求较少，因此对妊娠初期的母牛按空怀母牛进行饲养即可。母牛妊娠到中后期尤其是妊娠最后的 2～3 个月加强营养显得特别重要，此期间的母牛营养直接影响着胎儿生长和本身营养蓄积。如果此期间营养缺乏，容易造成犊牛初生重低、母牛体弱和奶量不足，严重缺乏营养时会造成母牛流产。

舍饲妊娠母牛，要依妊娠月份的增加调整日粮配方，增加营养物质供给量。对于放牧饲养的妊娠母牛，多选择优质草场、延长放牧时间、牧后补饲饲料等方法加强母牛营养，以满足其营养需求。在生产实践中，应对妊娠后期母牛每天补喂 1～2 千克精饲料。同时，既要防止过度饲养，又要注意妊娠母牛过肥，尤其是头胎青年母牛，以免发生难产。在正常的饲养条件下，使妊娠母牛保持中等膘情即可。

2. 做好妊娠母牛的保胎：在母牛妊娠期间，应注意防止其流产、早产，这一点对放牧饲养的牛群显得更为重要。生产中应将妊娠后期的母牛同其他牛群分别组群，单独放牧在附近的草场，放牧时不要鞭打驱赶以防惊群，防止母牛之间互相挤撞；雨天不要放牧和进行驱赶运动，防止滑倒；不要在有露水的草场上放牧，也不要让牛采食大量易产气的幼嫩豆科牧草，不采食霉变饲料，不饮带冰碴水。

对舍饲妊娠母牛应每日运动 2 小时左右，以免过肥或运动不足。要注意对临产母牛的观察，及时做好分娩助产的准备工作。

三、哺乳母牛的饲养管理

（一）舍饲哺乳母牛的饲养管理

母牛产犊 10 天内，尚处于身体恢复阶段，要限制精饲料及根茎类饲料的喂量。此期若饲养过于丰富，特别是精饲料供给量过多，母牛食欲不好、消化失调，易加重乳房水肿或发炎，有时因钙、磷代谢失调而发生乳热症等，这种情况在高产母牛身上极易出现。因此，对于产犊后体况过肥或过瘦的母牛都必须进行适度饲养。对体弱母牛，产后 3 天内只喂优质干草，4 天后可喂给适量的精饲料和多汁饲料，并根据乳房及消化系统的恢复状况，逐渐增加供给量，但每天增加的精料量不得超过 1 千克。若母牛产后乳房没有水肿、体质健康、粪便正常，在产犊后的第一天就可饲喂多汁料和精料，到 6 ~ 7 天后即可增至正常喂量。

头胎母牛产后若饲养不当易出现酮病——血糖降低、血和尿中酮体增加，表现食欲不佳、产奶量下降和出现神经症状。其原因是饲料中富含碳水化合物的精料喂量不足，而蛋白质供给量过高所致。实践中应给予高度重视。

在饲养肉用哺乳母牛时，应正确安排饲喂次数，一般以日喂 3 次为宜。

（二）放牧哺乳母牛的饲养管理

夏季应以放牧管理为主。放牧期间的充足运动和阳光浴及牧草中所含的丰富营养，可促进牛体的新陈代谢，改善繁殖机能，提高泌乳量，增强母牛和犊牛的健康。因为青绿饲料中含有丰富的粗蛋白质，以及各种必需氨基酸、维生素、酶和微量元素，经过放牧的哺乳母牛体内血液中血红素含量增加，胡萝卜素和维生素 D 等贮备较多，因此放牧饲养可以提高对各种疾病的抵抗能力，放牧饲养前必须做好以下几项准备工作。

1. 放牧场设备的准备：在放牧季节到来之前，要检修房舍、棚圈及篱笆，确定水源和饮水后临时休息点，整修道路。

2. 牛群的准备：包括修蹄、去角、驱除体内外寄虫、检查牛号、母牛的称重及组群等。

3. 从舍饲到放牧的过渡：母牛从舍饲到放牧管理要逐步进行，一般需7～8天的过渡期。当母牛被赶到草地放牧前，要用粗饲料、半干贮及青贮饲料预饲，日粮中要有足量的纤维素以维持正常的瘤胃消化。若冬季日粮中多汁饲料很少，过渡期应延长至10～14天。放牧时间由开始时的每天放牧2～3小时，逐渐过渡到末尾的每天12小时。

为了预防青草抽搐症，春季当牛群由舍饲转为放牧时，开始1周内不宜吃得过多，放牧时间不宜过长，每天至少补充2千克干草；同时注意不宜在牧场施用过多钾肥和氨肥，而应在易发本病的地方增施硫酸镁。

由于牧草中含钾多而含钠少，要特别注意食盐的补给，以维持牛体内的钠钾平衡。其补盐方法：可配合在母牛的精料中喂给，也可在母牛饮水的地方设置盐槽，供其自由舔食。

四、空怀母牛的饲养管理

空怀母牛的饲养管理，主要是围绕提高受配率、受胎率，充分利用粗饲料，降低饲养成本而进行的。繁殖母牛在配种前应具有中上等膘情，过瘦过肥往往都会影响繁殖。在日常饲养管理工作中，倘若喂给过多的精料而又运动不足，易使母牛过肥，造成不发情。在肉用母牛的饲养管理中，这是最常出现的，必须加以注意。但在饲料缺乏、母牛瘦弱的情况下，碘会造成母牛不发情而影响繁殖。这种情况多见于早歉收的年景或草畜比例失调的地区。实践证明，如果母牛前一个泌乳期内给以足够的平衡口粮，同时劳役较轻，管理周到，能提高母牛的受胎率。瘦弱母牛配种前1～2个月加强饲养，适当补饲精料，也能提高受胎率。

母牛发情，应及时予以配种，防止漏配和失配。对初配母牛，应加强管理，防止野交早配。经产母牛产犊后3周内要注意其发情情况，对发情不正常或不发情者，要及时采取措施。一般母牛产后1～3个情期，发情排卵比较正常，随着时间的推移，犊牛体重增大，消耗增多，如果不能及时补饲，往往母牛膘情下降，发情排卵受到影响。因此，产后多次错过发情期，则情期受胎率会越来越低。如果出现此种情况，应及时进行直肠检查，摸清情况，慎重处理。

母牛出现空怀，应根据不同情况加以处理。造成母牛空怀的原因有先天和后天两个方面。先天不孕一般是由于母牛生殖器官发育异常，如子宫颈位置不正、阴道狭窄、幼稚病、异性孪生的母犊和两性畸形等；先天性不孕的情况较少，在育种工作中淘汰那些隐性基因的携带者，就能加以解决。后天性不孕主要是由于营养缺乏、饲养管理及使役不当及生殖器官疾病所致。

若成年母牛因饲养管理不当造成不孕，在恢复正常营养水平后，大多能够自愈。在犊牛时期，由于营养不良导致生长发育受阻，影响生殖器官正常发育而造成的不孕，则很难用饲养方法补救。若育成母牛长期营养不足，则往往导致初情期推迟，初产时出现难产或死胎，并且影响以后的繁殖力。

运动和日光浴对增强牛群体质、提高牛的生殖机能有密切关系。牛舍内通风不良，空气污浊，含氨量每立方米超过0.02毫克，夏季闷热、冬季寒冷、过度潮湿等恶劣环境极易危害牛体健康，敏感的个体很快停止发情。因此，改善饲养管理条件十分重要。

第七章　肉牛的育肥技术

第一节　育肥方式的选择

肉牛育肥方式，一般可分为放牧育肥、半舍饲半放牧育肥和舍饲育肥等三种方式。

一、放牧育肥方式

放牧育肥是指从犊牛到出栏牛，完全采用草地放牧而不补充任何饲料的育肥方式，也称草地畜牧业。这种育肥方式适于人口较少、土地充足、草地广阔、降水量充沛、牧草丰盛的牧区和部分半农半牧区。例如，新西兰肉牛育肥基本上以这种方式为主，一般自出生到饲养至18个月龄，体重达400千克便可出栏。

如果有较大面积的草山草坡可以种植牧草，在夏天青草期除供放牧外，还可保留一部分草地用于收割调制青干草或青贮料作为越冬饲用。这种方式也可称为放牧育肥，且最为经济，但饲养周期长。

二、半舍饲半放牧育肥方式

夏季青草期牛群采取放牧育肥，而寒冷干旱的枯草期则把牛群置于舍内圈养，这种半集约式的育肥方式称为半舍饲半放牧育肥。此法通常适用于半农半牧地区或牧区，因为当地夏季牧草丰盛，可以满足肉牛生长发育的需要，而冬季低温少雨，牧草生长不良或不能生长。

采用半舍饲半放牧育肥应将母牛控制在夏季牧草期开始时分娩，犊牛出生后随母牛放牧自然哺乳，这样，因母牛在夏季有优良青嫩牧草可供采食，故泌乳量充足，能哺育出健康犊牛。当犊牛生长至5~6个月龄时，断奶重达100~150千克，随后采用舍饲，补充一点精料过冬。在第2年青草期，采用放牧育肥，冬季再回到牛舍舍饲3~4个月即可达到出栏标准。

此法的优点是：可利用最廉价的草地放牧，犊牛断奶后可以低营养过冬，第二年在青草期放牧又能获得较理想的补偿增长。同时在屠宰前还有3~4个月的舍饲育肥，胴体肉质优良。

三、舍饲育肥方式

肉牛从出生到屠宰全部实行圈养的育肥方式称为舍饲育肥。舍饲的突出优点是使用土地少、饲养周期短、牛肉质量好、经济效益高。缺点是投资多、需较多的精料，适用于人口多、土地少、经济较发达的地区。舍饲育肥方式又可分为拴饲和群饲。

（一）拴饲

舍饲育肥较多的肉牛时，每头牛分别拴系给料称之为拴饲。其优点是便于管理，能保证同期增重，饲料报酬高。缺点是运动少，影响生理发育，不利于育肥前期增重。一般情况下，给料量一定时，拴饲效果较好。

（二）群饲

群饲问题是由牛群数量多少、牛床大小、给料方式及给料量引起的。一般6头为一群，每头所占面积4平方米。为避免斗架，育肥初期可多些，然后逐渐减少头数；或者在给料时，用链或连动式颈枷保定。如在采食时不保定，可设简易牛栏像小室那样，将牛分开自由采食，以防止抢食而造成增重不均。发现有被挤出采食行列而怯食的牛，应另设饲槽单独喂养。

群饲的优点是节省劳动力，牛不受约束，利于生理发育。缺点是一旦抢食，体重会参差不齐；在限量饲喂时，应该用于增重的饲料反转到运动上，降低了饲料报酬。当饲料充分、自由采食时，群饲效果较好。

牦牛舍饲育肥期为4个月。第1个月为适应阶段，每天补饲颗粒饲料2.5千克，干草2.5千克；第2个月，每天补饲精料7.5千克，干草2千克；第3个月，每天补饲精料10千克，干草2千克；第4个月，每天补饲精料12千克，干草2千克。

第二节　犊牛育肥技术

犊牛育肥饲养可分为三个时期：即犊牛期、育成期和催肥期。采用舍饲与全价日粮饲喂的方法，经过16~18月龄的饲喂期，体重达到500千克以上，全期日增重0.8~1千克，消耗日粮精饲料约2千克/天。

一、犊牛的选择

（一）品种

一般利用奶牛业中不作种用公犊和肉牛杂种牛犊进行育肥。在我国多数地区以黑白花奶牛公犊为主，主要原因是黑白花奶牛公犊前期生长快、育肥成本低，且便于组织生产。

（二）性别、年龄与体重

一般选择初生重不低于35千克，无缺损、健康状况良好的初生公牛犊。

（三）体形外貌

选择头方大、前管围粗壮、蹄大的犊牛。

二、饲养管理技术

犊牛是从出生到6月龄的牛。一般按月龄、断奶情况分群管理，可分为哺乳犊牛0～3月龄、断奶后犊牛3～6月龄。

（一）营养需要

哺乳期60～90天，全期哺乳量300～400千克，精料喂量185千克，干草喂量170千克。期末体重达155～170千克。

（二）喂常乳、喂料

犊牛提早补饲，在7日龄以后转喂常乳，并开始饲喂开食料，并且料—奶—水分开饲喂。

（三）断奶

犊牛10日龄开始采食干草，6月龄以前增至2.0～2.5千克，60日龄开始加喂青贮。首次喂量100～150克，5～6月龄，青贮平均头日喂量3～4千克，优质干草1～2千克。日粮钙：磷比例不宜超过2∶1。随着日龄增长，开食料也相应增加，3月龄料量逐渐增加到1～1.5千克，可以断奶。断奶后，按犊牛的月龄、体重进行分群，把年龄、体重相近的犊牛放在同群中。

（四）饮水

早期断奶的犊牛，需要采食干物质量的6～7倍水。除了在喂奶后加必要的饮用水外，还应设水槽供水，早期（1～2月龄）要供温水并且水质也要经过测定。

（五）卫生消毒

犊牛饲养要保持干净，如采用奶桶喂奶，在哺乳后用0.5%高锰酸钾溶液浸泡毛巾（40℃）将犊牛的嘴鼻周围残留的乳汁及时擦净；哺乳用具每用1次就应该清洗、消毒1次；犊牛围栏、牛床应定期清洗、消毒，保持干燥。一般采用软毛刷刷拭犊牛皮肤，每天1～2次。

（六）运动和调教

保持一定时间的日光浴。犊牛出生1周后就可在圈内或笼内自由运动，10天以后还可到舍外的运动场上做短时间的运动，一般开始时每次运动半小时，一天运动1～2次。随着日龄的增长可延长运动时间。

（七）转群

断奶后进行布鲁氏病和结核病的检疫，进行口蹄疫疫苗和炭疽芽孢苗的免疫接种。满6月龄时称体重、测体尺，转入育成牛群饲养。

（八）疾病预防

每日多次观察犊牛状态，一查犊牛疾病监控和精神状态；二查食欲情况和生长发育情况；三查粪便变化，包括食欲、粪便。最好能定期进行体温、呼吸及血尿常规的检查，以做到疾病的预防和及早发现。食欲和粪便应每日进行观察，如发现异常，最好及时进行处置。

三、育肥期和催肥期的饲养管理

（一）育肥期和催肥期的饲养

1. 育肥期的饲养：育肥期一般为150天，平均日进食干物质6千克，日粮中粗纤维与精料比例为11∶9，粗蛋白含量12%。育肥期饲料的参考配方为豆粕19.6%～22.4%，小苏打1%，青贮秸秆42.2%～44.2%，酒糟26.4%～27.1%。

2. 催肥期的饲养：催肥期为100～130天，催肥牛预期日增重1.2千克，体重可达到500千克以上。催肥期饲料的参考配方为玉米面35.5%，豆粕9.2%，小苏打1%，食盐0.3%，青贮秸秆54%。

（二）育肥期和催肥期的管理

1. 转舍准备：犊牛 6 月龄后转入育肥舍饲养。牛只转入育肥舍前，对育肥舍地面、墙壁用2% 火碱溶液喷洒，器具用1% 新洁尔灭溶液或0.1% 高锰酸钾溶液消毒。

2. 驱虫：6 月龄犊牛采用伊维菌素进行驱虫处理，用量为每千克体重 0.2 克。注射完伊维菌素 2 ~5 小时，要在牛舍观察牛只情况，如有异常及时进行解毒处理。

3. 饲喂：日饲喂 3 次，经常观察牛采食、反刍、排便和牛的精神状况等，如发现异常及时诊治。

4. 饮水：禁止饲喂冰冻的饲料和饮用冰冷的水，冬季要饮温水。一般在喂后 1 小时饮水。

5. 刷拭：3 ~5 天刷拭牛体 1 次，保持牛体卫生。

6. 出栏：当肉牛 16 ~ 19 月龄，体重达 500 千克，且全身肌肉丰满，即可出栏。

第三节　青年牛育肥技术

一、舍饲强度育肥

青年牛是指从性成熟到体成熟的阶段，在年龄上一般为 6 ~ 24 月龄阶段。在这一阶段，牛处于生长最强烈、代谢最旺盛的时期，生长发育最快，体重的增加呈直线上升。青年牛的舍饲强度育肥，一般分为适应期、增肉期和催肥期三个阶段。

1. 适应期：刚进舍的断乳犊牛不适应舍饲环境，一般要有 1 个月左右的适应期。此期应让其自由活动，充分饮水，饲喂少量优质青草或干草，麸皮每日每头 0.5 千克，以后逐步加麸皮喂量。当犊牛能进食麸皮 1～2 千克时，逐步换成育肥料。其参考配方为酒糟 5～10 千克，干草 15～20 千克，麸皮 1～1.5 千克，食盐 30～35 克。

2. 增肉期：一般 7～8 个月，分为前后两期。前期日粮参考配方为酒糟 10～20 千克，干草 5～10 千克，麸皮、玉米粗粉、豆饼类各 0.5～1 千克，尿素 50～70 克，食盐 40～50 克。喂尿素时将其溶解在水中，与酒糟或精料混合饲喂，切忌放在水中让牛饮用，以免中毒。后期参考配方为酒糟 20～25 千克，干草 2.5～5 千克，麸皮 0.5～1 千克，玉米粗粉 2～3 千克，饼类 1～1.3 千克，尿素 125 克，食盐 50～60 克。

3. 催肥期：此期主要是促进牛体膘肉丰满，沉积脂肪，一般为两个月。日粮参考配方为酒糟 20～30 千克，干草 1.5～2 千克，麸皮 1～1.5 千克，玉米粗粉 3～3.5 千克，饼类 1.25～1.5 千克，尿素 150～170 克，食盐 70～80 克。为提高催肥效果，可使用瘤胃素，每日 200 毫克，混于精料中饲喂，体重可增加 10%～20%。

肉牛舍饲强度育肥要掌握短缰拴系（缰绳长 0.5 米），先粗后精，最后饮水，定时定量饲喂的原则，每日饲喂 2～3 次，饮水 2～3 次。喂精料时应先取酒糟用水拌湿，或干、湿酒糟各半混均，再加麸皮、玉米粗粉和食盐等。牛吃到最后时加入少量玉米粗粉，使牛把料吃净。饮水在给料后 1 小时左右供给，给予 15～25℃清洁温水。

舍饲强度育肥的育肥场形式有全露天育肥场，无任何挡风屏障或牛棚，适于温暖地区；半露天育肥场，有挡风屏障；有简易牛棚的育肥场；全舍饲育肥场，适于寒冷地区。以上形式应根据投资能力和气候条件而定。

二、放牧补饲强度育肥

放牧补饲强度育肥是指犊牛断奶后进行越冬舍饲，到第二年春季结合放牧适当补饲精料一种强化育肥的方法。此种育肥方式精料用量少，每增重 1 千克约消耗精料 2 千克。但日增重较低，平均日增重在 1 千克以内。15 个月龄体重为 300～350 千克，8 个月龄体重为 400～450 千克。

放牧补饲强度育肥饲养成本低、育肥效果较好，适合于半农半牧区。采用放牧补饲强度育肥，应注意不要在出牧前或收牧后立即补料，而应在回舍数小时后补饲，否则会减少放牧时牛的采时量。当天气炎热时，应早出晚归，中午多休息，必要时夜牧。当补饲时，如粗料以秸秆为主，其精料参考配方如下：1～5 月份，玉米面 60%，油渣 30%，麦麸 10%；6～9 月份，玉米面 70%，油渣 20%，麦麸 10%。

三、粗饲料为主的育肥

粗饲料为主的育肥方法又可分为青贮玉米为主的育肥法和干草为主的育肥法两种。

1. 青贮玉米为主的育肥法：青贮玉米是高能量饲料，蛋白质含量较低，一般不超过 2%。以青贮玉米为主要成分的日粮，要获得高日增重，要求搭配 1.5 千克以上的混合精料。其参考配方见表 7－1。

表 7－1　体重 300～350 千克育肥牛参考配方（单位：千克）

饲　料	一阶段	二阶段	三阶段
青贮玉米	30	30	25
干草	5	5	5
混合精料	0.5	1.0	2.0
食盐	0.03	0.03	0.03
无机盐	0.04	0.04	0.04

注：育肥期为 90 天，每阶段各 30 天。

以青贮玉米为主的育肥法，增重的高低与干草的质量、混合精料中豆粕含量有关。如果干草是苜蓿、沙打旺、红豆草、串叶松香草或优质禾本科牧草，精料中豆粕含量占一半以上，则日增重可达1.2千克以上。

2. 干草为主的育肥法：在盛产干草的地区，秋冬季能够贮存大量优质干草，可采用干草为主的育肥法。具体方法是：优质干草随意采食，日加1.5千克精料。实践证明干草的质量对增重效果起关键性作用，豆科和禾本科混合干草饲喂效果较好，而且还可节约精料。

第四节　架子牛的快速育肥

架子牛的快速育肥也称后期集中育肥，是指犊牛断奶后，在较粗放的饲养条件饲养到2～3周岁，体重达到300千克以上时，采用强度育肥方式集中育肥3～4个月，充分利用牛的补偿生长能力，达到理想体重和膘情后屠宰。这种育肥方式成本低、精料用量少、经济效益较高，应用较广。架子牛的育肥要注意以下几个环节。

一、购牛前的准备

1. 圈舍准备：购牛前1周，应将牛舍粪便清除，用水清洗后，用2%火碱溶液对牛舍地面、墙壁进行喷洒消毒，用0.1%高锰酸钾溶液对器具进行消毒，最后再用清水清洗1次。如果是敞圈牛舍，冬季应扣塑膜暖棚，夏季应搭棚遮荫，通风良好，使其温度不低于5℃。

2. 饲料准备：饲草料应尽量就地取材，以降低育肥成本。根据育肥场规模大小，备足饲料饲草。同时，充分利用作物秸秆，如稻草、花生秧等，以及利用食品加工业的副产品，如饼粕、淀粉渣、豆渣、酒糟等。

二、架子牛的选购

1. 品种与体重：各地应根据当地的实际情况，优先考虑选择西门塔尔、夏洛来、皮埃蒙特等优良肉牛品种与地方优良品种母牛的杂交后代牛作为架子牛；其次也可选择较好的本地品种牛。架子牛体重在250~350千克之间。

2. 年龄与性别：选择15~18月龄的公牛为宜。研究表明，公牛2岁前开始育肥，生长速度快、瘦肉率高、饲料报酬高。2岁以上的公牛，宜去势后育肥，否则不便管理。

3. 外貌与健康状况：选择与年龄相称，生长发育良好的架子牛。外貌特征为：身体各部位匀称，形态清晰且不丰满，体型大，体躯宽深，腹大而不下垂，背腰宽平，四肢端正，皮肤薄、柔软有弹性。健康状况为：健康活泼、食欲好、被毛光亮、鼻镜湿润有水珠、粪便正常、腹部不膨胀。

三、架子牛的运输和管理

肉牛运输是肉牛育肥及母牛繁殖生产中重要的技术环节。在运输过程中，如果缺乏周密、科学的计划安排和精细的管理，采用的方法不当，将直接影响到以后肉牛养殖的经济效益。肉牛不论是赶运，还是车辆装载运输，都会因生活条件及规律的变化而改变牛正常的生活节奏和生理活动，使其处于适应新环境条件的被动状态，这种反应称为应激反应。应激反应越大，恢复期的饲养时间就越长，受损失也越大。为了减少应激反应造成的牛只掉重或伤病损失等，应做到科学运输。

肉牛运输常用的工具有火车，这种方式运费较低、时间长；另一种方式是汽车运输，这种方式时间较短、灵活，但运费较高。经综合比较，汽车运输优于火车，目前普遍采用汽车运输。

汽车运输主要包括影响肉牛掉重和损失的因素、运输过程和恢复期的饲养管理等内容。

（一）影响牛掉重和损失的因素

1. 运输前，牛只饲喂越饱，饮水越多，运输掉重就越大。

2. 犊牛和青年牛运输掉重的绝对量低于大龄牛，相对量则高于大龄牛。

3. 牛只大小、强弱混载也会造成较高的掉重和损失。

4. 适宜温度（7～16℃）下运输掉重少，在炎热条件下运输较在寒冷条件下运输掉重多，造成牛只损失的风险亦大。

5. 汽车驾驶员技术好、经验丰富、路况熟悉，运输牛只掉重少。

6. 运输时间越长，牛只掉重越多；公路路况不好，运输牛只掉重多。

7. 在距离相同时，用汽车运输牛只掉重少于铁路运输。

8. 超载时运输牛只掉重和损失大于正常装载。

9. 运输前对牛只采取药物镇静，可以减少运输牛只掉重。

（二）运输

1. 运输前的准备

（1）牛只健康证件：包括非疫区证明、防疫证、车辆消毒证件等。

（2）车辆：要求驾驶员运输证件齐全、车况良好。如单层车辆护栏高度不低于1.4米，加装顶棚，以避免雨淋、曝晒；车厢底部应放置沙土、干草、麦秸、稻草等防滑垫料。

（3）预防或减少应激反应：牛只选好后，有条件时应在当地暂养3～5天，让新购牛合群，并观察健康状况，确保牛只健康后方可装运。运输前2～3天开始，每头牛每日口服或注射维生素A 25万～100万国际单位。在装运前，以2.5%氯丙嗪肌肉注射，每100千克活重剂量为1.7毫升，此法在短途运输中效果更好。装运前6～8小时停止饲喂青贮饲料、麸皮、青草等具有轻泻性饲料和易发酵饲料，同时装运前2～3小时不能过量饮水。

2. 装运

（1）装车：设置装牛台，装车过程中切忌任何粗暴行为（鞭、棒打）对待牛只，这种行为将导致应激反应加重，造成牛只不必要的掉重和损失。①合理装载：每头牛根据体重大小应占有的面积为体重300千克以下每头0.7～0.8平方米，300～350千克每头1.0～1.1平方米，400千克每头1.2平方米，500千克以上每头1.3～1.5平方米，妊娠中、后期的母牛每头2.0平方米。②牛只可拴系或不拴系：一般体重较小（300千克以下）可不拴系；拴系的牛只头、尾颠倒依次交替拴系，无角的牛只可带笼头。拴系的绳子不要过长或过短。

（2）运输：肉牛调运季节最好是春、秋季，冬季气候寒冷调运要做好防寒，夏季气温高则不宜调运。

根据调运地点及道路情况，确定运输路线。车速不宜超过70千米/小时，且匀速。转弯和停车前均要先减速，避免急刹车，尤其在上、下坡和转弯时一定要缓行。

押运员备有手电和刀具（割缰绳用）。运输途中每隔2～3小时应检查一次牛只状况，及时将趴卧的牛只扶起（拉拽、折尾、针刺尾根，甚至用方便袋闷捂口鼻等办法使其站立起来），以防被踩伤等。

在长途运输过程中，应保证牛只每天饮水2～3次，每头牛每天采食干草3～5千克。

运牛车辆到达目的地后，利用装、卸牛台，让牛只自行走下车，也可用饲草引导牛只下车，切忌粗暴赶打。然后根据牛只体重大小、强弱进行分群（围栏散养）或固定槽位拴系。妊娠母牛要单独组群或拴系管理。当天夜里设专人不定时观察牛只状况，发现问题及时处理。

四、架子牛快速育肥的饲养管理

（一）适应期

架子牛进场后先隔离观察15天，让牛适应新的环境，调整胃肠机能，增进食欲。第1天，称重、测量体温，发现体温较高或有其他异常情况的牛，应单独隔开管理，用清热解毒中草药保健治疗；在牛到场3～4小时后第一次饮水，水中加适量的食盐，少饮多次，切忌暴饮，稻草自由采食。第2天，饮水仍少饮多次，稻草自由采食，食槽内可适量掺撒些麸皮、玉米粉。第3天，饮水2次，开始喂混合精料，加入少量的青饲料和粗饲料。第4～7天，精料饲喂量逐步增加到每头每日1.5千克，青饲料和粗饲料（酒糟、豆渣等）适量，每日让牛采食七成饱即可。第8～15天，要进行穿鼻、打耳号建档，期间完成驱虫健胃，免疫注射，注意观察牛的食欲、粪便、精神状况及鼻镜汗珠等情况，作好记录，发现异常，及时隔离处理。到场20天以后饲料采食恢复正常，按品种、年龄、体重分群饲养，进入育肥牛舍。

1. 驱虫：架子牛入栏后应立即进行驱虫。常用的驱虫药物有阿弗米丁、丙硫苯咪唑、敌百虫、左旋咪唑等。应在空腹时进行，以利于药物吸收。驱虫后，架子牛应隔离饲养2周，其粪便消毒后，进行无害化处理。

2. 健胃：驱虫3日后，为增加食欲，改善消化机能，应进行一次健胃。常用于健胃的药物是人工盐，其口服剂量为每头每次60～100克。

（二）育肥期

架子牛育肥可分为育肥前期、育肥中期和育肥后期等3个阶段。

1. 育肥前期：为2个月左右。当架子牛转入育肥栏后，要诱导牛采食育肥期的日粮，逐渐增加采食量。日粮中精饲料饲喂量应占体重的0.6%，自由采食优质粗饲料（青饲料或青贮饲料、糟渣类等），以青饲料为主。日粮中蛋白质水平应控制在13%～14%，钙含量0.5%，磷含量0.25%。

2. 育肥中期：为5～6个月。精饲料饲喂量占体重的0.8%～1.0%，自由采食优质粗饲料（切短的青饲料或青贮饲料、糟渣类等）。日粮能量水平逐渐提高，蛋白质含量应控制在11%～12%，钙含量0.4%，磷含量0.25%。

3. 育肥后期（催肥期）：为50～60天。主要是减少牛的运动，降低热能消耗，促进牛长膘、沉积脂肪，提高肉品质。日粮中精饲料采食量逐渐增加，由占体重的1.0%增加至1.5%以上；粗饲料逐渐减少，当日粮中精料增加至体重的1.2%～1.3%时，粗饲料约减少2/3。此期日粮中能量浓度应进一步提高，蛋白质含量应进一步下降到9%～10%，钙含量0.3%，磷含量0.27%。

（三）日常管理

1. 饲喂：饲料种类应尽量多样化，粗饲料要求切碎，不喂腐败、霉变、冰冻或带砂土的饲料。每日饲喂2次，要求先粗后精，少喂勤添，饲料更换要采取逐渐过渡的饲喂方式。

2. 分群：育肥前应根据育肥牛的品种、体重、性别、年龄、体质及膘情情况合理分群饲养，便于根据不同生理状态采取不同的饲料和饲养管理方式，促进牛的生长，提高劳动效率和经济效益。拴系饲养时，牛群的大小应以便于饲喂为前提进行合理组群。

3. 驱虫和消毒防疫：架子牛过渡饲养期结束，转入育肥期之前，应做一次全面的体内外驱虫和防疫注射；进行强度育肥前亦要驱虫1次。对于放牧饲养的牛应定期驱虫。牛舍、牛场应定期消毒。每出栏一批牛，牛舍同样要彻底进行清扫消毒。

4. 限制运动：拴系舍饲育肥方式，可定时牵到运动场适当运动。运动时间夏季在早晚，冬季在中午。放牧饲养方式，在育肥后期一定要缩短放牧距离，减少运动，增加休息，以利于营养物质在体内沉积。

5. 刷拭牛体：每日刷拭牛体，可促进血液循环，提高代谢水平，有助于牛增重。一般每天用棕毛刷或钢丝刷刷拭 1～2 次，刷拭顺序应由前向后，由上向下。

6. 日常管理：定期称重，并根据增重情况合理调整日粮配方；饲养人员要注意观察牛的精神状况、食欲、粪便等情况，发现异常应及时报告和处理；应建立严格的生产管理制度和生产记录。

7. 出栏：架子牛一般经过 6～10 个月的育肥后，食欲下降、采食量骤减、喜卧不愿走动时，就要及时出栏。

（四）日粮配方

在架子牛育肥的日粮中以青粗饲料或酒糟、甜菜渣等加工副产物为主，适当补饲精料。精粗饲料比例按干物质计算为 1：1.2～1.5，日干物质采食量为体重的 2.5%～3%。其参考配方见表 7－2。

表 7－2　架子牛育肥的日粮配方

	干草或青贮玉米秸（千克）	酒糟（千克）	玉米粗粉（千克）	饼类（千克）	盐（克）
1～15 天	6～8	5～6	1.5	0.5	50
16～30 天	4	12～15	1.5	0.5	50
31～60 天	4	16～18	1.5	0.5	50
61～100 天	4	18～20	1.5	0.5	50

第五节　淘汰、老弱牛的育肥

淘汰、老弱牛是育肥肉牛的一个来源。造成老弱牛的原因主要有四个方面：一是劳累过度，体力消耗过多（退役牛）；二是体内有寄生虫；三是牛胃肠消化机能紊乱，消化吸收功能不好；四是长期的粗放饲养，造成营养不良体质瘦弱的牛。这些牛具有体型大、出肉量多的特点，但也存在屠宰率低、肉质较差等不足。因此，对还有潜力的老残牛、淘汰牛要进行屠宰前短期育肥，可以提高其产肉效率，获取更大的经济效益。

一、选择育肥牛和育肥季节

淘汰、老弱牛在育肥之前，首先应做好全面检查。病牛或采食困难的牛都不应育肥。育肥季节可在秋、冬、春三季进行，育肥时间为 3 个月。

二、育肥方法

老年牛大多体质较差，影响育肥效果。因此，首先加以调整，进行健胃、复壮等，有利于提高育肥的效果。

（一）老牛壮膘法

黄荆子（炒黄）100～150 克，研成细末，掺入饲料内喂服，两天 1 次，15 天有效；也可用红糖、红枣各 250 克，当归 150 克，煎汤去渣喂牛，每天 1 次，7 天后见效。

（二）提高食欲

玉米或小麦 2.5 千克，发芽后磨碎，每天喂 0.25 千克，连喂 10～15 天。

（三）健胃法

苍术50克，甘草50克，焦三仙200克，水煎服，每日1剂，连服3天；生石膏60克，知母50克，淡竹叶50克，麦芽100克，山楂100克，神曲100克，甘草50克，水煎服，每日1剂，连服3天。

（四）消化力差复壮法

健曲、人工盐、生长素，按3∶2∶1的比例混合，每天50克，分2次拌入草料喂牛，7天见效；或把胡萝卜煮熟用猪油搅拌，日喂3千克；或生熟萝卜各半，日喂3～4千克。

三、饲养管理

（一）适宜环境

育肥牛应密集排列在舍内，减少牛的活动；饲养在较暗的环境中有利于增膘；保持育肥场地环境的安静和牛舍的清洁卫生，通风良好，牛槽和饲具经常刷洗，夏天应每天彻底消毒1次。

（二）采用舍饲拴桩法饲养

不放牧，不运动，缰绳拴短，35～40厘米即可。

（三）青草期放牧补饲育肥

此法可充分利用青草旺季，发挥尿素作用，短期快速催肥，有明显经济效益。选择250千克体重的肉牛采取白天野外放牧，早、中、晚舍饲三次。混合日粮配方是玉米面1.5千克，人工盐50克，尿素50克。青草自由采食，吃饱为宜。

（四）防止饲料酸中毒

在日粮中加精饲料量3%～5%小苏打或每头每天加喂瘤胃素250～360毫升，并不喂发霉、变质、冰冻和带沙土的饲料。

（五）保持育肥牛清洁卫生

有条件的育肥牛场每天刷拭牛体1次，每日清除粪尿2～3次，保持牛舍干燥、清洁卫生。

（六）加强检查

兽医人员应实行现场巡回检查，防重于治，由被动治病变为防先于治。

（七）适时出栏

催肥牛出栏取决于两点：一是催肥完成，二是效益最佳。在催肥后期要注意观察牛的生长状况，适时定期称重，当发现其膘情良好，而生长速度明显减慢时，即可考虑出栏。此时牛皮毛光亮，肌肉丰满外露，有背槽，臀圆形，公牛阴囊和母牛乳房都已沉积有脂肪，这时市场价格看好，可迅速出售；若市场疲软，应结合实际进行综合分析，然后决定是继续饲养，还是果断出栏销售。

第六节　高档牛肉生产

一、高档牛肉标准

（一）年龄与体重要求

牛年龄在30月龄以内；屠宰活重为500千克以上；达满膘，体形呈长方形，腹部下垂，背平宽，皮较厚，皮下有较厚的脂肪。

（二）胴体及肉质要求

胴体表面脂肪的覆盖率达80%以上，背部脂肪厚度为8～10毫米以上，第十二至十三肋骨脂肪厚为10～13毫米，脂肪洁白、坚挺；胴体外型无缺损；肉质柔嫩多汁，剪切值在3.62千克以下的出现次数应在65%以上；大理石纹明显；每条牛柳2千克以上，每条西冷5千克以上；符合西餐要求，用户满意。

二、高档牛肉生产模式

高档牛肉生产应实行产加销一体化经营方式，在具体工作中重点把握以下几个环节。

（一）建立架子牛生产基地

生产高档牛肉，必须建立肉牛基地，以保证架子牛牛源供应。基地建设应注意以下 3 个环节。

1. 品种：高档牛肉对肉牛品种要求并不十分严格，据实验测定，我国现有的地方良种或它们与引进的国外肉用、兼用品种牛的杂交牛，经良好饲养均可达到进口高档牛肉水平，都可以作为高档牛肉的牛源。

2. 年龄和性别：以阉牛育肥最好，最佳开始育肥年龄为12～16 月龄，终止育肥年龄为 24～27 月龄。30 月龄以上不宜育肥生产高档牛肉。

3. 饲养管理：根据我国生产力水平，现阶段架子牛饲养应以专业乡、专业村、专业户为主，采用半舍饲半放牧的饲养方式，夏季白天放牧，晚间舍饲，补饲少量精料，冬季全天舍饲，寒冷地区扣上塑膜暖棚。舍饲阶段，饲料以秸秆、牧草为主，适当添加一定量的酒糟和少量的玉米粗粉、豆饼。

（二）建立育肥牛场

生产高档牛肉应建立育肥牛场，当架子牛饲养到 12～20 月龄，体重达 300 千克左右时，集中到育肥场育肥。育肥前期采取粗料日粮过渡饲养 1～2 周，然后改用全价配合日粮并应用增重剂和添加剂，实行短缰拴系，自由采食，自由饮水。经 150 天一般饲养阶段后，每头牛在原有配合日粮中增喂大麦 1～2 千克，采用高能日粮再强度育肥 120 天，即可出栏屠宰。

（三）建立现代化肉牛屠宰场

高档牛肉生产有别于一般牛肉生产，屠宰企业无论是屠宰设备、胴体处理设备、胴体分割设备、冷藏设备、运输设备等应均需达到较高的现代化水平。根据各地的生产实践，高档牛肉屠宰要注意以下几点。

1. 肉牛的屠宰年龄必须在30个月龄以内，30个月龄以上的肉牛，一般是不能用于高档牛肉的生产。

2. 屠宰体重在500千克以上，因牛肉块重与体重呈正相关，体重越大，肉块的绝对重量亦越大。其中，牛柳重量占屠宰活重的0.84%～0.97%，西冷重量占1.92%～2.12%，去骨眼肉重量占5.3%～5.4%，这三块肉产值可达一头牛总产值的50%左右；臀肉、大米龙、小米龙、膝圆、腰肉的重量占屠宰活重的8.0%～10.9%，这五块肉的产值约占一头牛产值的15%～17%。

3. 屠宰胴体要进行成熟处理。普通牛肉生产实行热胴体剔骨，而高档牛肉生产则不能，胴体要求在温度0～4℃条件下吊挂7～9天后才能剔骨。这一过程又称胴体排酸，对提高牛肉嫩度极为有效。

4. 胴体分割要按照用户要求进行。一般情况下，牛肉割分为高档牛肉、优质牛肉和普通牛肉三部分。高档牛肉包括牛柳、西冷和眼肉三块；优质牛肉包括臀肉、大米龙、小米龙、膝圆、腰肉、腱子肉等；普通牛肉包括前躯肉、脖领肉、牛腩等。

第八章　肉牛场建设及管理

第一节　育肥牛场建设

一、牛场场址的选择

牛场场址的选择要有周密考虑、统盘安排和比较长远的规划，必须考虑农牧业发展规划、农田基本建设规划以及今后的需要，并建在禁养区以外。所选场址，要有发展的余地。

1. 肉牛场应建在地势高燥、背风向阳、空气流通、土之坚实（以沙质土为好）、地下水位较低，具有缓坡的北高南低、总体平坦的地方；而低洼下湿、山顶风口处则不宜修建牛舍。

2. 牛场位置应选择在距离饲料生产基地和放牧地较近，交通发达、供水供电方便的地方。

3. 选择离主要交通要道、村镇、工厂 500 米以外，一般交通道路 200 米以外，同时还要避开对养殖场造成污染的屠宰、加工和工矿企业，符合兽医卫生和环境卫生要求，周围无传染源的区域。

4. 要有充分的合乎卫生要求，即能保证生产生活及人畜饮水，又具有水质良好、不含毒物、确保人畜安全和健康的水源。

5. 不占或少占耕地。牛场的规划和布局应本着因地制宜和科学管理的原则，以整齐、紧凑、提高土地利用率和节约基建投资，经济耐用，有利于生产管理和便于防疫、安全为目标。

6. 避免人畜地方病的发生。人畜地方病多因土壤或水质中缺乏或过多含有某种元素而引起。地方病对肉牛生长和肉质影响很大，有些虽可防治，但势必会增加成本，因此在建场前应对场址所在地进行地方病调查，防止造成不应有的经济损失。

二、牛场建筑与布局

（一）牛场场区的规划

一般牛场按功能可分为 3 个区，即饲养生产区、管理区、职工生活区。

1. 职工生活区（包括居民点）：应在全场上风和地势较高的地段，依次为生产管理区、饲养生产区。

2. 管理区：在规划该区位置时，应有效利用原有的道路和输电线路，充分考虑饲料和生产资料的供应、产品的销售等情况。在牛场，肉制品加工制作将成为牛场经营的组成部分，应独立组成加工生产区，而不应设在饲料生产区内。管理区与生产区应加以隔离，外来人员只能在管理区活动，不得进入生产区。

3. 饲养生产区：饲养生产区是牛场的核心，对生产区的规划布局应给予全面细致的考虑。在饲养过程中，应根据肉牛的生理特点，对其进行合群、分舍饲养，并按群设运动场。饲料的供应、贮存、加工调制应兼顾饲料由场外运入、在运到牛舍进行分发这两个环节。与饲料运输有关的建筑物，原则上应规划在地势较高处，并保证防疫卫生安全。

4. 牛场道路：牛场与外界应有专用道路联通。场内道路分净道和污道，两者要严格分开，不得交叉、混用。

三、牛场建筑主要技术参数

（一）场地面积

牛舍及其他房舍的面积应为场地总面积的15% ~20%。育肥牛每头所需面积为1.6 ~4.6平方米。有垫草的通栏育肥牛舍，每头牛所占面积为2.3 ~4.6平方米，有隔栏的每头牛所占面积为1.6 ~2.0平方米。

（二）肉牛舍的建筑形式

1. 单列式：典型的单列式牛舍有三面围墙和房顶盖瓦，敞开面与休息场即舍外拴牛处相通。舍内有走廊、食槽与牛床，喂料时牛头朝里，这种牛舍可以低矮些，适于冬春较冷、风较大的地区，虽造价较低，但占用土地多。

2. 双列式：双列式牛舍有头对头与尾对尾两种形式。①对头式：中央为运料通道，两侧为食槽。两侧牛槽可同时上料，便于饲喂，牛采食时两列牛头相对，不互相干扰。②对尾式：中央通道较宽，用于清扫排泄物。两侧有喂料的走道和饲槽，肉牛呈双列背向。这种双列式牛舍四周为墙或者只有两面墙。

3. 塑料暖棚：在冬季寒冷、无霜期短的地区，可将敞棚式或半敞开式牛舍用塑料薄膜封闭敞开部分，利用阳光热能和牛自身体温散发的热量提高牛舍内温度，这种牛棚优点是造价低、管理方便，但应随时注意棚内温度变化，及时调节和清理粪污、积水和塑料薄膜外的积霜等。

（三）排列方式

牛舍内部排列方式视牛群规模而定，主要有单列式和双列式。单列式牛舍饲养规模较小，一般在25头以下。典型的单列式牛舍三面有墙，房顶盖瓦，南面敞开，有走廊、饲槽、牛床、粪尿沟等。双列式指的是对头式排列方式，中间为物料通道，两侧为饲槽，可以同时上草料，便于饲喂，清粪在牛舍两侧。单列式内径跨度为4.5～5米，双列式内径跨度为9～10米。

青海省处于高原，气候寒冷，牛舍设计主要是防寒为主。牛舍的具体形式应依据饲养规模和饲养方式而定。牛舍的建造要便于饲养管理，便于采光，便于夏季防暑、冬季防寒，便于防疫。修建多栋牛舍时，应采取长轴平行配置，当牛舍超过4栋时，可以2行并列配置，前后对齐，相距10米以上。

三、牛舍建筑规格

牛舍主要由牛床、饲槽、喂料道、粪尿沟等组成。建牛舍应符合兽医卫生要求，做到科学合理。有条件的，可建质量好的、经久耐用的牛舍。牛舍以坐北朝南或朝东南好。牛舍要有一定数量和大小的窗户，以保证光线充足和空气流通。房顶有一定厚度，隔热保温性能好。舍内各种设施的安置应科学合理，以利于肉牛生长。

牛舍可采用砖混结构或轻砖结构，棚舍可采用钢管或其他支柱。每栋牛舍长度根据养牛数量而定，而轻钢结构主要用于敞开式牛棚。

（一）地基与墙体

地基深80～100厘米，砖墙厚24厘米，双坡式牛舍脊高4～5米，前后檐高3～3.5米。牛舍内墙的下部设墙围，以提高墙的坚固性和保温性。

（二）门窗

门高2.1～2.2米，宽2～2.5米。门一般设成双开门，也可设上下翻卷门。封闭式的窗应大一些，高1.5米，宽1.5米，窗台距地面1.2米为宜。

（三）屋顶

牛舍屋顶要求选用隔热保温性好的材料，并有一定的厚度，要求结构简单，经久耐用。样式可采用坡式（单坡或双坡），生产中最常用的是双坡式屋顶。这种形式的屋顶可适用于较大跨度的牛舍，可用于各种规模的各类牛群，屋顶既经济，保温性又好，而且容易施工修建。

（四）牛床和饲槽

牛床一般要求长 1.6 ~ 1.8 米，宽 1 ~ 1.2 米，牛床坡度为 1.5%，牛槽端位置高。饲槽设在牛床前面，以固定式水泥槽最适用，上宽 0.6 ~ 0.8 米，底宽 0.35 ~ 0.40 米，呈弧形，内缘高 0.35 米（靠牛床一侧），外缘高 0.6 ~ 0.8 米（靠走道一侧）。为操作简便，节约劳力，以建高通道、低槽位的道槽合一式为好，即槽外缘和通道在一个水平面上。

（五）通道和粪尿沟

对头式饲养的双列牛舍，中间通道宽 1.4 ~ 1.8 米。通道宽度应以送料车能通过为原则。若建道槽合一式，道宽 3 米为宜（含料槽宽）。粪尿沟宽度应以常规铁锨能正常推行为易，宽 0.25 ~ 0.30 米，深 0.15 ~ 0.30 米，倾斜度 1 : 50 ~ 1 : 100。

（六）工作间与调料室

双列式牛舍靠近道路的一段，设有两间房屋，一间为工作间（或值班室），另一间为调料室，可以根据生产需求进行建设，一般面积 10 ~ 15 平方米（图 8 – 1）。

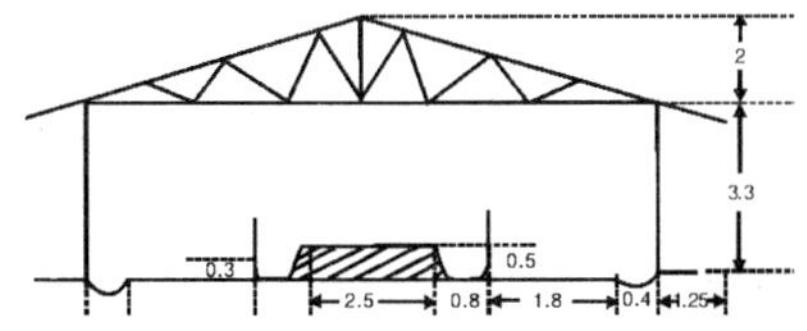

图 8 – 1　对头式敞开双列肉牛舍横截面（单位：米）

四、运动场

运动场设在牛舍的前面或者后面，面积按每头牛 6 ~ 8 平方米设计。自由运动场四周围栏可用钢管，高 1.5 米。运动场地面以沙、石灰和泥土做成的三合土为宜，并向四周有一定坡度（3°~5°）。这种地面一方面可保证牛卧下后舒适暖和，另一方面易于尿液的下渗，粪便也容易干燥。

五、青贮窖（或塔）、氨化池

青贮窖（或塔）、氨化池是肉牛养殖场最基本的设施，是肉牛养殖生产稳定、持续发展的基本保证。青贮地址宜选择土质坚硬、地势高燥、地下水位低、靠近牛舍，但远离水源和粪坑的地方。坚固结实，不透气，不漏水。内部要光滑平坦。如为正方形或长方形窖，四角要挖成半圆形，使青贮料能均匀下沉，不留空隙，底部必须高出地下水位0.5米以上，以防地下水渗入青贮料。青贮窖一般分为地下式和半地下式两种。目前以地下式窖应用较广，但地下水位高的地方挖窖困难，最好采用半地下式。青贮窖以圆形或长方形为好，窖四周用砖石砌成，水泥盖面，内壁光滑，不透气，不漏水。青贮窖池按所需饲料量的500~600千克/立方米设计容量。一般圆形窖直径与窖深之比以1∶1.5~1∶2为宜。长方形窖的宽深之比同圆形窖，长度大小根据牛头数和饲用期需要量来确定。

六、消毒池

一般在牛场或生产区入口处，便于进入人员和车辆通过时消毒。消毒池常用钢筋水泥浇筑，供车辆通行的消毒池，长4米，宽3米，深0.1米；供人员通行的消毒池，长2.5米，宽1.5米，深0.05米。

七、牛场专用设备

（一）保定设备

常用的保定设备有保定架、鼻环、缰绳与笼头，保定架是牛场不可缺少的设备，用于打针、灌药、编耳号及治疗时使用。未去势的公牛，有必要带鼻环。采用围栏散养的方式可不用缰绳与笼头，但在拴系饲养条件下是不可缺少的设备。

（二）卫生保健设备

牛刷拭用的铁挠、毛刷，旧轮胎制的颈圈（特别是拴系式牛舍），清扫牛舍用的叉子、三齿叉、扫帚，测体重的磅秤，耳标，削蹄用的短削刀、镰、无血去势器，吸铁器、体尺测量器械等。

（三）饲料生产与饲养器具

大规模生产饲料时，需要拖拉机和耕作机械；制作青贮时，应有青贮料切碎机。一般肉牛育肥场可用手推车给料，大型育肥场可用拖拉机等自动或半自动给料装置给料以及自动加热饮水器等设备；切草用的铡刀、大规模饲养用的铡草机；还有称料用的计量器，有时需要压扁机或粉碎机等。饲料加工机械有铡草机（青贮收割机）、螺旋输送机、斗式提升机、饲料计量搅拌机和磅秤等。

（四）消毒设备

常用的消毒设备有喷雾器、高压清洗机、高压灭菌器、煮沸消毒器、火焰消毒器等。

（五）兽医卫生检验设备

分析实验设备应装备常用的兽医卫生检验设备。

（六）粪污清除和无害化处理设备

肉牛场应配置有粪污清除设备和处理设备，在生产区的下风向设置贮粪池等。此外，应配备粪污无害的处理设备，如沼气发酵，有机肥加工设备等。

八、肉牛规模养殖场建设

（一）建设要求

青海省肉牛规模养殖场的建设要符合《青海省农牧厅关于印发〈青海省畜禽规模养殖场（小区）认定管理办法〉的通知》（青农牧〔2010〕180号）的基本要求，建设时还可参考本省于

2009 年制定和发布的《肉牛标准化养殖小区建设规范》（DB63/T802—2009），养殖场平面布局如图 8－2。

1. 具有一定的生产规模，见表 8－1。

表 8－1　肉牛规模养殖场规模数量　　（单位：头）

指标	适度规模	较大规模	大规模
能繁母牛	100～299	300～499	500 以上
年出栏	500～999	1 000～2 999	3 000 以上

2. 符合本地区畜牧业发展与用地规划要求。选址与设计应当满足《动物防疫法》及农业部《动物防疫条件审核管理办法》规定条件。

3. 养殖场（小区）总体布局上做到生活区与生产区分离，位于禁养区以外，高燥、开阔、背风向阳地势，通风良好，与主要交通干线、居民区以及其他畜禽养殖区的距离符合动物防疫要求。

4. 养殖场（小区）有满足生产需要的畜禽棚舍。畜禽棚舍建筑设计符合本地区气候环境条件，达到防暑、防寒要求，室内空气流通良好，具有畜禽生产、防疫隔离、消毒、粪污处理、饲料加工、病死畜禽无害化处理及饮水、通风、采暖等配套设施。给排水相对方便，净道与污道分开，污水、粪便集中处理，并达到 GB18596 的规定要求。

5. 养殖场（小区）取得《动物防疫条件合格证》，有种畜禽生产经营行为的，取得《种畜禽生产经营许可证》。

6. 养殖场（小区）饲养管理操作规程科学合理，生产管理制度健全。有免疫、防疫、消毒、用药、检疫申报、疫情报告、无害化处理等制度。有完善的财务管理制度，会计资料完整、准确，财务核算规范、健全。

7. 养殖场（小区）人员配备与养殖规模相适应。至少有1名具有中专以上学历或经专门机构培训3个月以上的管理人员及兽医人员，并取得相应的从业资格和身体《健康合格证》。

8. 养殖场（小区）严格按照相关法律法规规定，建立规范的养殖管理档案，生产经营记录详实。

养殖档案内容包括品种及品种的来源、数量、繁殖情况、生产情况、饲料来源及使用情况、发病及诊治情况、防疫情况、无害化处理情况、销售情况等。养殖档案应当保存2年以上。

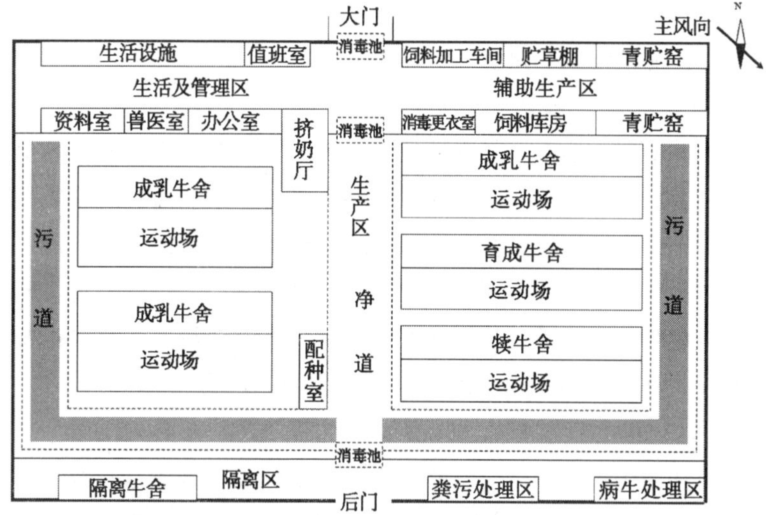

注：牛舍建筑面积按每头牛4.3～4.7平方米计算，牛舍之间的距离为10米以上；运动场面积按每头牛6～8平方米设计。净道宽5米，污道宽3米。

图8－2　肉牛标准化养殖场（小区）平面布局图

9. 养殖场（小区）尽量采取自繁自育、全进全出的生产模式，饲养的品种相对一致。用作种用的种牛来自于具有《种畜禽生产经营许可证》的种牛场。

（二）肉牛规模养殖场建设情况

截至2014年底，青海省共认定肉牛标准化规模养殖场205

个，创建肉牛标准化示范场8个。其中民和县天际肉牛基地、青海循化牧旺良种牛羊繁育有限公司、互助县兴盛牛羊养殖专业合作社肉牛养殖场、湟中县进前牛业公司、湟中县九道河肉牛养殖基地等肉牛场建设较规范，建设水平相对较高。

第二节　牛场管理

一、养殖档案的建立

（一）档案记录方法及保密制度

档案记录方法有：①分类编号；②用铅笔或不褪色的黑色笔记录；③数字需要改写时，在原数字上打0，不能抹去或涂成黑点；④记录本不能任意撕扯缺页；⑤记录本不能任意书写与档案无关的文字材料；⑥每天填写；⑦记录员签字；⑧填写日期。档案是育肥牛场非常重要的商业秘密，也是育肥牛场非常重要的知识产权，理应妥善保管，并在一定时间内保守机密。

（二）养殖档案内容

可按照国家农业部监制的《畜禽养殖档案》或省级畜牧主管部门制定的养殖档案建档，或可在此基础上根据场内实际生产需要进行补充，并按农业部监制的《畜禽养殖档案》和青海省《畜禽养殖档案》要求进行填写。

二、制度建立

为做好肉牛场的生产经营管理工作，肉牛场必须结合本场实际情况建立健全各项生产经营管理制度，主要包括人员岗位职责、饲养管理制度、售后回访制度、卫生防疫制度、人员绩效考核管理办法等。

三、奖惩制度

1. 有下列情形之一者，将得到一定的奖励。

（1）对养殖场的疾病防治得力，挽救养殖场重大损失的。

（2）进行自主创新，节约成本，成效显著的。

（3）进行立体综合养殖，效益明显的。

（4）管理措施有力，使养殖场连续 18 个月没有发生事故的。

2. 有下列情形之一的，将受到一定的惩罚。

（1）弄虚作假的，如考勤、采购作假的。

（2）经常迟到早退的（1 个月累计≥3 次）。

（3）无故旷工的（1 个月累计≥18 小时）。

（4）打架斗殴的，情节严重的交司法处理。

（5）监守自盗或与他人合伙，使公司养殖场经受损失的，严重的交司法处置。

（6）私自宰杀养殖场牲畜，照价赔偿，并追究法律责任。

（7）出现养殖场无人看管时间超过 30 分钟的情况等。

四、饲料管理制度

1. 饲料需来自无农药全生态的农家生产的玉米、水稻、黄豆等。

2. 饲料中不得添加国家禁止使用的药物或添加剂。

3. 饲料进库应由采购人员与仓库管理员当面交接，并填写入库单，库管员还必须清点进仓饲料数量及质量。

4. 库管员应保持仓库的卫生，库内禁止放置任何药品和有害物质，饲料必须隔墙离地分品种存放。

5. 建立饲料进出仓库记录，详细记录每天进出仓情况。

6. 饲料调配应由技术员根据实际情况配制和投量。

7. 调配间、搅拌机及用具应保持清洁，做到不定时的消毒，调配间禁止放置有害物品。

五、肉牛场免疫程序

1. 肉牛瘟疫苗：①仔肉牛 21～25 龄第一次注射 2 头份，60～70 日龄时进行二免，注射 4 头份；②后备母肉牛在第一次交配前 30 天注射 4 头份；③生产母肉牛在每胎断奶当天注射 4 头份，但不可给已孕母肉牛注射；④种公肉牛每年春季一次注射 4 头份。

2. 肉牛丹毒肺疫二联苗：①仔肉牛在 60 日龄时注射 2 头份；②后备公母肉牛在第一次配种前 30 天注射 3 头份；③生产母肉牛每胎断奶当天注射 3 头份；④种公肉牛每年 3 月、9 月份各注射 1 次，每次 3 头份。

3. 仔肉牛副伤寒苗：21～25 日龄注射 1.5 头份。

4. 口蹄疫苗：①仔肉牛 35～45 日龄第一次注射 1 毫升，70～80 日龄二免，注射 2 毫升；②后备肉牛在配种前 20 天注射 2 毫升；③生产母肉牛分娩前 45 天注射 2 毫升；④种公肉牛每年 2 月、9 月份各注射 1 次，每次 2 毫升。

5. 传染性萎缩性鼻炎苗：①仔肉牛 35 日龄注射 2 毫升；②生产母肉牛产前 30 天注射 2 毫升；③种公肉牛每年 3 月、9 月份各注射 1 次，每次 2 毫升。

6. 链球菌苗：①仔肉牛 7 日龄注射 1.5 头份，70 日龄再注射 2 头份；②生产母肉牛和种公肉牛每年 3 月、9 月份各注射 1 次，每次 2 头份。

7. 乙脑细小病毒二联苗：①后备种肉牛首次配种前 15 天、30 天各注射 1 次，每次 2 毫升；②生产母肉牛产后 20 天 1 次注射 2 毫升；③生产母肉牛和种公肉牛每年 3 月、9 月份各注射 1 次，每次 2 毫升。

8. 伪狂犬病苗：①后备肉牛首次配种前 1～2 月分别免疫 1 次；②生产母肉牛产前 30 天注射 1 次；③种公肉牛在春、秋季各免疫1次。

六、售后回访制度

1. 赠送内部养殖技术资料、光盘等。

2. 肉牛售出后进行跟踪服务，解答客户各种疑难问题，满足客户的不同要求。

3. 利用电话、网络和上门等手段进行定期和不定期的回访，了解售出肉牛的健康状况、适应情况等，并可按照客户要求，进行相应的技术咨询和指导服务。

除此之外，各场应根据养殖规模和实际生产情况，制定合理的肉牛饲养管理制度、技术规程以及劳动定额和人员绩效考核和奖罚制度以及档案管理制度、场内物品和资产管理制度、日常工作规章制度等所需的其他生产经营管理制度。

七、粪污处理

粪污处理按相关要求进行无害化处理。

1. 整体自动集纳：可分为水冲式和刮板式，比较实用的是刮板式。

2. 资源充分利用：包括直接还田，制造有机肥和沼气发电。提倡沼气发电，虽然初始投资成本高，但运营费用很低，并至少可以保证奶牛场用电自给自足。

3. 固液有效分离：推荐使用运行成本极低的克EA旗下HOULE公司的3轮或5轮滚压机。液体部分混水后灌田；固体部分做卧床垫料或建筑材料和造纸，也可抛撒还田。

4. 污水最终处理：系指采用各种手段将粪污COD由最初的30 000～50 000降至400～1 000后进入市政管网，或进一步处理生成清洁饮用水。

总之，需要系统处理牛场的粪污才能更好地实现肉牛的规模化养殖。

第九章　肉牛的防疫保健

第一节　防疫保健措施和制度

肉牛防疫保健要从母牛繁殖到架子牛育肥，每个环节都不能缺少，每个环节都不能有漏洞。

一、基本的防疫保健措施

1. 合理选址与布局。

2. 严把调运关，强化防疫监督。

3. 做好日常饲养管理，保证饲料质量。

4. 提高饲养管理人员技术水平。

5. 加强卫生消毒工作。

6. 制定科学免疫程序。

7. 定期驱虫。

8. 搞好疫情监测。

9. 做好废弃物处理工作。

10. 加强管理。

二、建立防疫保健制度

（一）考察架子牛疫情

1. 考察产地的疫情：通过县、乡、村各级防疫部门了解当地近半年内有无疫情、何种疫病、发病头数、病区面积、发病季节、死亡数、死亡后的处理方法等。

2. 交易现场检查：在架子牛交易地进行现场检查。①牛的食欲；②静态和动态的表现；③测试体温；④各种免疫接种的证件，证件的有效时间。

3. 实验室检验：必要时进行实验室检验。检验内容：①牛口蹄疫；②结核病；③布鲁氏菌病；④副结核病；⑤牛肺疫；⑥炭疽病。

（二）育肥牛场的防疫工作

1. 牛场大门口设消毒池，进出牛场车辆、人员必须经过消毒。

2. 设专用兽医室，并建立牛舍巡视制度。

3. 牛舍定期消毒。

4. 设立病牛舍，发现病牛隔离治疗。

5. 建立疫病报告制度、病牛档案制度和病牛处理登记制度。

6. 谢绝参观生产间，如牛围栏、饲料调制间等。如要参观考察，可采用监控系统代替。

（三）引进架子牛的防疫制度

1. 架子牛采购前，应对产区和运输沿线进行疫情调查，不得在有疫情地区收购架子牛。

2. 在育肥牛场的一侧应专设架子牛运输车的消毒点，在架子牛卸车前，将车体、车厢、车轮彻底消毒。

3. 架子牛卸车后，立即进行检疫、观察、消毒（如用消毒药液喷雾、喷淋，或光照消毒）。

4. 架子牛到达牛场后必须再次进行检疫、观察，一般需要隔离45天，确认健康无病后方才进入过渡牛舍（检疫牛舍），不得疏忽任何一个检疫环节。

5. 采购架子牛时，架子牛产地必须出具县级以上检疫机构的检疫证、防疫证和非疫区证件。

（四）病牛疫病报告制度

1. 饲养人员一旦发现病牛，应立即报告兽医人员。报告人要清楚、明确地说明病牛所在位置（牛舍号、牛栏号）、病牛号码、病情简况。

2. 兽医人员接到报告后，应立即对病牛进行诊断、治疗。

3. 病牛是否需要隔离，由兽医应早做出判断。

4. 遇上传染病或发生重大病情时，兽医人员应立即报告给牛场领导和上级兽医管理部门，并提出治疗和处理方案。

（五）病牛隔离制度

1. 在育肥牛场的一角建立病牛牛舍。病牛舍的位置应在牛场常年主导风向的下方，与健康牛舍有一定的隔离距离或有围墙隔离。

2. 病牛舍应有专职饲养员。饲养员平时不得进入健康牛舍，健康牛舍的饲养员也不得进入病牛舍。病牛舍的设备用具，严格禁止带入健康牛舍。

3. 其他人员出入病牛舍后，必须更换工作服、鞋帽，消毒后方可进入健康牛舍。

4. 兽医人员每次治疗用药情况，必须书写处方并进行记录和保存。

5. 病牛治愈后，兽医人员根据情况检查同意后方能重新回到健康牛舍。

6. 对病死肉牛要及时在指定的地点，根据 GBl6548—1996

《畜禽病害肉尸及其产品无害化处理规程》和《动物防疫法》进行销毁等无害化处理，坚决禁止将病死畜禽贩卖、加工。

（六）消毒制度

肉牛养殖场应坚持经常消毒工作，及时消灭肉牛场内部环境中的病原微生物和寄生虫。

1. 消毒剂的选择：选择对人、畜和周围环境比较安全、没有残留毒性，对设备没有破坏和在肉牛体内不产生有害积累的消毒剂。可选用的消毒剂有次氯酸盐、有机氯、有机碘、过氧乙酸、生石灰、氢氧化钠、高锰酸钾、硫酸铜、新洁尔灭、酒清等。

2. 消毒方法

（1）喷雾消毒：将一定浓度的次氯酸盐、过氧乙酸、有机碘混合物、新洁尔灭等，用喷雾装置进行喷雾消毒，主要用于牛舍清洗完毕后的喷洒消毒、带牛环境消毒、肉牛场道路和周围以及进入场区的车辆。

（2）浸润消毒：用一定浓度的新洁尔灭、有机碘混合物的水溶液洗手、洗工作服或胶靴。

（3）紫外线消毒：对人员入口处常设紫外线灯照射，以起到杀菌效果。

（4）喷洒消毒：在牛舍周围、入口、产床和牛床下面洒生石灰或火碱杀死细菌和病毒。

3. 消毒制度

（1）环境消毒：肉牛舍周围环境包括运动场，每周用2%火碱消毒或撒生石灰1次；场周围及场内污水池、排粪坑和下水道出口，每月用漂白粉消毒1次；在大门口和牛舍入口设消毒池，使用2%火碱溶液。

（2）人员消毒：工作人员进入生产区应更衣和紫外线消毒3

~5 分钟，工作服不应穿出场外。

（3）肉牛舍消毒：肉牛舍在每班牛只下槽后应彻底清扫干净，定期用高压水枪冲洗，并进行喷雾消毒和熏蒸消毒。

（4）用具消毒：定期对饲喂用具、料槽和饲料车等进行消毒，可用0.1%新洁尔灭或0.2%～0.5%过氧乙酸消毒，日常用具如兽医用具、助产用具、配种用具等在使用前应进行彻底消毒和清洗。

（5）助产、配种、注射治疗及任何对肉牛进行接触操作前，应先将牛有关部位如乳房、阴道口和后躯等进行消毒擦拭，以保证肉牛体健康。

（6）消毒池和消毒室内的消毒药液要定期更换，紫外灯等消毒用具应经常检查，如损坏不能使用的要及时更换。

（七）饲养、管理人员的卫生保健

1. 饲养、管理人员定期进行体检。

2. 工作服等定期消毒。

3. 勤洗澡、勤换衣物、注重个人卫生。

4. 不得随意购买未经防疫检疫的肉制品到场内使用，防治传染病发生流行。

（八）建立防疫档案

1. 病牛档案：包括牛号、牛栏号、性别、年龄、体重、初步诊断病名、病情和治疗情况，兽医人员签字。

2. 疾病处方档案：包括药品名称、厂家、批次、用量、价格，兽医签字。

3. 兽医药品档案。

4. 死亡牛档案：包括牛号、牛栏号、性别、年龄、体重、处理方法，兽医签字。

5. 防疫档案：包括疫苗名称、厂家、批次、接种时间、剂量，兽医签字。

6. 消毒药品档案：包括消毒药名称、浓度、消毒时间，兽医签字。

第二节　育肥牛常见病的防治

一、前胃弛缓

主要由于变换饲料方法不当，供给精料过多，加上在育肥期间运动不足等，造成暴食伤胃，引起前胃运动机能减弱，消化机能紊乱。此外，饲料品质不良，霉败冰冻，长期饲喂粗硬难以消化的饲草；以及某些内科、外科疾病等，均可引发该病。

病牛精神沉郁，食欲不振，反刍减弱或停止，不喝水，尿少色黄，鼻镜干裂，便秘和拉稀交替发生。

（一）兴奋瘤胃

可静脉注射10%氯化钠300～400毫升，10%安钠咖10～20毫升，每日1次或隔天1次。

（二）恢复牛的食欲

可用去核大枣20克，麦芽500克，神曲250克，山楂250克，食盐30克，水煎1次灌服。平时应注意精、粗饲料合理搭配，饲喂要定时、定量，变换饲料要逐渐过渡，不要突然改变饲料配比或突然变更饲料品种。

二、瘤胃积食

主要是过食，食入精饲料过多，或喂半干饲料过多，加上饮水不足又缺乏运动，导致瘤胃内蓄积饲料过量，胃壁扩张，瘤胃运动及消化紊乱。

瘤胃积食病情发展迅速，通常在采食后数小时内发病。发病初期表现食欲、反刍、嗳气减少或停止，拱腰、踢腹，有时出现呻吟；叩诊呈浊音，听诊瘤胃蠕动音初减弱，以后消失，严重时多因脱水、酸中毒、衰竭或窒息而死亡。

本病治疗在于恢复前胃运动机能，促进瘤胃内积食排出，防止脱水与自体中毒。

（一）一般病例

首先禁食，并进行瘤胃按摩，每次 5～10 分钟，每隔 30 分钟 1 次；或先灌服大量温水，再行按摩效果更好。也可用酵母粉 500～1 000 克，一天分 2 次内服，具有化食作用。

（二）消导下泻

可用硫酸镁 300～500 克，液体石蜡油 500～1 000 毫升，鱼石脂 15～20 克，75% 酒精 50～100 毫升，加水 6 000～10 000 毫升，1 次灌服。

（三）兴奋瘤胃蠕动

当瘤胃内容物泻下后，可应用兴奋瘤胃蠕动的药物，如 10% 高渗氯化钠 300～500 毫升静脉注射；新斯的明 0.01～0.02 克或毛果芸香碱 0.05～0.2 克，1 次皮下注射。

（四）顽固性瘤胃积食

在应用上述保守疗法无效时，则应立即进行瘤胃切开术，取出大部分内容物，必要时可放入适量的健康牛的瘤胃液，均能收到良好的效果。

育肥饲喂大量精饲料时，要逐渐加大饲喂比例，不可一步到位，要定时定量，不要给量过大。

三、急性瘤胃膨气

食入过量易发酵的饲料，使机体对气体的吸收和排出发生障碍，引起瘤胃内发酵，产生大量气体，使瘤胃急剧扩张。

病牛腹痛不安，拱背摇尾，有的左肷部上方凸出，食欲、反刍、嗳气停止，叩诊呈鼓音；严重者张口呼吸，步态不稳，如不及时治疗，可迅速发生窒息或心脏麻痹而死亡。

（一）排气

膨气严重时，应用套管针在右肋膨胀最高处刺入瘤胃慢慢放气。

（二）制酵

用碳酸氢钠 50～100 克温开水灌服，或用鱼石脂 10～30 克，酒精 30～40 毫升，配成合剂，加水 1 000 毫升灌服。

防止过食易发酵饲料和发霉变质饲料。

四、胃肠炎

由于喂给变质饲料或有毒饲料，以及不洁净饮水等引起。另外，中毒及某些病毒、细菌、寄生虫等也可导致本病发生。

病牛精神沉郁，食欲废绝，反刍停止，腹泻，拉带有黏液、血液或带有脓性物的稀粪。肠音初宏亮，混有金属音，中后期肠音减弱或消失，出现持续性剧烈腹泻。

（一）清理肠胃

常用液体石蜡 500～1 000 毫升，鱼石脂 10～30 克，酒精 50 毫升，1 次内服，或给病牛灌服蓖麻油 500～1 000 毫升。

（二）消炎杀菌

0.9% 氯化钠 2 000 毫升，25% 葡萄糖液 1 000 毫升，维生素 C 1～2 克，3%～5% 碳酸氢钠溶液 300～500 毫升，环丙沙星 250 毫升，1 次静脉滴注。

（三）中药疗法

金银花、白头翁各 100 克，黄连、花粉、丹皮、木香、枳壳、陈皮各 35 克，黄芩，板蓝根、茯苓各 50 克，甘草 25 克，将配好的药物水煮 2 次，然后 1 次内服，每天 1 剂。一般连用 3 天，病牛将逐渐恢复健康。

平时要定时、定量给牛添饲草料，防止喂给发霉变质饲料，供足饮水，并注意饮水卫生。

五、感冒

由于气候骤变，机体受寒而引起的一种急性全身性热性病，冬、春季节较多见。

病牛精神沉郁，食欲、反刍减退，畏寒，常有咳嗽，鼻流清涕，体温升高，鼻镜干燥，不愿走动。

（1）安痛定或安乃近40～50毫升肌肉注射。

（2）紫苏叶200克，生姜100克，葱头100克，捣烂后冲开水，候温灌服；或荆芥、防风、桔梗各30克，羌活、独活、柴胡、前胡、枳壳各25克，茯苓45克，川芎20克，甘草15克，共研成粉，开水冲调，候温灌服。

管理中要注意气候变化，注意保暖和防暑。

六、尿素中毒

喂食尿素超量或饲喂方法不当，或被大量误食，引起瘤胃内尿素浓度过高，分解过快，而引起中毒。

一般中毒发生在尿素摄入后15～20分钟，表现为反刍停止、不安、肌肉痉挛；30～40分钟后则步态不稳、站立困难，并伴有流涎、口吐白沫；后期出现瞳孔散大、肛门松弛、体温下降等症状，此时若得不到及时治疗，可在2～3小时后死亡，死亡率达80%。

（一）中和尿素分解氨

用1%～2%醋酸溶液1 000～2 000毫升灌服或用食醋500毫升，白糖500克，温开水2 000毫升混合1次灌服。

（二）制止瘤胃膨胀

5%碳酸氢钠溶液500毫升静脉注射；3%～5%鱼石脂溶液灌服；严重时进行瘤胃穿刺放气。

（三）强心及补充体液能量

10%～25%葡萄糖液1 000～2 000毫升，10%安钠咖10毫升，1次静脉注射。

保管好尿素，防止牛偷吃；喂牛时要严格控制用量，并溶于水均匀地洒在其他饲料中使用；饲喂方法应正确，即采取喂量渐加的方法。同时还应严禁肉牛摄入尿素0.5小时内饮水。

第三节　传染病牛的处理

肉牛场发生疫病或怀疑发生疫病时，应根据《中华人民共和国动物防疫法》及时采取如下措施：驻场兽医应及时进行诊断，并尽快向当地畜牧兽医管理部门报告疫情。确诊发生口蹄疫、牛瘟、肉牛传染性胸膜肺炎时，肉牛场应配合当地畜牧兽医管理部门对牛群实施严格的隔离、扑杀措施；发生蓝耳病、牛出血病、结核病、布鲁氏菌病等时，应对牛群实施清群和净化措施，扑杀阳性肉牛。全场进行彻底的清洗消毒，病死或淘汰牛的尸体按《畜禽病害肉尸及其产品无害化处理规程》GB16548进行无害化处理，消毒按《畜禽产品消毒规范》（GB/T16569）进行。

参 考 文 献

［1］李聚才，张春珍．肉牛高效养殖实用技术［M］．北京：科学技术文献出版社，2010.

［2］侯放亮．牛繁殖与改良新技术［M］．北京：中国农业出版社，2005.

［3］杨泽霖．肉牛育肥与疾病防治［M］．北京：金盾出版社，2010.

［4］青海省畜牧总站．牛羊育肥技术［M］．青海：青海人民出版社，2010.

［5］蒋洪茂．肉牛快速育肥使用技术［M］．北京：金盾出版社，2009.

ལེའུ་དང་པོ། རྐམས་ཀྱི་རིགས་རྒྱུད།

ས་བཅད་དང་པོ། མཚོ་སྔོན་ས་གནས་ཀྱི་རིགས་རྒྱུད་དང་སྤེལ་གསོ་བྱས་པའི་རིགས་རྒྱུད།

གཅིག ནོར་གནག

(གཅིག)སྐྱེ་དངོས་རིག་པའི་ཁྱད་གཤིས།

ནོར་གནག་ནི་མཐོ་སྒང་ནས་འཚོ་སྐྱོང་བྱེད་པར་འཚམ་ཞིང་། གཟན་ཆག་རྩིང་པོ་བཟའ་ཐུབ་པ་དང་གྲང་ངར་བཟོད་ཐུབ་ལ། ཁྱུ་སྒྲིག་རང་བཞིན་བཟང་པོ་ཡོད། མཚོ་ངོས་ཀྱི་མཐོ་ཚད་མཐོ་བ་དང་རླུང་གནོན་དམའ་བ། གསོ་རླུང་མི་འདང་བའི་མཐོ་སྒང་རྩྭ་ཐང་དུ་འཕྲོད་པའི་ནུས་པ་ཤིན་ཏུ་དྲག་ཅིང་། གྲང་ངར་ཆེ་བའི་གནམ་གཤིས་དང་འཕྲོད་པའི་ནུས་པ་ཤིན་ཏུ་དྲག་པོ་ལྡན། ཡིན་ནའང་རླན་གཤེར་ཚ་བ་ཆེ་བའི་ཁོར་ཡུག་ལ་ཚོར་བ་ཧ་ཅང་སྐྱེན་པོ་ཡོད། རྩྭ་ཐང་དུ་དང་རི་ངོས་གཟར་པོའི་ཕྱོགས་རྩྭ་རྣམས་ཀྱང་གང་ལེགས་ཀྱིས་བེད་སྤྱོད་བྱེད་ཐུབ།

(གཉིས)གཟུགས་གཞི་དང་ཕྱིའི་རྣམ་པའི་ཁྱད་ཆོས།

ནོར་གནག་གི་གཟུགས་བྱད་ཤིན་ཏུ་ཚགས་དམ་པ། ལུས་སྟོབས་རྒྱས་ཤིང་ཁོག་སྒང་ཙུང་ཞུམ་པ། སོག་མགོ་མཐོ་བ། རྫ་མ་ཐུང་ཡང་དེ་དང་བསྟུན་ནས་ཕྲ་རིང་ཟིང་ཟིང་དུ་སྐྱེས་ཡོད། ལག་པ་ཐུང་ཞིང་འདྲོང་པོ་དང་ཕྱི་སུག་གྲིའི་དབྱིབས་སུ་གྲུབ་ལ། ལུས་ཀྱི་གཞོགས་གཉིས་ཀྱི་ཞོལ་དུ་སྤོ་རྩེད་རིང་པོ་སྟུག་པོར་

སྐྱེས་ཡོད་པ་སྨད་གཡོགས་ཀྱོན་པ་དང་མཚུངས། འབྲི་མོའི་མགོ་རིང་ལ་དཔྲལ་བའི་ཞེང་ཆེ་བ། སྣ་རིང་ཞིང་སྲབ་པ། མིག་ཆེ་ཞིང་སྣོར་བ་ཡིན། གཡག་གི་མགོ་ནི་སྤུག་ཅིང་ཆེ་བ་དང་། སྣ་ནི་ཐུང་ཞིང་སྲོམ་ལ་སྣག་ཤལ་མེད་པ་ཡིན། ནོར་གནག་གི་སྐལ་ཚིགས་སྤྱིར་བཏང་གི་ནོར་གྱི་རིགས་གཞན་དག་ལས་ཚིགས 1~2 ཀྱིས་མང་བ་དང་རྩིབ་རུས་ཆ 1~2ཀྱིས་མང་། གློ་སྙིང་གི་སྐྱེ་འཚར་ལེགས་པས་གསོ་རླུང་མི་འདང་བའི་མཐོ་སྒང་ས་ཁུལ་དུ་འཚོད་པ་ཡིན། རྐེད་པའི་ཚིགས་ནི་སྤྱིར་བཏང་གི་ནོར་གྱི་རིགས་ལས 1གིས་ཉུང་བ་དང་མཇུག་རུས་ཚིགས 1གིས་མང་། རྔ་མ་ཅུང་ཐུང་ཞིང་རྔ་ཚིགས་སྤྱིར་བཏང་གི་ནོར་ལས་ཚིགས 2ཀྱིས་ཉུང་བ་ཡིན།

(གསུམ)རྒྱུད་འཕེལ་ནུས་པ།

གཡག་ནི་ལོ 1ཡས་མས་སུ་མོ་ཟློག་གི་སྟེང་དུ་ལྷིང་བ་དང་འཁྲིག་སྦྱོར་བྱེད་པ་བཅས་ཆགས་སྤྱོད་ཀྱི་བྱ་སྤྱོད་ཡོད་ཅིང་། ལོ 2~3གྱི་དུས་སུ་རྒྱུད་སྤེལ་མགོ་རྩོམ་པ་ཡིན། གཡག་ཕུག་གཅིག་གིས་རང་བཞིན་དུ་འབྲི་མོ 15~20ལ་སྡེབ་སྦྱོར་བྱེད་ཅིང་མང་ལ་སྦྲུམ་ཚད་ཆེས་མཐོ་བ་ཡིན་ལ། རེ་འགས་འབྲི་མོ 30ལ་སྡེབ་སྦྱོར་བྱེད་ཐུབ། བཀོལ་བའི་ལོ་ཚོད 8~10ཡིན། ཟླ 3~9བ་ནི་བེའུ་སྐྱེ་བའི་དུས་ཚིགས་ཡིན། སྤྲིག་པའི་དུས་ཚིགས་གསལ་པོ་ཡིན་ཏེ་ལོ་རེའི་ཟླ 6པའི་དཀྱིལ་དང་མཇུག་ཙམ་ནས་སྤྲིག་སྟེ། ཟླ 8~9པ་བར་རྒྱུན་བསྲིངས་པ་ཡིན། ལོ་རེའི་ཟླ 7པའི་ནང་སྤྲིག་མགོ་བརྩམས་པ་དང་སྤྲིག་པའི་འཁོར་ཡུན་ཆ་སྙོམས་ཉིན 21.3 (ཉིན 14~28)ཡིན་ལ། སྤྲིག་པ་རྒྱུན་བསྲིངས་པའི་ཡུན་ཆ་སྙོམས་དུས་ཚོད 41.6~51ཡིན། མངལ་སྦྲུམ་པའི་དུས་ཡུན་ཆ་སྙོམས་ཉིན 256.8ཡིན། འཚོ་བཅུད་གནས་ཚུལ་བཟང་བ་ཡིས་ལོ་རེར་ཐེངས་རེ་སྐྱེ་ཐུབ།

(བཞི)མཚོ་སྔོན་ནོར་གནག་གི་སྐྱེ་ཁམས་རིགས་རྣམ།

མཚོ་སྔོན་ཞིང་ཆེན་གྱི་ས་གཤིས་ཁོར་ཡུག་དང་གནམ་གཤིས་ཀྱི་ཆ་རྐྱེན་ལ་བར་ཁྱད་ཆུང་ཆེན་པོ་ཡོད་ཅིང་། མཚོ་སྔོན་གྱི་ནོར་གནག་ནི་སྐྱེ་ཁམས་ཁོར་ཡུག་མི་འདྲ་བར་འཚོ་བའི་དབང་གིས་སྐྱེ་ཁམས་རིགས་རྣམ་མི་འདྲ་བ་བྱུང་བ་རེད། ས་ཁམས་ཁོར་ཡུག་མི་འདྲ་བ་གཞིར་བཟུང་སྟེ། མཚོ་སྔོན་གྱི་ནོར་གནག་དེ་གཤམ་གྱི་རིགས་འགར་དབྱེ་ཆོག

1.མདོ་སྨད་གི་ནོར་གནག གཙོ་བོར་ཡུལ་ཤུལ་ཁུལ་དང་མགོ་ལོག་ཁུལ། མཚོ་ལྷོ་ཁུལ་གྱི་བྲག་དཀར་རྫོང་གི་ནུབ་ཁུལ་གྱི་ཡུལ་ཚོ་གསུམ་སོགས་ཀྱི་ས་ཁུལ་དུ་ཁྱབ་ཡོད། གཡག་དར་མའི་ཆ་སྙོམས་ཀྱི་ལུས་ཀྱི་ལྗིད་ཚད་སྟོང་ཁེ 443.39 དང་། འབྲི་མོའི་ཆ་སྙོམས་ཀྱི་ལུས་པོའི་ལྗིད་ཚད་སྟོང་ཁེ 256.43ཡོད་ལ། ཤ་ཐོབ་ཀྱི་ཚད 50.59%~54.43%ཡིན། (རི་མོ 1–1)

རི་མོ 1–1 མདོ་སྨད་གི་ནོར་གནག(ཕོ)

རི་མོ 1–2 མཚོ་སྔོན་པོའི་མཐའ་འཁོར་གྱི་ནོར་གནག(ཕོ)

2.མཚོ་སྔོན་པོའི་མཐའ་འཁོར་གྱི་ནོར་གནག གཙོ་བོར་མཚོ་སྔོན་པོའི་མཐའ་འཁོར་ས་ཁུལ་དུ་ཁྱབ་ཡོད། གཡག་དར་མའི་ཆ་སྙོམས་ཀྱི་ལུས་པོའི་ལྗིད་ཚད་སྟོང་ཁེ 323.15དང་། འབྲི་མོ་དར་མའི་ཆ་སྙོམས་ལུས་པོའི་ལྗིད་ཚད་སྟོང་ཁེ 210.63ཡོད་ལ། ཤ་ཐོབ་ཀྱི་ཚད 48.68~49.06%ཡིན། རི་མོ(1–2)

3.ནོར་དཀར། གཙོ་བོར་མཚོ་བྱང་ཁུལ་གྱི་རྒྱ་མདོ་རྫོང་གི་སེམས་ཉིད་ཡུལ་

ཚོ་དང་འབྲུ་ག་ཡུལ་ཚོ། ཧོར་གྲོང་རྫོང་གི་སུམ་མདོ་ཡུལ་ཚོ་དང་བ་བཟའ་ཡུལ་ཚོ། རྒྱ་ཏི་ག་ཡུལ་ཚོ་བཅས་ཀྱི་མངའ་ཁོངས་སུ་ཁྱབ་ཡོད། ཞིང་ཆེན་ནང་གི་ས་ཁུལ་······ གཞན་པའི་ནོར་གནག་གི་ཁྱུར་ཡང་གྲངས་ཀ་ཤིན་ཏུ་ཉུང་བའི་ནོར་དཀར་ཡོད་······ པ་ཡིན། གཡག་དར་མའི་ཚ་སྐྱེམས་ཀྱི་ལུས་པོའི་ལྗིད་ཚད་སྤྱིར་ཁ 223.6དང་། འབྲི་མོ་དར་མའི་ཚ་སྐྱེམས་ཀྱི་ལུས་ཀྱི་ལྗིད་ཚད་སྤྱིར་ཁ 160.38ཡོད། ཤ་ཐོབས······ ཀྱི་ཚད 50.48%ཡིན། (རི་མོ 1–3)

རི་མོ 1–3 ནོར་དཀར། (ཕོ)

རི་མོ 1–4 ཐེམ་ཆེན་གྱི་ནོར་གནག(ཕོ)

4.ཐེམ་ཆེན་གྱི་ནོར་གནག　གཙོ་བོར་མཚོ་ནུབ་ཁུལ་གྱི་ཐེམ་ཆེན་རྫོང་གི་ཁོངས་སུ་ཁྱབ་ཡོད། གཡག་དར་མའི་ཚ་སྐྱེམས་ཀྱི་ལུས་པོའི་ལྗིད་ཚད་སྤྱིར་ཁ 405.52དང་། འབྲི་མོ་དར་མའི་ཚ་སྐྱེམས་ཀྱི་ལུས་ཀྱི་ལྗིད་ཚད་སྤྱིར་ཁ 261.24 ཡོད། ཤ་ཐོབས་ཀྱི་ཚད 53.95%ཡིན། (རི་མོ 1–4)

5.མདོ་ལའི་ནོར་གནག གཙོ་བོར་མཚོ་བྱང་ཁུལ་གྱི་མདོ་ལ་རྫོང་གི་མཁར་······ དམར་དང་དགུ་ཏུ། ཨ་རིག འཁྱིང་ལུང་། གཡང་ལུང་སོགས་ཡུལ་ཚོ་དང་······ གྲོང་བརྡལ 6ལ་ཁྱབ་ཡོད། གཡག་དར་མའི་ཚ་སྐྱེམས་ཀྱི་ལུས་པོའི་ལྗིད་ཚད་སྤྱིར་ཁ 317.43དང་། འབྲི་མོ་དར་མའི་ཚ་སྐྱེམས་ཀྱི་ལུས་ཀྱི་ལྗིད་ཚད་སྤྱིར་ཁ 180.38 ཡོད། ཤ་ཐོབས་ཀྱི་ཚད 43.18%~45.07%ཡིན། (རི་མོ 1–5)

6.ཤེ་རྡོ་ནོར་གནག གཙོ་བོར་རྨ་ལྷོ་ཁུལ་གྱི་སོག་རྫོང་གི་གསེར་ལུང་ཡུལ་ཚོ་

རི་མོ 1–5 མདོ་ལའི་ནོར་གནག(ཕོ)

རི་མོ 1–6 ཤ་རྗེ་ནོར་གནག(ཕོ)

ལམ་ལུང་སྟེ་བའི་ཤ་རྗེ་ས་ཁུལ་དུ་ཁྱབ་ཡོད། གཡག་དར་མའི་ཆ་སྙོམས་ཀྱི་ལུས་པོའི་ལྗིད་ཚད་སྟོང་ཁེ 212.80དང་། འབྲི་མོ་དར་མའི་ཆ་སྙོམས་ཀྱི་ལུས་ཀྱི་ལྗིད་ཚད་སྟོང་ཁེ 190.28ཡོད་ལ། ཤ་བུབས་ཀྱི་ཚད 43.79%~45.99%ཡིན། (རི་མོ 1–6)

7.གངས་ལུང་གི་ནོར་གནག གཙོ་བོར་མགོ་ལོག་ཁུལ་དགའ་བདེ་རྫོང་གི་གངས་ལུང་ས་ཁུལ་དུ་ཁྱབ་ཡོད། གཡག་དར་མའི་ཆ་སྙོམས་ཀྱི་ལུས་པོའི་ལྗིད་ཚད་སྟོང་ཁེ 373.6དང་། འབྲི་མོ་དར་མའི་ཆ་སྙོམས་ཀྱི་ལུས་ཀྱི་ལྗིད་ཚད་སྟོང་ཁེ 183.56ཡོད། ཤ་བུབས་ཀྱི་ཚད 53.0%ཡིན། (རི་མོ 1–7)

རི་མོ 1–7 གངས་ལུང་གི་ནོར་གནག(ཕོ)　རི་མོ 1–8 གཅིག་སྒྲིལ་གྱི་ནོར་གནག(ཕོ)

8.གཅིག་སྒྲིལ་གྱི་ནོར་གནག　གཅིག་སྒྲིལ་གྱི་ནོར་གནག་ནི་གཙོ་བོར་གཅིག་སྒྲིལ་རྫོང་གི་ཡུལ་ཚོ་ལྔ་དང་གྲོང་བརྡལ་གཅིག་བཅས་སུ་ཁྱབ་ཡོད། གཡག་

དར་མའི་ཆ་སྙོམས་ཀྱི་ལུས་པོའི་ལྗིད་ཚད་སྟོང་ཁེ 309.8དང་། འབྲི་མོ་དར་མའི་ཆ་སྙོམས་ཀྱི་ལུས་ཀྱི་ལྗིད་ཚད་སྟོང་ཁེ 195.2ཡོད། ཤ་ཐོབ་ཀྱི་ཚད 49.5 ~ 53.5%ཡིན། (རི་མོ 1–8)

གཉིས། རྩ་འདམ་གསོང་གི་བ་གླང་།

རྩ་འདམ་གསོང་གི་བ་གླང་ཐོན་ཁུལ་ནི་མཚོ་བོད་མཐོ་སྒང་གི་ནུབ་བྱང་ཁུལ་ཏེ་འཛིན་ཐིག་བྱང་མའི 36°~39°དང་ཤར་གྱི་གཞུང་ཐིག 90°30′~99°30′རུ་གནས་ཤིང་། རྒྱ་ཁྱོན་ཀུང་ཆིང་ཁྲི 25ཡོད་ལ། གསོང་སའི་མཚོ་ངོས་ལས་མཐོ་ཚད་སྨིད 2600 ~3200དང་རི་ཁུལ་ནི་གསོང་ས་ལས་སྨིད 1500 ~3000 ཙམ་གྱིས་འཕགས་ཡོད་དེ། རང་རྒྱལ་གྱི་རྒྱ་ཁྱོན་ཆེ་ཞིང་མཚོ་ངོས་ལས་མཐོ་ཚད་མཐོ་བའི་སྐམ་སའི་ནང་སོགས་ཀྱི་གསོང་ས་ཞིག་ཡིན། རྩ་འདམ་གསོང་གི་བ་གླང་ནི་གཙོ་བོར་མཚོ་ནུབ་ཁུལ་གྱི་གཉེར་ལེན་ཁ་གྲོང་ཁྱེར་དང་ན་གོར་མོ་གྲོང་ཁྱེར། དུར་ལམ་རྫོང་། དབུས་ལམ་རྫོང་བཅས་ཀྱི་མངའ་ཁོངས་སུ་ཁྱབ་ཅིང་། ཕོ་གླང་གི་མགོ་ཚུང་ཆུང་ཞིང་ཐུང་ལ་དཔྲལ་བ་དང་སྤྱི་གཙུག་ཏུ་སྤུ་འཁྱིལ་སྟུག་པོར་སྐྱེས་ཏེ་མཛེང་པའི་ཡར་སྣེ་བར་བསྒྲིངས་ཡོད། མོ་གླང་གི་མགོ་ཕྲ་ཞིང་རིང་བ་དང་སྙིང་རྗེ་པོ་ཞིག་ཏུ་མངོན་ལ། དཔྲལ་བའི་ཞེང་ཆེ་ཞིང་ངོ་གདོང་སྙོམས་པོ་ཡིན། ཕོ་མོ་ཚང་མར་རྭ་ཡོད་ཅིང་མང་ཆེ་བ་ཕྱིར་བརྐྱངས་ཏེ་ཡར་སྐྱེས་ཤིང་ཚུང་ཟད་མདུན་དུ་གུག་ཡོད་ལ། མདུན་དུ་སྒྱོགས་ནས་ཐུར་དུ་གུག་པའམ་གཡས་གཡོན་དུ་དྲང་པོར་བསྒྲིངས་པའང་ཡོད། རྣ་གསོག་ནང་དུ་སྤུ་ཐུང་སྟུག་པོར་སྐྱེས་ཡོད། (རི་མོ 1–9)

རི་མོ 1–9 ཚྭ་འདམ་གསོང་གི་བ་གླང་། (ཕོ)

ཕོ་གླང་གི་སྐེ་ནི་ཐུང་ཞིང་ཟབ་ལ་མཐུག་པ་དང་། མོ་གླང་ནི་ཞིང་ཆུང་ཞིང་སྲབ་ལ་རིང་བ་ཡིན། སོག་མགོ་དམའ་ཞིང་རིང་ལ་སྒལ་བ་དང་ཐལ་ཆེར་མཐོ་དམའ་སྙོམས་པོ་ཡིན། སྒལ་གཞུང་དྲང་སྙོམས་དང་ཁོག་སྨད་ཁོག་སྟོད་ལས་ཅུང་ཟད་མཐོ་བས་འཕོངས་མཐོན་པོར་གྲུབ། གསུས་ཁྲིམ་ཆེ་ཞིང་ནུ་མ(མོ་གླང་)ཅུང་ཆེ། རྐང་ལག་གི་རིང་ཐུང་འབྲིང་ཙམ་དང་རྐང་ལག་སྐྱེས་སྟངས་ཅུང་དྲང་སོ་ཡིན། རྨིག་པའི་ཆེ་ཆུང་འབྲིང་ཙམ་དང་སྲ་མཁྲེགས་ཡིན། ཀོ་བ་ཅུང་མཐུག་ལ་ལྷེམ་ཤུགས་ལྡན་སུམ་ཚོགས་པ་ལྡན། ཕོ་གླང་དར་མའི་ཆ་སྙོམས་ལུས་ཀྱི་ལྗིད་ཚད་སྟོང་ཁེ 344.6དང་མོ་གླང་དར་མའི་ཆ་སྙོམས་ལུས་ཀྱི་ལྗིད་ཚད་སྟོང་ཁེ 232ཡིན་ལ། ཕྱུ་བྱས་ཟིན་པའི་བ་གླང་དར་མའི་ཤ་ཐོབ་ཀྱི་ཚད 52%དང་། ཤ་རྐྱང་གི་ཚད 40.3% རུས་པ་དང་ཤ་ཡི་བསྡུར་ཚད 1:3.6ཡིན། ཚྭ་འདམ་གསོང་གི་བ་གླང་དེ་ཞི་མོན་ཐ་ཨེར་བ་གླང་སོགས་སྐམས་བཀོལ་རིགས་རྒྱུད་དང་རྒྱུད་འདྲེས་སྤེལ་སྦྱོར་བྱས་ཚེ། རྗེས་རབས་ཀྱི་ཤ་ཐོན་པའི་གཤིས་ནུས་མཐོར་འདེགས་བྱུང་སྟེ་སྐམས་ཐོན་སྐྱེད་ལ་བཀོལ་ཚོག་པ་ཡིན།

གསུམ། སྤེལ་གསོ་བྱས་པའི་རིགས་རྒྱུད། — ཧ་ཐང་གི་ནོར་གནག

ཧ་ཐང་གི་ནོར་གནག་ནི་འབྲོང་པེད་སྤྱད་ནས་མིའི་ཐབས་ཀྱི་སྤེལ་གསོ་བརྒྱུད་དེ་བྱུང་བའི་རིགས་རྒྱུད་ཅིག་ཡིན། ཐོན་ཁུལ་གཙོ་བོ་ནི་མཚོ་སྔོན་ཞིང་

ཆེན་གྱི་ཧྲ་ཐང་སོན་ཕྱུགས་ར་བ་ཡིན་ཞིང་། གཙོ་བོར་མཚོ་བྱང་ཁུལ་དང་མཚོ་ནུབ་ཁུལ། མཚོ་ཤར་གྲོང་ཁྱེར། ཟི་ལིང་གྲོང་ཁྱེར་སོགས་ཧྲ་ཐང་གི་ནོར་གནག་ཁྱབ་སྤེལ་ཁུལ་དུ་ཁྱབ་ཡོད། འབྲོང་གི་ཁྱད་རྟགས་མངོན་གསལ་ལྡན་པ་སྟེ། ངོ་གདོང་ཡིད་དུ་འོང་ཞིང་སྲུ་རིང་སྐྱེས་མེད་པ། མིག་ཟླུང་ཆེ་ཞིང་གསལ་ལ་དྭངས་པ། མཆུ་ཧྲོ་མདོག་སྐྱ་བོ་ཡིན་པ། རྣ་ཅོ་སྦྲོམ་ཞིང་ཆེ་བ། སོག་མགོ་འབུར་དུ་དོད་ཅིང་རྩེ་མོར་སྤུ་ཁམ་སེར་ཡོད་པ། གཟུགས་གཞི་སྲ་ཞིང་ཐང་ལ་སྐྱེ་འཚར་ལེགས་པོ་ཡིན། སྤུ་མདོག་ཡོངས་སུ་ནག་པོ་ནང་དུ་ཚོ་སྣ་ཁམ་སེར་འདྲེས་པ། ཟེལ་ཤུགས་དང་ལྡན་པ། སྤུ་མཐུག་པོ་ཡིན་པ། སྐལ་པ་དྲང་ཞིང་སྐེམས་པ། ཐང་ངོས་ཡངས་ཤིང་ཆེ་ལ་གཟུགས་སྟོབས་ཆེ་བ། རྩིབ་རུས་གཞུ་ལྟར་སྒོར་བ། གསུས་ཁྲིམ་ཆེ་ཡང་ཐུར་དུ་འཕྱང་མེད་པ། འཕོངས་སྐེམས་ཤིང་ཡངས་ལ་འཚར་སྐྱེ་ལེགས་པ། ཧ་མ་སྦྲོམ་ཞིང་ཐུང་བ་དང་སྟུག་པོ་ཕྱུགས་མའི་དབྱིབས་ལྟ་བུ། ཕྱིའི་མཚན་མ་དང་ཐིག་འབྲས་ཀྱི་སྐྱེ་འཚར་ལེགས་པ། སུག་བཞི་མཐོ་ཞིང་སྲ་མཁྲེགས་དང་ལྡན་ལ་སྐྱེས་སྟངས་འཛྲོང་པོ་ཡིན་པ། རྨིག་པའི་རྒྱུ་མཁྲེགས་ཤིང་དབྱིབས་ནི་སྒོར་ཞིང་ཆེ་ལ། རྨིག་པའི་ཁ་དབྲག་ལེགས་པར་ཟུམ་པ། ཕྱི་སུག་གི་ཆགས་དབྱིབས་དང་ཟུར་ཚད་བཟང་པས་རྒྱུད་སྤེལ་བའི་དུས་སུ་སྟེང་དུ་འཛིང་སྐབས་ཤུགས་དང་ལྡན་པ་ཡིན། (རི་མོ 1–10)

རི་མོ 1–10 ཧྲ་ཐང་གི་ནོར་གནག (ཕོ)

ལོ 2.5ཅན་གྱི་རྟ་ཐང་གི་གཡག་མ་བ་ཤས་གོང་གསོན་པོའི་ལྗིད་ཚད་སྟོང་ཁེ 328.33ཡོད་ཅིང་། ཤ་བུབས་ཀྱི་ལྗིད་ཚད་སྟོང་ཁེ 159.67དང་། ཤ་བུབས་ཀྱི་ཚད 48.63%ཡིན་ལ། ཤ་རྐྱང་གི་ཚད 120.33%ཡིན། འབྲི་མོའི་སྦྲིག་པའི་འཁོར་ཡུན་ནི་ཆ་སྙོམས་ཉིན 21.3ཡིན་ཞིང་། བཀོལ་བའི་ལོ་ཚད་ལོ 3.5 ~14 ཡིན། མིག་སྔར་རྟ་ཐང་གི་ནོར་གནག་ནི་མཚོ་སྔོན་དང་ཀན་སུའུ། སི་ཁྲོན། བོད་ལྗོངས། ཞིན་ཅང་སོགས་ཞིང་ཆེན་དུ་ཁྱབ་སྤེལ་བྱེད་བཞིན་ཡོད།

ས་བཅད་གཉིས་པ། ནང་འདྲེན་བྱས་པའི་རིགས་རྒྱུད།

གཅིག ཞི་མོན་ཐ་ཨེར་བ་གླང་།

ཞི་མོན་ཐ་ཨེར་བ་གླང་མ་གཞིར་སུའེ་ཙེར་ནུབ་ཁུལ་གྱི་ཨེར་ཐེ་སི་རི་ཁུལ་དུ་ཐོན་ལ། ཐོན་ཁུལ་གཙོ་བོ་ནི་ཞི་མོན་ཐ་ཨེར་བདེ་ཐང་དང་ས་ནེང་བདེ་ཐང་ཡིན་ཞིང་། རྒྱ་རན་སེ་དང་འཇར་མན། ཨོ་སི་ཁྲུ་རི་ཡ་སོགས་རྒྱལ་ཁབ་འདབས་འབྲེལ་ས་ཁུལ་དུའང་ཁྱབ་ཡོད།

སྤུ་མདོག་དཀར་སེར་སྤེལ་མའི་ཁྲ་ཁྲའམ་དམར་སྐྱ་དང་དཀར་པོ་སྤེལ་མའི་ཁྲ་ཁྲ་ཡིན། མགོ་དང་བྲང་ཁ། སྐོ་ཞབས། རྐང་ལག་བཞི། རྔ་མ་བཅས་ནི་མང་ཆེ་བ་དཀར་པོ་ཡིན་ཞིང་། སྐྱི་ལྤགས་ཟིང་སྐྱ་ཡིན། མགོ་ཐུང་རིང་ཞིང་གདོང་ཞིང་ཆེ། རྭ་ཅོ་ཐུང་ཕྲ་ཞིང་ཕྱི་རུ་ཕྱོགས་ཤིང་སྣེ་མོ་གུག་སྟེ་རྩེ་མོ་ཐུང་ཟད་སྟེང་དུ་འཁོར་ཡོད། སྐེ་ནི་རིང་ཐུང་འབྲིང་ཙམ། ཤ་སྣ་རིང་ཞིང་ཀླུམ་གྱི་གཟུགས་སུ་གྲུབ་ལ། ཤ་གནད་ཤིན་ཏུ་རྒྱས། ཁོག་སྟོད་ཁོག་སྨད་ལས་སྐྱེ་འཚར་ལེགས་པ་དང་། བྲང་ཁོག་ཆེ་བ། འཕོངས་ཞིང་ཆེ་ལ་སྙོམས་པ། སུག་བཞི་སྲ་ཞིང་མཁྲེགས་པ། བརླ་ཡི་ཤ་གནད་དར་ཞིང་རྒྱས་པ་དང་། ནུ་མའི་སྐྱེ་འཚར

ལེགས་པ་ཡིན། ཕོ་གླང་དར་མའི་ཆ་སྙོམས་ཀྱི་ལུས་པོའི་ལྗིད་ཚད་སྟོང་ཁེ 800~1200དང་། མོ་གླང་དར་མའི་ཆ་སྙོམས་ལུས་ཀྱི་ལྗིད་ཚད་སྟོང་ཁེ 650~800 ཡོད། (རི་མོ 1–11)

ཞི་མོན་ཐ་ཨེར་བ་གླང་ནི་མཆོ་སྔོན་ཞིང་ཆེན་གྱིས་རྒྱུད་འདྲེས་སྤེལ་སྦྱོར་ལ་བཀོལ་བའི་གཙོ་གནད་དུ་ཁྱབ་སྤེལ་བྱེད་པའི་རིགས་རྒྱུད་ཡིན།

རི་མོ 1–11 ཞི་མོན་ཐ་ཨེར་བ་གླང་། (ཕོ)

གཉིས། ཧི་ཨའེ་མེང་ཐེ་བ་གླང་།

ཧི་ཨའེ་མེང་ཐེ་བ་གླང་ནི་དང་ཐོག་དབྱི་ཐ་ལིའི་བྱང་ཁུལ་ཧི་ཨའེ་མེང་ཐེ་ས་ཁུལ་ནས་ཐོན་ལ། དེར་བརྟེན་ནས་མིང་ཐོགས་པ་རེད།

གཟུགས་དབྱིབས་ཅུང་ཆེ་ཞིང་གཟུགས་གཞི་སྐྱེ་འཚར་ལེགས་ལ། གྲང་གཞུང་ཡངས་ཤིང་ཆེ་བ་དང་། ལུས་ཡོངས་ཀྱི་ཤ་གནད་ཚེས་ཆེར་རྒྱས་ཤིང་ཤ་གནད་ཉིས་བརྩེགས་ཀྱི་གཟུགས་དབྱིབས་མངོན་གསལ་ལྡན། སུག་བཞི་སྲ་ཞིང་ཐང་པ་དང་། ཀོ་བ་སྲབ་ཅིང་རུས་པ་ཕྲ་བ་ཡིན། ཕོ་གླང་གི་སྤུ་ནི་ཐལ་མདོག་ཡིན། མིག་གི་མཐའ་སྐོར་དང་སྣ་ཁུང་། མཇུ། རྐང་ལག་བཞིའི་སྨད། ཇ་སྣེ་བཅས་ནི་ནག་པོ་ཡིན། མོ་གླང་གི་སྤུ་མདོག་ཡོངས་སུ་དཀར་བ་དང་། ཁ་ཤས་ཀྱི་མིག་གི་མཐའ་སྐོར་དཀར་སྐྱ་ཡིན་ལ། མིག་གི་རྫི་མ་དང་རྣ་བའི་མཐའ་འཁོར་ནི་ནག་པོ་ཡིན། བེའུ་སྐྱེས་པ་ནས་ཟླ་གྲངས་ལོ་ཚོད་ནང་མདོག་སྐྱེར་ཁ་ཡིན་པ་དང་། ཟླ 4~6གི་ལོ་ཚོད་ལ་མངལ་སྤུ་བྱི་རྗེས་ནོར་དར་

མའི་སྤུ་མདོག་མཛོན་པ་ཡིན། ར་ཅོ་ནི་ཟླ་12གྱི་ལོ་ཚོད་ལ་ནག་པོར་འགྱུར་བ་དང་བ་གླང་དར་མའི་ར་རྩེ་ནི་མདོག་སྐྱེར་ཁ་ཡིན་ལ། ར་རྩེ་ནག་པོ། ར་ཅོའི་དབྱིབས་ནི་དྲང་ཐད་དུ་སྐྱེས་ཏེ་ཅུང་ཟད་མདུན་དུ་གུག་ཡོད། (རི་མོ 1–12)

རི་མོ 1–12 ཐི་ཨའི་མེང་ཐེ་བ་གླང་། (ཕོ)

བ་གླང་འདི་ནི་ཧོར་ཡུག་སྣ་ཚོགས་ལ་འགྲོད་ཅིང་། མཚོ་ངོས་ལས་མཐོ་ཚད་སྨིད 1500 ~2000ཡིན་པའི་རི་ཁུལ་གྱི་ཕྱུགས་ར་ནས་འཚོས་ན་འགྲོད་པ་ཡིན་ལ། ཡང་དགྱར་དུས་ཅུང་ཚ་བ་ཆེ་བའི་ས་ཁུལ་ནས་གསོ་ཚགས་བྱས་ཀྱང་ཆོག་པ་ཡིན། མིག་སྔར་འཛམ་གླིང་གི་རྒྱལ་ཁབ 22གྱིས་ནང་འདྲེན་བྱས་ཡོད།

ལོ་ན 1ཅན་གྱི་ཕོ་གླང་གི་ལུས་ཀྱི་ལྗིད་ཚད་སྟོང་ཁེ 400 ~430ལ་སླེབས་ཐུབ་ཅིང་། ལོ་ཚོད་ཟླ་གྲངས 14 ~15ཡི་ལུས་ཀྱི་ལྗིད་ཚད་སྟོང་ཁེ 400 ~500ལ་སླེབས་ཐུབ། ཤ་བུབས་ཀྱི་ཚད་ནི 65% ~70%ཡིན། ཤ་བུབས་ཀྱི་ལྗིད་ཚད་སྟོང་ཁེ 329.69ཡིན་དུས། མིག་དབྱིབས་ཤ་གནད་ཀྱི་རྒྱ་ཁྱོན་ནི་ལི་སྨིད་གྲུ་བཞི་མ 98.3ཡིན།

གསུམ། ཨན་ཀོ་སི་བ་གླང་།

ཨན་ཀོ་སི་བ་གླང་ནི་མ་གཞིར་དབྱིན་ཇིའི་ཨ་པོ་ཉིང་དང་ཨན་ཀོ་སི། ཅེན་ཁ་ཉིང་སོགས་མངའ་ཁུལ་ནས་ཐོན་པར་བརྟེན་མིང་དེ་ལྟར་ཐོགས་པ་ཡིན། མིག

སྟར། འཛམ་གླིང་གི་རྒྱལ་ཁབ་མང་ཆེ་བར་རིགས་རྒྱུད་འདིའི་བ་གླང་ཡོད་པ་ཡིན།

སྤྱི་མདོག་ནག་པོ་དང་རྭ་ཅོ་མེད་པ་ནི་ཨན་ཀོ་སི་བ་གླང་གི་ཁྱད་རྟགས་གཙོ་བོ་ཡིན་ཏེ། དེའི་ཕྱིར་རྭ་མེད་ནོར་ནག་ཀྱང་ཟེར་བ་ཡིན། ལུས་གཟུགས་དམའ་ལ་སྲ་ཞིང་ཐང་པོ། མགོ་ནི་ཆུང་ཞིང་གྲུ་བཞི་དང་། དཔྲལ་ཞེང་ཆེ་བ་ཡིན། ལུས་ཞེང་ཆེ་ལ་ཟབ་པ་ཀ་ཟླུམ་གྱི་དབྱིབས་སུ་གྲུབ། རྐང་ལག་བཞི་པོ་ཐུང་ཞིང་དྲང་མོ་ཡིན། རྐང་བར་ལག་བར་གྱི་ཞེང་ཚད་ཆུང་ཆེ་བ་ཡིན། ལུས་ཡོངས་ཀྱི་ཤ་གནད་ཤིན་ཏུ་རྒྱས་པས་དེང་རབས་སྐམས་ཀྱི་དཔེ་མཚོན་ཅན་གྱི་གཟུགས་དབྱིབས་ལྡན་ཡོད།

རི་མོ 1–13 ཨན་ཀོ་སི་བ་གླང་། (ཕོ)

ཨན་ཀོ་སི་བ་གླང་དར་མའི་གཟུགས་པོའི་མཐོ་ཚད་ཕོ་མོ་སོ་སོར་ལི་སྨིད 130.8དང་ལི་སྨིད 118.9ཡིན། ཕོ་གླང་དར་མའི་ཆ་སྙོམས་ལུས་ཀྱི་ལྗིད་ཚད་སྟོང་ཁེ 700 ~900དང་། མོ་གླང་དར་མའི་ཆ་སྙོམས་ལུས་ཀྱི་ལྗིད་ཚད་སྟོང་ཁེ 500~600ཡོད། བེའུ་སྐྱེས་མ་ཐག་གི་ཆ་སྙོམས་ལྗིད་ཚད་སྟོང་ཁེ 25~32ཡོད་ལ། འོ་མ་སྤྲེར་བའི་དུས་སྐབས་ཉིན་རེར་ལྗིད་ཚད་ཁེ 900 ~1000རེ་འཕར་བ་དང་། ཚོན་གསོའི་དུས་སྐབས(ལོ 1.5ནང་ཁུལ་དུ)ཉིན་རེར་ཆ་སྙོམས་སྟོང་ཁེ 0.7~0.9འཕར་བ་ཡིན། ཤ་ཐོབས་ཀྱི་ཚད 60% ~65%ཡིན་ལ། ཤ་གནད་ནི་རྫོ་ག་མ་དུའི་རིས་སུ་མཛོན། (རི་མོ 1–13)

ལེའུ་གཉིས་པ། སྐམས་ཀྱི་འཇུ་བྱེད་ཀྱི་ལུས་ཁམས་ཁྲུད་ཆོས།

ས་བཅད་དང་པོ། སྐམས་ཀྱི་འཇུ་བྱེད་མ་ལག

གཅིག ནོར་གྱི་ཕོ་བའི་གྲུབ་ཆ་དང་བྱེད་ལས།

(གཅིག)ནོར་གྱི་ཕོ་བའི་གྲུབ་ཆ།

ནོར་གྱི་ཕོ་བ་ནི་ཕོ་འབུར་དང་གྲོད་པ། སུལ་མང་། གྲོད་ཆེན་བཅས་ཁག 4ཡིས་གྲུབ་ཅིང་། བྲང་ཁོག་གི་བར་སྟོང་མང་ཆེ་ཤོས་བཟུང་ཡོད་ལ། ཧྲིན 151.42~227.12ཀྱི་གཟན་ཆག་ཤོང་བ་ཡིན། ཁག་རེ་རེར་གཟན་ཆག་འཇུ་བའི་ཁྱད་ཚང་མར་ཁྱད་པར་ཅན་གྱི་བྱེད་ལས་ལྡན་པ་ཡིན། ཕོ་འབུར་གྱི་བོངས་ཚད་ཆེས་ཆེ་བ་ཡིན་ཞིང་། ཕྲ་སྲིན་གྱིས་གཟན་ཆག་སྦྱར་བསྒྲལ་བྱེད་ས་གཙོ་བོ་ཡིན་ཏེ། "སྦྱར་རྫ"ཞེས་པའི་མིང་དང་ལྡན་ལ། སྦྱིར་བཏང་ཧྲིན 94.6ཡོད།

ཕོ་འབུར་ནི་ཤ་གནད་ཀྱི་ཐུམ་ལས་གྲུབ་ཅིང་། ནུར་འགུལ་ལ་བརྟེན་ནས་ཟས་ཚོགས་ཆོས་ཉིད་ལྟར་འཁོར་སྐྱོད་བྱེད་དུ་འཇུག་པ་ཡིན། གྲོད་པ་ནི་ཕོ་འབུར་དང་ཉེ་བར་གནས་ཤིང་བྱེད་ལས་ཕོ་འབུར་དང་མཚུངས་ལ། ད་དུང་ཟས་ཀྱི་སྐྱིགས་བུ་དང་ཕོ་བའི་ནང་གི་སྦྱར་དབུགས(སྐྱིགས་བུ)ཕྱིར་འབུད་པར་རོགས་བྱེད་ཐུབ་པ་ཡིན། སུལ་མང་གིས་ཟས་འདུར་ཁྲོད་ཀྱི་ཆུ་ཐན་གཤེར་བ་ཙིར་ལེན་དང་འཚོ་བཅུད་ཞུང་ཤས་བསྡུ་ལེན་བྱེད་པ་ཡིན། གྲོད་ཆེན་ནི་ཕོ་རྒྱུ་དང་ཕོ

བའི་ཆུ་སྐྱུར་འབྱུང་བྱེད་དང་གསོག་བྱེད་ཡིན་ལ། ཤ་མོའི་གཟུགས་ཀྱི་སྤྲི་དཀར་རྫས་དང་ཕོ་འབྲུར་གྱི་སྤྲི་དཀར་རྫས་འཇུ་བྱེད་ཀྱང་ཡིན། ཟས་འདུར་ཕོ་གཞུག་བརྒྱུད་དེ་རྒྱུད་ནག་ནང་འགྲོ་བ་དང་། ཞུ་རྗེས་ཀྱི་འཚོ་བཅུད་དངོས་རྫས་རྒྱུ་མའི་ནང་ངོས་བརྒྱུད་ནས་ཁྲག་གི་ནང་དུ་བསྡུ་ལེན་བྱེད་པ་ཡིན།

(གཉིས)ནོར་གྱི་ཕོ་བའི་བྱེད་ལས།

ཕོ་འབྲུར་ལ་གཟན་ཆག་གསོག་འཇོག་དང་ལས་སྣོན། སྐྱུར་བསྐྱལ་བཅས་བྱེད་པའི་བྱེད་ལས་ལྡན། འཇུ་གསེར་ཟགས་ཐོན་མི་བྱེད་ནའང་སྐྱེ་དངོས་ཕྲ་རབ་ཀྱི་བྱེད་ནུས་ལ་བརྟེན་ནས་ཟས་རིགས་འཇུ་བའི་བྱེད་ནུས་ཐོན་ཐུབ་ལ། ནུས་པ་ལྡན་པའི་སྒོ་ནས་སྐྱུམ་པ་དང་སྐྱོད་པར་བྱས་ཏེ་ཕོ་འབྲུར་མཚམས་ཚིགས་རང་བཞིན་ལྡན་པའི་ནུར་འགུལ་བྱེད་དུ་འཇུག་ཅིང་གཟན་ཆག(ཕོ་འབྲུར་ནང་གི་དངོས་རྫས)འཕུར་བཏར་དང་སྦུབ་དཀྲུག་བྱེད་པ་ཡིན། ཕོ་འབྲུར་གྱིས་ནུར་འགུལ་བརྒྱུད་དེ་ནང་གི་དངོས་རྫས་གཞུག་གི་གྲོད་པ་ནང་བསྐྱལ་ཏེ་མུ་མཐུད་འཇུ་བར་བྱེད་པ་ཡིན།

གྲོད་པ་ཡང་གཟན་ཆག་སྐྱུར་བསྐྱལ་བྱེད་པར་ཞུགས་ཤིང་། ཟས་རིགས་གནས་སྐབས་སུ་དེར་སྡོད་པར་བྱས་ཏེ་སྐྱེ་དངོས་ཕྲ་རབ་ཀྱིས་འདི་དུ་ཟས་རིགས་གང་ལེགས་ཀྱིས་འཇུ་བར་བྱེད་པ་ཡིན།

སུལ་མང(ཕོ་སུལ)ལ་ཟས་རིགས་བཏར་འཐག་དང་བ་ཙོར་གནོན། དྭངས་འཚག་བྱེད་པའི་ནུས་པ་དང་ཆྭན་གསེར་བསྡུ་ལེན་བྱེད་པའི་བྱེད་ནུས་ལྡན་པ་ཡིན།

གྲོད་ཆེན(ཕོ་བ་དངོས)ལ་འཇུ་གསེར་ཟགས་ཐོན་གྱི་བྱེད་ནུས་ལྡན་ཞིང་། གཟན་ཆག་ཁྲོད་ཀྱི་འཚོ་བཅུད་དངོས་རྫས་ཞུ་བར་བྱས་ཏེ་ནོར་གྱི་འཚོ་བཅུད་དགོས་མཁོ་སྐྱོང་བ་དང་། སྐྱེ་འཚར་འཚར་ལོངས་ལ་ཁག་ཐེག་དང་ལུས

ཁམས་ཀྱི་དགོས་མཁོ་སྲུང་འཛིན་བྱེད་པ་ཡིན།

(གསུམ)ནོར་གྱི་འཇུ་བྱེད་ཀྱི་ལུས་ཁམས་ཁྱད་ཆོས།

ནོར་གྱི་འཇུ་བྱེད་ཀྱི་ལུས་ཁམས་ལ་གཙོ་བོར་སྐྱུག་ལྡད་དང་མཆིལ་མ་ཟགས་ཐོན། མིད་པའི་སྦུབས་ཡུར་གྱི་ཚུར་སྣང་། ཕོ་འབུར་གྱི་སྐྱུར་བསྔལ། སྐྱིགས་བུ་བཅས་འདུ་བ་ཡིན།

ནོར་གྱིས་ལྡད་རྒྱག་པ་ལ་བརྟེན་ནས་གཟན་ཆག་རྩིང་པོའི་རིགས་ཡང་བསྐྱར་ལྡད་པ(ཞིབ་འཐག)དང་མཆིལ་མར་བསྲེས་པ་བཅས་བྱས་ཏེ། ཕོ་འབུར་ཕྲ་སྲིན་གྱི་འབྱུར་བའི་རྒྱུ་རྐྱེན་རྗེ་ཆེར་གཏོང་བ་ཡིན།

མཆིལ་མ་ཟགས་ཐོན་བྱེད་པ་ནི་གཟན་ཆག་རྩིང་པོ་འཇུ་བའི་དགོས་མཁོར་འཚམ་ཆེད་ཡིན། ནོར་གྱིས་ཟགས་ཐོན་བྱེད་པའི་ཚྭ་རིགས་སྣོད་གཏོང་གི་འགྲམ་རྨེན་མཆིལ་མ་འཕོར་ཆེན་ནང་། མཆིལ་མའི་ཧྣན་འདུས་ཚད་ནི 1%~2%དང་། གཅིན་རྒྱུ་འདུས་ཚད 60% ~80%ཡིན་ལ། ད་དུང་ཚད་ཤུང་བའི་ཏྭགས་ཀྱི་སྦྲི་དཀར་རྫས་དང་། N–ཁ་ཤན་རྨང་འོ་ཏྭགས་བྱེད་རྫས། ཏྭགས་ཆ་པ་ཨན་བཅས་འདུས་པ་ཡིན།

མིད་པའི་སྦུབས་ཡུར་ནི་མིད་པའི་རྗེས་མཐུད་ཡིན་ཞིང་། སྐྱུམ་པའི་དུས་སུ་སྦུ་གུ་ཁོག་སྟོང(ཡང་ན་ཡུར་བ)ཞིག་ཏུ་གྲུབ་སྟེ་ཟས་ཚོགས་ཕོ་འབུར་དང་གྲོད་པ་བརྒལ་ནས་ཐད་ཀར་སུལ་མང་ནང་འགྲོ་རུ་འཇུག་པ་ཡིན།

ཕོ་འབུར་གྱི་སྐྱུར་བསྔལ་དང་སྐྱིགས་བུ་ནི་ཕོ་འབུར་དང་གྲོད་པ་ནང་སྡོད་པའི་ཕྲ་སྲིན་དང་གྲ་སྲུ་འདྲ་རིགས་རྒྱུན་ཆད་མེད་པར་གཟན་ཆག་གི་འཚོ་བཅུད་དངོས་རྫས་ནང་འཛུལ་ཏེ་ཡལ་སྐྱའི་ཚིལ་སྐྱུར་དང་ལྕུང་གཟུགས་སྣ་ཚོགས་འབྱུང་ལ། དེ་ནས་སྐྱིགས་བུའི་བྱེད་སྟངས་རྒྱུན་མ་ཆད་པར་བྱུང་བ་ལ་བརྟེན་ནས་ལུས་ཕྱིར་འབུད་པ་ཡིན།

གཉིས། ལྷད་རྒྱག་པ།

ལྷད་རྒྱག་པ་ནི་ནོར་གྱི་འཇོ་བྱེད་ལུས་ཁམས་ཀྱི་ཁྱད་ཆོས་ནང་གི་གཅིག་ཡིན་ལ། ཕྱིར་ལྷད་དམ་སྐྱུག་ལྷད་ཀྱང་ཟེར་ཞིང་། ཕོ་འབུར་ནང་སོང་ཟིན་པའི་གཟན་ཆག་རྩིང་པོ་ཕྱིར་ཁ་ནང་དུ་སྐྱུག་སྟེ་ཡང་བསྐྱར་བལྡད་པའི་བརྒྱུད་རིམ་ཞིག་ཡིན། མཆིལ་མ་ཟས་ཚོགས་དང་བསྡོངས་ནས་ཕོ་འབུར་ནང་སོང་སྟེ། ཕོ་འབུར་སྐྱུར་བསྐལ་ལས་བྱུང་བའི་ཡལ་སླའི་ཚོལ་སྐྱུར་སྐྲོམས་སྦྱོར་བྱས་ལ། དེར་བརྟེན་ནས་ཕོ་འབུར་གྱིས་སྐྱུར་བུལ་གྱི་ཚད་འོས་ཤིང་འཚམ་པ་སྲུང་འཛིན་བྱེད་པ་ཡིན། ཕྱིར་སྐྱུག་པའི་ཟས་ཚོགས་ཁམ་གང་རེ་ཕལ་ཆེར་སྐར་མ་གཅིག་ཙམ་ལ་བལྡད་རྗེས་ཡང་བསྐྱར་མེད་པ་དང་། ཟོས་པའི་གཟན་ཆག་རྩིང་པོའི་བསྡུར་ཚད་ཇི་ལྟར་མཐོ་ན་ལྷད་རྒྱག་པའི་དུས་ཚོད་དེ་ལྟར་རིང་བ་ཡིན། ལྷད་རྒྱག་པ་ཡིས་སྤྱར་ལས་མང་བར་ཟས་ཟ་བར་སྐྱུལ་འདེད་བྱེད་པ་ལ་བརྟེན་ནས་འཚོ་བཅུད་འཕར་སྣོན་བྱེད་ཐུབ་པ་ཡིན།

གསུམ། ནོར་གྱི་རྒྱ་མའི་གྲུབ་ཚུལ་དང་བཟའ་ཆས་འཇུ་བ།

ནོར་གྱི་རྒྱ་མ་ནི་རྒྱ་ནག་དང་རྒྱ་ལྷག   རྩམ་ལོང་བཅས་ཁག་གསུམ་གྱིས་གྲུབ་ཡོད། ནོར་གྱི་རྒྱ་མའི་རིང་ཐུང་དང་ལུས་ཀྱི་རིང་ཚད་ཀྱི་སྡུར་ནི 25 ~28:1 ཡིན། དེའི་ནང་རྒྱ་ནག་ཆེས་རིང་བ་སྟེ་སྨིད 27 ~49ཡོད། ཟས་འདུར་རྒྱ་ནག་ནང་སོང་རྗེས་འཇུ་གཤེར་གྱི་བྱེད་ནུས་འོག་འཇུ་ཐུབ་པའི་འཚོ་བཅུད་དངོས་རྫས་མང་ཆེ་བ་གང་ལེགས་ཀྱིས་བསྡུ་ལེན་བྱེད་པ་ཡིན། རྒྱ་ལྷག་དང་རྩམ་ལོང་སྟེ་སྐྱུར་རྫ་ཆེན་པོ་གཉིས་ཀྱིས་དུས་མཉམ་དུ་སྐྱུར་བསྐལ་གྱི་ནུས་པ་བཏོན་ཏེ་གཟན་ཆག་ཁྲོད་ཀྱི་ཚི་སྣའི་རྒྱུ 15% ~20%འཇུ་བར་བྱེད་པ་ཡིན། ཚི་སྣའི་རྒྱུ་དེ་སྐྱུར་བསྐལ་ལ་བརྟེན་ནས་ཡལ་སླའི་ཚོལ་སྐྱུར་འཕོར་ཆེན་བྱུང་བ་དེ་བསྡུ་ལེན་བྱས་ཏེ་བེད་སྤྱོད་ཚོགས་པ་ཡིན།

ས་བཅད་གཉིས་པ། སྨམས་ཀྱིས་འཚོ་བཅུད་དངོས་རྫས་འཇུ་བ་དང་བསྡུ་ལེན་བྱེད་ཚུལ།

གཅིག ཐན་ཆུ་འདྲེས་སྦྱོར་དངོས་རྫས་ཀྱི་འཇུ་བ་དང་བསྡུ་ལེན།

ཕོ་འབུར་སྐྱེ་དངོས་ཕྲ་རབ་ཀྱིས་འཇུ་ཐུབ་པའི་བསིང་ཕྱེ་དང་ཞུ་ཐུབ་པའི་རྟགས་རིགས། ཚོ་སྣའི་རྒྱུ། ཚོ་སྣའི་རྒྱུ་ཕྱེད་རྫས། ཤིང་ཏོག་གི་ཚོ་སོགས་འཇུ་བར་བྱེད་པ་ཡིན། འབྲུ་རིགས་མང་ཆེ་བ(མ་རྨོས་ལོ་ཏོག་དང་ཀའོ་ལེའང་ཕུད)དང་། 90%ཡན་གྱི་བསིང་ཕྱེ་ནི་རྒྱུན་དུ་ཕོ་འབུར་ནང་དུ་སྐྱུར་བསྒྱལ་བྱེད་པ་ཡིན། 70%ཡི་མ་རྨོས་ལོ་ཏོག་ཀྱང་ཕོ་འབུར་ནང་སྐྱུར་བསྒྱལ་བྱེད་པ་ཡིན།

ཐན་ཆུ་འདྲེས་སྦྱོར་དངོས་རྫས(བསིང་ཕྱེ་དང་ཚོ་སྣའི་རྒྱུ། ཚོ་སྣའི་རྒྱུ་ཕྱེད་རྫས)དེ་ཕོ་འབུར་ནང་འབེབས་འབྱེད་བྱེད་པ་ནི་ཐོག་མར་རྒྱུ་རྐྱང་རྟགས་ལ་འབེབས་འབྱེད་བྱེད་པ་སྟེ། དཔེར་ན་རྒྱུན་འབྲུམ་རྟགས་དང་ཤིང་འབྲས་རྟགས། ཤིང་རྟགས། རྟགས་ཙ་པ་སོགས་དང་། དེ་ནས་རྒྱུ་རྐྱང་རྟགས་དེ་སྨུ་མཐུད་ཡལ་སྣའི་ཚིལ་སྐྱུར(སྐྱུར་ཁ་པ་དང་སྐྱུར་ག་པ། སྐྱུར་ང་པ། དབྱང་གཉིས་ཐན་རྫས། སྦོན་ཀ་པ། ཆེང་སོགས)ལ་འབེབས་འབྱེད་བྱེད་པ་ཡིན།

ཕོ་འབུར་གྱི་སྐྱུར་བསྒྱལ་ལས་བྱུང་བའི་ཡལ་སྣའི་ཚིལ་སྐྱུར་གྱི་ཕལ་ཆེར 75%ཐད་ཀར་ཕོ་འབུར་དང་གྲོད་པའི་ནང་ལྤེབས་ནས་བསྡུ་ལེན་བྱས་ཏེ་ཁྲག་ནང་འགྲོ་བ་དང་། ཕལ་ཆེར 20%སྲུལ་མང་དང་གྲོད་ཆེན་ནས་བསྡུ་ལེན་བྱེད་པ། ཕལ་ཆེར 5%ཙམ་ཟས་འདུར་དང་ལྷན་དུ་རྒྱུ་ནག་ནང་སོང་སྟེ་ནོར་གྱི་རྒྱུན་འཁྱོངས་དང་ཐོན་སྐྱེད་ལ་མཁོ་བའི་ནུས་ཚད་ཀྱི 65%ཡས་མས་སྐྱོང་ཐུབ། སྐྱུར་ག་པ་མཆིན་པའི་ནང་སོང་སྟེ་མཆིན་པའི་ནང་དུ་མངར་བཅུད་དུ་འགྱུར་ཞིང་། རྒྱུན་འབྲུམ་རྟགས་ཀྱི་སྙིང་ཚབ་གསར་བྱེད་ཀྱི་ཐབས་ལམ་དུ་ཞུགས་པར་བྱེད་པ

ཡིན། སྐྱུར་ང་བ་དབྱེ་ཕྲལ་བྱས་ཏེ་སྐྱུར་ཁ་པར་འགྱུར་ལ་དེ་ནས་ལུས་ཆོལ་འདྲེས་གྲུབ་བྱེད་པ་ཡིན། ཕོ་འབུར་གྱི་སྐྱུར་བསྐལ་བརྒྱུད་རིམ་ཁྲོད་བྱུང་བའི་སྐོན་ཀ་པ་དང་ཆེང་ནི་སྐྱིགས་བུ་ལ་བརྟེན་ནས་ཕྱིར་འབུད་པ་ཡིན། སྐྱུར་ང་བ་སྐྱུར་བསྐལ་གྱིས་ནོར་ལ་ཉུང་མང་བའི་ཕན་ལྡན་ནུས་ཚད་མཐོ་སྤྲོད་བྱེད་ཐུབ་ཅིང་། ནོར་གྱིས་གཟན་ཆག་པེད་སྤྱོད་ཚད་མཐོར་འདེགས་བྱེད་པ་ཡིན། ཕོ་འབུར་ནང་གི་སྐྱུར་ང་བའི་བསྒྱུར་ཚད་ཇེ་མཐོར་སོང་ཆེ་ལུས་པོའི་སྨྱུམ་ཆོལ་གསོག་པ་ཇེ་མང་དུ་འགྲོ་ཞིང་། ལུས་ཀྱི་ལྤིད་ཚད་འཕར་བས་ནོར་ཆོན་གསོ་བྱེད་པར་ཕན་པ་ཡིན།

གཉིས། སྤྲི་དཀར་རྫས་ཀྱི་འཇུ་བ་དང་བསྡུ་ལེན།

(གཅིག)ཕོ་འབུར་གྱིས་གཟན་ཆག་གི་སྤྲི་དཀར་རྫས་འཇུ་བ་དང་བསྡུ་ལེན།

ནོར་གྱི་ཕོ་འབུར་གྱིས་དུས་མཉམ་དུ་གཟན་ཆག་ཁྲོད་ཀྱི་སྤྲི་དཀར་རྫས་དང་སྤྲི་དཀར་མ་ཡིན་པའི་ནྜེན་པེད་སྤྱོད་ཐུབ་ཅིང་། སྐྱེ་དངོས་ཕྲ་རབ་ཀྱི་སྤྲི་དཀར་རྫས་གྲུབ་སྟེ་གཟུགས་པོས་པེད་སྤྱོད་པར་མཐོ་སྤྲོད་བྱེད་པ་ཡིན། ཕོ་འབུར་ནང་སོང་བའི་སྤྲི་དཀར་རྫས་ཀྱི་ཕལ་ཆེར་60%ཙམ་སྐྱེ་དངོས་ཕྲ་རབ་ཀྱིས་འབེབས་འབྱེད་བྱས་ཏེ་ཐའི་དང་འབྲུམས་གྱིས་ཨེམ་ཅི་སོན་དུ་གྲུབ་སྟེ་གཟུགས་པོས་པེད་སྤྱོད་པ་ཡིན།

སྤྲི་དཀར་རྫས་ཕོ་འབུར་ནང་སོང་རྗེས་ཐབས་ལམ་མི་འདྲ་བ་བརྒྱུད་དེ་འཇུ་བར་བྱེད་ཅིང་། ཉིན་རེའི་གཟན་ཆག་ཁྲོད་ཀྱི་སྤྲི་དཀར་རྫས་མང་ཤས་ཕོ་འབུར་སྐྱེ་དངོས་ཕྲ་རབ་ཀྱིས་ཕོ་བའི་སྤྲི་དཀར་དང་ཨེམ་ཅི་སོན། ཨན་བཅས་སུ་དབྱེ་ཕྲལ་བྱེད་པ་ཡིན།

(གཉིས)སྤྲི་དཀར་མ་ཡིན་པའི་ནྜེན་ཕོ་འབུར་ནང་འཇུ་བ་དང་བསྡུ་ལེན།

སྔོ་ལྡང་གི་གཟན་ཆག་དང་སྔོ་བསྐལ་གཟན་ཆག་ཁྲོད་སྤྲི་དཀར་མ་ཡིན་

པའི་དྣེན་ཏ་ཅང་མང་པོ་འདུས་ཡོད། ཕོ་འབུར་སྐྱེ་དངོས་ཕྲ་རབ་ཀྱིས་གཟན་ཆག་ནང་གི་སྤྲི་དཀར་མ་ཡིན་པའི་དྣེན་དང་གཅིན་རྒྱུའི་རིགས་ཀྱི་སྦྱོར་རྟ་སྐྱེ་དངོས་ཕྲ་རབ་ཀྱི་སྤྲི་དཀར་རྫས་ལ་བསྒྱུར་ཐུབ་ཅིང་། མཐའ་མཇུག་ནོར་གྱིས་འཇུ་བར་བྱས་ཏེ་བེད་སྤྱོད་བྱེད་པ་ཡིན།

ཕོ་འབུར་སྐྱེ་དངོས་ཕྲ་རབ་ཀྱིས་སྤྲི་དཀར་མ་ཡིན་པའི་དྣེན་བེད་སྤྱོད་པའི་ཚུལ་ནི་གཙོ་བོར་ཨེམ་ཡིན། ཐོན་སྐྱེད་ཁྲིད་ཐུས་ཀ་ཞན་པའི་གཟན་ཆག་རྩིང་པོ་གཙོར་བྱས་པའི་ཉིན་རེའི་གཟན་ཆག་སྟེར་གསོ་བྱེད་པར་གཅིན་རྒྱུ་བཀོལ་ནས་སྤྲི་དཀར་རྫས་ཁ་གསབ་བྱེད་སྐབས། བསིང་བྱེ་ཡི་ཚད་མཐོ་བའི་གཟན་ཆག་ཞིབ་མོ་སྙོན་སྟེར་བྱས་ན་གཅིན་རྒྱུ་ཡི་བེད་སྤྱོད་པའི་ལས་ཆོད་མཐོར་འདེགས་བྱེད་ཐུབ།

གསུམ། སྣུམ་ཚིལ་གྱི་འཇུ་བ་དང་བསྡུ་ལེན།

ཕོ་འབུར་ནང་སོང་བའི་ཚིལ་རིགས་ཀྱི་དངོས་རྫས་དེ་སྐྱེ་དངོས་ཕྲ་རབ་ཀྱི་བྱེད་ནུས་བརྒྱུད་དེ། ཚིལ་རིགས་ཁག་ཅིག་ཆུར་ཞུ་ནས་རིམ་པ་དམའ་བའི་ཚིལ་སྐྱུར་དང་མངར་སྣུམ་དུ་གྱུར་ལ། མངར་སྣུམ་སླར་ཡང་སྐྱུར་བསླལ་བྱུང་སྟེ་སྐྱུར་ག་པ་འབྱུང་ཐུབ། ཁག་ཅིག་ཤོས་ཏེ་ཚད་མ་ལོངས་པའི་ཚིལ་སྐྱུར་ནི་ཕོ་འབུར་ནང་དུ་སྐྱེ་དངོས་ཕྲ་རབ་ཀྱིས་ཚིང་འགྱུར་བྱུང་དུ་བཙུག་སྟེ་ཚད་ལོངས་པའི་ཚིལ་སྐྱུར་ལ་འགྱུར་བ་ཡིན། ཕོ་འབུར་གྱིས་འབེབས་འབྱེད་མ་བྱས་པའི་ཚིལ་སྐྱུར་ཁག་དེར"ཕོ་འབུར་བརྒལ་བའི་སྣུམ་ཚིལ"ཟེར། སྤྱིར་བཏང་སྐམས་ཀྱི་ཉིན་རེའི་གཟན་ཆག་ཁྲོད། ཚིལ་སྐྱུར་རྩིང་པོའི་འདུས་ཚད 2%ལས་མ་བརྒལ་ན་ལེགས་པ་ཡིན།

བཞི། འཚོ་རྒྱུ་དང་གཉེར་རྫས་ཀྱི་འཇུ་བ་དང་བསྡུ་ལེན།

(གཅིག)འཚོ་རྒྱུ་ཡི་འཇུ་བ་དང་བསྡུ་ལེན།

ནོར་གྱི་ལུས་པོའི་ནང་གི་འཚོ་རྒྱུ་ཡི་འབྱུང་ཁུངས་ལ་ཐབས་ལམ་གཉིས་ཡོད་དེ། གཅིག་ནི་ཕྱི་ཁུངས་རང་བཞིན་གྱི་འཚོ་རྒྱུ་ཡིན་ཞིང་། དེ་ནི་གཟན་ཆག་ཁྲོད་ནས་བསྡུ་ལེན་བྱས་པ་ཡིན་ལ། གཉིས་པ་ནི་ནོར་གྱི་གཟུགས་པོའི་ནང་འཚོ་རྒྱུ་འདྲེས་གྲུབ་བྱུང་བའི་ནང་ཁུངས་རང་བཞིན་གྱི་འཚོ་རྒྱུ་ཡིན། འཇུ་ལམ་གྱི་སྐྱེ་དངོས་ཕྲ་རབ་དང་དབང་པོའི་ཕུང་གྲུབ་ཁ་ཤས་ནི་ནང་ཁུངས་རང་བཞིན་གྱི་འཚོ་རྒྱུ་ཡི་འདྲེས་གྲུབ་ར་བ་ཡིན།

ལོ་ན་ཕྲ་བའི་ནོར་གྱི་ཕོ་འབུར་སྐྱེ་འཚར་འཕྲུས་ཚང་མིན་པས། འཚོ་རྒྱུ་ཡོངས་རྫོགས་གཟན་ཆག་གིས་མཁོ་སྤྲོད་བྱེད་དགོས་པ་ཡིན། ཕོ་འབུར་ནང་གི་སྐྱེ་དངོས་ཕྲ་རབ་ཀྱིས B རྒྱུད་འཚོ་རྒྱུ་དང་འཚོ་རྒྱུ K འདྲེས་གྲུབ་བྱེད་ཐུབ་པས་གཟན་ཆག་གིས་མཁོ་སྤྲོད་བྱེད་མི་དགོས། ཡིན་ནའང་འཚོ་རྒྱུ A དང་འཚོ་རྒྱུ D འཚོ་རྒྱུ E བཅས་འདྲེས་གྲུབ་བྱེད་མི་ཐུབ། དེ་བས་ཉིན་རེའི་གཟན་ཆག་ཁྲོད་རྒྱུན་དུ་འཚོ་རྒྱུ་འདི་དག་མཁོ་སྤྲོད་བྱེད་དགོས།

ཕོ་འབུར་ནང B རྒྱུད་འཚོ་རྒྱུ་འདྲེས་གྲུབ་བྱེད་པར་ཉིན་རེའི་གཟན་ཆག་གི་འཚོ་བཅུད་གྲུབ་ཆ་ཡིས་ཤུགས་རྐྱེན་ཐེབས་པ་ཡིན། དཔེར་ན་ཉིན་རེའི་གཟན་ཆག་གི་རྣམ་པ་དང་ཉིན་རེའི་གཟན་ཆག་གི་ཏྲིན་འདུས་ཚད། ཉིན་རེའི་གཟན་ཆག་ཁྲོད་ཀྱི་ཐྲན་ཆུ་འདྲེས་སྦྱོར་དངོས་རྫས་དང་གཏེར་རྫས་ཀྱི་གཞི་རྒྱུ་ལྟ་བུ། འོས་འཚམ་གྱི་ཉིན་རེའི་གཟན་ཆག་གི་འཚོ་བཅུད་གྲུབ་ཆ་ནི་ཕོ་འབུར་སྐྱེ་དངོས་ཕྲ་རབ་ཀྱིས B རྒྱུད་འཚོ་རྒྱུ་འདྲེས་གྲུབ་བྱེད་པར་ཕན་པ་ཡིན།

(གཉིས) གཏེར་རྫས་ཀྱི་འཇུ་བ་དང་བསྡུ་ལེན།

ཕོ་འབུར་ནང་གི་སྐྱེ་མེད་ཚྭ་ལ་རྒྱུན་ཚད་གཞི་རྒྱུ་དང་ཚད་ཕྲན་གཞི་རྒྱུ་ཡོད་པ་ཡིན། སྐྱེ་མེད་ཚྭ་འདི་དག་གཙོ་བོར་ཉིན་རེའི་གཟན་ཆག་ལས་མཁོ་སྤྲོད་བྱེད་པ་ཡིན་ལ། ཁག་གཞན་གཅིག་ནི་མཆིལ་མ་དང་ཕོ་འབུར་ནང་ལྷེབས་ནས

ཟགས་ཐོན་བྱས་ཏེ་བྱུང་བ་ཡིན། ཕོ་འབུར་གྱི་གཉེར་ཚུའི་ནང་གི་གཏེར་རྫས་གཞི་རྒྱུ་ནི་སྐྱེ་དངོས་ཕྲ་རབ་ཀྱི་སྐྱེ་མེད་རྫའི་གཞི་རྒྱུ་དང་ཞུ་རུང་རང་བཞིན་གྱི་གཞི་རྒྱུ་ལས་གྲུབ་པ་ཡིན། ཕོ་འབུར་ལ་སྐྱེ་མེད་རྫ་འཛུ་བའི་འཛུ་སྟོབས་དྲག་པོ་ལྡན་པ་སྟེ། འཛུ་ཚད་30%~50%ཡིན།

རྒྱུན་ཚད་གཞི་རྒྱུ་ནི་ཕོ་འབུར་སྐྱེ་དངོས་ཕྲ་རབ་ཀྱི་ཚེ་སྲོག་འགུལ་སྐྱོད་ལ་ངེས་པར་དུ་མཁོ་བའི་འཚོ་བཅུད་དངོས་རྫས་ཡིན་པ་ལས་གཞན། ད་དུང་ཕོ་འབུར་ལུས་ཁམས་ཀྱི་སྐྱེ་དངོས་རྫས་འགྱུར་ཁོར་ཡུག་རྒྱུ་རྐྱེན(དཔེར་ན་སེམ་ཤུགས་དང་སྙོད་གཏོང་ནུས་པ། དབྱང་འགྱུར་སོར་ལོག་གི་གློག་གནས། ཞུ་ཁུ་སླ་རུ་གཏོང་ཚད་སོགས)ཀྱི་སྙོམ་སྒྲིག་ལའང་ཞུགས་པ་ཡིན། ཚད་ཕྲན་གཞི་རྒྱུ་ཡིས་ཕོ་འབུར་གྱི་ཧྭགས་ཀྱི་རྙིང་ཚབ་གསར་བྱེད་དང་ཨེམ་གྱི་རྙིང་ཚབ་གསར་བྱེད་ལའང་ཤུགས་རྐྱེན་ངེས་ཅན་ཐེབས་པ་ཡིན། ཚད་ཕྲན་གཞི་རྒྱུ་འགའ་ཤས་ཀྱིས་གཅིན་རྒྱུ་རྩབས་ཀྱི་གྲུང་གཉིས་ལ་ཤུགས་རྐྱེན་གཏོང་བ་ཡིན་ལ། འགའ་ཤས་སྤྲི་དཀར་རྫས་ཀྱི་འདྲེས་གྲུབ་ལ་ཞུགས་པ་ཡིན། འོས་འཚམ་གྱིས་སྐྱེ་མེད་རྫ་བསྣན་ཆེ་ཕོ་འབུར་གྱི་སྐྱུར་བསྐལ་ལ་སྐྱུལ་འདེད་ཀྱི་བྱེད་ནུས་ལྡན་པ་ཡིན།

ལྔ། གྲོད་ཆེན་དང་རྒྱུ་མ་ཡིས་གཟན་ཆག་གི་འཚོ་བཅུད་དངོས་རྫས་འཛུ་བའི་བྱེད་ནུས།

ཕོ་འབུར་ནང་ཕལ་ཆེར40%ཡི་སྐྱེ་དངོས་ཕྲ་རབ་ཀྱིས་དབྱེ་ཕྲལ་བྱས་པའི་སྤྲི་དཀར་རྫས་དང་སྲིན་གཟུགས་སྤྲི་དཀར(ཕོ་འབུར་ཕྲ་སྲིན་དང་གྲ་སྲུ་གདོད་འབུ)མཉམ་དུ་གྲོད་ཆེན་ནང་སྤོར་ཞིང་། ཕོ་ཚུ་ནང་གི་ཕོ་བའི་སྤྲི་དཀར་རྩབས་དང་རྫ་སྐྱུར་གྱི་བྱེད་ནུས་ཐེབས་ཏེ་སྤྲི་དཀར་ཏུང་དབྱེ་ཕྲལ་བྱུང་ལ། རྒྱུ་ནག་ནང་སོང་རྗེས་རྩབས་ཀྱི་བྱེད་ནུས་འོག་ཏུ་ཐའི་དང་ཨེམ་ཙི་སོན་དུ་དབྱེ་ཕྲལ་བྱུང་སྟེ། མཐའ་མཇུག་རྒྱུ་མའི་ནང་ལྡེབས་ཀྱིས་བསྡུ་ལེན་བྱས་ཤིང་། ཁྲག་རྒྱུན་གྱིས་མཆེན་

པར་བསྐྱལ་ཏེ་ལུས་པོའི་སྤྲི་དཀར་འདྲེས་གྲུབ་བྱེད་པ་ཡིན།

གཟན་ཆག་ཁྲོད་ཀྱི་བསིང་ཕྱེ་ཁག་ཅིག་ཕོ་འབུར་གྱིས་འབེབས་འབྱེད་བྱེད་མི་ཐུབ་པར་གྲོད་ཆེན་དང་རྒྱུ་ནག་ནང་དུ་འགྲོ་ཞིང་། ཟགས་ཐོན་བྱས་པའི་འཇུ་གཤེར་ལ་བརྟེན་ནས་དེ་རྒྱུན་འབྲུམ་རྡུགས་ལ་འབེབས་འབྱེད་བྱེད་པ་པོ་ནས་ད་གཟོད་བསྡུ་ལེན་བྱས་ཏེ་བེད་སྤྱོད་ཐུབ་པ་ཡིན། ཚི་སྣའི་རྒྱུ་དང་ཚི་སྣའི་རྒྱུ་ཕྱེད་རྫས་ནི་གྲོད་ཆེན་དང་རྒྱུ་ནག་ནང་སོང་རྗེས་ཞུ་ནས་བསྡུ་ལེན་བྱེད་པ་མིན་པར། ལོང་གའི་ནང་སོང་རྗེས་ད་གཟོད་དེའི་ནང་གི་སྐྱེ་དངོས་ཕྲ་རབ་ཀྱིས་ཡལ་སླའི་ཚིལ་སྐྱུར་ལ་འབེབས་འབྱེད་བྱས་རྗེས་བསྡུ་ལེན་བྱས་ནས་ཁྲག་ནང་འགྲོ་བ་ཡིན།

ནོར་གྱི་འཇུ་ལམ་ནང་འཁྲིང་དང་རིང་སྲིལ་གྱི་ཚིལ་སྐྱུར་ནི་གཙོ་བོར་རྒྱུ་ནག་གིས་བསྡུ་ལེན་བྱེད་པ་ཡིན། ཕོ་འབུར་བརྒལ་བའི་ཚིལ་སྐྱུར་གྲོད་ཆེན་དང་རྒྱུ་ནག་ནང་སོང་རྗེས། མཁྲིས་ཁུ་དང་གཤེར་མའི་ཟགས་ཁུ། ཕོ་གཤེར་སོགས་ཀྱི་བྱེད་ནུས་འོག་ཉུ་མཐུད་ཚིལ་སྐྱུར་ལ་འབེབས་འབྱེད་བྱས་ཏེ་ནོར་གྱི་ལུས་པོས་བསྡུ་ལེན་བེད་སྤྱོད་བྱེད་པ་ཡིན།

ཕོ་འབུར་ནང་བསྡུ་ལེན་མ་བྱས་པའི་གཏེར་རྫས་ནི་གཙོ་བོར་རྒྱུ་ནག་ནང་ནས་བསྡུ་ལེན་བྱས་ཏེ་བེད་སྤྱོད་པ་ཡིན། ཕོ་འབུར་གྱིས་རྩ་གཏོར་མ་བྱས་པའི་སྣུམ་ལས་ཞུ་བའི་འཚོ་རྒྱུ་ནི་གྲོད་ཆེན་དང་རྒྱུ་ནག་ནང་སོང་རྗེས་བསྡུ་ལེན་བྱས་ཏེ་བེད་སྤྱོད་པ་ཡིན། ཕོ་འབུར་ནང་འདྲེས་གྲུབ་བྱུང་བའི་Bརྒྱུད་འཚོ་རྒྱུ་ཡང་གཙོ་བོར་རྒྱུ་ནག་གིས་བསྡུ་ལེན་བྱེད་པ་ཡིན།

སྐམས་ཀྱི་རྒྱུ་ལྷག་དང་རྩམ་ལོང་སྔོ་སྐྱུར་རྫ་ཆེན་པོ་འདི་གཉིས་ཀྱིས་དུས་མཉམ་དུ་སྐྱུར་བསྐལ་གྱི་བྱེད་ནུས་འདོན་ཐུབ་ཅིང་། གཟན་ཆག་ནང་གི་ཚི་སྣའི་རྒྱུ་ཡི 15% ~20%འཇུ་ཐུབ། ཚི་སྣའི་རྒྱུ་དེ་སྐྱུར་བསྐལ་ལ་བརྟེན་ནས་ཡལ་སླའི་ཚིལ་སྐྱུར་འཕོར་ཆེན་བྱུང་རྗེས་བསྡུ་ལེན་བྱས་ཏེ་བེད་སྤྱོད་ཐུབ་པ་ཡིན།

ལེའུ་གསུམ་པ། མོ་ཟྲོག་གི་རྒྱུད་འཕེལ།

ས་བཅད་དང་པོ། མོ་ཟྲོག་སྐྱིག་པ་གསལ་འབྱེད།

གཅིག སྐྱིག་པའི་འཁོར་ཡུན་དང་དུས་ཚིགས། ཐོག་མའི་སྐྱེབ་སྦྱོར་གྱི་དུས་ཚོད།

(གཅིག)མོ་ཟྲོག་སྐྱིག་པ།

མོ་ཟྲོག་སྐྱིག་པའི་གནས་སྐབས་སྟེལ་པོར་རྒྱུན་དུ་གཤམ་གྱི་ཕྱོགས་གསུམ་གྱི་འགྱུར་ལྡོག་ཡོད་པ་ཡིན།

1.མོ་ཟྲོག་ངར་ལངས་པ། ངར་ལངས་པ་དང་ཁ་ནས་སྒྲ་འབྱིན་ཅིང་སྟོད་ལ་མི་འབབ་པ། ཟས་ཀྱི་ཡི་ག་ཇེ་ཞན་དུ་འགྲོ་བ། འོ་མ་འབབ་ཚད་མར་ཆག་པ། གཅིན་པ་གཏོང་བའི་བཟོ་ལྟ་ཡང་ཡང་སྟོན་པ། རྔ་མ་ཡར་སྒྲེང་པའམ་གཡུག་གཡུག་བྱེད་པ།

2.མཇའ་པོ་འཚོལ་བའི་མངོན་རྟགས་ཡོད་པ། སྐྱིག་པའི་མཐོ་རླབས་སུ་ཐོན་སྐབས་འཁྲིག་སྦྱོར་གྱི་འདུན་པ་དྲག་པོ་ཡོད་ཅིང་། རང་འགུལ་གྱིས་ཕོ་ཟྲོག་གི་གམ་ལ་གཅར་བ་དང་འཁྲིག་སྦྱོར་དང་ལེན་བྱེད་པ། རྐང་པ་གཉིས་ཀྱི་བར་གདང་པའམ་ཕོ་ཟྲོག་ལ་སྙོམ་པར་བྱེད་པ་སོགས།

3.སྐྱེ་འཕེལ་མ་ལག་ལ་འགྱུར་ལྡོག་རབ་དང་རིམ་པ་ཞིག་འབྱུང་བ། ཁམས་དམར་འབྱུང་གནས་སྟེང་ཁམས་དམར་གྱི་ཕྲ་ཕུང་སྐྱེ་འཚར་བྱུང་བ་མ་ཟད་སྐྱིན

ཏེ་ཁམས་དམར་གཏོང་བ། ཕྱིའི་མཚན་མ་དང་བྱ་ལེ། མངལ་ལམ་གྱི་ཕྱི་སྐྱི་ལ་ཁྲག་རྒྱས་པ། མངལ་གྱི་ཁ་སྒྲུབས་དང་མདུན་ཁུང་ནས་ཟགས་པའི་འབྱར་ཁུ་ཇེ་མང་དུ་འགྲོ་ཞིང་མཚན་མའི་ཕྱིར་བཞུར་བ། མངལ་གྱི་ཁ་སྒྲུབས་ལྷོད་པ་སོགས།

ཐེངས་གཅིག་སྦྱིག་པའི་དུས་སྐབས་ནང་དུ་འདོད་པར་ཚད་མི་འདྲ་བའི་འགྱུར་ལྡོག་ཡོད་པ་ཡིན། སྦྱིག་མ་ཐག་ཏུ་འདོད་སྲེད་ཀྱི་མངོན་རྟགས་ཏ་ཅང་གསལ་པོ་མིན་པ་དང་། ཡང་ན་མོ་ཟོག་གཞན་གྱི་སྟེང་དུ་ཞོན་པ་ལས་མོ་ཟོག་གཞན་རང་གི་སྟེང་དུ་ཞོན་པ་དང་ལེན་མི་བྱེད། རྗེས་སུ་ཁམས་དམར་གྱི་ཕྲ་ཕུང་འཚར་སྐྱེ་བྱུང་བ་དང་བསྟུན་ནས་འདོད་སྲེད་ཇེ་དྲག་ཏུ་འགྲོ་ཞིང་། འགྱུལ་མེད་དུ་ལངས་ཏེ་སྟེང་དུ་ཞོན་པ་དང་ལེན་བྱེད་པའི་རྣམ་འགྱུར་ཏ་ཅང་མངོན་གསལ་ཡིན། ཁམས་དམར་བཏང་རྗེས་འདོད་པ་རིམ་བཞིན་ཇེ་ཆུང་དུ་སོང་སྟེ་ཡལ་བར་འགྱུར་ཞིང་སླར་ཕོ་ཟོག་ཉེ་སར་གཅར་དུ་མི་འཇུག་པ་ཡིན།

(གཉིས)སྦྱིག་པའི་འཁོར་ཡུན།

མོ་ཟོག་ཐོག་མར་སྦྱིག་པའི་དུས་ལ་བསླེབས་རྗེས་སྐྱེ་འཕེལ་དབང་པོ་དང་སྐྱེ་ལྡན་ཕུང་པོ་ཆ་ཚང་ལ་དུས་འཁོར་རང་བཞིན་གྱི་འགྱུར་ལྡོག་རབ་དང་རིམ་པ་ཞིག་འབྱུང་བ་ཡིན། འགྱུར་ལྡོག་འདི་རིགས་ཡང་སྐོར་བསྐྱར་སྐོར(སྦྱིག་པའི་དུས་ཚིགས་མ་ཡིན་པ་དང་མངལ་སྦྲུམ་པའི་མོ་ཟོག་ཕུད)བྱས་ཏེ་མཚན་མའི་དབང་པོའི་བྱེད་ལས་མཚམས་འཛོག་པའི་བར་དུ་འབྱུང་བ་ཡིན། དུས་འཁོར་རང་བཞིན་གྱི་མཚན་མའི་བྱ་སྤྱོད་འདི་རིགས་ལ་སྦྱིག་པའི་འཁོར་ཡུན་ཟེར་ཞིང་། དེ་ནི་ཐེངས་གཅིག་སྦྱིག་པ་ནས་ཐེངས་རྗེས་མའི་སྦྱིག་པ་མགོ་རྩོམ་པའི་བར་གྱི་དུས་ཚོད་ལ་སྟོན་པ་ཡིན། སྣམས་ཀྱི་སྦྱིག་པའི་འཁོར་ཡུན་ནི་ཉིན 18~23ཡིན་ལ། ཆ་སྙོམས་ཉིན 21ཡིན། འོན་ཀྱང་བྱེ་བྲག་གི་ཁྱད་པར་ཡང་གནས་པ་ཡིན།

(གསུམ)སྦྱིག་པའི་དུས་ཚིགས།

ནོར་གྱི་སྦྲིག་པའི་འཁོར་ཡུན་ནི་རྟ་དང་ལུག   གཞན་པའི་རི་སྐྱེས་སྒྲིག་ཆགས་ལྟར་མངོན་གསལ་གྱི་དུས་ཚིགས་རང་བཞིན་ཡོད་པ་མིན་མོད། འོན་ཀྱང་དེ་ལའང་དུས་ཚིགས་ཀྱི་ཤུགས་རྐྱེན་ཐེབས་པ་ཡིན། ལོ་དེ་རང་དུ་བེའུ་སྐྱེས་པ་མ་ཡིན་པའི་མོ་ཟོག་སྦྲིག་པ་ཆེས་མང་བ་ནི་ཟླ 7~8པའི་ནང་དུ་འདུས་ཡོད། ཐོག་དང་པོར་སྦེབ་སྦྱོར་བྱེད་པའི་མོ་ཟོག་སྦྲིག་པ་དེའི་རྗེས་ཏེ་མང་ཆེ་བ་ཟླ 8~9ཡིན། ལོ་དེ་རང་དུ་བེའུ་སྐྱེས་ཤིང་འོ་མ་སྟེར་བཞིན་པའི་མོ་ཟོག་མང་ཆེ་བ་གཅིག་འདུས་ཀྱིས་ཟླ 9~11ནང་སྦྲིག་པ་ཡིན། སྦྲིག་པའི་དུས་ཚིགས་རང་བཞིན་དེ་ཚད་ཏ་ཙང་ཆེན་པོ་ཞིག་གི་སྟེང་ནས་ནམ་ཟླ་དང་ཕྱུགས་རྩྭ། མོ་ཟོག་གི་འཚོ་བཅུད་གནས་ཚུལ་བཅས་ཀྱི་ཤུགས་རྐྱེན་ཐེབས་པ་ཡིན་ཏེ། ཚང་མ་ས་དེ་གའི་རང་བྱུང་ནམ་ཟླ་དང་རྩྭ་རའི་ཆ་རྐྱེན་ཆེས་བཟང་བའི་དུས་སྐབས་ཡིན། དེ་ལས་གཞན། མཚོ་ངོས་ལས་མཐོ་ཚད་སྨིད 3000ཡན་གྱི་ས་ཁུལ་དུ་ཟླ 7པའི་ཟླ་མགོར་ད་གཟོད་མོ་ཟོག་རེ་གཉིས་སྦྲིག་པ་ཡིན།

(བཞི)ཐོག་དང་པོའི་སྦེབ་སྦྱོར་དུས་ཚོད།

མོ་ཟོག་གི་ཐོག་དང་པོའི་སྦེབ་སྦྱོར་གྱི་ལོ་ཚོད་ནི་ནོར་གྱི་རིགས་རྒྱུད་དང་བྱེ་བྲག་གི་འཚར་སྐྱེ་གནས་ཚུལ་གཞིར་བཟུང་སྟེ་ཐག་གཅོད་དགོས། སྤྱིར་བཏང་མཚན་མ་སྨིན་རྗེས་ནས་འཕྱི་ཙམ་དང་། ཐོག་མའི་སྦེབ་སྦྱོར་སྐབས་ཀྱི་ལུས་ཀྱི་ལྗིད་ཚད་ནི་དེ་རང་དར་མའི་སྐབས་ཀྱི་ལྗིད་ཚད་ཀྱི 70%ཡས་མས་ཡིན་དགོས། ལོ་ཚོད་ལ་བསླེབས་ཀྱང་ལུས་པོའི་ལྗིད་ཚད་ད་དུང་མི་འདང་བའི་སྐབས་ཐོག་མའི་སྦེབ་སྦྱོར་གྱི་ལོ་ཚོད་ཕྱིར་འགྱངས་བྱེད་དགོས་ལ། དེ་ལས་ལྡོག་ན་འོས་འཚམ་གྱིས་སྔུན་ལ་བསྐུར་དགོས། སྤྱིར་བཏང་སྐམས་ཀྱི་ཐོག་མའི་སྦེབ་སྦྱོར་གྱི་དུས་ཚོད་ནི། སྨིན་སྔ་བའི་རིགས་རྒྱུད་ཀྱི་མོ་ཟོག་ནི་ན་ཚོད་ཟླ 16~18ཀྱི་སྐབས་དང་། སྨིན་འཕྱི་བའི་རིགས་རྒྱུད་ཀྱི་མོ་ཟོག་ནི་ཟླ་གྲངས 18~22ཀྱི་ལོ་ཚོད་ཡིན།

གཉིས། སྦྲིག་པ་གསལ་འབྱེད་བྱེད་ཐབས།

སྦྲིག་པ་གསལ་འབྱེད་ཀྱི་དམིགས་ཡུལ་ནི་དུས་ཐོག་ཏུ་མོ་ཟློག་སྡེབ་སྦྱོར་བྱེད་པའི་དུས་ཚོད་རྟོགས་པ་དང་། སྡེབ་སྦྱོར་ནོར་བ་དང་སྡེབ་སྦྱོར་ཆད་ལུས་འབྱུང་བ་བཀག་སྟེ་མང་ལ་སྦྲུམ་ཚད་མཐོར་འདེགས་གཏོང་བའི་ཆེད་ཡིན། མོ་ཟློག་སྦྲིག་པ་གསལ་འབྱེད་བྱེད་པའི་ཐབས་ནི་ཕྱི་ཕྱོགས་ལ་ལྟ་ཞིབ་བྱེད་པའི་ཐབས་དང་སྦྲིག་པ་ཚོད་ལྟ་བྱེད་པའི་ཐབས། མངལ་ལམ་བརྟག་དཔྱད་ཐབས། བཤང་ལམ་བརྟག་དཔྱད་ཐབས་སོགས་ཡོད།

(གཅིག) ཕྱི་ཕྱོགས་ནས་ལྟ་ཞིབ་བྱེད་པའི་ཐབས།

ཕྱི་ཕྱོགས་ནས་ལྟ་ཞིབ་བྱེད་པའི་ཐབས་ནི་མོ་ཟློག་སྦྲིག་པ་གསལ་འབྱེད་བྱེད་པའི་ཐབས་གཙོ་བོ་ཡིན་ཞིང་། གཙོ་བོར་མོ་ཟློག་གི་ཕྱིའི་མངོན་ཚུལ་གཞིར་བཟུང་སྟེ་སྦྲིག་པའི་གནས་ཚུལ་བརྟར་ཞིབ་གཅོད་པ་ཡིན། མོ་ཟློག་སྦྲིག་པའི་སྐབས་རྟག་པར་ངར་ལངས་ཏེ་སྡོད་ལ་མི་འབབ་པ་དང་ཟས་བཟའ་ཚད་ཇེ་ཉུང་དུ་འགྲོ་བ། ཇ་རྩ་ཡར་སྒྲིང་བ། བདའ་རེས་བྱེད་པ། མོ་ཟློག་གཞན་གྱི་སྟེང་དུ་ཞོན་བ་མ་ཟད་གཞན་རང་གི་སྟེང་དུ་ཞོན་བ་དང་ལེན་བྱེད་པ་ཡིན་ལ། དེ་གཉིས་ཀྱི་ཁྱད་པར་ནི་སྦྲིག་པའི་མོ་ཟློག་ཡིན་ཚེ་གཞན་རང་གི་སྟེང་དུ་ཞོན་སྐབས་བརྟན་པོར་ལངས་ནས་མི་འགུལ་བ་མ་ཟད་ཇ་མ་ཡར་འཁྱོག་པར་བྱེད་ལ། གལ་ཏེ་སྦྲིག་པའི་ནོར་མིན་ཚེ་རྟག་པར་ཐྲོས་འགྲོ་བ་ཡིན། སྦྲིག་པའི་མོ་ཟློག་དེ་ནོར་གཞན་གྱི་སྟེང་དུ་ཞོན་སྐབས་མོ་མཚན་གྱི་ཁ་འདར་འཁྱུམ་བྱེད་ཅིང་གཅིན་ཐིགས་པ་དང་། ཕོ་ཟློག་གི་སྡེབ་སྦྱོར་བྱེད་པའི་ཚུལ་ཀ་མངོན་པ་ཡིན། ཕྱིའི་མཚན་མའི་ཁག་དམར་ལ་སྐྲངས་པ་དང་མོ་མཚན་གྱི་ཁ་ནས་འབྱར་ཁུ་ཕྱིར་བཞུར་བར་བྱེད་པ་ཡིན།

མོ་ཟློག་སྦྲིག་པའི་མངོན་རྟགས་ལ་ཆོས་ཉིད་རང་བཞིན་ངེས་ཅན་ཞིག་ལྡན་ནའང་། ཕྱི་ནང་གི་ཁོར་ཡུག་རྒྱུ་རྐྱེན་གྱི་དབང་གིས་སྐབས་འགར་མངོན

རྟགས་དེ་འདྲའི་གསལ་པོ་མིན་པའམ་ཆོས་ཉིད་རང་བཞིན་མི་ལྡན་པ་རེད། དེའི་ཕྱིར། ཁམས་དཀར་འདྲེན་པའི་འོས་འཚམ་གྱི་དུས་ཚོད་གཏན་འཁེལ་བྱེད་སྐབས་ངེས་པར་དུ་ཕྱོགས་བསྡུས་བརྟར་གཅོད་དང་བྱེ་བྲག་ཏུ་དབྱེ་ཞིབ་བྱེད་དགོས།

(གཉིས)སྨྱིག་པ་ཚོད་ལྟ་བྱེད་པའི་ཐབས།

མོ་ཐྲག་སྟེང་དུ་ལྡིང་བའི་གནས་ཚུལ་ལ་གཞིགས་ནས་སྨྱིག་པ་བརྟར་ཤ་གཅོད་པ་སྟེ། འདི་ནི་ཆེས་རྒྱུན་དུ་བཀོལ་བའི་བྱེད་ཐབས་ཡིན། ཐབས་འདི་ཁྱུ་འཚོ་བྱེད་པའི་རྒྱུད་སྤེལ་མོ་ཐྲག་གི་ཁྱུ་ལ་བཀོལ་ན་ལྷག་ཏུ་འཚམ་སྟེ། མི་ཤུགས་གྲོན་ཆུང་བྱེད་ཅིང་སྨྱིག་པ་གསལ་འབྱེད་བྱེད་པའི་ཕན་འབྲས་མཐོར་འདེགས་གཏོང་ཐུབ་པ་ཡིན།

སྨྱིག་པ་ཚོད་ལྟ་བྱེད་པའི་ཐབས་ལ་རིགས་གཉིས་ཡོད། རིགས་དང་པོ་ནི་ཁམས་དཀར་འདྲེན་སྦུབས་བསྣམས་པའི་ཕོ་ཐྲག་མོ་ཐྲག་གི་ཁྱུར་གཏོང་བ་སྟེ། ཉིན་མོར་ནོར་ཁྱུར་བཏང་ནས་སྨྱིག་པ་ཚོད་ལྟ་བྱེད་པ་དང་མཚན་མོར་ནོར་ཕོ་མོ་སོ་སོར་དགར་དགོས། ཕོ་ཐྲག་གིས་བདའ་ནས་སྟེང་དུ་ལྡིང་བའི་གནས་ཚུལ་དང་མོ་ཐྲག་གིས་སྟེང་དུ་ལྡིང་བ་དང་ལེན་བྱེད་པའི་ཚད་གཞིར་བཟུང་སྟེ་མོ་ཐྲག་སྨྱིག་པའི་གནས་ཚུལ་བརྟར་ཤ་གཅོད་དགོས། རིགས་གཉིས་པ་ནི་སྨྱིག་པ་ཚོད་ལྟ་བྱེད་སྤྱད་ཕོ་ཐྲག་དེ་མོ་ཐྲག་གི་ཉེ་སར་བཏུད་དུ་འཇུག་དགོས། གལ་ཏེ་མོ་ཐྲག་དེ་ཕོ་ཐྲག་གི་གམ་དུ་བཏུད་པར་མ་ཟད་རྐེད་པ་གུག་ཅིང་སྐལ་བ་འཁྱོག་པའི་བཟོ་ལྟ་སྟོན་ཚེ་ཕལ་ཆེར་སྨྱིག་པ་མཆོན་པ་ཡིན།

(གསུམ)མངལ་ལམ་བརྟག་དཔྱད་ཐབས།

མངལ་ལམ་བརྟག་དཔྱད་ཐབས་ནི་མངལ་ལམ་གདང་ཆས་བཀོལ་ཏེ་མངལ་ལམ་གྱི་འགྱུར་སྐྱི་དང་ཟགས་ཐོན་དངོས་རྫས། མངལ་གྱི་ཁ་སྦུབས་བཅས་

གྱི་འགྱུར་ལྡོག་ལ་ལྟ་ཞིབ་བྱས་ཏེ་སྦྲིག་ཡོད་མེད་བརྟར་ཞིབ་གཅོད་པ་ཡིན། སྦྲིག་པའི་མོ་ཐྲིག་གི་མངལ་ལམ་གྱི་འགྱུར་སྐྱེ་ལ་ཁྲག་རྒྱས་ཤིང་དམར་པོར་གྱུར་ཡོད་ལ་ཕྱི་ངོས་འཇམ་ཞིང་བརླན་དང་ལྡན་པ་ཡིན། མངལ་གྱི་ཁ་སྒྲུབས་ཀྱི་ཕྱི་སྒོར་ཁྲག་རྒྱས་པ་དང་སྔོད་པ། མཉེན་ཞིང་ཁ་གདངས་ནས་ཡོད་ལ། དྭངས་གསལ་གྱི་སྣ་ཞིང་རིང་བའི་འབྱར་ཁུ་འཐོར་ཆེན་ཕྱིར་ཕུད་པ་དཔེར་ན་ཤེལ་ཐུར་གྱི་དབྱིབས(ཐལ་སྐལ་དུ་དཔྱང་ཐིག་ཟེར)ལྟ་བུ། འཆད་དཀའ་བ་ཞིག་ཡིན། འབྱར་ཁུ་ནི་ཚེས་ཐོག་མར་སླ་པོ་ཡིན་ཞིང་སྦྲིག་པའི་དུས་ཚོད་འགྱངས་པ་དང་བསྟུན་ནས་རིམ་བཞིན་གར་པོར་འགྱུར་ཞིང་ཚད་ཀྱང་ཉུང་བ་ནས་མང་དུ་འགྲོ་བ་ཡིན། སྦྲིག་པའི་དུས་མཇུག་ཏུ་ཐོན་དུས་འབྱར་ཁུའི་མང་ཉུང་རིམ་བཞིན་ཇེ་ཉུང་དུ་འགྲོ་བ་མ་ཟད། འབྱར་ཤུགས་ཆུང་ཞིང་ཁ་དོག་དྭངས་གསལ་མིན་ལ། སྐབས་འགར་མདོག་སྐྱེར་ཁའི་སྣ་ཕུང་དམ་དུམ་མམ་ཚད་ཉུང་བའི་ཁྲག་ཁུ་འདྲེས་པ་ཡིན། སྦྲིག་མེད་པའི་མོ་ཐྲིག་གི་མངལ་ལམ་མདོག་སྐྱ་ཞིང་སྐམ་པོ། མངལ་གྱི་ཁ་སྒྲུབས་ཀྱི་སྒོ་དམ་དུ་ཟུམ་ཡོད་པས་འབྱར་ཁུ་བཞུར་རྒྱུ་མེད་པ་ཡིན།

(བཞི)བཤང་ལམ་བརྟག་དཔྱད་ཐབས།

སྤྱིར་བཏང་རྒྱུན་ལྡན་དུ་སྦྲིག་པའི་མོ་ཐྲིག་ནི་ཕྱིའི་མངོན་རྟགས་ཙུང་གསལ་པོ་ཡིན་པས། ཕྱི་ཕྱོགས་ནས་ལྟ་ཞིབ་བྱེད་པའི་ཐབས་བཀོལ་ཏེ་སྦྲིག་ཡོད་མེད་བརྟར་ཞིབ་བཅད་ཚོག མངལ་ལམ་བརྟག་དཔྱད་ཐབས་ནི་ཁམས་དཀར་འདྲེན་སྐབས་སྦྲིག་པ་གསལ་འབྱེད་བྱེད་པའི་རམ་འདེགས་ཀྱི་ཐབས་ཤིག་ཡིན། མིག་སྔར། བཤང་ལམ་བརྟག་དཔྱད་ཐབས་ལ་བརྟེན་ནས་ཁམས་དཀར་འདྲེན་པའི་གདེང་ཚོད་ཡར་རྒྱས་བྱུང་བ་དང་བསྟུན་ནས་ཐོན་སྐྱེད་ལག་ལེན་ཁྲོད་རྒྱ་ཆེར་བཀོལ་བཞིན་ཡོད། དེ་ནི་ལག་པ་མོ་ཐྲིག་གི་བཤང་ལམ་དུ་བསྒྲིངས་ཏེ་བཤང་ལམ་གྱི་ལྷེབས་ངོས་བརྒྱུད་དེ་ཁམས་དམར་འབྱུང་གནས་སྙིང་གི་ཁམས

དམར་ཕྲ་ཕུང་སྐྱེ་འཚར་གྱི་གནས་ཚུལ་ལ་རིག་སྟོང་བྱས་ནས་སྨྲིག་ཡོད་མེད་བརྡར་ཤ་གཅོད་པ་ཡིན། མོ་ཟོག་སྨྲིག་པའི་སྐབས་སུ་ཁམས་དམར་འབྱུང་གནས་ཀྱི་ཕྱི་ངོས་སུ་འབུར་བ་མ་ཟད་རླབས་འགྱུལ་བྱེད་པའི་ཁམས་དམར་ཕྲ་ཕུང་ལ་རིག་ཐུབ་པ་ཡིན། ཁམས་དམར་ཕུད་རྗེས་ཁམས་དམར་ཕྲ་ཕུང་གི་ལྗིབས་ངོས་སུ་ཀོང་ཀོང་ཆུང་ངུ་ཞིག་གྲུབ་ལ། སེར་གཟུགས་གྲུབ་རྗེས་ཁམས་དམར་འབྱུང་གནས་ཀྱི་ཕྱི་ངོས་ལས་ཅུང་ཙམ་འབུར་ཞིང་རྒྱུ་སྲུས་ཅུང་སྲ་མཁྲེགས་ཀྱི་སེར་གཟུགས་ལ་རིག་ཐུབ་པ་ཡིན།

ས་བཅད་གཉིས་པ། མིའི་ཐབས་ཀྱིས་ཁུ་བ་ལྷུག་པའི་ལག་རྩལ།

མིའི་ཐབས་ཀྱིས་ཁུ་བ་ལྷུག་པ་ནི་ཡོ་བྱད་བཀོལ་ཏེ་ཕོ་ཟོག་གི་ཁུ་བ་བསྡུ་ལེན་བྱེད་པ་དང་། རྒྱུ་སྲུས་ལ་ཞིབ་བཤེར་དང་ཐག་གཅོད་བྱས་པ་བརྒྱུད་རྗེས་སླར་ཡང་ཡོ་བྱད་བཀོལ་ཏེ་སྨྲིག་པའི་མོ་ཟོག་གི་མངལ་དུ་བཞག་སྟེ་མངལ་སྦྲུམ་དུ་འཇུག་པ་སྟེ། ནོར་ཕོ་མོས་རང་བཞིན་དུ་སྡེབ་སྦྱོར་བྱེད་པ་ཡི་ཚབ་བྱེད་པའི་རྒྱུད་སྲིལ་བྱ་ཐབས་ཤིག་ཡིན།

གཅིག འཁྲུག་བཟོ་བྱས་པའི་ཁུ་བ་བདག་ཉར་དང་སྐྱེལ་འདྲེན།

མིག་སྔར། འཁྲུག་བཟོས་ཁུ་བའི་བདག་ཉར་ལ་མང་ཆེ་བར་གཤེར་གཟུགས་ཀྱི་རྟེན་བཀོལ་ནས་འཁྲུག་ཁུངས་བྱེད་པ་ཡིན། ཁུ་བ་ནི་ནུས་ལྡན་གྱི་སྒོ་ནས་བདག་ཉར་དང་སྐྱེལ་འདྲེན་བྱེད་དགོས། ཁུ་བའི་ཐུམ་སྒྲིལ་དམ་པོ་བྱེད་དགོས་ལ། དྲོད་ཚད་མཐོ་པོ་དང་གཡོ་འགུལ་དྲག་པོ། གདོང་གཏུག་བྱེད་པ་བཅས་ལ་གཡོལ་དགོས།

གཉིས། འབྱུག་བཟོས་ཁུ་བའི་འབྱུག་སེལ།

འབྱུག་བཟོས་ཁུ་བ་འབྱུག་སེལ་བྱེད་པ་ནི་ཁུ་བ་འབྱུག་བཟོ་བྱས་པའི་ཕན་འབྲས་ལ་ཞིབ་བཤེར་བྱེད་པའི་དགོས་ངེས་ཀྱི་གནད་འགག་ཐུག་ས་ཡིན་ལ། ཁུ་བ་ལྷུག་པའི་སྔོན་དུ་ངེས་པར་བརྒྱུད་དགོས་པའི་བྱ་བ་ཞིག་ཀྱང་ཡིན། རྒྱུན་བཀོལ་གྱི་བྱ་ཐབས་ནི་ཆུ་དྲོན་མོས(30~40℃)འབྱུག་སེལ་བྱེད་པ་སྟེ། ལྷག་པར་དུ(38~40℃)ཡི་ཆུ་དྲོན་མོས་འབྱུག་སེལ་བྱས་ན་ཕན་ནུས་ཆེས་བཟང་བ་ཡིན།

ཕྲ་སྨྱུག་ནང་གི་འབྱུག་བཟོས་ཁུ་བ་དང་ཨན་པུའུ་ཤེལ་དམ་ནང་གི་འབྱུག་བཟོས་ཁུ་བ་གང་ཡིན་ཡང་ཐད་ཀར་དུ་ཆུ་དྲོན་མོ་ནང་བཞག་ནས་འབྱུག་སེལ་བྱས་ཆོག འབྱུག་བཟོས་ཁུ་བ་ཕྱེད་ཀ་ཙམ་ཞུ་རྗེས་ཕྱིར་བླངས་ཏེ་སྤྱོད་པར་དམིགས་ཆོག འབྱུག་སེལ་བྱས་རྗེས་ཆེ་ཤེལ་འོག་ཏུ་བརྟག་ཞིབ་བྱེད་པ་མ་ཟད་ཁུ་བའི་གསོན་ནུས་ལ་ལྟ་ཞིབ་བྱས་ཏེ། གསོན་ནུས་རིམ་པ 0.3ཡན་ཡིན་པ་དག་ད་གཟོད་ཁམས་དཀར་ལྷུག་པར་བཀོལ་ཆོག

གསུམ། མོ་ཟློག་ལ་ཁམས་དཀར་ལྷུག་པ།

(གཅིག)ཁམས་དཀར་ལྷུག་པའི་སྔོན་གྱི་གྲ་སྒྲིག

ཁམས་དཀར་ལྷུག་པའི་སྔོན་གྱི་གྲ་སྒྲིག་གི་བྱ་བ་ཁག་ནན་ཏན་གྱིས་བསྒྲུབ་པ་ནི། ཁམས་དཀར་ལྷུག་པའི་སྒྲུབ་པ་བདེ་བླག་ངང་སྒྲིལ་བའི་གཞི་རྩའི་ཁག་ཐེག་ཡིན།

1.ར་བའི་གྲ་སྒྲིག ཁམས་དཀར་ལྷུག་སའི་ར་བ་དེ་ཁམས་དཀར་ལྷུག་པའི་སྔོན་ལ་ཁོར་ཡུག་དུག་སེལ་དང་རླུང་རྒྱུ་བར་བྱེད་པ་དང་། དག་གཙང་དང་འཁྲོད་བསྟེན། ལྷིང་འཇགས་བཅས་ཀྱི་ཁམས་དཀར་ལྷུག་སའི་ཁོར་ཡུག་ཅིག་ཡིན་པ་ཁག་ཐེག་བྱེད་དགོས།

2.མོ་ཟོག་གི་གྲ་སྒྲིག མོ་ཟོག་སྒྲིག་པ་གསལ་འབྱེད་བྱས་ཏེ་ཁམས་དཀར་ལྷུག་པའི་འོས་འཚམ་གྱི་དུས་ལ་གཏན་འཁེལ་བྱས་རྗེས། དེ་ཉིད་བརྟན་པོར་སྡོད་དུ་འཇུག་དགོས་པ་མ་ཟད་ཕྱིའི་མཚན་མ་གཙང་བཀྲུ་དང་དུག་སེལ་བྱེད་དགོས།

3.ཡོ་བྱད་གྲ་སྒྲིག ཁམས་དཀར་ལྷུག་པའི་བཀོལ་ཆས་སྣ་ཚོགས་བཀོལ་སྤྱོད་བྱེད་པའི་སྔོན་ལ་ངེས་པར་དུ་གཙང་མར་བཀྲུས་ཏེ་དུག་སེལ་གཟབ་ནན་བྱེད་པ་དང་། བཀོལ་ཁར་སྒྲིན་འཛོམས་སླ་ཁུ་ཡིས་གཤལ་དགོས། ནོར་རེ་རེར་ཁམས་དཀར་འདྲེན་སྦུག་གཅིག་རེ་གྲ་སྒྲིག་བྱེད་དགོས། གལ་ཏེ་ཁམས་དཀར་འདྲེན་སྦུག་གཅིག་བཀོལ་ནས་མོ་ཟོག་གཉིས་ཡན་ལ་ཁམས་དཀར་ལྷུག་པར་བྱེད་ཚེ་ཅིས་ཀྱང་དུག་སེལ་ཐག་གཅོད་བྱས་རྗེས་ད་གཟོད་བཀོལ་ཆོག་པ་ཡིན།

4.ཁུ་བའི་གྲ་སྒྲིག རྒྱུན་དྲོད་འོག་བདག་ཉར་བྱས་པའི་ཁུ་བ་དལ་མོར་བསྐྱལ་རྗེས་དྲོད་ཚད་35℃ལ་སྦར་དགོས་ཤིང་། ཆེ་ཤེལ་འོག་བརྟག་དཔྱད་བྱས་ཏེ་གསོན་ནུས་0.6ལས་མི་དམའ་བ་ཡིན་དགོས། དྲོད་ཚད་དམའ་མོའི་འོག་བདག་ཉར་བྱས་པའི་ཁུ་བ་དྲོད་ཚད་འཕར་རྗེས་གསོན་ནུས་0.5ཡན་ཡིན་དགོས། འཁྱག་བཟོས་ཁུ་བ་ནི་འཁྱག་སེལ་བྱས་རྗེས་གསོན་ནུས་0.3ལས་མི་དམའ་བར་བྱེད་དགོས།

5.ཁམས་དཀར་ལྷུག་མིའི་གྲ་སྒྲིག ཁམས་དཀར་ལྷུག་མིས་དུག་སེལ་བྱས་ཟིན་པའི་ལས་གོས་གྱོན་པ་དང་། སེན་མོ་ཐུང་དུར་བཅད་དེ་འཇམ་པོར་རྫོར་བ། ལག་པ་དང་དཔུང་པ་གཙང་མར་བཀྲུས་ཏེ་ཕྱིས་རྗེས་75%ཡི་ཆང་བཙུད་བཀོལ་ནས་དུག་སེལ་བྱེད་དགོས་ལ། དགོས་ངེས་ཀྱི་སྐབས་སུ་འཇམ་འདྲེད་རྫས་བསྐུ་དགོས།

(གཉིས)ཁམས་དཀར་འདྲེན་པའི་དུས་ཚོད་ཀྱི་གཏན་འཁེལ།

མོ་ཟློག་གིས་སྙིང་དུ་ལྡིང་བ་དང་ལེན་བྱེད་པ(ལངས་ནས་འདུག་པ་སྐྱེ་སྐྱིག་པའི་དུས་རིམ་གྱི་མཇུག་གམ་སྐྱིག་པའི་དུས་མཇུག་མགོ་བརྩམས་པའི་དུས་རིམ)དང་། ཁམས་དམར་ཕྲ་ཕུང་སྐྱེ་འཚར་གྱི་དུས་མཇུག་གམ་ཁམས་དམར་ཕྲ་ཕུང་སྨིན་པའི་དུས་སྐབས་སུ་ཁམས་དཀར་བླུག་ན་ཆེས་ལེགས་པའི་མངལ་སྦྲུམ་པའི་ཕན་འབྲས་ཐོབ་ཐུབ། མོ་ཟློག་གིས་སྙིང་དུ་ལྡིང་བ་དང་ལེན་བྱས་ནས་དུས་ཚོད 8~24སྐབས་ཁམས་དཀར་བླུག་ན་མངལ་སྦྲུམ་ཚད་ཆེས་མཐོ་བ་ཡིན། ཁམས་དཀར་ལྡུག་མཁན་གྱིས་ངེས་པར་དུ་གཤམ་གྱི་ཆོས་ཉིད་ཁོང་དུ་ཆུད་དགོས། མོ་ཟློག་གིས་ཞོགས་པར་སྙིང་དུ་ལྡིང་བ་དང་ལེན་བྱས་ཚེ། ཅིས་ཀྱང་ཉིན་དེའི་ཕྱི་དྲོར་ཁམས་དཀར་ལྡུག་དགོས། གལ་ཏེ་ཕྱི་ཉིན་ཞོགས་པར་སྔར་བཞིན་སྙིང་དུ་ལྡིང་བ་དང་ལེན་བྱས་ཚེ་ཡང་བསྐྱར་ཁམས་དཀར་ཐེངས་གཅིག་ལྡུག་དགོས། མོ་ཟློག་གིས་ཕྱི་དྲོའམ་དགོང་ཁར་སྙིང་དུ་ལྡིང་བ་དང་ལེན་བྱེད་ཚེ། ཕྱིར་འགྱངས་བྱས་ཏེ་ཕྱི་ཉིན་ཞོགས་པར་ཁམས་དཀར་ལྡུག་དགོས། གལ་ཏེ་ཁམས་དཀར་ལྡུག་མཁན་ནི་རང་ཕྱུགས་རའི་ཁོངས་མིས་འགན་ཁུར་བ་ཡིན་ན། སྤྱིར་བཏང་ཐེངས་དང་པོར་ཁམས་དཀར་བླུག་རྗེས་དུས་ཚོད 12གྱི་རྗེས་སུ་ཐེངས་གཉིས་པར་ཁམས་དཀར་ལྡུག་དགོས།

(གསུམ)ཁམས་དཀར་ལྡུག་གནས་དང་ཁམས་དཀར་ལྡུག་པའི་ཐེངས་གྲངས།

1.ཁམས་དཀར་ལྡུག་གནས། ཚོད་ལྟ་མང་པོ་ལས་ར་སྤྲོད་བྱུང་བ་ལྟར་ན། མངལ་གྱི་ཁ་སྦུབས་ཀྱི་གཏིང་ཟབ་ས་དང་མངལ་སྦུབས། ཁམས་དམར་འདོན་སའི་གཞོགས་སམ་མངལ་ཞབས་ཀྱི་གཞོགས་ཟུར་བཅས་བདམས་ནས་ཁམས་དཀར་བླུག་པའི་མངལ་སྦྲུམ་ཚད་ལ་ཁྱད་པར་མངོན་གསལ་མེད། ད་སྔ་ཡོངས་ཁྱབ་ཏུ་མངལ་གྱི་ཁ་སྦུབས་ཀྱི་གཏིང་སར(བུ་སྣོད་ཁ་སྦུབས་ཀྱི་ནང་རོལ)ཁམས་

དཀར་ལྷུག་པ་བཀོལ་བཞིན་ཡོད།

2.ཁམས་དཀར་ལྷུག་པའི་ཐེངས་གྲངས། འཁྲུག་བཟོས་ཁུ་བའི་ཁམས་དཀར་གླུག་ན་མོ་ཟོག་རང་སྟེང་གི་རྒྱུ་རྐྱེན་ལས་གཞན། མོ་ཟོག་གི་མངལ་སྦྲུམ་ཚད་ལ་གཙོ་བོར་ཁུ་བའི་རྒྱུ་ཕྲུས་དང་སྒྲིག་པ་གསལ་འབྱེད་བྱས་པའི་ཡང་དག་རང་བཞིན་གྱི་ཤུགས་རྐྱེན་ཐེབས་པ་ཡིན། གལ་སྲིད་ཁུ་བའི་རྒྱུ་ཕྲུས་ལེགས་པ་དང་སྒྲིག་པ་གསལ་འབྱེད་བྱས་པ་ཡང་དག་ཡིན་ཚེ། ཐེངས་གཅིག་ལ་ཁམས་དཀར་གླུག་པས་མངལ་སྦྲུམ་ཚད་ཡིད་ཚིམ་པ་འབྱུང་ཐུབ། སྒྲིག་སྟེ་ཁམས་དམར་གཏོང་བའི་དུས་ཚོད་ལ་བྱེ་བྲག་གི་བར་ཁྱད་ཅུང་ཆེ་བར་བརྟེན། སྤྱིར་བཏང་ཐེངས 1~2ལ་དྲངས་ན་བཟང་།

(བཞི)ཁམས་དཀར་ལྷུག་ཐབས།

ཁམས་དཀར་ལྷུག་ཐབས་ལ་མངལ་ལམ་གདང་ཆས་བཀོལ་ནས་ཁམས་དཀར་ལྷུག་པ་དང་བཤང་ལམ་ནས་འཆང་སྟེ་ཁམས་དཀར་ལྷུག་པ་སྟེ་རིགས་གཉིས་ཡོད།

1.མངལ་ལམ་གདང་ཆས་བཀོལ་ནས་ཁམས་དཀར་ལྷུག་ཐབས་ནི། མངལ་ལམ་གདང་ཆས་བཀོལ་ཏེ་མོ་ཟོག་གི་མངལ་ལམ་ཆེར་བསྐྱེད་ཅིང་། འོད་ཁུངས(ལག་ཁྱེར་གློག་སྒྲོན་དང་དཔྲལ་ཤེལ། དཔྲལ་བའི་གློག་སྒྲོན་སོགས)ངེས་ཅན་ལ་བརྟེན་ནས་མངལ་གྱི་ཁ་སྒྲུབས་ཀྱི་ཕྱི་སྒོ་རྙེད་རྗེས་ཁམས་དཀར་འདྲེན་སྦྲུག་མངལ་གྱི་ཁ་སྒྲུབས་ནང་ལི་སྨིད 1 ~2ཀྱི་མཚམས་སུ་བཅུག་སྟེ་ཁམས་དཀར་ལྷུག་པ་དང་། དེ་རྗེས་ཁམས་དཀར་འདྲེན་སྦྲུག་དང་མངལ་ལམ་གདང་ཆས་ཕྱིར་ལེན་དགོས། ཐབས་འདི་སྟབས་བདེ་ཡིན་ལ་ཤེས་སླ་ནའང་། ཁམས་དཀར་ལྷུག་གནས་གཏིང་ཐུང་བ་དང་ནད་འགོས་སླ་བ། མངལ་སྦྲུམ་ཚད་དམའ་བ་ཡིན། དེའི་ཕྱིར། མིག་སྔར་སྤྱོད་པ་ཤིན་ཏུ་ཉུང་བ་ཡིན།

2.བཤང་ལམ་ནས་འཆང་སྟེ་ཁམས་དཀར་ལྷུག་ཐབས་ནི། བཤང་ལམ་བརྟག་དཔྱད་ཐབས་དང་འདྲ་བ་སྟེ། ལག་པ་གཅིག་གིས་ལག་ཤུབས་སྲབ་མོ་གོན་ནས་བཤང་ལམ་དུ་བསྲིངས་ཏེ་ལྕི་བའི་སྙིགས་རོ་ལེན་པ་དང་མངལ་གྱི་ཁ་སྦུབས་བཙལ་དགོས་པ་མ་ཟད། མངལ་གྱི་ཁ་སྦུབས་ཀྱི་སྙེ་མོ་ནས་འཛུས་ཏེ་མངལ་གྱི་ཁ་སྦུབས་ཀྱི་ཕྱི་སྣོ་དང་། སྦྲར་མོས་གྲུབ་པའི་ཨ་ལོང་དབྱིབས་ཀྱི་ཁ་གཉིས་མཉམ་པོ་བྱེད་དགོས། བཤང་ལམ་དུ་བསྲིངས་པའི་དཔུང་པས་མོ་མཚན་གྱི་ཁ་ནས་མནན་སྟེ་ཁ་གདངས་སུ་འཇུག་པ་དང་། ལག་པ་གཞན་དེས་ཁམས་དཀར་འདྲེན་ཆས་བཟུང་སྟེ་མོ་མཚན་ནང་འཇུག(ནང་དུ་འཇུག་སྐབས་སྟོན་ལ་སྟེང་ཕྱོགས་སུ་གསེག་པ་དང་དེ་ནས་དྲང་མོར་འཇུག་པ་སྟེ། ཁམས་དཀར་འདྲེན་ཆས་གཅིན་ལམ་དུ་མི་འཇུག་པ)དགོས། མངལ་གྱི་ཁ་སྦུབས་ཀྱི་སྙེ་མོར་འཛུས་པའི་ལག་པ་དང་ཁམས་དཀར་འདྲེན་ཆས་བཟུང་བའི་ལག་པ་གཉིས་ཀྱིས་ཕན་ཚུན་གཞོགས་འདེགས་བྱས་ཏེ་ཁམས་དཀར་འདྲེན་ཆས་དེ་དལ་མོར་མངལ་གྱི་ཁ་སྦུབས་ནང་རོལ་གྱི་ལྟེབ་སུལ(སྤྱིར་བཏང 42ཡོད)བརྒལ་བར་བྱས་རྗེས་ཁྱབ་ལྷུག་དགོས། མངལ་གྱི་ཁ་སྦུབས་ལ་འཛུ་སྐབས་གནས་ཡུལ་ངོས་འཚམ་ཡིན་ཚེ་ད་གཟེད་ལག་པ་གཉིས་ཀྱིས་གཞོགས་འདེགས་བྱེད་པར་ཕན་པ་སྟེ། སྟོན་ལ་གཏུག་མི་རུང་ལ་གཞུག་ཏུའང་གཏུག་དྲགས་མི་རུང་། དེ་ལས་ལྡོག་ན་ཁམས་དཀར་འདྲེན་ཆས་མངལ་གྱི་ཁ་སྦུབས་ཀྱི་གཏིང་སར་འཛུག་དཀའ་བ་ཡིན། (རི་མོ 3–1)

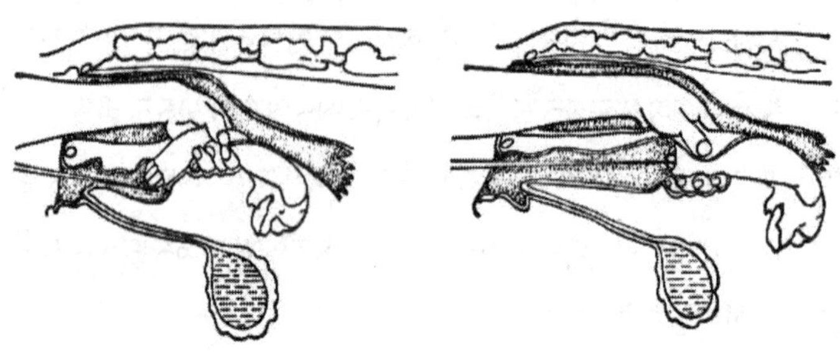

(གཡོན)ནོར་གྱི་བཤང་ལམ་ནས་མངལ་གྱི་ཁ་སྒྲུབས་ལ་འཛུས་ཏེ་ཁམས་དཀར་ལྷུག་པའི་ཁྲིད། མངལ་གྱི་ཁ་སྒྲུབས་ལ་འཛུ་སྟངས་ནོར་འཁྲུལ་ཅན་ཏེ་མངལ་གྱི་ཁ་སྒྲུབས་གསེག་ཏུ་འཛུག་པའམ་མདུན་དུ་འཐེན་མེད་པས། ཁམས་དཀར་འདྲེན་ཆས་མངལ་གྱི་ཁ་སྒྲུབས་ཀྱི་ཁར་འཛུག་ཐབས་མེད། (གཡས)ཡང་དག་པའི་བྱེད་སྟངས་ཀྱིས་ཁམས་དཀར་འདྲེན་ཆས་བདེ་བླག་ངང་མངལ་གྱི་ཁ་སྒྲུབས་ནང་འཛུག་ཐུབ།

རི་མོ 3–1 བཤང་ལམ་ནས་མངལ་གྱི་ཁ་སྒྲུབས་ལ་འཛུས་ཏེ་ཁམས་དཀར་ལྷུག་ཐབས།

བཤང་ལམ་ནས་མངལ་གྱི་ཁ་སྒྲུབས་ལ་འཛུ་ཐབས་ནི་རྒྱལ་ཁབ་ཕྱི་ནང་དུ་ཡོངས་ཁྱབ་ཏུ་སྤྱོད་པའི་ཁམས་དཀར་ལྷུག་ཐབས་ཤིག་ཡིན་ཞིང་། བཀོལ་ཆས་སྟབས་བདེ་དང་ནད་འགོས་མི་སླ་བ། ཁམས་དཀར་འདྲེན་གནས་གཏིང་ཟབ་པ། མངལ་སྒྲུམ་ཚད་མཐོ་བ་བཅས་ཀྱི་བཟང་ཆ་ལྡན་པ་ཡིན། དེའི་མངལ་སྒྲུམ་ཚད་ནི་མངལ་ལམ་གདང་ཆས་བཀོལ་བའི་ཐབས་ལས 10%~20% ཡིས་མཐོ་བ་ཡིན་པས། ཚད་ཆེན་པོས་ནོར་གྱི་རྒྱུད་སྤེལ་ཚད་དང་དཔལ་འབྱོར་གྱི་ཕན་འབྲས་མཐོར་འདེགས་གཏོང་ཐུབ། དུས་མཉམ་གཅིག་ཏུ་བཤང་ལམ་ནས་མོ་ཟོག་གི་བུ་སྣོད་དང་ཁམས་དམར་འབྱུང་གནས་ཀྱི་འགྱུར་ལྡོག་ལ་རེག་མྱོང་བྱས་པ་ལ་བརྟེན་ནས་གོམ་གང་མདུན་སྤྱོས་སྔོས་སྒྲིག་པའམ་མངལ་སྒྲུམ་གནས་ཚུལ་བརྟར་ཞིབ་བཅད་དེ་སྣེབ་སྦྱོར་བྱས་པ་ནོར་བའམ་མངལ་ཤོར་བ་འགོག་ཐུབ།

ས་བཅད་གསུམ་པ། མོ་ཟོག་གི་མངལ་སྒྲུམ་བརྟག་དཔྱད།

མངལ་སྒྲུམ་པ་བརྟག་དཔྱད་ནི་མོ་རིགས་སྲོག་ཆགས་མངལ་སྒྲུམ་པ་དང་མངལ་མ་སྒྲུམ་པའི་དུས་རིམ་གྱི་ལུས་ཁམས་དང་སྐྱེ་དངོས་རྫས་འགྱུར། སྤྱོད་ལམ། གཟུགས་གཞིའི་ཁྱད་རྟགས་སམ་གཟུགས་བྱད་བཅས་གཞིར་བཟུང་སྟེ

ངེས་གཏན་བྱེད་པ་ཞིག་ཡིན།

གཅིག དུས་སྔ་མའི་མངལ་སྦྲུམ་བརྟག་དཔྱད་ཀྱི་དོན་སྙིང་།

དུས་སྔ་མའི་མངལ་སྦྲུམ་བརྟག་དཔྱད་ནི་མོ་ཕྱུགས་སེབ་སྦྱོར་བྱས་རྗེས་ཀྱི་ཆེས་ཐུང་བའི་དུས་ཚོད(དུས་རྒྱུན་སྤྲིག་ཡུན 1~3ལ་སྟོན་པ་ཡིན)ནང་མངལ་སྦྲུམ་ཡོད་མེད་གཏན་འཁེལ་བྱེད་པ་ལ་སྟོན་པ་ཡིན། མངལ་སྦྲུམ་ཕྲུག་སྐྱེ་བདེ་སྲུང་དང་མངལ་སྟོང་སྦྲུམ་ཇེ་ཉུང་དུ་གཏོང་བ། རྒྱུད་སྤེལ་ཕན་འབྲས་མཐོར་འདེགས་བྱེད་པ་བཅས་ལ་ལྷག་ཏུ་གལ་ཆེ་བ་ཡིན།

གཉིས། མངལ་སྦྲུམ་བརྟག་དཔྱད་བྱེད་ཐབས།

(གཅིག)ཕྱིའི་ནད་རྟགས་ལ་ལྟ་ཞིབ་བྱེད་པའི་ཐབས།

སེབ་སྦྱོར་བྱས་རྗེས་ཀྱི་མོ་ཟོག་དེ་ཐེངས་རྗེས་མའི་སྤྲིག་དུས་བསླེབ་པའི་སྔ་རྗེས་སུ་དེ་ཡང་བསྐྱར་སྤྲིག་མིན་ལ་མཉམ་འཛོག་དགོས། གལ་ཏེ་མ་སྤྲིག་ཚེ་ཕལ་ཆེར་མངལ་སྦྲུམ་པ་ཡིན་སྲིད། འོན་ཀྱང་འདི་ལ་ཡོངས་སུ་བློ་གཏད་མི་རུང་སྟེ་མོ་ཟོག་ལ་ལ་མངལ་སྦྲུམ་མེད་ནའང་སྤྲིག་པའི་སྐབས་སུ་ནད་རྟགས་དེ་འདྲའི་མངོན་གསལ་མིན(སྙིང་འཛུགས་ངང་སྤྲིག་པའམ་སྐྲག་ཏུ་སྤྲིག་པ)པའམ་མི་སྤྲིག་པ་ཡིན་ལ། ཡང་མོ་ཟོག་ལ་ལ་མངལ་སྦྲུམ་ཟིན་ནའང་སྤྲིག་པའི་ཚུལ་མངོན་པ(སྤྲིག་པ་རྫུན་མ)ཡིན། དེ་ལས་གཞན་དེའི་སྤྱོད་ལམ་དང་ཟས་ཀྱི་ཡི་ག འཚོ་བཅུད་གནས་ཚུལ། གཟུགས་བྱད་སོགས་ལ་ལྟ་ཞིབ་བྱས་ནའང་མངལ་སྦྲུམ་བརྟག་དཔྱད་བྱེད་པར་དཔྱད་གཞིའི་རིན་ཐང་ངེས་ཅན་ལྡན་པ་ཡིན།

(གཉིས)མངལ་ལམ་བརྟག་དཔྱད་ཐབས།

མངལ་སྦྲུམ་མོ་ཟོག་གི་མངལ་ལམ་འབྱུར་སྐྱི་མདོག་སྐྱ་བོར་གྱུར་ཅིང་ཅུང་སྐམ་པོ་ཡིན། མངལ་སྦྲུམ་ནས་ཟླ 1.5~2ཀྱི་སྐབས། མངལ་གྱི་ཁ་སྒྲུབས་ཀྱི་ཁའི་ཉེ་འགྲམ་དུ་འབྱུར་བག་གར་པོའི་འབྱུར་ཁུ་ཡོད་མོད་ཚད་ཉུང་བ་ཡིན། ཟླ 3 ~4

ལ་སླེབས་རྗེས་ཏ་ཅང་མངོན་གསལ་ཡིན་པ་མ་ཟད། འགྱུར་བག་གར་པོ་མདོག་ཐལ་སྐྱའམ་སེར་སྐྱ་སྐྱོ་འདུར་ལྟ་བུར་གྱུར་ཏེ་རྗེས་སུ་རིམ་བཞིན་ཇེ་མང་དུ་འགྲོ་ཞིང་། མངལ་ལམ་གྱི་ལྷེབས་ངོས་ཡོངས་སུ་འགྱུར་བ་དང་མངལ་ལམ་གདང་ཚས་ཐོག་འགྱུར་བའི་འགྱུར་ཁུ་ནི་ཁྲ་ཐིག་གམ་རྡོག་དབྱིབས་སུ་མངོན། མངལ་སྦྲུམ་པའི་དུས་ཕྱེད་ཕྱི་མར་ཐོན་དུས་མངལ་ལམ་གྱི་ལྷེབས་ངོས་སྒེ་ཞིང་སྙོད་པ་དང་མཐུག་ཅིང་རྒྱགས་པ། མངལ་གྱི་ཁ་སྦུབས་ཀྱི་གནས་ཡུལ་སྟེན་ལ་སྐུར་ཡོད་པ་མ་ཟད་གཞོགས་གཅིག་ཏུ་ཡོ་ཡོད་པའི་ཚོར་སྣང་འབྱུང་ཐུབ།

(གསུམ)བཤང་ལམ་བརྟག་དཔྱད་ཐབས།

བཤང་ལམ་བརྟག་དཔྱད་ཐབས་ནི་ནོར་གྱི་མངལ་སྦྲུམ་པ་བརྟག་དཔྱད་བྱེད་པའི་ཁྲིད་ཆེས་གཞི་རྩ་དང་ཆེས་ལག་བསྟར་བྱེད་འཐུས་ཀྱི་བྱེད་ཐབས་ཤིག་ཡིན་ཏེ། མངལ་སྦྲུམ་པའི་དུས་ཡུན་ཧྲིལ་པོར་སྤྱོད་ཆོག་པ་མ་ཟད་མངལ་སྦྲུམ་པའི་ཕལ་ཆེར་གྱི་ཟླ་དང་མངལ་སྦྲུམ་ནོར་གྱི་སྒྲིག་པ་རྫུན་མ། མངལ་སྦྲུམ་རྫུན་མ། སྐྱེ་འཕེལ་དབང་པོའི་ནད་རིགས་ཁ་ཤས། མངལ་གནས་ཕྲུ་གུའི་ཤི་གསོན་སོགས་བརྡར་ཤ་གཅོད་ཐུབ་པ་ཡིན།

མངལ་སྦྲུམ་པའི་དུས་མགོར། བུ་སྣོད་ཞབས་ཟུར་གྱི་དབྱིབས་དང་རྒྱུ་སྲུས་ཀྱི་འགྱུར་ལྡོག་གཙོར་འཛིན་དགོས་པ་དང་། ཤ་མ་གྲུབ་རྗེས་ཤ་མའི་སྐྱེ་འཚར་གཙོར་འཛིན་དགོས་ལ། ཤ་མ་མར་བབས་ཏེ་ཐུག་རེག་བྱེད་དཀའ་བའི་དུས་སུ་ཁམས་དམར་འབྱུང་གནས་ཀྱི་གནས་ཡུལ་དང་མངལ་གྱི་འཕར་རྩའི་སྦྲུམ་རྩ་འཕར་སྣངས་གཙོར་འཛིན་དགོས་པ་ཡིན།

རྒྱུད་སྤེལ་རྗེས་ཀྱི་ཉིན 19 ~22ནང་བུ་སྣོད་ཆེར་རྒྱས་པའི་ཚུར་སྣང་མངོན་གསལ་མེད་པ་དང་། ཐེངས་སྔོན་མར་སྤྲིག་སྐེ་ཁམས་དམར་ཕུད་སར་སྐྱེ་འཚར་བྱུང་ནས་སྨིན་པའི་སེར་གཟུགས་ཡོད་ཅིང་། བོངས་ཚད་ཅུང་ཆེ་ན་མངལ་སྦྲུམ་

པར་ངོགས་པ་ཡིན། གལ་ཏེ་བུ་སྣོད་ཆེར་རྒྱས་པའི་ཚུར་སྣང་མངོན་གསལ་ཡིན་ལ། མངོན་གསལ་གྱི་སེར་གཟུགས་མེད་ཅིང་། གཞོགས་གཅིག་གི་ཁམས་དམར་འབྱུང་གནས་སྟེང་དུ་ཞི་སྨིད 1ལས་ཆེ་བའི་ཁམས་དམར་གྱི་ཕྲ་ཕུང་ཡོད་ན། སྤྱིག་བཞིན་པ་གསལ་བཤད་བྱས་པ་དང་། གལ་སྲིད་ཁམས་དམར་འབྱུང་གནས་ཀྱི་ཆ་ཤས་སུ་ཀོང་ཀོང་ཡོད་ཅིང་རྒྱ་ཁྱུས་ཙུང་སྐྱི་མོ་ཡིན་ན། ད་སོ་མ་ཁམས་དམར་ཕུད་པ་ཡིན་ཤས་ཆེ། གནས་ཚུལ་རིགས་འདི་གཉིས་པོས་མངལ་མ་སྦྲུམ་པ་མཚོན་པ་ཡིན།

མངལ་སྦྲུམ་ནས་ཉིན 30ཕྱིན་ན། མངལ་སྦྲུམ་སའི་གཞོགས་ཀྱི་ཁམས་དམར་འབྱུང་གནས་སྟེང་འཚར་སྐྱེ་འཐུས་ཚང་གི་མངལ་སྦྲུམ་སེར་གཟུགས་ཡོད་པ་མ་ཟད་ཁམས་དམར་འབྱུང་གནས་ཀྱི་ཕྱི་ངོས་ལས་འབུར་དུ་ཐོད་པ་ཡིན།

དེར་བརྟེན་ཁམས་དམར་འབྱུང་གནས་དེའི་བོངས་ཚད་ནི་ཁ་གཏད་ཕྱོགས་ཀྱི་ཁམས་དམར་འབྱུང་གནས་ཀྱི་བོངས་ཚད་ལས་ལྷག་གཅིག་གིས་ཇེ་ཆེར་སོང་ཡོད། གཞོགས་གཉིས་ཀྱི་མངལ་ཞབས་ཀྱི་ཟུར་ཆ་མཉམ་མིན་པ་སྟེ། མངལ་སྦྲུམ་སའི་ཟུར་དེ་ཟུར་སྟོང་པ་དེ་ལས་ཙུང་ཆེར་བསྐྱེད་ཅིང་རྒྱ་ཁྱུས་སྐྱི་མོར་གྱུར་པ། གཤེར་གཟུགས་རླབས་འགྱུལ་གྱི་ཚོར་བ་ལྡན་པ་དང་། མངལ་སྦྲུམ་སའི་ཟུར་གྱི་ཆེས་སྔོས་པའི་སར་བུ་སྣོད་ཀྱི་ལྟེབས་ཙུང་སྲབ་པ། ཟུར་སྟོང་པ་ཙུང་སྲ་ལ་ལྟེམ་ཤུགས་ཡོད་པ། གུག་པ་མངོན་གསལ་ཡིན་ཞིང་ཟུར་དབར་གྱི་ཤུར་གསལ་པོ་ཡིན། མཛུབ་གུས་མངལ་སྦྲུམ་སའི་ཟུར་ལ་ཡང་མོར་འཛུས་ཏེ་སྣེ་གཅིག་ནས་སྣེ་གཞན་གཅིག་གི་ཕྱོགས་སུ་དལ་བུར་འདྲེད་པར་བྱས་ན། སྦྲུམ་སྐྱེའི་ཐུམ་སྣོད་མཛུབ་པར་ནས་འདྲེད་རྒྱུག་བྱེད་པ་ཚོར་ཐུབ། ཡང་ན་མཐེབ་མོ་དང་གོང་མཛུབ་ཀྱིས་མངལ་ཞབས་ཀྱི་ཟུར་དལ་མོར་ཡར་བཀུགས་ལ་དེ་ནས་ཙུང་ལྷོད་ཆེ། བུ་སྣོད་ནང་ལྟེབས་ནས་སྔོན་ལ་སྐྱེ་ཤུགས་སྲབ་མོ་ཞིག་འདྲེད་ཤོར་འབྱུང་བའི་ཚོར

སྣང་འབྱུང་ཐུབ། འདི་ནི་ད་དུང་མངལ་གནས་སྤྲུ་གུའི་གཟུགས་ཡོངས་སུ་མ་གྲུབ་པའི་མངལ་གནས་སྤྲུ་གུའི་ཤུན་ལྤགས་ཡིན། ཚད་འཇལ་གཏན་འཁེལ་བྱས་པ་ལྟར་ན། ཉིན 28སྐབས་མངལ་གནས་སྤྲུ་གུའི་ཤུན་ལྤགས་ཀྱི་ཚངས་ཐིག་ལ་ལི་སྨིད 2ཡོད་པ་དང་། ཉིན 35སྐབས་ལི་སྨིད 3ཉིན 40ཡི་ཡར་སྔོན་དུ་མངལ་གནས་སྤྲུ་གུའི་ཤུན་ལྤགས་ནི་ཟླུམ་གཟུགས་ཡིན།

མངལ་སྦྲུམ་ནས་ཉིན 60སོན་སྐབས། མགོ་ཆུ་ཧྲེ་མང་དུ་སོང་བའི་རྐྱེན་མངལ་སྦྲུམ་སའི་ཟུར་ཆེར་བསྐྱེད་པར་མ་ཟད་རྒྱབ་གཞོགས་སུ་འབུར་ཏེ། མངལ་སྦྲུམ་སའི་ཟུར་དེ་ཟུར་སྟོང་པ་ལས་ཕལ་ཆེར་ལྟབ་གཅིག་གིས་སྒྲིམ་ཞིང་ཅུང་རིང་ལ། གཞོགས་གཉིས་ཀྱི་ཁྱད་པར་མངོན་གསལ་ཡིན། མངལ་སྦྲུམ་སའི་ཟུར་ནང་རླབས་འགྱུལ་གྱི་ཚོར་བ་ཡོད་ཅིང་མཛུབ་གུས་མནན་ཚེ་ལྡེམ་ཤུགས་ཡོད་པ་ཡིན།

མངལ་སྦྲུམ་ནས་ཉིན 90འགོར་དུས། མངལ་སྦྲུམ་སའི་ཟུར་ཕའི་ཆེའུ་སྒོ་ལོ་ལྟ་བུར་གྱུར་ཏེ་རླབས་འགྱུལ་མངོན་གསལ་ལྡན་ལ་གསུམ་ཁོག་ཏུ་ནུབ་མགོ་ཚུགས་ཤིང་། མངལ་གྱི་ཁ་སྦྲུབས་མདོ་མོ་རུས་ཀྱི་མདུན་སྣེར་སྦྱར་ཡོད། ཐོག་དང་པོར་བེའུ་སྐྱེས་པའི་ནོར་ནི་བུ་སྣོད་མར་ནུབ་པའི་དུས་ཚོད་ཅུང་འཕྱི་བ་ཡིན། སྐབས་འགར་མངལ་སྦྲུབས་ནང་གཡེང་བའི་མཁྲིགས་པའི་རྫོག་པོ་ལྟ་བུའི་མངལ་གནས་སྤྲུ་གུར་ཡང་རེག་མྱོང་བྱེད་ཐུབ་ལ། མངལ་ཟུར་གྱི་ཤུར་ནི་རེག་ན་གསལ་པོ་མིན།

མངལ་སྦྲུམ་ནས་ཉིན 120སོང་ཚེ། བུ་སྣོད་ཡོངས་སུ་གསུམ་ཁོག་ནང་ནུབ་ཅིང་མངལ་གྱི་ཁ་སྦྲུབས་མདོ་མོ་རུས་ཀྱི་སྣེ་མོ་ལས་བརྒལ་ཡོད་ལ། རེག་ན་བུ་སྣོད་ཀྱི་དབྱིབས་གཟུགས་གསལ་པོ་མིན་པར་བུ་སྣོད་ཀྱི་རྒྱབ་ཟུར་དང་དེ་ན་མངོན་གསལ་དོད་པའི་སྐྱེས་རྟེན་ལོ་མ་ཁོན་ལ་རེག་ཐུབ་སྟེ། དབྱིབས་ནི་རྒྱ་སྲན་ནམ་སྲན་སེར་ཆུང་བ་དང་མཚུངས་ལ། སྐབས་སྐབས་སུ་མངལ་གྱི་སྤྲུ་གུར་རེག

སྐྱོང་བྱེད་ཐུབ། མངལ་གྱི་འཕར་རྩའི་སྦྲུམ་རྩ་འཕར་བ་གསལ་པོར་ཚོར་ཐུབ།

མངལ་སྦྲུམ་ནས་ཉིན 150ལོན་ཚེ། བུ་སྣོད་ཧྲིལ་པོ་རྗེ་ཆེར་གྱུར་ཅིང་གསུམ་ཁོག་གི་ཞབས་སུ་ཉུབ་ཡོད། མངལ་གནས་ཕྲུ་གུ་མགྱོགས་མྱུར་འཚར་ལོངས་བྱུང་སྟེ་ཆེར་གྱུར་པར་བརྟེན་མངལ་གྱི་ཕྲུ་གུར་གསལ་པོར་རེག་ཐུབ། སྐྱེས་རྟེན་ལོ་མ་རིམ་བཞིན་ཆེར་བསྐྱེད་དེ་ཚེ་ཆུང་སྟར་ཀ་དང་བྲ་སྔོང་དང་མཚུངས། མངལ་གྱི་འཕར་རྩ་རྗེ་སྦོམ་དུ་གྱུར་ཅིང་སྦྲུམ་རྩ་འཕར་སྟངས་ཤིན་ཏུ་གསལ་པོ་ཡིན། མངལ་གྱི་ཟུར་སྟོང་པའི་གཞོགས་ཀྱི་མངལ་གྱི་འཕར་རྩ་ད་དུང་མེད་པའམ་སྦྲུམ་རྩ་ཅུང་ཟད་ཡོད་པ་ཡིན།

མངལ་སྦྲུམ་ནས་ཉིན 180ནས་ཟླ་ཁ་གང་བའི་སྐབས། མངལ་གནས་ཕྲུ་གུ་ཆེར་སོང་བ་དང་གནས་ཡུལ་མཆོང་རུས་ཀྱི་མདུན་དུ་སླར་ཡོད་ཅིང་། མངལ་གནས་ཕྲུ་གུའི་ཆ་ཤས་སོ་སོར་རེག་ཐུབ་པ་མ་ཟད་མངལ་འགུལ་བའང་ཚོར་ཐུབ། གཞོགས་གཉིས་ཀྱི་མངལ་གྱི་འཕར་རྩ་སོ་སོར་སྦྲུམ་རྩའི་འཕར་སྟངས་གསལ་པོ་ཡོད་པ་ཡིན།

(བཞི)ཚད་བརྒལ་སྒྲ་རླབས་ཀྱིས་བརྟག་ཐབས།

ཏཱའོ་ཕུའུ་ལེ་ཚད་འཇལ་ཆས་སྤྱད་ནས་བརྟག་དཔྱད་བྱེད་པ། བརྟག་ཆས་ཀྱི་སྣེ་མོ་སྤྱད་ནས་བཤང་ལམ་བརྒྱུད་དེ་མོ་ཟྡོག་གི་མངལ་གྱི་འཕར་རྩའི་སྦྲུམ་རྩ་འཕར་སྟངས་ལ་འཚོལ་བཤེར་བྱས་ཏེ། བརྡ་རྟགས་འཆར་བྱེད་སྒྲིག་ཆས་ལས་འབྱིན་པའི་སྒྲའི་བརྡ་རྟགས་ལ་བརྟེན་ནས་མངལ་སྦྲུམ་ཡོད་མེད་བརྡར་ཤ་གཅོད་པ་ཡིན། SCD－Ⅱ དབྱིབས་ཀྱི་ཏཱའོ་ཕུའུ་ལེ་བརྟག་ཆས་བཀོལ་ཏེ་རྒྱུད་སྤེལ་ནས་ཉིན 33~70སོང་བའི་མོ་ཟྡོག་ལ་བརྟག་དཔྱད་བྱས་ན། དེའི་མངལ་སྦྲུམ་ཡོད་མེད་ཐག་བཅད་པའི་ཡང་དག་གི་ཚད 90%ཡས་མས་ལ་བསླེབ་ཐུབ།

ཆ་རྐྱེན་ལྡན་པའི་ནོར་གསོ་ར་བ་ཆེ་གྲས་རིགས་ཀྱིས་ཀྱང་ཅུང་ཞིབ་ཚགས་

ཅན་གྱི་Bདབྱིབས་ཚད་བརྒལ་སྒྲ་རླབས་བརྟག་ཆས་སྤྱད་ཆོག་པ་ཡིན། དེའི་བརྟག་ཆས་ཀྱི་སྣེ་མོ་གཡས་ཀྱི་ནུ་མའི་གོང་རོལ་གྱི་གསུམ་པའི་ངོས་ལ་བཞག་སྟེ། བརྟག་ཆས་ཀྱི་སྣེ་མོར་ཐུག་རེག་སྣུམ་རྫས(ཧྥན་ཧྲི་ལིན་ནམ་རྗེ་ལའི་སྣུམ)བྱུགས་དགོས་པར་མཉམ་འཇོག་པ་དང་། ཐུག་རེག་བྱེད་སའི་ཁག་གི་སྤུ་འབྲེག་དགོས། བརྟག་ཆས་ཀྱི་སྣེ་མོའི་མགོ་ནི་མངལ་སྦྲུམ་པའི་མངལ་ཞབས་ཀྱི་ཟུར་ལ་གཏོད་དགོས། འཆར་ཡོལ་བརྒྱུད་དེ་སྦྲུམ་རྟེན་གྱི་གནས་ཡུལ་དང་ཆེ་ཆུང་ལ་ལྟ་ཞིབ་གསལ་པོར་བྱ་ཐུབ་པ་མ་ཟད་ད་དུང་གནས་ཐིག་གཏན་འཁེལ་གྱིས་པར་བླངས་ཆོག བརྟག་ཆས་ཀྱི་སྣེ་མོའི་ཁ་ཕྱོགས་དང་གནས་ཡུལ་སྒྱོ་འགྱུལ་བྱེད་པ་བརྒྱུད་དེ་མངལ་གནས་སྤྲུ་གུའི་རགས་དབྱིབས་དང་། སྙིང་གི་གནས་ཡུལ་དང་འཕར་ལྡིང་བྱེད་པའི་གནས་ཚུལ། མངལ་ཆིག་རྐྱང་དང་མཚེ་མ་སོགས་མཐོང་ཐུབ།

ས་བཅད་བཞི་པ། མོ་ཟོག་གི་བེའུ་སྐྱེ་བ་དང་སྐྱེ་གཡོག་ལག་རྩལ།

གཅིག བེའུ་སྐྱེ་བའི་སྔ་ལྟས།

མོ་ཟོག་གིས་བེའུ་སྐྱེ་བའི་སྔ་རོལ་དུ་ལུས་ཁམས་དང་བཟོ་ལྟ། སྤྱོད་ལམ་བཅས་ཀྱི་སྟེང་ནས་འགྱུར་ལྡོག་རབ་དང་རིམ་པ་ཞིག་བྱུང་སྟེ། མངལ་གནས་སྤྲུ་གུ་སྐྱེ་བ་དང་བེའུ་གསོ་བའི་དགོས་མཁོ་དང་འཚམ་པར་བྱེད་པ་ཡིན། འགྱུར་ལྡོག་འདི་དག་ལ་རྒྱུན་པར་སྐྱེ་བའི་སྔ་ལྟས་ཟེར། སྐྱེ་བའི་སྔ་ལྟས་ལས་སྐྱེ་བའི་དུས་ཚོད་ཕལ་ཆེར་ཚོད་དཔག་བྱེད་ཐུབ་པས་སྐྱེ་རོགས་ཀྱི་གྲ་སྒྲིག་བྱ་བ་བསྒྲུབ་ཆོག་པ་ཡིན།

(གཅིག)ནུ་མའི་འགྱུར་ལྡོག

སྐྱེ་བའི་སྔ་རོལ་ལ་མོ་ཟོག་གི་ནུ་མ་སྦོས་ཏེ་ཇེ་ཆེར་འགྱུར་ལ། ཁ་ཤས་ལ་ཆུ་

གསོག་པ་མ་ཟད་ནུ་མགོ་ལས་དྭངས་གསལ་འབྱར་གཟུགས་ཀྱི་གཤེར་གཟུགས་ཐུང་ཤས་སམ་འོ་སྤྲི་ཐུང་ངུ་ཐོན་པར་བྱེད། སྐྱེ་པའི་སྔོན་གྱི་ཉིན 2ཀྱི་ནང་། ནུ་མ་ཤིན་ཏུ་སྦྲོས་ཤིང་སྐྱི་མོ་དམར་པོར་འགྱུར་བ་མ་ཟད་ནུ་མགོའི་ནང་མདོག་དཀར་པོའི་འོ་སྤྲི་ཡིས་གང་ཞིང་། ནུ་མགོའི་ཕྱི་རིམ་ལ་པྲ་ཚིལ་ལྟ་བུའི་དངོས་པོ་ཞིག་གིས་གཡོགས་ཡོད་པ་དང་། སྔར་གྱི་ལེབ་གཟུགས་དེ་ཀ་ཟླུམ་གྱི་གཟུགས་སུ་འགྱུར་བ་ཡིན། ནོར་ལ་ལར་འོ་མ་འཛོར་བའི་སྣང་ཚུལ་འབྱུང་བ་སྟེ་འོ་མ་ཐིགས་པ་ལྟར་འབབ་པའམ་འབྱམས་ནས་འོངས་པ་ཡིན། འོ་མ་འཛོར་འགོ་བརྩམས་རྗེས་ཀྱི་དུས་ཚོད་ཁ་ཤས་ནས་ཉིན་གཅིག་གི་ནང་དུ་སྐྱེ་པར་བྱེད།

(གཉིས)སྐེ་བའི་སྐྱེ་ལམ་གྱི་འགྱུར་ལྡོག

མངལ་གྱི་ཁ་སྒྲུབས་ནི་སྐྱེ་པའི་སྔ་རོལ་གྱི་ཉིན 1~2ནས་བཟུང་ཆེར་སྦྲོས་ཤིང་སྐེ་མོར་འགྱུར་བ་ཡིན། མངལ་གྱི་ཁ་སྒྲུབས་ནང་གི་འབྱར་ཁུ་སྐེ་མོར་གྱུར་ཏེ་མངལ་ལམ་དུ་བཞུར་ལ། སྐབས་འགར་མཚན་མའི་ཕྱིར་སྒོར་བསྒར་ཞིང་ཐུང་དྭངས་གསལ་གྱི་ཐག་དཔྱིབས་སུ་མངོན། མཚན་སྦྲོས་ནི་སྐྱེ་པའི་སྔོན་གྱི་གཟའ་འཁོར་གཅིག་ཙམ་ནས་བཟུང་རིམ་བཞིན་སྐེ་མོར་འགྱུར་བ་དང་སྐྲངས་ཤིང་སྦྲོས་པ། ཇེ་ཆེར་འགྲོ་བ་ཡིན་ལ། ཕྱིར་བཏང་ལྡབ 2~3ཙམ་ཇེ་ཆེར་འགྲོ་ཞིང་། མཚན་སྦྲོས་སྐྱེ་ཞུགས་ཀྱི་གཉེར་མ་རྣམས་བཤིག་ཅིང་རྐྱོང་བར་བྱེད་པ་ཡིན།

(གསུམ)མཚང་རུས་ཀྱི་རྒྱུས་པའི་འགྱུར་ལྡོག

མཚང་རུས་ཀྱི་རྒྱུས་པ་ནི་སྐྱེ་བར་ཉེ་སྐབས་ནས་བཟུང་སྐེ་མོར་འགྱུར་འགོ་ཚུགས་པ་སྟེ། ཕྱིར་བཏང་སྐྱེ་པའི་སྔོན་གྱི་གཟའ་འཁོར 1~2ཙམ་ནས་བཟུང་སྟེ་སྐེ་མོར་འགྱུར་བ་ཡིན། སྐྱེ་པའི་སྔོན་གྱི་དུས་ཚོད 12~36གི་སྐབས་མཚང་ཚིགས་དང་འཕོངས་རུས་ཀྱི་རྒྱུས་པའི་གཞུག་སྟེ་ཤིན་ཏུ་སྐེ་མོར་གྱུར་ཏེ་ཕྱི་དབྱིབས་མི་སྣང་བར་གྱུར་ལ། ཇ་ཚིགས་གཡས་གཡོན་དུ་སྐེ་བའི་ཕུང་གྲུབ་ཙམ་

ལས་རིག་མི་ཐུབ་པ་མ་ཟད་མཚང་ཚོགས་གཡས་གཡོན་གྱི་ཕུང་གྲུབ་མངོན་གསལ་གྱིས་རྗེབ་ཡོད། པེཙུ་ཐོག་དང་པོར་སྐྱེ་བའི་ནོར་གྱི་འགྱུར་ལྡོག་དེ་འདྲའི་མངོན་གསལ་མིན།

(བཞི)ལུས་དྲོད་ཀྱི་འགྱུར་ལྡོག

མོ་ཟོག་མངལ་སྦྲུམ་སྟེ་ཟླ་7ནས་བཟུང་ལུས་དྲོད་རིམ་བཞིན་ཡར་འཕར་ཏེ་39℃ལ་བསླེབ་པ་ཡིན། སྐྱེ་བའི་སྔོན་གྱི་དུས་ཚོད་12ཡས་མས་ལ་ལུས་དྲོད་0.4~0.8ཙམ་མར་ཆག་པར་བྱེད།

གཉིས། སྐྱེ་བའི་གོ་རིམ།

སྐྱེ་བ་ནི་མོ་ཟོག་གིས་བུ་སྣོད་དང་གསུས་པའི་ཤ་གནད་ཀྱི་སྐྱུམ་པ་ལ་བརྟེན་ནས་མངལ་གནས་ཕྲུ་གུ་དང་དེའི་ཞོར་གཏོགས་ཤུན་ལྤགས(ཤ་མ)ལུས་ཕྱིར་ཕུད་པ་ཞིག་ཡིན། སྐྱེ་པའི་གོ་རིམ་ནི་བུ་སྣོད་སྐབས་སྐྱུམ་བྱེད་པ་འགོ་བཙམས་པ་ནས་ཤ་མ་ཡོངས་སུ་ཕྱིར་ཕུད་པའི་གོ་རིམ་ཧྲིལ་པོར་སྟོན་པ་ཡིན། (རི་མོ 3 –2) སྐྱེ་པའི་གོ་རིམ་དུས་སྐབས 3ལ་དབྱེ་ཆོག་སྟེ། དེ་ནི་བུ་སྣོད་ཀྱི་ཁ་ཕྱེས་པའི་དུས་དང་ཕྲུ་གུ་སྐྱེ་པའི་དུས། ཤ་མ་ཕུད་པའི་དུས་བཅས་ཡིན། འོན་ཀྱང་བུ་སྣོད་ཀྱི་ཁ་ཕྱེས་པའི་དུས་དང་མངལ་གནས་ཕྲུ་གུ་སྐྱེ་པའི་དུས་གཉིས་བར་གྱི་དབྱེ་མཚམས་མངོན་གསལ་མིན།

(གཅིག)བུ་སྣོད་ཀྱི་ཁ་ཕྱེས་པའི་དུས།

བུ་སྣོད་ཀྱི་ཁ་ཕྱེས་པའི་དུས་ནི་བུ་སྣོད་སྐབས་སྐྱུམ་བྱེད་པ་ནས་འགོ་བཙམས་ཏེ་མངལ་གྱི་ཁ་སྦུབས་ཡོངས་སུ་ཆེར་ཕྱེས་པའམ་ཡོངས་སུ་ཁ་གདངས་ཏེ་མངལ་ལམ་དབར་གྱི་དབྱེ་མཚམས་མེད་པར་གྱུར་པའི་བར་ལ་སྟོན་པ་ཡིན། སྐབས་སྐྱུམ་ནི་བུ་སྣོད་བར་མཚམས་ལྡན་པའི་ངང་ནས་སྐྱུམ་པར་བྱེད་པ་ལ་ཟེར་བ་ཡིན། དུས་སྐབས་འདི་ལ་སྤྱིར་བཏང་སྐབས་སྐྱུམ་ཡོད་པ་ལས་གཟེར་ཆེན་རྒྱག་

པ་མེད་དེ་མངལ་གྱི་ཁ་སྦུབས་སྒོ་མོར་འགྱུར་ཞིང་ཆེར་བསྐྱེད་པར་བྱེད་པ་ཡིན། ཐོག་མར་སྐྱུམ་པའི་འགུལ་ཚད་ཆུང་ཞིང་བར་མཚམས་དུས་ཚོད་རིང་བ་དང་། ལུ་མཐུད་སྐྱུམ་པའི་འགྲོས་ཚད་ཇེ་མགྱོགས་སུ་འགྲོ་བ་ཡིན། སྐྱེ་པའི་འཕེལ་རིམ་ཇེ་དྲག་ཏུ་ཕྱིན་པ་དང་བསྟུན་ནས་སྐྱུམ་པའི་འགྲོས་ཚད་ཇེ་མགྱོགས་སུ་འགྲོ་ཞིང་། སྐྱུམ་པའི་དྲག་ཚད་དང་རྒྱུན་བསྲིངས་པའི་དུས་ཚོད་ཆེ་རུ་ཕྱིན་ཏེ་དུས་ཚོད་སྐར་མ་འགའི་ནང་ཐེངས་གཅིག་ལ་སྐྱུམ་པར་བྱེད། མངལ་ཁ་ཕྱེས་དུས་ཀྱི་སྐབས་སོ་ཟོག་གིས་བར་ཆད་མི་ཐེབས་པའི་གནས་ཤིག་བཙལ་ཏེ་སྐྱེ་བར་སྒུག་པ་ཡིན་ལ། ཕྲན་ཙམ་མི་བདེ་བ་དང་མཚམས་རེར་ལངས་ཤིང་མཚམས་རེར་ཉལ་བ། ཡི་ག་ཇེ་ཞན་དུ་འགྲོ་བ། སྐབས་རེར་ཟས་ཟ་ཞིང་སྐབས་རེར་མཚམས་འཇོག་པ། སྐོར་བ་རྒྱག་ཅིང་ཐང་འབྲུད་པ། མགོ་ཕྱིར་འཁོར་ནས་ལོང་གི་ནང་ལ་ལྟ་བ། ཐ་ཚ་ཡར་སྒྲེང་པ། རྒྱུན་དུ་གཅིག་པ་གཏོང་བའི་བཟོ་ལྟ་སྟོན་པ་སོགས་བྱེད་པ་ཡིན། རིར་འཚོ་བའི་མོ་ཟོག་ལ་ཁྱུར་འབྲལ་བའི་སྣང་ཚུལ་ཡོད་པ་ཡིན།

(གཉིས)ཕྲུ་གུ་སྐྱེ་པའི་དུས།

མངལ་གནས་ཕྲུ་གུ་སྐྱེ་པའི་དུས་ནི་མངལ་གྱི་ཁ་སྦུབས་ཡོངས་སུ་ཆེར་ཕྱེས་པ་ནས་མངལ་ཤུབ་དང་ཕྲུ་གུའི་ཁག་སྟོན་མ་མངལ་ལམ་དུ་འཛུལ་བའམ། ཡང་ན་མངལ་གྱི་ཁ་སྦུབས་ཡོངས་སུ་གདངས་ཤིང་སོ་ཟོག་ལ་གཟེར་ཆེན་རྒྱག་པ་ནས་ཕྲུ་གུ་ཕྱིར་ཐུད་པའམ་ཡོངས་སུ(མཚོམ)ཕྱིར་ཐུད་པའི་བར་ལ་སྟོན་པ་ཡིན། གཟེར་ཆེན་རྒྱག་པ་ནི་ལོག་པའི་བར་བཅད་ཤ་གནད་དང་གསུས་པའི་ཤ་གནད་ཀྱི་ཚུར་སྣང་རང་བཞིན་དང་རང་དགར་རང་བཞིན་གྱི་སྐྱུམ་པ་ལ་སྟོན་ཞིང་། སྤྱིར་བཏང་མངལ་གནས་ཕྲུ་གུ་སྐྱེ་ལམ་དུ་འཛུལ་རྗེས་འབྱུང་བ་ཡིན། དུས་སྐབས་འདིར་སྐབས་སྐྱུམ་དང་གཟེར་ཆེན་གྱིས་མཉམ་དུ་བྱེད་ནུས་འདོན་མོད། འོན་ཀྱང་གཟེར་ཆེན་ནི་མངལ་གནས་ཕྲུ་གུ་སྐྱེ་པའི་སྒྲུལ་ཤུགས་གཙོ་བོ་

ཡིན། གཟེར་ཆེན་ནི་སྐབས་སྐྱུམ་ལས་འབྱུང་བ་འཕྱི་ལ་མཚམས་འཛོག་པ་སྟེ། མོ་ཐོག་འཚབ་ཅིང་མི་བདེ་བ་དང་དབུགས་འཛིན་རྟབ་མགྱོགས་ལ་ཧེ་དྲག་ཏུ་འགྲོ་བ། ཟུར་གྱིས་ཉལ་ཞིང་རྐང་ལག་རྐྱོང་བའི་ཚེ་ན། གཟེར་ཆེན་ཤིན་ཏུ་དྲག་པོ་ཡིན་པ་རེད།

མངལ་གནས་ཕྲུ་གུ་སྐྱེ་པའི་དུས་སུ། མོ་ཐོག་ནི་ཤིན་ཏུ་མི་བདེ་བ་དང་གློ་བུར་དུ་ཡར་ལངས་པ། ལག་པས་ཐང་འབྲད་པ། སྐབས་འགར་རྐང་པས་གསུམ་པར་རྡེག་པ། ཕྱིར་འཁོར་ནས་སོང་གི་ནང་ལ་ལྟ་བ། སྐྱིགས་བུ་བྱེད་པ། སྤྲལ་བསྐྱུར་ནས་གཟེར་ཆེན་རྒྱག་པ་བཅས་ཀྱི་མངོན་རྟགས་འབྱུང་བ་ཡིན། མཐའ་མཇུག་ཉལ་ཏེ་མགོ་ཆུ་རལ་རྗེས་ཟུར་གྱིས་ཉལ་བའི་ཚུགས་ཀ་མངོན་ཞིང་རྐང་ལག་དྲང་པོར་རྐྱོང་ལ། གསུམ་པའི་ཤ་གནད་དྲག་ཏུ་སྐྱུམ་སྟེ་གཟེར་ཆེན་ཐེངས་འགའ་བརྒྱབ་རྗེས་ཙུང་ཙམ་ངལ་གསོ་བར་བྱེད་ཅིང་། དེ་ནས་མུ་མཐུད་གཟེར་ཆེན་རྒྱག་པ་དང་། འཕར་ཚ་དང་དབུགས་གཏོང་ལེན་ཧེ་མགྱོགས་སུ་འགྲོ་བ་ཡིན། མགོ་མཚན་མའི་ཕྱིར་བུད་རྗེས་མོ་ཐོག་གིས་རྒྱུན་དུ་ཐུན་ཙམ་ངལ་གསོ་བ་ཡིན། ཕྲུ་གུའི་མགོ་སྟུན་ལ་འཁོར་ནས་སྐྱེ་བ་ཡིན་ན་མོ་ཐོག་ལ་དེར་བསྟུན་ནས་མུ་མཐུད་གཟེར་ཆེན་བརྒྱབ་སྟེ་བེའུའི་ཐང་ཁ་ཕྱིར་འབྱིན་པར་བྱེད་ཅིང་། དེ་རྗེས་གཟེར་ཆེན་རྒྱག་པ་དེ་མ་ཐག་ཞི་འཇམ་དུ་འགྲོ་བ་དང་། ཁག་གཞན་རྣམས་ཀྱང་མགྱོགས་མྱུར་ཕྱིར་ཐུད་ཐུབ་པ་ཡིན་ལ་ལྟེ་ཐག་ཀྱང་ཆད་ནས་ཤམ་ཕོན་བུ་སྣོད་ནང་ལུས་པ་ཡིན། འདིའི་སྐབས་མོ་ཐོག་ལ་གཟེར་ཆེན་མི་རྒྱག་པར་ངལ་གསོ་ཙུང་ཙམ་བྱས་རྗེས་ཡར་ལངས་ཏེ་གསར་དུ་སྐྱེས་པའི་བེའུར་བདག་སྐྱོང་བྱེད་པ་ཡིན།

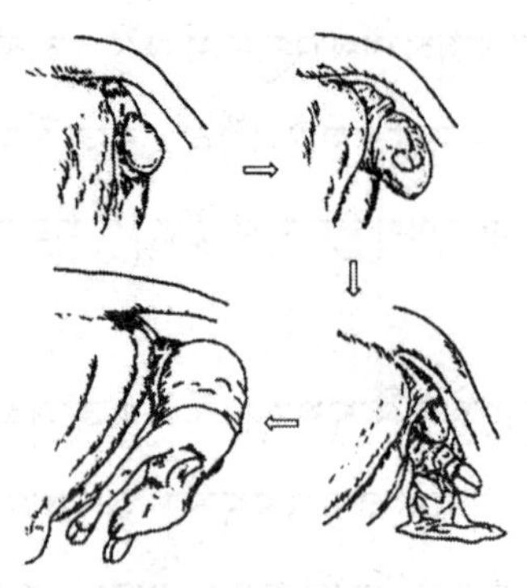

རི་མོ 3–2 མོ་ཟོག་གིས་སྐྱེ་པའི་གོ་རིམ་མཚོན་པའི་རི་མོ།

(གསུམ)ཤ་མ་ཕུད་པའི་དུས།

ཤ་མ་ནི་མངལ་གནས་ཕྲུ་གུའི་ཞོར་གཏོགས་ཤུན་ལྤགས་ཀྱི་སྤྱི་མིང་ཡིན། དེའི་ནང་དུ་ཆད་དེ་ལུས་པའི་ལྟེ་ཐག་འདུས་པ་ཡིན། ཤ་མ་ཕུད་པའི་དུས་ནི་མངལ་གནས་ཕྲུ་གུ་ཕྱིར་ཕུད་པ་ནས་བརྩིས་ཏེ་ཤ་མ་ཡོངས་སུ་ཕྱིར་ཕུད་པའི་བར་ལ་སྟོན་པ་ཡིན། དེའི་ཁྱད་ཆོས་ནི་མངལ་གྱི་ཕྲུ་གུ་ཕྱིར་ཕུད་རྗེས་མོ་ཟོག་སྟོད་ལ་འབབ་པ་དང་དུས་ཚོད་སྐར་མ་འགའ་སོང་རྗེས་བུ་སྣོད་རང་འགུལ་གྱིས་སྐུམ་ཞིང་སྐབས་འགར་གཟེར་ཡང་མོ་རྒྱག་པ་དང་བསྟུན་ནས་ཤ་མ་ཕྱིར་ཕུད་པར་བྱེད་པ་ཡིན།

བཞི། སྐྱེ་གཡོག་ལག་རྩལ།

སྐྱེ་པ་ནི་མོ་ཟོག་གི་རྒྱུན་ལྡན་གྱི་ལུས་ཁམས་ཀྱི་གོ་རིམ་ཞིག་ཡིན། སྤྱིར་བཏང་གི་གནས་ཚུལ་འོག མངལ་གནས་ཕྲུ་གུ་རང་ཤུགས་སུ་སྐྱེ་ཐུབ་པ་ཡིན། མིའི་ཐབས་ཀྱིས་གསོ་ཚགས་བྱེད་པའི་གནས་ཚུལ་འོག་ཏུ། མོ་ཟོག་གི་ཐོན་སྐྱེད་གཉིས་ནུས་ཆེས་ཆེར་མཐོར་འདེགས་བྱུང་ཞིང་། འགུལ་སྐྱོད་ཇེ་ཉུང་དུ་སོང་བ། གཟན་ཆག་གི་གྲུབ་ཆར་འགྱུར་ལྡོག་བྱུང་བ། དེའི་ཁར་ཁོར་ཡུག་རྒྱུ་རྐྱེན་གྱིས

ཤུགས་རྐྱེན་ཐེབས་པ་བཅས་ཀྱི་དབང་གིས་ནོར་གྱི་རང་ཤུགས་སུ་སྐྱེ་པའི་གོ་རིམ་ལ་ཤུགས་རྐྱེན་བཟོས་པ་རེད། དེ་བས་མོ་ཟོག་དང་མངལ་གནས་ཕྲུ་གུའི་བདེ་འཇགས་ལ་ཁག་ཐེག་ཡོང་བ་དང་ཕྲུག་སྐྱེ་གསོན་ཚད་མཐོར་འདེགས་ཡོང་བའི་ཆེད་དུ་ངེས་པར་དུ་སྐྱེ་གཡོག་གི་ལས་ཀ་བསྒྲུབ་དགོས་པ་ཡིན།

(གཅིག)སྐྱེ་གཡོག་བྱེད་པ་སྔོན་གྱི་གྲ་སྒྲིག་བྱ་བ།

1.སྐྱེ་ཁང་གི་གྲ་སྒྲིག མོ་ཟོག་གི་སྐྱེ་པ་བདེ་འཇགས་ཡོང་ཆེད་ཅིས་ཀྱང་ཆེད་སྤྱོད་སྐྱེ་ཁང་བཀོད་སྒྲིག་བྱེད་དགོས། སྐྱེ་ཁང་ནི་ཡངས་ཤིང་འོད་ཟེག་ཚད་འདང་ངེས་ཡིན་པ། རླུང་རྒྱུ་བཟང་བ། སྐམ་ལ་དག་གཙང་ཡིན་དགོས། སྐྱེ་ཁང་གི་ཐང་དང་གྱང་ལྡེབས་བདེ་སློམས་ཡིན་དགོས་ཤིང་སྐྱེ་ཁང་ནང་གི་ཐང་དུ་རྩྭའི་གདན་རིམ་པ་ཞིག་འདིང་དགོས། སྐྱེ་ཁང་ནང་གི་དྲོད་ཚད་འོས་འཚམ་གྱིས་སྙོམ་སྒྲིག་བྱ་དགོས་ཏེ་བེའུ་འཁྱག་ཏུ་འཇུག་མི་རུང་། སྐྱེ་ཁང་ཧྲིལ་པོར་གཙང་བཀྲུ་དང་དུག་སེལ་བྱེད་བདེ་བ་བྱེད་དགོས་ཏེ། དེར་ཐང་ངོས་དང་གྱང་ལྡེབས། ཡོ་བྱད་སོགས་འདུ་བ་ཡིན་ལ། དེ་མ་ཟད་བཤང་གཅི་གཙང་སེལ་བྱེད་སླ་བ་ཞིག་ཡིན་དགོས།

སྐྱེ་རན་པའི་མོ་ཟོག་མ་སྐྱེ་གོང་གི་གཟའ་འཁོར་1~2ཀྱི་སྐབས་སྐྱེ་ཁང་དུ་བསྐྱལ་ཏེ། དེ་སྐྱེ་ཁང་གི་ཁོར་ཡུག་ལ་ཚ་རྒྱུས་ཡོད་པར་བྱ་དགོས་པ་མ་ཟད་ག་དུས་ཡིན་ཀྱང་སྐྱེ་པའི་སྔ་ལྟས་ལ་ལྟ་ཞིབ་བྱེད་པར་མཉམ་འཇོག་དགོས།

2.སྨན་རྫས་དང་ཡོ་བྱད། བཀོལ་ཆས་རྣམས་གྲ་སྒྲིག་བྱེད་པ། སྨན་ཁབ་རྒྱུག་ཆས་དང་ཁབ་མགོ། རྒྱུན་གཏན་ཕྲུག་སྐྱེའི་ཡོ་བྱད་དང་བུ་བཙའི་ཐག་པ། ཁྲག་གཅོད་སྐམ་པ། འཇབ་ཙེ། ཕེ་གྲི། རྩ་དཀྲིས། ལུས་དྲོད་དཔྱད་ཆས། ཉན་བརྟག་ཡོ་བྱད། སྤྲིང་བལ། སོང་རས། འདག་ཆལ། ཁྲུས་གཞོང་། ལག་ཕྱིས། 75%ཡི་ཆང་བཙུད། 2%~5%ཡི་ཏིན་ཆང་། 0.1%ཡི་མེ་སྲུན་ཙའོ་ཞུ་ཁུ།

གཉན་འཛོམས་སྨན་ཕྱེ་སོགས་བྲ་སྦྲག་བྱེད་དགོས། དེ་ལས་གཞན། སྐྱེ་གཡོག་སྐབས་ཀྱི་ལས་གོས་དང་འཁྱིག་ལྷམ། འཁྱིག་གི་ལག་ཤུབས་སོགས་ཚགས་སུ་ཚུད་པར་བྱས་ཏེ་བཀོལ་བའི་སྐབས་སུ་ག་དུས་ཡིན་ཀྱང་ལེན་ཀྲུང་བྱེད་ཆོག་པ་བྱ་དགོས།

3.སྐྱེ་གཡོག་མི་སྣ། སྐྱེ་ཁང་དུ་ངེས་པར་དུ་གཏན་འཇགས་ཀྱི་སྐྱེ་གཡོག་མི་སྣ་ཡོད་དགོས་ལ། མཚན་དུས་ངེས་པར་དུ་ལས་རེས་བྱེད་དགོས། སྐྱེ་གཡོག་མི་སྣར་ངེས་པར་དུ་ཆེད་ལས་སྦྱོང་བརྡར་ཐོབ་མྱོང་བ་དང་མོ་ཟོག་གི་སྐྱེ་པའི་ཆོས་ཉིད་ལ་རྒྱུས་མངའ་ཡོད་པ། ཚོད་མཐོ་བའི་འགན་འཁྲིའི་བསམ་པ་དང་དཀའ་སྡུག་མྱོང་ཐུབ་པའི་སྙིང་སྟོབས་ལྡན་དགོས། རིར་འཚོ་བའི་ནོར་ཕྲུར་མཆོན་ན་སྐྱེ་གཡོག་བྱ་བ་དེ་ངེས་པར་དུ་ཕྱུགས་རྫིས་འགན་འཁུར་དགོས། སྐྱེ་པའི་དུས་ཚིགས་སུ་རྫི་བོར་འགྲོ་དུས་ཅིས་ཀྱང་སྐྱེ་གཡོག་དངོས་རྫས་འཁྱེར་དགོས།

(གཉིས)རྒྱུན་ལྡན་དུ་སྐྱེ་པའི་སྐྱེ་གཡོག་ལག་རྩལ།

མོ་ཟོག་གིས་རྒྱུན་ལྡན་དུ་སྐྱེ་པའི་སྐབས། ཕྱིར་བཏང་དུ་མིས་རོགས་བྱེད་མི་དགོས། སྐྱེ་གཡོག་མི་སྣའི་འགན་ཁུར་གཙོ་བོ་ནི་སྐྱེ་པའི་གནས་ཚུལ་ལ་ལྟ་རྟོག་དང་བེའུར་བདག་སྐྱོང་བྱེད་པ་དེ་ཡིན། དེའི་ཕྱིར། མོ་ཟོག་ལ་སྐྱེ་རན་པའི་ནད་རྟགས་བྱུང་བའི་དུས་སུ་སྐྱེ་གཡོག་མི་སྣས་ངེས་པར་དུ་སྐྱེ་གྲབས་ཀྱི་ཐག་གཅོད་བྲ་སྦྲག་བྱས་ཏེ་སྐྱེ་གཡོག་བྱེད་ལ་བེའུ་སྐྱེ་པ་དང་མོ་ཟོག་གི་བདེ་འཇགས་ལ་ཁག་ཐེག་བྱེད་དགོས།

མོ་ཟོག་གི་ཕྱིའི་མཚན་མའི་ཁག་དང་མཐའ་འཁོར་གྱི་ཁོར་ཡུག་ལ་དུག་སེལ་བྱེད་ཅིང་། མངལ་གནས་སྦྲུ་གུ་དང་སྐྱེ་ལམ་གྱི་འབྲེལ་བ་རྒྱུན་ལྡན་ཡིན་མིན་དང་མངལ་གྱི་སྦྲུ་གུའི་ཚུགས་ཀ་རྒྱུན་ལྡན་ཡིན་མིན། འབྱར་ཁུ་གཙང་མར་ཕྱིས་ཡོད་མེད་སོགས་ལ་ཞིབ་བཤེར་བྱེད་དགོས། མོ་ཟོག་གི་སྐབས་སྐྱུམ་དང་གཞེར

ཆེན་རྒྱག་པའི་རྣམ་པར་ལྟ་ཞིབ་དང་མཚོན་དཔྱག་དང་གསང་སྒྲོས་ལ་སྲུང་སྐྱོབ་བྱེད་པ། ལྟེ་ཐག་གི་ཁྲག་སྤྲུག་ལྟེ་ཁུང་ནས་འཆད་དུ་མི་འཇུག་པ་དང་གསར་དུ་སྐྱེས་པའི་བེའུ་འགྲིལ་རྣམས་མི་ཐེབས་པ་བཅས་བྱེད་དགོས།

(གསུམ)སྐྱེ་དཀའ་བ་དང་དེ་སྐྱོབ་རིགས་ཀྱི་ལག་རྩལ།

མོ་ཟོག་གི་ལུས་གཟུགས་རྒྱུན་ལྡན་མིན་པ་ལས་བསྐྱེད་པའི་སྐྱེ་དཀའ་བ་ལ་སྐྱེ་ཤུགས་རང་བཞིན་གྱི་སྐྱེ་དཀའ་བ་དང་སྐྱེ་ལམ་རང་བཞིན་གྱི་སྐྱེ་དཀའ་བ་གཉིས་ཡོད། མངལ་གནས་ལྷུ་གུ་རྒྱུན་ལྡན་མ་ཡིན་པ་ལས་བསྐྱེད་པའི་སྐྱེ་དཀའ་བ་ལ་མངལ་གནས་ལྷུ་གུ་རང་བཞིན་གྱི་སྐྱེ་དཀའ་བ་ཟེར། སྤྱིར་བཏང་མངལ་གནས་ལྷུ་གུ་རང་བཞིན་གྱི་སྐྱེ་དཀའ་བ་མང་དུ་མཐོང་ལ་དེས་ནོར་གྱི་སྐྱེ་དཀའ་བའི་ཁྲོད 3/4ཙམ་ཟིན་པ་ཡིན།

སྐྱེ་ཤུགས་རང་བཞིན་གྱི་སྐྱེ་དཀའ་བ་ནི་སྐྱེ་པའི་མོ་ཟོག་ལ་སྐབས་སྐྱུམ་དང་གཟེར་ཆེན་རྒྱག་པའི་ཤུགས་ཞན་དྲགས་པ་དང་མོ་ཟོག་གི་སྐབས་སྐྱུམ་དང་མགོ་ཆུ་རལ་བ་སྔ་དྲགས་པ། མོ་ཟོག་གི་མངལ་བརླུག་པ་སོགས་ཀྱི་རྐྱེན་ལས་བྱུང་བའི་སྐྱེ་དཀའ་བ་རེད། སྐྱེ་ལམ་རང་བཞིན་གྱི་སྐྱེ་དཀའ་བ་ནི་དུ་སྟོད་ཀྱི་ཁ་ཕྱོགས་འགྱུར་བ་དང་མངལ་གྱི་ཁ་སྦུབས་དོག་པ། སྐྱེ་ལམ་དང་མཚན་མའི་ཁ་དོག་པ། མངལ་གྱི་སྐྲན་སོགས་ལས་བཟོས་པ་རེད། མངལ་གནས་ལྷུ་གུ་རང་བཞིན་གྱི་སྐྱེ་དཀའ་བ་ནི་མངལ་གནས་ལྷུ་གུ་དང་མཚང་རུས་ཀྱི་ཆེ་ཆུང་མི་འཚམ་པ་སྟེ་དཔེར་ན་མངལ་གནས་ལྷུ་གུ་ཆེ་དྲགས་པ་དང་མཆེ་མ་སྐྱེ་དཀའ་བ་སོགས་དང་། མངལ་གནས་ལྷུ་གུའི་ཚུགས་ཀ་མི་འགྲིག་པ། མངལ་གནས་ལྷུ་གུའི་གནས་ཡུལ་མི་འགྲིག་པ་སྟེ་དཔེར་ན་གཞོགས་སུ་གནས་པ་དང་གཤམ་དུ་གནས་པ་ལྟ་བུ། མངལ་གནས་ལྷུ་གུའི་འཁོར་ཕྱོགས་ཡང་དག་མིན་པ་སྟེ་གྱེན་དང་ཐུར་དུ་འཁོར་བ་དང་འཕྲེད་དུ་འཁོར་བ་ལྟ་བུ།

སྐྱེ་དཀའ་བའི་བརྟག་དཔྱད་ནི་གཙོ་བོར་སྐྱེ་ལམ་བརྟག་དཔྱད་དང་མངལ་གནས་ཕྲུ་གུར་བརྟག་དཔྱད་བྱེད་པ་ཡིན། མགོ་སྟོན་མ་བྱས་ཏེ་སྐྱེ་པའི་སྐབས་མཛུ་གུ་མངལ་གནས་ཕྲུ་གུའི་ཁ་ནང་དུ་བསྐྱིངས་པའམ་ཡང་ན་ལྕེ་དལ་མོར་འཐེན་པ་དང་མིག་རིལ་ཡང་མོར་གནོན་པ། ལག་པ་ནས་ཡང་མོར་འཐེན་པ་བཅས་བྱས་ཏེ་ལུས་ཁམས་ཀྱི་ཚུར་སྣང་ཡོད་མེད་ལ་མཉམ་འཛོག་དགོས། དཔེར་ན་ཁ་དང་ལྕེ་ལ་འཇིབ་པ་དང་ཕྱིར་སྐྱུམ་གྱི་བྱེད་སྟངས་ཡོད་པ། མིག་རིལ་བསྐོར་འགྲུལ་བྱེད་པ། ལག་པ་བརྐྱང་བསྐུམ་བཅས་བྱེད་ཚེ་མངལ་གནས་ཕྲུ་གུ་གསོན་ཡོད་པ་མཚོན་ལ། མ་ནེའི་འོག་གི་འཕར་རྩའམ་སྙིང་ཁར་འཕར་ལྡིང་ཡོད་མེད་ལ་རེག་སྟེ་བརྟག་ནའང་ཆོག མགོ་མཇུག་ལྡོག་སྟེ་སྐྱེ་སྐབས། རབ་ཡིན་ན་ལྟེ་ཐག་ལ་རེག་སྟེ་འཕར་ལྡིང་ཡོད་མེད་ལ་རྩད་ཞིབ་བྱེད་པའམ། ཡང་ན་ལག་པ་བཤང་ལམ་དུ་བསྐྱིངས་ནས་རྐང་པ་ནས་འཐེན་ཏེ་སྐུམ་པའམ་ཚུར་སྣང་ཡོད་མེད་ལ་མཉམ་འཛོག་དགོས། གལ་ཏེ་མངལ་གནས་ཕྲུ་གུ་ཤི་བ་ཡིན་ཚེ་སྐྱེ་གཡོག་བྱེད་སྐབས་མངལ་གནས་ཕྲུ་གུར་རྣམ་སྨིན་བཟོ་བར་འཛེམ་མི་དགོས།

སྐྱེ་དཀའ་བར་སྐྱོབ་རོགས་བྱེད་པའི་རྩ་དོན་ནི་མ་བུའི་བདེ་འཇགས་ལ་སྲུང་སྐྱོབ་དང་མོ་ཟློག་ལྷོད་པོར་སྡོད་དུ་འཇུག་པ། སྐྱེ་ལམ་འཇམ་འདྲེད་བཟོ་བ། གནས་སྟངས་ཡོ་བསྲང་བྱེད་པ། སྐྱེ་པའི་སྒྲུལ་ཤུགས་ལ་གཞོགས་འདེགས་བྱེད་པ་བཅས་ཡིན། ཕྱིར་བཏང་རྒྱུན་ལྡན་མ་ཡིན་པའི་མངལ་གནས་ཕྲུ་གུའི་འཁོར་ཕྱོགས་དང་གནས་ཡུལ། མངལ་གནས་ཕྲུ་གུའི་ཚུགས་ཀ་བཅས་ཀྱིས་བཟོས་པའི་སྐྱེ་དཀའ་བ་ལ་ནི་གཤགས་བཅོས་མ་ཡིན་པའི་བྱེད་ཐབས་སྤྱད་ནས་ཡོ་བསྲང་བྱེད་ཆོག

1.སྐེ་ཟུར་དུ་འཁྱོག་པ། ཐོག་མར་བུ་བཙའི་ཐག་པས་ལག་པ་གཉིས་ཀྱི་མཁྲིག་མ་ནས་བསྡམས་ཤིང་། ཡོ་བྱད་དམ་བུ་བཙའི་དབྱུག་པ་སྤྱད་ནས་མངལ་

གནས་ཕྲུ་གུ་བུ་སྣོད་དུ་འདེད་པ་དང་། དེ་ནས་ཐག་རྐེ་ཡིས་མ་ནེའི་འོག་ནས་བསྣམས་པའམ་ཡང་ན་ལག་པས་མངལ་གནས་ཕྲུ་གུའི་མགོ་ནས་འཛུས་ཤིང་འཐེན་ཏེ་སྐེ་དྲང་པོར་བསྲང་དགོས། ཤི་ཟིན་པའི་མངལ་གནས་ཕྲུ་གུར་ཐད་ཀར་དུ་བུ་བཙའི་ལྕགས་ཀྱུ་བཀོལ་ཏེ་མ་ནེའི་འོག་ཏུ་འཛེར་ནས་འཐེན་ཏེ་སྐེ་དྲང་པོར་བྱེད་དགོས།

2.མགོ་ཕྱིར་དུ་གུག་པ། ལག་པ་དྲང་མོར་མཚང་རུས་ཀྱི་ཞབས་ལ་བསྒྲིངས་ཤིང་མཆུ་སྣེ་རུ་འཛུས་ཏེ་མངལ་གནས་ཕྲུ་གུ་བུ་སྣོད་དུ་འདེད་པ་དང་། དགོས་ངེས་ཀྱི་སྐབས་སུ་བུ་བཙའི་ཐག་རྐེའམ་བུ་བཙའི་ལྕགས་ཀྱུ་བསྐོན་ཏེ་མངལ་གནས་ཕྲུ་གུའི་མགོ་མདུན་དུ་དྲང་པོར་འཐེན་ལ། ལག་པ་གཉིས་ཀ་དང་ཆབས་ཅིག་མངལ་གནས་ཕྲུ་གུ་དྲང་པོར་བསྲང་དགོས།

3.མགོ་ལྟག་ཀར་དགྱེ་བ། བུ་བཙའི་དབྱུག་པ་བཀོལ་ཏེ་མངལ་གནས་ཕྲུ་གུ་བུ་སྣོད་དུ་འདེད་པ་དང་། བུ་བཙའི་ཐག་པས་མ་མགལ་ནས་བསྣམས་ཤིང་འཐེན་ཏེ་མངལ་གནས་ཕྲུ་གུའི་མགོ་དྲང་པོར་བསྲང་དགོས།

4.ལག་པའི་མཁྲིག་མ་གུག་པ། ཐོག་མར་བུ་བཙའི་དབྱུག་པས་མངལ་གནས་ཕྲུ་གུ་བུ་སྣོད་དུ་འདེད་པ་དང་། ལག་པས་མཁྲིག་མ་ནས་བཟུང་སྟེ་ཡར་འཁྱོག་པ་མ་ཟད་མཁྲིག་མ་དང་བསྟུན་ནས་མར་བསྒྱུར་ཏེ་རྨིག་པ་ནས་འཛུས་ཤིང་། སྐབས་སྐྱུམ་གྱི་བར་མཚམས་སུ་ཡོངས་སུ་དྲང་མོར་བསྲང་སྟེ་མཚང་རའི་ནང་དུ་འདྲེན་དགོས།

5.ཕྲག་པ་མདུན་དུ་གནས་པ། སྐྱི་གཡོག་པས་ལག་པ་སྐྱེ་ལམ་དུ་བསྒྲིངས་ཏེ་མཁྲིག་མ་ནས་བཟུང་པའམ་བུ་བཙའི་ཐག་པ་བསྣམས་ཏེ་མདུན་དུ་འཐེན་ནས་གྲུ་ཚིགས་དང་མཁྲིག་མ་གུག་ཏུ་འཇུག་ལ། དེ་ནས་ཡང་མཁྲིག་མ་གུག་པའི་མངལ་གནས་ཕྲུ་གུའི་གནས་སྟངས་དེ་ཡོ་བསྲང་བྱེད་དགོས།

6.སུག་པའི་ལོང་ཆིགས་གུག་པ། ཕྱོན་ལ་མངལ་གནས་ཕྲུ་གུ་བུ་སྣོད་དུ་འདེད་པ་དང་ལག་པས་ལོང་ཆིགས་ནས་བཟུང་སྟེ་ཡར་འགྱིག་ལ། དེ་ནས་མངལ་གནས་ཕྲུ་གུའི་རྐེག་པ་ནས་འཛུས་ཏེ་གཞུག་ཏུ་འཐེན་ནས་སུག་པ་གཞུག་ཏུ་དྲང་མོར་བརྒྱུད་དུ་བཅུག་སྟེ་མངལ་གནས་ཕྲུ་གུ་ཕྱོག་སྟེ་སྐྱེ་པའི་ཚུགས་ཀར་ཡོ་བསྲུང་བྱེད་དགོས།

7.འཕོངས་རྐུབ་མདུན་དུ་གནས་པ། ཐོག་མར་མངལ་གནས་ཕྲུ་གུ་བུ་སྣོད་དུ་འདེད་པ་དང་། དེ་ནས་ལོང་ཆིགས་ནས་འཛུས་ཏེ་གཞུག་ཏུ་འཐེན་ནས་སུག་པའི་ལོང་ཆིགས་གུག་ཏུ་འཇུག་ཅིང་། དེ་ནས་ཡང་སུག་པའི་ལོང་ཆིགས་གུག་པའི་ཚུགས་ཀ་ཡོ་བསྲུང་བྱེད་དགོས།

8.འོག་ཏུ་གནས་པ་དང་ཟུར་དུ་གནས་པ། མོ་ཟོག་ཟུར་གྱིས་ཉལ་དུ་བཅུག་སྟེ་སྟོད་ལ་འབབ་དུ་བཅུག་རྗེས་མངལ་གནས་ཕྲུ་གུ་གསུམ་ཁོག་ནང་འདེད་པ་དང་། འོག་ཏུ་གནས་པའི་སྐབས་ལག་པས་མངལ་གནས་ཕྲུ་གུའི་ཕྲག་གཡས་སམ་ཕྲག་པ་གཡོན(ཡང་ན་བཀླ)ནས་འཛུས་ཏེ་མངལ་གནས་ཕྲུ་གུ 90°ལ་བསྒྱུར་ནས་ཟུར་དུ་གནས་པར་བྱེད་ཅིང་། དེ་ནས་ཡང 90°བསྒྱུར་ཏེ་སྟེང་དུ་གནས་པར་བྱེད་དགོས།

9.འཕྲེད་དུ་འཁོར་བ། ཐོག་མར་མོ་ཟོག་གི་འཕོངས་ཆོས་མཐོ་རུ་བཀུགས་ཏེ་བུ་བཙའི་དབྱུག་པས་མངལ་གནས་ཕྲུ་གུའི་འཕོངས་ཆོས་སམ་ཕྲག་པ་ནས་མོ་ཟོག་གི་ཁོག་སྟོད་ཕྱོགས་སུ་གཏད་དེ་སྣེ་གཞན་གཅིག་མངལ་གྱི་ཁ་སྦུབས་ཀྱི་ཕྱི་ཕྱོགས་སུ་འཐེན་ནས་མངལ་གནས་ཕྲུ་གུའི་འཁོར་ཕྱོགས་ཡོ་བསྲུང་བྱས་ཏེ་གཞུང་ཕྱོགས་སུ་འཁོར་བའི་མགོ་སྣུན་ལ་འཁོར་ནས་སྐྱེ་པའམ་མགོ་མཇུག་ཕྱོག་སྟེ་སྐྱེ་པ་བྱེད་དགོས། དེ་དང་ཆབས་ཅིག་མངལ་གནས་ཕྲུ་གུའི་ཚུགས་ཀ་ཡང་དག་མ་ཡིན་པ་གཞན་དག་གནས་ནའང་མཉམ་གཅིག་ཏུ་ཡོ་བསྲུང་བྱེད་དགོས།

10.མངལ་གནས་ལྷུ་གུ་ཆེ་དྲགས་པ། སྔོན་ལ་སྐྱེ་ལམ་དུ་འཛམ་འདྲེད་བྱེད་རྫས་འདང་ངེས་ལྡུག་ཅིང་། དེ་ནས་རིམ་བཞིན་ལག་པ་ནས་འཐེན་ཏེ་མངལ་གནས་ལྷུ་གུའི་ཕྲག་པའི་འཕྲེད་ཞེང་ཇེ་ཆུང་དུ་གཏོང་བ་དང་། མོ་ཟྡོག་གི་སྐབས་སྐྱུམ་དང་གཟེར་ཆེན་རྒྱག་པ་ལ་གཞོགས་འདེགས་བྱས་ཏེ་མངལ་གྱི་ལྷུ་གུ་ཕྱིར་འདོན་དགོས།

11.མཆེ་མ། ཐོག་མར་མངལ་གནས་ལྷུ་གུ་གཉིས་ཀྱི་ལུས་པོ་སོ་སོར་དགར་ལ། དེ་རྗེས་བུ་བཙའི་ཐག་པས་སྔོན་མའམ་གོང་དུ་གནས་པའི་མངལ་གནས་ལྷུ་གུ་མདུན་དུ་འཐེན་ཞིང་ལྷུ་གུ་གཞན་དེ་བུ་སྣོད་དུ་འདེད་པ་དང་། དེ་ནས་ཡང་རིམ་པ་ལྟར་ཕྱིར་འདོན་དགོས།

སྐྱེ་དཀའ་བ་ཡིས་བེའུ་ཤི་བ་ཤིན་ཏུ་འབྱུང་སླ་བར་བྱེད་ཅིང་། མོ་ཟྡོག་གི་བུ་སྣོད་དང་སྐེ་བའི་སྐྱེ་ལམ་ལ་ནད་འགོས་སུ་བཅུག་སྟེ་རྗེས་ཕྱོགས་མངལ་སྐྱུམ་པར་གནོད་པ་བཟོ་བ་ཡིན། དེའི་ཕྱིར། ཧུར་བརྩོན་གྱིས་སྐྱེ་དཀའ་བ་སྔོན་འགོག་བྱས་ན་ནོར་གྱི་རྒྱུད་སྤེལ་ལ་དོན་སྙིང་གལ་ཆེན་ལྡན་པ་ཡིན། གསོ་ཚགས་དོ་དམ་གྱི་བྱེད་ཐབས་སྟེང་ནས། ལུས་ཀྱི་ཚོད་མ་ལོངས་ཤིང་དུས་སུ་མ་བབ་པའི་མོ་ཟྡོག་སྤོ་དྲགས་པར་རྒྱུད་སྤེལ་བ་གཏན་ནས་བྱེད་མི་རུང་། མོ་ཟྡོག་ལ་མངལ་སྐྱུམ་པའི་དུས་སུ་ངེས་པར་དུ་ལུགས་མཐུན་གྱིས་གསོ་ཚགས་བྱེད་པ་དང་། འཐུས་ཚང་བའི་འཚོ་བཅུད་སྤྲད་དེ་མངལ་གནས་ལྷུ་གུའི་སྐྱེ་འཚར་ལ་ཁག་ཐེག་དང་མོ་ཟྡོག་གི་བདེ་ཐང་རྒྱུན་འཁྱོངས་ཡོང་བ་བྱེད་དགོས། དེ་དང་ཆབས་ཅིག་མངལ་སྐྱུམ་མོ་ཟྡོག་ལ་འོས་འཚམ་གྱི་འགུལ་སྐྱོད་བཀོད་སྒྲིག་བྱེད་དགོས་ཏེ་མ་སྐྱེ་གོང་གི་ཟླ་ཕྱེད་ནང་ཁྲིད་ཅིང་འདེད་པའི་འགུལ་སྐྱོད་བྱེད་ཆོག མོ་ཟྡོག་གིས་སྐྱེ་ལ་ཉེ་དུས་སྐྱེ་པ་རྒྱུན་ལྡན་ཡིན་མིན་སྔ་མོ་ནས་བརྟག་དཔྱད་བྱེད་དགོས་ཏེ། འོས་འཚམ་གྱི་བྱེད་ཐབས་སྤྱད་ནས་གང་ཐུབ་ཅི་ཐུབ་ཀྱིས་སྐྱེ་དཀའ་བ་འབྱུང་བར་གཡོལ་དགོས།

(བཞི)གསར་དུ་སྐྱེས་པའི་བེའུ་བདག་སྐྱོང་བྱེད་པའི་ལག་རྩལ།

1.བེའུའི་དབུགས་འབྱིན་རྫུབ་ཆགས་ཐོགས་མེད་པ་ཁག་ཐེག་བྱེད་པ། མངལ་གནས་ཕྲུ་གུ་སྐྱེས་རྗེས་མྱུར་དུ་ཁ་ནང་དང་སྣ་ཁུང་གི་འབྱར་ཁུ་གཙང་མར་ཕྱིས་ལ་དབུགས་འབྱིན་རྫུབ་རྒྱུན་ལྡན་ཡིན་མིན་ལ་ལྟ་ཞིབ་བྱེད་དགོས། གལ་ཏེ་དབུགས་འབྱིན་རྫུབ་མེད་ན་ངེས་པར་དེ་མ་ཐག་སོག་མས་སྣ་ཁུང་གི་འབྱར་སྐྱི་ལ་ཐུག་གཟེར་སློང་པའམ་ཡང་ན་ཨེམ་ཆུའི་སྤྲིང་བལ་རིལ་བུ་སྣ་ཁུང་དུ་བཞག་སྟེ་དབུགས་གཏོང་ལེན་གྱི་ཚོར་སྣང་ལ་ནང་རྐྱེན་སློང་དགོས། དེ་ལས་གཞན། འགྲིག་སྤྲུག་སྣ་ཁུང་དང་སློ་ཡུ་ནང་བཙུགས་ཏེ་འབྱར་ཁུ་དང་མགོ་ཆུ་འཐེན་ཀྱང་ཆོག་ལ། ད་དུང་མིའི་ཐབས་ཀྱིས་དབུགས་འབྱིན་རྫུབ་བྱེད་དུ་བཅུག་ཀྱང་ཆོག་པ་ཡིན།

2.ལྟེ་ཐག་ཐག་གཅོད་བྱེད་པ། བེའུ་སྐྱེས་ཚར་དུས་ལྟེ་ཐག་སྒྲིར་བཏང་ཆད་འགྲོ་བ་ཡིན། དེ་བས་ངེས་པར་དུ་ལྟེ་ཐག་གི་རྩ་བ་ལ་ཏིན་ཚང་བྱུགས་དགོས། ཡང་ན་སྐྲུད་པ་གྲ་མོ་ཞིག་གིས་ལྟེ་ཁུང་དང་ལི་སྨིད་3ཀྱི་མཚམས་ནས་སྡོམ་པ་དང་དེ་ནས་མར་ལི་སྨིད་3ཀྱི་སར་མདུད་པ་ཞིག་རྒྱག་དགོས་ལ། མདུད་པ་གཉིས་ཀྱི་བར་ལ་ཏིན་ཚང་བྱུགས་རྗེས་དུག་སེལ་བྱས་ཟིན་པའི་ཁ་གྲིས་གཏུབ་པ་དང་། བསྲེགས་ལྕགས་སྤྱད་ནས་ལྟེ་ཐག་གཅད་ཀྱང་ཆོག

3.བེའུའི་ལུས་ཐོག་གཙང་མར་ཕྱིས་པ། སྐྱེས་རྗེས་ཀྱི་བེའུ་མོ་ཟིག་ལ་ལུས་ཐོག་ལྡག་ཏུ་བཅུག་ཆོག

4.སྔ་མོ་ནས་འོ་སྤྲི་འཛིན་པ། ལུས་སྟེང་གི་སྤུ་སྐམ་རྗེས་བེའུ་ཡར་ལངས་རྩིས་བྱེད་ཅིང་། སྐབས་འདིར་འོ་མ་འཛིན་པར་རོགས་བྱེད་ཆོག འོ་མ་མ་འཛིན་སྔོན་ལ་ཐོག་མར་ནུ་མགོ་ནས་འོ་སྤྲི་ཉུང་ཙམ་བ་ཙིར་ཏེ་ནུ་མའི་མགོ་གཙང་མར་བཀྲུ་ཞིང་ཕྱིས་ཏེ་བེའུ་ལ་རང་འགུལ་གྱིས་འོ་མ་འཛིན་ཏུ་འཇུག་དགོས། ཨ་མའི་

ཁྱད་གཤིས་དྲག་པོ་མི་ལྡན་པ་ལ་འོ་མ་འཇིབ་པར་རོགས་བྱེད་དགོས།

5. ཕྱིར་ཕུད་པའི་ཤ་མར་ཞིབ་བཤེར་བྱེད་པ། ཤ་མ་ཕུད་རྗེས་དེ་ཆ་ཚང་ཡིན་མིན་ལ་ཞིབ་བཤེར་བྱེད་པ་མ་ཟད་སྐྱེ་ཁང་ནས་ཕྱིར་སྤར་ཏེ་མོ་ཟོག་གིས་ཤ་མ་ཟ་བ་འགོག་དགོས།

(ལྔ) མོ་ཕྱུགས་ཀྱི་བདག་སྐྱོང་།

སྐྱེ་བའི་གོ་རིམ་ཧྲིལ་པོ་དང་མངལ་སྦྲུམ་པའི་དུས་ཀྱི་མོ་ཟོག་གི་ལུས་ཕུང་དང་ཁྱད་པར་དུ་སྐྱེ་འཕེལ་དབང་པོར་འགྱུར་ཕོག་ཏ་ཅང་ཆེན་པོ་འབྱུང་བ་ཡིན། མངལ་གྱི་ཕྲུ་གུ་སྐྱེ་བའི་སྐབས་མོ་ཟོག་གིས་བསྟུད་མར་རྒྱུན་མ་ཆད་པར་གཟེར་ཆེན་རྒྱག་པ་དང་མངལ་གྱི་ཤ་གནད་སྐུམ་པར་བྱས་པས་དེའི་ལུས་སྟོབས་ཤིན་ཏུ་ཟད་ཅིང་ལུས་པོའི་ནད་འགོག་ནུས་པ་མངོན་གསལ་གྱིས་མར་ཆག་ལ། དེ་དང་ཆབས་ཅིག་མངལ་གནས་ཕྲུ་གུ་སྐྱེ་སྐབས་མངལ་གྱི་ཁ་སྦུབས་ཆེར་བསྐྱེད་ཅིང་སྐྱེ་ལམ་གྱི་འབྱར་སྐྱིའི་ཕྱི་རིམ་ལའང་རྨས་སྐྱོན་འགའ་ཤས་ཐོག་ཡོད། སྐྱེས་རྗེས་བུ་སྣོད་ནང་དུའང་མི་གཙང་བ་འཁོར་ཆེན་བསགས་ཡོད་པས་ནད་ཀྱི་འབྱུང་ཁུངས་སྐྱེ་དངོས་ཕྲ་རབ་འཛུལ་བ་དང་དེའི་རྒྱུད་འཕེལ་ལ་ཆ་རྐྱེན་བསྐྲུན་ཡོད། དེ་ལས་གཞན། མོ་ཟོག་གིས་སྐྱེས་རྗེས་ཕྱིར་བཏང་ཚང་མར་འོ་མ་ཐོན་པ་དང་བེའུ་གསོ་བའི་འགན་ཁུར་ཡོད་པ་ཡིན། དེའི་ཕྱིར། ངེས་པར་དུ་སྐྱེས་རྗེས་སྐབས་ཀྱི་མོ་ཟོག་ལ་བདག་སྐྱོང་ཡག་པོ་བྱེད་པར་མཐོང་ཆེན་བྱེད་ཅིང་། མོ་ཟོག་གི་ལུས་ཕུང་མྱུར་དུ་སླར་གསོ་འབྱུང་བར་སྐུལ་འདེད་བྱས་ཏེ་སྐྱེས་རྗེས་ནད་རིགས་འབྱུང་བ་འགོག་པ་དང་། མོ་ཟོག་གི་བདེ་ཐང་དང་རྒྱུན་ལྡན་གྱི་རྒྱུད་འཕེལ་ལ་ཁག་ཐེག་བྱེད་དགོས།

སྐྱེ་བའི་བརྒྱུད་རིམ་ནང་མོ་ཟོག་ལ་ཆུ་འཁོར་ཆེན་ཟད་པར་འགྱུར་བས་སྐྱེས་རྗེས་ངེས་པར་དུས་ཐོག་ཏུ་འདང་ངེས་ཀྱི་ཆུ་དྲོན་མོའམ་གྲོ་ལྷགས་ཀྱི་ཁུ་བ

མཁོ་སྤྲོད་བྱས་ཏེ་ལུས་ནང་གི་ཆུ་ཟད་གྲོན་དུ་གྱུར་པ་ཁ་གསབ་བྱེད་ཅིང་། དེའི་མཚུངས་སུ་མོ་ཟོག་གི་འོ་མ་ཟགས་པའི་བྱ་སྤྱོད་ལ་སྐུལ་འདེད་བྱེད་པར་ཡང་ཕན་པ་ཡིན།

སྐྱེས་རྗེས་དུག་སེལ་གཤེར་ཁུ་ཡིས་མོ་ཟོག་གི་ཕྱིའི་མཚན་མའི་ཆ་དང་རྫ་མ། ཕོག་སྣད་བཅས་གཙང་བཀྲུ་བྱེད་དགོས་ཤིང་། སྐྱེ་དཀའ་བ་མ་ཟད་སྐྱེ་གཡོག་བྱས་ཟིན་པའི་མོ་ཟོག་ལ་སྲིན་འགོག་གཉན་འཛོམས་དང་སྙིང་ཤུགས་གསོ་ཞིང་གཙིན་པ་འབབ་བདེ་ལ་ཨན་ནའི་ཅིན་ནམ་ཨན་ཐུང་ཧིང་སྨན་ཁབ་ཧྲའོ་ཧྲིན 10བཀོལ་ཚོག་ལ། ལིན་མེ་སུའུ་རྫས་གཞི་ཁྲི 200དང་ཆིང་མེ་སུའུ་ཁྲི 240~རྫས་གཞི་ཁྲི 400བསྣོབས་ནས་ཤ་གནད་དུ་ཁབ་བརྒྱབ་སྟེ་མང་ལ་གྱི་གཉན་ཚད་འགོ་བ་འགོག་དགོས།

རྒྱུ་ཕྲུས་མཐོ་ཞིང་འཇུ་སླ་བའི་གཟན་ཆག་སྟེར་གསོ་བྱེད་དགོས་ལ། འོན་ཀྱང་ཚོད་མང་དྲགས་མི་རུང་སྟེ་འཇུ་ལམ་དང་ནུ་མའི་གཤེར་རྐྱེན་གྱི་ནད་རིགས་མི་འབྱུང་བ་བྱེད་དགོས། ཉིན 10ཡི་རྗེས་སུ་གཟན་ཆག་རིམ་བཞིན་རྒྱུན་ལྡན་དུ་བསྒྱུར་དགོས། དུས་ནམ་ཡང་མོ་ཟོག་གིས་སྐྱེས་རྗེས་འབྱུང་སྲིད་པའི་ན་ལུགས་ན་རྐྱེན་གྱི་སྣང་ཚུལ་ཁ་ཤས་ལ་མཉམ་འཇོག་དང་ལྟ་ཞིབ་བྱེད་དགོས།

ལེའུ་བཞི་པ། རྐམས་ཀྱི་གཟན་ཆག་དང་དེའི་ལས་སྣོན་སྦྱོར་བཟོ།

དེང་རབས་ཕྱུགས་ལས་ཐོན་སྐྱེད་ཀྱི་ངོ་བོ་ནི་སྒོ་ཕྱུགས་དང་ཁྱིམ་བྱ་བརྒྱུད་དེ་གཟན་ཆག་དེ་འོ་མ་དང་ཤ སྒོང་། པགས་པ། སྤུ་རིགས་སོགས་སྤྱོག་ཆགས་རང་བཞིན་གྱི་ཐོན་རྫས་སུ་བསྒྱུར་བ་དེ་ཡིན། ཕྱུགས་ལས་ཐོན་སྐྱེད་ཁྲོད་གཟན་ཆག་གི་འགྲོ་སྒོ་ནི་གཏོང་སྒོ་ཡོངས་ཀྱི 60%~80% ཟིན་པ་ཡིན། དེའི་ཕྱིར། ལུགས་མཐུན་གྱིས་གཟན་ཆག་བེད་སྤྱོད་པ་ཡིས་ཐད་ཀར་དུ་ཕྱུགས་ལས་དཔལ་འབྱོར་གྱི་ཕན་འབྲས་ལ་ཤུགས་རྐྱེན་གཏོང་བ་ཡིན། སྒོ་ཕྱུགས་དང་ཁྱིམ་བྱ་ཡི་ཐོན་སྐྱེད་ནུས་ཤུགས་གང་ལེགས་ཀྱིས་འདོན་སྤེལ་བྱེད་ཅིང་། གཟན་ཆག་གི་འགྱུར་ཚད་མཐོར་འདེགས་བྱེད་པ་མ་ཟད། རུས་དག་པའི་སྒོ་ཕྱུགས་དང་ཁྱིམ་བྱའི་ཐོན་རྫས་དང་ཉུང་མཐོ་བའི་དཔལ་འབྱོར་གྱི་ཕན་འབྲས་འཐོབ་ཆེད། ངེས་པར་དུ་གཟན་ཆག་ངོས་འཛིན་དང་དེའི་འཚོ་བཅུད་ཁྱད་ཆོས་དང་རྒྱུ་ཕྲུས་ཁོང་དུ་ཆུད་པའི་རྨང་གཞིའི་སྟེང་། ཚན་རིག་དང་ལུགས་མཐུན་གྱིས་གཟན་ཆག་གསོག་ཉར་དང་ལས་སྣོན། བེད་སྤྱོད་བཅས་བྱེད་དགོས།

ས་བཅད་དང་པོ། གཟན་ཆག་ཞིབ་མོ་དང་དེའི་ལས་སྣོན།

གཅིག ནུས་ཚད་གཟན་ཆག

ནུས་ཚད་གཟན་ཆག་ནི་གཟན་ཆག་གི་དངོས་རྫས་རྐམ་པོ་ཁྲོད་ཆེ་སྣ

རྩིང་པོའི་འདུས་ཚད 18% （18%མི་འདུ་བ）མན་དང་། ཕྱི་དཀར་རྩིང་པོའི་འདུས་ཚད 20% （20%མི་འདུ་བ）མན། དེར་མ་ཟད་སྟོང་ཁེ་རེའི་ནང་འཇུ་ནུས་ཀྲོའོ་ཙའོ 10.46ཡན་གྱི་གཟན་ཆག་ལ་ནུས་ཚད་གཟན་ཆག་ཟེར་ཞིང་། དཔེར་ན་མ་རྨོས་ལོ་ཏོག་དང་གྲོ་ཤུན། སོ་བ་སོགས་ལ་སྟོན་པ་ཡིན།

（གཅིག）སྙི་ཅན་འབྲུ་རིགས་ཀྱི་གཟན་ཆག

ནུས་ཚད་གཟན་ཆག་ལ་གཙོ་བོར་སྙི་ཅན་འབྲུ་རིགས་ཀྱི་རིགས་དང་གྲོ·····ཤུན་དང་ཕུབ་མའི་རིགས། བསིང་ཕྱེ་རྒྱུ་ཅན་གྱི་རྡོག་རྩད་རྡོག་ཁང་ཅན་དང་ཀྲ་དང་ཤིང་ཏོག་གི་རིགས་སོགས་འདུ་བ་ཡིན། དེའི་ནང་སྙི་ཅན་འབྲུ་རིགས་ཀྱི···གཟན་ཆག་ནི་སྙི་མ་ཅན་གྱི་རྩི་ཤིང་གི་རིགས་ཀྱི་འབྲུ་གུའི་སྤྱི་མིང་ཡིན།

1.འཚོ་བཅུད་ཁྱད་ཆོས། ནུས་ཚད་ཀྱི་འདུས་ཚད་མཐོ་ཞིང་ཉེན་མེད······སྣང་ས་ཞུ་དངོས་རྫས་ཀྱིས་དངོས་རྫས་སྐམ་པོའི 70%~80%ཟིན་པ་ཡིན་ལ། གཙོ་བོར་བསིང་ཕྱེ་ཡིན། ཡུག་པོའི་ནང་འདུས་ཚད་ཆུང་དམའ་སྟེ 60%ཡིན། ཚི་སྣ་རྩིང་པོའི་འདུས་ཚད་ཆུང་དམའ་བ་ཡིན། སྤྱིར་བཏང 5%ནང་ཚུད་དུ····གནས་ཤིང་གྲམ་ཅན་གྱི་སོ་བ་དང་ཡུག་པོ། ཆུ་འབྲས་དང་ཁྲི་སོགས་ཁོ་ནར 10% ལ་བསླེབ་ཐུབ་པ་ཡིན། ཕྱི་དཀར་རྫས་རྩིང་པོའི་འདུས་ཚད་དམའ་བ་སྟེ 10% ཡས་མས་ཙམ་ལས་མེད་པ་མ་ཟད། ད་དུང་རྒྱུ་ཕྱུས་མི་ལེགས་ཤིང་ཨེམ་ཅི་སོན་གྱི་གྲུབ་ཚུལ་དོ་མི་མཉམ་པ། ལའི་ཨེམ་སོན་དང་ཏན་ཨེམ་སོན་སོགས་མི་འདང····པ་ཡིན། སྣུམ་ཚིལ་གྱི་འདུས་ཚད་ཞུང་བ་སྟེ། སྤྱིར་བཏང 2%~5%ཟིན་པ་མ་ཟད་གཙོ་བོར་ཚད་མ་ལོངས་པའི་ཚིལ་སྐྱུར་ཡིན། གཉེར་རྫས་ཁྲོད་ཀྱི་ཀའི···དང་ལྷིན་གྱི་བསྡུར་ཚད་སྒོ་ཕྱུགས་དང་ཁྱིམ་བྱའི་དགོས་མཁོ་དང་མི་འཚམ་པ་སྟེ། ཀའི་འདུས་ཚད 0.1%མན་ཡིན་ཡང་ལྷིན་འདུས་ཚད 0.31% ~0.45%ལ··········བསླེབས་ཤིང་། མང་ཤོས་ཀྱི་སོན་ལྷིན་གྱི་རྣམ་པར་གནས་པ་ཡིན། འཚོ་རྒྱུ B1

དང་འཚོ་རྒྱུ་E ཕུན་སུམ་ཚོགས་པར་འདུས་ཤིང་འཚོ་རྒྱུ་D མི་འདང་པ་ཡིན།

2.རྒྱུན་སྤྱོད་ཀྱི་སྙེ་ཅན་ལོ་ཏོག་རིགས་ཀྱི་འབྲུ་གུ།

(1)མ་སྨོས་ལོ་ཏོག མ་སྨོས་ལོ་ཏོག་དཀྱུས་མའི་སྤྲི་དཀར་རྫིང་པོའི་འདུས་ཚད་8%~10%དང་། སྦྱམ་ཚིལ་རྫིང་པོའི་འདུས་ཚད་4.7%ལ་བསླེབས་ཤིང་མང་ཤོས་ཚད་མ་ལོངས་པ་དང་ཚིལ་སྐྱུར་ཡིན་ལ། ལའི་ཨེམ་སོན་དང་སེ་ཨེམ་སོན་མི་འདང་པ་ཡིན། ཞིབ་དུར་འཐག་རྗེས་མ་སྨོས་ལོ་ཏོག་གི་ཕྱེ་སྐྱུར་བསླད་རུལ་འགྱུར་བྱེད་སླ་བ་ཡིན་པས་ཡུན་རིང་དུ་གསོག་ཉར་བྱེད་མི་རིགས། དེའི་ཕྱིར། མ་སྨོས་ལོ་ཏོག་གི་འབྲུ་རྡོག་ཧྲིལ་པོར་གསོག་ཉར་བྱས་ན་བཟང་།

(2)ཡུག་པོ། རང་རྒྱལ་གྱི་ས་མཐོ་གྲང་ངར་ཆེ་བའི་ས་ཁུལ་དུ་འདེབས་པའི་ལོ་ཏོག་གཙོ་བོའི་གྲས་ཡིན་ལ། ཆེ་སྣ་རྫིང་པོའི་འདུས་ཚད་8.9%ཡིན། ཡུག་པོའི་སྤྲི་དཀར་རྫས་དང་ཨེམ་ཅི་སོན་གྱི་འདུས་ཚད་དང་བསྐུར་ཚད་ཚང་མ་མ་སྨོས་ལོ་ཏོག་ལས་ལེགས་སོད། འོན་ཀྱང་ཆེ་སྣ་རྫིང་པོའི་འདུས་ཚད་མཐོ་བ་དང་ཤོང་ཚད་ཆེ་ཞིང་ནུས་ལྡན་ནུས་ཚད་རིན་ཐང་དམའ་བར་བརྟེན་རྟའི་རིགས་ཀྱི་སྲོག་ཆགས་དང་ནོར་ལ་སྟེར་གསོ་བྱེད་པར་ལྷག་ཏུ་འཚམ་པ་ཡིན།

(3)གྲོ། འཚོ་བཅུད་རིན་ཐང་ནི་མ་སྨོས་ལོ་ཏོག་དང་འདྲ་བ་སྟེ། སྤྲི་དཀར་རྫིང་པོའི་འདུས་ཚད་13%ཡན་ཡིན། སྐམས་ལ་སྟེར་གསོ་བྱེད་སྐབས་གྲོ་ཡིས་གཟན་ཆག་ཞིབ་མོའི་བསྐུར་ཚད་ཀྱི་50%ལས་བརྒལ་མི་རུང་། དེ་ལས་ལྷོག་ཚེ་འཇུ་བ་ལ་གེགས་རྐྱེན་བཟོ་ངེས། དེར་མ་ཟད་སྟེར་གསོ་བྱེད་པའི་སྔོན་ལ་ངེས་པར་དུ་ཞིབ་དུར་འཐག་དགོས།

(4)སོ་བ། ཤུན་ལྤགས་ལྡན་པའི་སོ་བའི་ཆེ་སྣ་རྫིང་པོའི་འདུས་ཚད་ནི་5.5%ཡས་མས་དང་། སྤྲི་དཀར་རྫས་རྫིང་པོ་12.6%ཡིན་ཞིང་། སྙེ་མ་ཅན་གྱི་འབྲུ་རིགས་ཀྱི་གཟན་ཆག་ཁྲོད་སྤྲི་དཀར་རྫས་རྫིང་པོའི་འདུས་ཚད་ཅུང་མཐོ་

པའི་གཟན་ཆག་ཡིན། སོ་བ་ནི་བཞོན་མ་དང་སྐམས་ལ་སྐྱེར་གསོ་བྱེད་པའི་གཟན་ཆག་བཟང་པོ་ཡིན་ཏེ། གཅེར་བ་དང་ཞིབ་བུར་འཐག་ཆེ་ཕན་ནུས་ལྷག་ཏུ་ཆེ་བ་ཡིན།

(5)ནས། འཚོ་བཅུད་ཕུན་སུམ་ཚོགས་ཤིང་སྦྲི་དཀར་རྫས་འདུས་ཚད་ཆེས་མཐོ་བ 12%ཡན་ལ་བསླེབ་ཐུབ།

(གཉིས)གྲོ་ཤུན་དང་ཕུབ་མའི་རིགས་ཀྱི་གཟན་ཆག

སྤྱིར་བཏང་འབྲུ་རིགས་ཀྱི་ལས་སྔོན་དེ་ཤུན་པ་བགྲུ་བ་དང་ཕྱེ་འཐག་པ་སྟེ་རིགས་ཆེན་པོ་གཉིས་སུ་དབྱེ་ཡོད། ཤུན་པ་བགྲུས་པའི་ཞོར་ཐོན་དངོས་པོར་ཕུབ་མ་ཟེར་བ་དང་། ཕྱེ་འཐག་པའི་ཞོར་ཐོན་དངོས་པོར་གྲོ་ཤུན་ཟེར་ཞིང་། གཙོ་བོར་འབྲུ་རྗོག་གི་ཤུན་ལྤགས་དང་བག་ཕྱེའི་རིམ་པ། སྦྲུམ་རྗེན་བཅས་ཀྱིས་གྲུབ་པ་ཡིན། འཚོ་བཅུད་རིན་ཐང་གི་མཐོ་དམའ་ནི་ལས་སྔོན་གྱི་བྱེད་ཐབས་དང་བསྟུན་ནས་མི་འདྲ་བ་ཡིན། སྤྱིར་བཏང་གི་འཚོ་བཅུད་ཁྱད་ཆོས་ནི། ①ཧྥན་མེད་སྦངས་ཞུ་དངོས་རྫས་སྐྱེ་ཅན་འབྲུ་རིགས་ལས་ཉུང་བ་སྟེ་ཕལ་ཆེར 40%~50%ཟིན་པ་དང་། སྲན་རིལ་དང་རྒྱ་སྲན་ལ་ཉེ་བ་ཡིན། ②ཚི་སྣ་རྩིང་པོའི་འདུས་ཚད་འབྲུ་གུ་ལས་མཐོ་ཞིང་ཕལ་ཆེར 10%ཟིན། ③སྦྲི་དཀར་རྫས་རྩིང་པོའི་གྲངས་ཚད་དང་སྤུས་ཚད་གཉིས་ཀ་སྲན་རིགས་དང་སྐྱེ་ཅན་རྩེ་ཤིང་གི་བར་དུ་གནས་པ་ཡིན། ④འབྲས་ཀྱི་ཕུབ་མའི་ནང་སྣུམ་ཚིལ་རྩིང་པོའི་འདུས་ཚད 13.1%ལ་བསླེབས་པ་དང་། དེའི་ནང་དུ་ཚད་མ་ལོངས་པའི་ཚིལ་སྐྱུར་གྱི་འདུས་ཚད་མཐོ་བ་ཡིན། ⑤གཏེར་རྫས་ཁྲིད་ལྕིན་མང(1%ཡན)ལ་ཀའི་དམའ་བ(0.11%)ཡིན། ⑥འཚོ་རྒྱུ B1དང་ཡན་སོན། སྨན་སོན་བཅས་ཀྱི་འདུས་ཚད་ཅུང་ཕུན་སུམ་ཚོགས་ལ་གཞན་དག་ཚང་མ་ཉུང་བ་ཡིན། སྐྱེ་འཚར་མགྱོགས་པའམ་ཐོན་སྐྱེད་ཚུ་ཚད་མཐོ་བའི་སྒོ་ཕྱུགས་དང་ཁྱིམ་བྱར་གཟན་

ཆག་འདི་རིགས་ཉུང་ཙམ་བཀོལ་བའམ་མི་བཀོལ་བ་ཡིན།

1.གྲོ་ཤུན། ཕལ་སྐད་དུ་བུད་ཅེ་ཟེར་ཞིང་ཕྱེ་ལས་སྡོན་བྱེད་པའི་བརྒྱུད་······རིམ་ཁྲོད་ཀྱི་ཞོར་ཐོན་དངོས་པོ་ཡིན། སྤྲི་དཀར་རྫས་སྙིང་པོའི་འདུས་ཚད་ནི 12% ~16%དང་། ཚོ་སྣ་སྙིང་པོའི་འདུས་ཚད 10%ཡས་མས་ཡིན་པ་མ་ཟད་ཅུང་མང་བའི Bརྒྱུད་འཚོ་རྒྱུ(དཔེར་ན་འཚོ་རྒྱུ B_1དང་འཚོ་རྒྱུ B_2ཡན་སོན། མཁྲིས་བུལ་སོགས་ལྟ་བུ)དང་འཚོ་རྒྱུ Eའདུས་པ་ཡིན། གྲོ་ཤུན་གྱི་རྒྱུ་སྤུས་སྙི······ཞིང་ཁ་ལ་འཕྲོད་ཚད་བཟང་ལ། གྲོད་པ་བཤལ་བ་ཡང་མོའི་རང་བཞིན་ལྡན་པ་ཡིན། དེ་བས་ནུས་ཚད་ཀྱི་ཚད་རིམ་དམའ་ཞིང་། བཞོན་མའི་གཟན་ཆག་ཏུ 30%ཙམ་སྤྱོད་པ་ཡིན།

2.གཞན་པའི་འབྲུ་ཤུན་དང་ཕུབ་མ། གཙོ་བོར་ཀའོ་ལིའང་གི་ཤུན··········ལྷགས་དང་མ་སྨོས་ལོ་ཏོག་གི་ཤུན་པ་སོགས་ཡོད། ཀའོ་ལིའང་གི་ཤུན་ལྷགས་ཀྱི་འཇུ་ནུས་གྲོའི་ཤུན་ལྷགས་ལས་མཐོ་ཞིང་། བཞོན་མ་དང་སྐམས་ལ་སྐྱེར་གསོ···བྱས་ན་ཕན་ནུས་ཅུང་བཟང་བ་ཡིན།

(གསུམ)བསེང་ཕྱེའི་རྒྱུ་ཅན་གྱི་རྫོག་རྩད་རྫོག་ཁང་ཅན་དང་ཀྱ་རིགས་ཀྱི་གཟན་ཆག

རྒྱུན་དུ་མཐོང་བ་ནི་ཞོག་ཁོག་དང་མངར་ཚལ། ལ་སེར། ནན་ཀྱ་སོགས··ཡོད། གཟན་ཆག་འདི་རིགས་ཀྱི་ཆེས་ཆེ་བའི་ཁྱད་ཆོས་ནི་ཆུའི་འདུས་ཚད་མཐོ་བ 75%~90%ལ་བསླེབས་པ་ཡིན། དངོས་རྫས་སྐམ་པོའི་ཁྲོད་ཏྲིན་མེད་སྦྲངས་ཞུ་དངོས་རྫས་ཀྱི་འདུས་ཚད 60%~80%ལ་བསླེབ་པ་དང་། ཚོ་སྣ་སྙིང་པོ 3%~10%ཡིན་ལ་སྤྲི་དཀར་རྫས་སྙིང་པོ 5% ~10%ཙམ་ལས་མེད། གཏེར་རྫས་ནི 0.8% ~1.8%ཡིན་ཞིང་། Bརྒྱུད་འཚོ་རྒྱུ་མི་འདང་པ་ཡིན། གཟན་ཆག་འདི་རིགས་ཁ་ལ་འཕྲོད་ཚད་བཟང་ཞིང་འཇུ་ནུས་མཐོ་བ་མ་ཟད། དངོས་རྫས་སྐམ··

པོའི་སྙིང་ཚབ་གསར་བྱེད་ཀྱི་ནུས་པ་མཐོ་བ་ཡིན། ལ་སེར་དང་ནན་ཀྭ་ཕུད་གཞན་དག་ཚང་མར་ལ་སེར་གྱི་བཅུད་དཀོན་པ་ཡིན།

1.ཞིག་ཁོག དངོས་རྫས་སྐམ་པོའི་འདུས་ཚད་ནི 25%ཡིན། དེའི་ནང་བསིང་བྱེའི་འདུས་ཚད་ནི་དངོས་རྫས་སྐམ་པོའི 80%ཡས་མས་ཟིན་པ་དང་། ཞིག་ཁོག་གསར་པ་ནང་འཚོ་བཅུ Cཡི་འདུས་ཚད་ཕུན་སུམ་ཚོགས་པ་ཡིན། ཡིན་ནའང་འཚོ་བཅུ་གཞན་དག་དཀོན་པ་ཡིན། ཞིག་ཁོག་ནི་ལྷོད་རྒྱུག་སྣོ་ཕྱུགས་ལ་རྗེན་པར་སྟེར་ཆོག ཞིག་ཁོག་གི་སྨུ་གུ་དང་སྨུ་གུ་འབུས་ཁུང་། ལྷང་མདོག་གི་ཕྱི་ལྤགས་བཅས་སུ་ལུང་ཁུའི་སུའུ་འདུས་པ་ཡིན། མང་དུ་ཟོས་ན་སྣོ་ཕྱུགས་ལ་འཇུ་ལམ་གྱི་གཉན་ཚད་དང་དུག་ཐོག་པར་བྱེད་པ་ཡིན། དེའི་ཕྱིར་སྟེར་གསོའི་སྐབས་ཅིས་ཀྱང་ཕྱི་ལྤགས་དང་སྨུ་གུ་གཙང་མར་འདོར་བའམ་ཡང་ན་རླངས་བཙོ་བྱས་ཏེ་སྟེར་དགོས། འོན་ཀྱང་བཙོས་པའི་ཆུ་སྣོ་ཕྱུགས་ལ་འཕྲུང་དུ་འཇུག་མི་རུང་།

2.ལ་སེར། ལ་སེར་གསར་པ་སྟོང་ཁ་རེའི་ནང་དུ་ལ་སེར་གྱི་བཅུད་ཏའོ་ཁེ 80འདུས་པ་ཡིན་པས། སྣོ་ཕྱུགས་དང་ཁྱིམ་བྱ་ཁ་ཤས་ཀྱི་འཚོ་བཅུ Aཡི་འབྱུང་ཁུངས་བྱེད་ཆོག ལ་སེར་གྱི་བཅུད་ལ་ཁུ་བ་མང་ཞིང་རོ་མངར་བས་སྣོ་ཕྱུགས་སྣ་ཚོགས་ཀྱིས་བཟའ་བར་སྤྲོ་ཞིང་། ཕོ་ཕྱུགས་དང་རྒྱུད་སྤེལ་མོ་ཕྱུགས་ལ་ཤིན་ཏུ་བཟང་བའི་བཅུད་སྦྱོར་ལུས་གསོ་ཡི་བྱེད་ནུས་ལྡན་པ་ཡིན།

གཉིས། སྤྲི་དཀར་རྫས་ཀྱི་གཟན་ཆག

སྤྲི་དཀར་རྫས་ཀྱི་གཟན་ཆག་ལ་སྤྲི་དཀར་རྫས་ཁ་གསབ་གཟན་ཆག་ཀྱང་ཟེར། གཙོ་བོར་སྲོག་ཆགས་རང་བཞིན་གྱི་སྤྲི་དཀར་རྫས་གཟན་ཆག་དང་རྩི་ཤིང་རང་བཞིན་གྱི་སྤྲི་དཀར་རྫས་གཟན་ཆག ཕྲ་ཕུང་སྐྱུང་པའི་སྤྲི་དཀར་རྫས་གཟན་ཆག སྤྲི་དཀར་རྫས་མ་ཡིན་པའི་ཊྛིན་འདུས་གཟན་ཆག་བཅས་རིགས་ཆེན་པོ

བཞི་འདུས་པ་ཡིན། སྤྲི་དཀར་རྫས་གཟན་ཆག་ནི་གཟན་ཆག་གི་དངོས་རྫས་སྐམ་པོའི་ཁྲོད་སྤྲི་དཀར་རྫས་རྩིང་པོའི་འདུས་ཚད་20%ཡན(20%འདུ་བ)དང་ཚ་སྣ་རྩིང་པོའི་འདུས་ཚད་18%མན(18%མི་འདུ་བ)གྱི་གཟན་ཆག་ཚང་མ་འདིའི་རིགས་སུ་གཏོགས་ཤིང་། དཔེར་ན་སྦྲན་སྙིགས་དང་འབའ་སྙིགས་སོགས་ལ་སྟོན་པ་ཡིན།

(གཅིག)རྩེ་ཤིང་རང་བཞིན་གྱི་སྤྲི་དཀར་རྫས་ཀྱི་གཟན་ཆག

གཟན་ཆག་རིགས་ཆེན་པོ་འདིའི་ནང་དུ་སྦྲན་རིགས་ཀྱི་འབྲུ་གུ་དང་བག་ཟན་དང་སྙིགས་མའི་རིགས་སྣ་ཚོགས་འདུ་བ་ཡིན།

1.སྦྲན་རིགས་ཀྱི་འབྲུ་གུ། མང་ཆེ་བ་སྒྲུམ་རྒྱུའི་ལོ་ཏོག་ཡིན་ཞིང་། ཕྱིར་བཏང་ཤུང་ཤས་ཤིག་ཐད་ཀར་གཟན་ཆག་བྱས་ཚོག དེའི་ཐུན་མོང་གི་འདྲ་ས་ནི་རྩེ་ཤིང་རང་བཞིན་གྱི་གཟན་ཆག་ཁྲོད་སྤྲི་དཀར་རྫས་ཀྱི་འདུས་ཚད་ཅུང་མཐོ་བ་སྟེ། དངོས་རྫས་སྐམ་པོའི་25%~40%ཟིན་པ་ཡིན། འོན་ཀྱང་རྒྱུ་ཕྲུས་སྤྲོག་ཆགས་རང་བཞིན་གྱི་གཟན་ཆག་ལས་ཅུང་ཙམ་དམའ་བ་ཡིན་ལ། ཉེན་མེད་སྤྲངས་ཞུ་དངོས་རྫས་ཀྱི་འདུས་ཚད་ཕྱིར་བཏང་སྙེ་ཅན་ལོ་ཏོག་གི་འབྲུ་གུའི་རིགས་ལས་ཅུང་དམའ་བ་ཡིན། གཞན་སྦྲན་རིགས་ཀྱི་འབྲུ་གུར་སྤྲི་དཀར་རྫས་ཀྱི་རྩབས་འགོག་རྫས་དང་གཅིན་རྒྱུའི་རྩབས་སོགས་གནོད་ལྡན་དངོས་རྫས་མང་པོ་འདུས་པ་ཡིན། དེ་བས་འོས་འཚམ་གྱི་ཐག་གཅོད་བརྒྱུད་རྗེས་ད་གཟན་སྟེར་གསོ་བྱས་ཆོག་པ་ཡིན། ཤ་སྐྱོད་སྒོ་ཕྱུགས་དང་ཁྱིམ་བྱའི་ཉིན་རེའི་གཟན་ཆག་ཁྲོད་སྤྲི་དཀར་རྫས་ཁག་ཅིག་གི་འབྱུང་ཁུངས་བྱས་ཚེ་བཀོལ་སྤྱོད་ཀྱི་ཕན་ནུས་ཤིན་ཏུ་ཆེ་བ་ཡིན།

2.བག་ཟན་དང་སྙིགས་མའི་རིགས། བག་ཟན་དང་སྙིགས་མ་ནི་སྒྲུམ་རྒྱུའི་ལོ་ཏོག་གི་འབྲུ་གུ་ལས་སྒྲུམ་བཏོན་རྗེས་ཀྱི་ཞོར་ཐོན་ཐོན་རྫས་ཡིན། དཔེར་

ན་བ་ཙོར་གནོན་ཐབས་བཀོལ་ཏེ་ཐོན་སྐྱེད་བྱས་པར་སྣུམ་འཁྱུར་དང་། སྤངས་ཞུ་ཐབས་བཀོལ་ཏེ་ཐོན་སྐྱེད་བྱས་པར་སྣུམ་སྙིགས་ཟེར་བ་ཡིན།

(1)འབའ་ཆ་དང་འབའ་སྙིགས། སྤྲི་དཀར་རྫས་ཀྱི་འདུས་ཚད་36%~40%ཡིན་ཞིང་། སྤྲི་དཀར་རྫས་ཀྱི་ཁྲོད་ཨེམ་ཙི་སོན་ཙུང་འཛོམས་པོ་ཡིན་ལ། ཏན་ཨེམ་སོན་གྱི་འདུས་ཚད་སྨན་སྙིགས་བག་ཟན་ལས་ཀྱང་མཐོ། འོན་ཀྱང་དེའི་རོ་ནི་ཁ་ཚ་བ་དང་ཁ་ལ་འཁྲོད་ཚད་མི་ལེགས་ཤིང་། བཀོལ་ཚད་མང་དྲགས་མི་རུང་། སྐམས་ཀྱི་སྤྲི་དཀར་རྫས་ཀྱི་གཟན་ཆག་བྱེད་ཚེ་གཟན་ཆག་ཞིབ་མོའི་20%ཟིན་ཆོག་ལ། ཚོན་གསོའི་ཕན་ནུས་བཟང་བ་ཡིན།

(2)སྨན་ཆེན་གྱི་བག་ཟན་དང་སྙིགས་མ། རང་རྒྱལ་གྱི་མ་རྫོས་ལོ་ཏོག་དང་སྨན་ཆེན་གྱི་བག་ཟན་དང་སྙིགས་མའི་དབྱིབས་ཀྱི་གཟན་འབྲུའི་ཁྲོད་ཀྱི་གཟན་ཆག་གཙོ་བོའི་གཅིག་ཡིན། སྤྲི་དཀར་རྫས་རྩིང་པོའི་འདུས་ཚད་45%ཡས་མས་ལ་བསླེབས་པ་དང་། ལའི་ཨེམ་སོན་གྱི་འདུས་ཚད་ཙུང་མཐོ་བ་སྙེ་མ་རྫོས་ལོ་ཏོག་གི་ལྡབ་10ཡིན། སྨན་མའི་བག་ཟན་ལ་དྲི་མ་ཞིམ་པོ་མངའ་ཞིང་ཁ་ལ་འཁྲོད་པའི་རང་བཞིན་བཟང་བ་ཡིན། སྤྲི་དཀར་རྫས་ཀྱི་འཇུ་ཚད་82%ལ་བསླེབས་པས་བག་ཟན་དང་སྙིགས་མའི་རིགས་ཡོད་ཚད་ཀྱི་ཨང་དང་པོ་ཡིན། སྨན་ཆེན་གྱི་བག་ཟན་དང་སྙིགས་མའི་ནང་གཤེར་མའི་སྤྲི་དཀར་ཙབས་འགོག་རྫས་དང་གཅིན་རྒྱུའི་ཙབས། ཟུངས་ཁྲག་ཕྲ་ཕུང་རྫིངས་རྒྱུ་སོགས་གནོད་ལྡན་དངོས་རྫས་འདུས་པ་ཡིན་མོད། འོན་ཀྱང་བརླན་གཤེར་འོས་འཚམ་ཡིན་པའི་ཆ་རྐྱེན་འོག་ཚ་པོ་བཟོ་བའམ་སྦྲོས་འགྱུར་བྱས་ན་གཏོར་བཤིག་གཏོང་ཐུབ། སྨན་ཆེན་གྱི་བག་ཟན་དང་སྙིགས་མ་སྐམས་ཀྱི་སྤྲི་དཀར་རྫས་ཁ་གསབ་གཟན་ཆག་བྱས་ཆོག་ལ། ཚད་ཞུང་བའི་སྲོག་ཆགས་རང་བཞིན་གྱི་སྤྲི་དཀར་རྫས་ཁ་གསབ་གཟན་ཆག་དང་གཞན་པའི་བག་ཟན་དང་སྙིགས་མ་སོགས་སུ་བསྲེས་ཏེ་བཀོལ

ཀྱང་ཆོག་པ་ཡིན། དེ་ལྟར་སྒྲི་དཀར་རྫས་ཀྱི་ཐོན་ཁུངས་སྣ་ཚོགས་གང་ལེགས་ཀྱིས་བེད་སྤྱད་དེ་གཟན་ཆག་གི་མ་རྩ་རྗེ་ཆུང་དུ་གཏོང་དགོས།

འབའ་ཆ་དང་འབའ་སླེགས་ཀྱི་དུག་འདོན(འབའ་ཆ་དོང་སྦས་བྱེད་ཐབས)ནི་ས་དོང་ཞིག་བྲུས་ཏེ་ཆེ་ཆུང་ནི་འབའ་ཆའི་བཀོལ་ཚད་དང་འཁོར་སྐྱོད་དུས་ཡུན་ལྟར་ཐག་གཅོད་དགོས། ས་དོང་ནང་འཁྱིག་ཤོག་སྲབ་མོའམ་རྩྭ་གདན་ཞིག་བཏིང་རྗེས། སྟོན་ལ་ཞིབ་བུར་བཏགས་པའི་འབའ་ཆ 1:1ལྟར་ཆུ་བསྟན་ཏེ་སྦངས་པ་དང་། དེ་རྗེས་ཟླ་ཕྱེད་གྲུ་བཞི་མ་རེར་སྟོང་ཁེ 500 ~700ལྟར་དེ་ས་དོང་ནང་འཇུག་དགོས། དེར་མཐུད་དེ་སྟེང་དུ་རྩྭའམ་ཡང་ན་འཁྱིག་ཤོག་སྲབ་མོས་འགེབས་ཤིང་། མཐའ་མཇུག་ཐོག་ཏུ་ལི་སྨིད 20ཡན་གྱི་ས་ཡིས་གནོན་དགོས། ཟླ 2ཀྱི་རྗེས་སུ་སྟེར་གསོ་བྱས་ཆོག་པ་ཡིན།

གསུམ། གཟན་ཆག་ཞིབ་མོའི་ལས་སྟོན།

སྲན་རིགས་དང་སྙེ་ཅན་ལོ་ཏོག་གི་འབྲུ་གུས་སྟེར་གསོ་བྱེད་པའི་སྟོན་ལ་ལུགས་མཐུན་གྱིས་ལས་སྟོན་སྦྱོར་བཟོ་བྱས་ཏེ་དེའི་འཚོ་བཅུད་རིན་ཐང་དང་འཇུ་ཚད་མཐོར་འདེགས་བཏང་ཆོག རྒྱུན་སྤྱོད་ཀྱི་བྱེད་ཐབས་ལ་གཤམ་གྱི་རིགས་མང་པོ་ཡོད།

1.ཞིབ་བུར་འཐག་པ། གཟན་ཆག་ཞིབ་བུར་འཐག་རྗེས་སྟེར་གསོ་བྱས་ན་དེ་འཇུ་གཤེར་དང་འབྲེལ་ཐུག་བྱེད་པའི་རྒྱ་ཁྱོན་ཇེ་ཆེར་སོང་སྟེ་འཇུ་བ་ལ་ཕན། དཔེར་ན་སོ་བའི་སྐྱེ་ལྡན་དངོས་རྫས་ཀྱི་འཇུ་ཚད་ནི་རིལ་བུ་རྡིལ་པོ་དང་རགས་པར་འཐག་པ། ཞིབ་བུར་འཐག་རྗེས་སོ་སོར 67.1%དང་། 80.6% 84.6%བཅས་ཡིན་པས་ཁྱད་པར་ཤིན་ཏུ་ཆེ། འབྲུ་གུའི་གཟན་ཆག་འཐག་པའི་རགས་ཞིབ་ཀྱི་ཚད་ནི་གཟན་ཆག་གི་རང་བཞིན་དང་སྒོ་ཕྱུགས་ཀྱི་རིགས་དང་ལོ་ཚོད། སྟེར་གསོ་རྣམ་པ་སོགས་གཞིར་བཟུང་སྟེ་གཏན་འཁེལ་བྱེད་དགོས།

2.གཅིར་བ། མ་རྫོགས་ལོ་ཏོག་དང་སོ་བ། ཀའོ་ལིའང་སོགས་ཤུན་པ་འདོར་བ(ནོར་ལ་སྐྱེར་ན་ཤུན་པ་འདོར་མི་དགོས)དང་ཆུ་སྣོན་པ། བརླན་ཚད 15%~20%ལ་སྙོམས་སྒྲིག་བྱེད་ཅིང་རླངས་པ་བཀོལ་ནས་ཚ་བར་བཙོས་ཏེ 120℃ ཡས་མས་ལ་བསླེབ་པར་བྱ། དེ་ནས་ཡང་གཅིར་གནོན་འཕྲུལ་ཆས་ཀྱིས་གཅིར་ཏེ་ལེབ་དབྱིབས་སུ་བཟོས་རྗེས་སྐམ་ཞིང་གྲང་མོར་གྱུར་ཚེ་གཞི་ནས་གཅིར་བཟོས་གཟན་ཆག་ཏུ་གྲུབ་པ་རེད། གཅིར་བ་ཡིས་མདོག་གསལ་གྱིས་འཇུ་ཚད་མཐོར་འདེགས་བྱེད་ཐུབ་ཅིང་། གཙོ་བོར་རྟ་དང་བཞོན་མ། སྐམས་ལ་སྐྱེར་གསོ་བྱེད་པར་བཀོལ་བ་ཡིན།

3.སྦང་བ། འབྲུ་གུའི་གཟན་ཆག་ཆུར་སྦངས་པ་བརྒྱུད་རྗེས་སྦོས་ཤིང་སྐྱི་སོར་འགྱུར་བས་ལྷད་སླ་ཞིང་འཇུ་བདེ་བ་ཡིན། གཟན་ཆག་ཁ་ཤས་ནང་ཏན་ཉིང་དང་ཆལ་རྒྱུའི་ཏའི་སོགས་དུག་ཞུང་དངོས་རྫས་འདུས་པ་མ་ཟད་དྲི་མ་གཞན་ཡོད་པ་ཡིན། སྦངས་རྗེས་དུག་རྒྱུ་དང་དྲི་མ་གཞན་ཇེ་ཆུང་དུ་གཏོང་ཐུབ་ཅིང་། དེར་བརྟེན་ནས་ཁ་ལ་འཕྲོད་པའི་རང་བཞིན་དང་བེད་སྤྱོད་རང་བཞིན་མཐོར་འདེགས་བྱེད་ཐུབ་པ་ཡིན། སྦང་སྐབས་སྤྱིར་བཏང་ཆུ་གྲང་མོ་བཀོལ་བ་དང་། གཟན་ཆག་དང་ཆུ་ཡི་བསྡུར་ཚད 1:1~1: 5ཡིན། སྦང་བའི་དུས་ཚོད་ནི་དུས་ཚིགས་དང་གཟན་ཆག་གི་རིགས་དང་བསྟུན་ནས་འགྱུར་བ་ཡིན་ལ། འོན་ཀྱང་སྲན་རིགས་ཀྱི་འབྲུ་གུ་དང་དབྱར་དུས་སྦང་སྐབས་དུས་ཚོད་ཐུང་ན་བཟང་སྟེ་གཟན་ཆག་རུལ་དུ་འཇུག་མི་རུང་།

4.རླངས་བཙོ་བྱེད་པ། སྲན་རིགས་ཀྱི་འབྲུ་གུ་རླངས་བཙོ་བྱས་ན་དེའི་འཚོ་བཅུད་རིན་ཐང་མཐོར་འདེགས་བྱེད་ཐུབ་པ་ཡིན། དཔེར་ན་སྲན་ཆེན་ལ་འོས་འཚམ་གྱི་བརླན་དང་ཚ་བའི་ཐག་གཅོད་བརྒྱུད་རྗེས་དེའི་ནང་གི་གཤེར་མའི་སྲིད་ཀར་རྩབས་འགོག་རྫས་སོགས་གཏོར་བཤིག་གཏོང་པ་མ་ཟད་དུང

འཇུ་ཚད་མཐོར་འདེགས་གཏོང་ཐུབ། ཡིན་ནའང་རླངས་བཙོ་བྱེད་པ་ལའང་སྲི་དཀར་རྫས་ཁག་ཅིག་གི་རང་བཞིན་འགྱུར་བར་བྱེད་པའི་སྐྱོན་ཆ་ལྡན་པ་ཡིན།

5.སྦོས་འགྱུར་བྱེད་པ། རིལ་བུའི་དབྱིབས་དང་ཕྱེ་དབྱིབས། མཉམ་བསྲེས་གཟན་ཆག་བཅས་ཀྱི་ནང་དུ་ཚད་འོས་འཚམ་གྱི་བརླན་དང་རླངས་པ་སྣོན་པ་མ་ཟད་ད་དུང 100~170℃ཡི་དྲོད་ཚད་མཐོན་པོ་དང་$(2\sim10)\times10^{6}$ཡི་མཐོ་གནོན་འོག་དེ་བསྡུད་མར་འཕྱུར་དུ་བཅུག་པའི་གཟན་ཆག་གི་པོངས་ཚད་སྤྲོ་བུར་དུ་ཆེར་སྦོས་པ་དང་། བརླན་མགྱོགས་མྱུར་རླངས་པར་གྱུར་ཏེ་སྦོས་འགྱུར་བྱས་ནས་བུ་ག་མང་པོའི་དབྱིབས་ཀྱི་གཟན་ཆག་ཏུ་གྲུབ་པ་ཡིན། སྦོས་འགྱུར་གཟན་ཆག་ནི་མང་ཤས་བཤའ་རྒྱུའི་སྒོ་ཕྱུགས་དང་ཁྱིམ་བྱར་བཀོལ་བ་ཡིན། སྦོས་འགྱུར་སྨན་ཆེན་གྱིས་བག་ཟན་དང་སྐྱིགས་མ་ཁག་ཅིག་གི་ཚབ་བྱེད་ཆོག་ཅིང་ཕན་ནུས་ཤིན་ཏུ་བཟང་།

ས་བཅད་གཉིས་པ། གཟན་ཆག་སྙིང་པོ་དང་ དེའི་ལས་སྣོན་སྦྱོར་བཟོ།

གཅིག ཟོ་རྡ་སྐམ་པོ།

ཟོ་རྡ་སྐམ་པོ་ནི་ཟོ་རྡའམ་ཟོ་རིགས་གཟན་ཆག་ལོ་ཏོག་གཞན་དག་འབྲུ་གུ་མ་ཐོགས་པའི་སྔོན་ལ་བཏ་བསྡུ་བྱས་ཏེ་རང་བྱུང་ངམ་མིའི་ཐབས་ཀྱིས་སྐམ་དུ་བཅུག་ནས་བཟོས་པའི་གཟན་ཆག་སྙིང་པོའི་རིགས་ཤིག་ཡིན་ཞིང་། བསྡུས་མིང་ལ་རྡ་སྐམ་ཟེར། གྲུས་ལེགས་རྡ་སྐམ་ལ་ལོ་མ་མང་ཞིང་ཁ་དོག་ཟོ་ལྗང་ཡིན་པ། དྲི་མ་ཞིམ་པོ་མངའ་བ། སྦྱོར་བཟོ་སྟབས་བདེ་ཡིན་པ། གསོག་ཉར་བྱེད་སླ་བ། འབྱུང་ཁུངས་ཁྱབ་རྒྱ་ཆེ་བ། འཚོ་བཅུད་ཅུང་ཕུན་སུམ་ཚོགས་པའི་ཁྱད་ཆོས་ལྡན་

པས་རྩྭ་ཟན་སྒོ་ཕྱུགས་ཀྱིས་བཟའ་བར་སྤྲོ་བའི་གཟན་ཆག་ཡིན། སྤོ་རྩྭ་སྐམ་པོ་འབོར་ཆེན་གསོག་འཇོག་བྱས་ན་བྱང་ཕྱོགས་སུ་སྒོ་ཕྱུགས་བདེ་འཇགས་ངང་དགུན་བརྒལ་བ་དང་དཔྱིད་དུས་ཤ་ཤེད་ལྷུང་བ་འགོག་པར་དོན་སྙིང་གལ་ཆེན་ལྡན་པ་ཡིན།

(གཅིག)འཚོ་བཅུད་ཁྱད་ཆོས།

སྤོ་རྩྭ་སྐམ་པོ་ཁྲོད་སྤྲི་དཀར་རྫས་རྩིང་པོའི་འདུས་ཚད་ནི 7%~17%དང་། ཚི་སྣུམ་རྩིང་པོའི་འདུས་ཚད་ནི 20% ~35%ཡིན་ལ། ལ་སེར་གྱི་བཅུད་ནི(ཧྥའོ་ཁེ 5~405/སྤོར་ཁེ) འཚོ་རྒྱ D་ནི(ཕེ་ཁེ 16~150/སྤོར་ཁེ)ཡིན། སྐྱེ་ལྡན་དངོས་རྫས་ཀྱི་འཇུ་ཚད་ནི 46%~79%ཡིན། དེའི་སྤྱིའི་འཚོ་བཅུད་རིན་ཐང་གི་ཆ་ནས་བཤད་ན། སྤུས་ཞན་གྱི་སྤོ་རྩྭ་སྐམ་པོ་སྐབས་འགར་སོག་མ་ལ་མི་དོ་ནའང་སྤུས་ལེགས་ཀྱི་སྤོ་རྩྭ་སྐམ་པོ་ནི་གྲོ་ཤུན་དང་ཉེ་བ་ཡིན། རྩྭ་སྐམ་སྤུས་ལེགས་ཐོན་སྐྱེད་བྱེད་པའི་ཆེད་ངེས་པར་དུ་སྤོ་རྩྭ་སྐམ་པོ་སྤྱོར་བཟོ་དང་གསོག་ཉར་ཁྲོད་ཀྱི་ལག་རྩལ་གནད་དོན་རབ་དང་རིམ་པར་མཐོང་ཆེན་བྱེད་དགོས།

(གཉིས)གཟན་བཀོལ་རིན་ཐང་།

སྤོ་རྩྭ་སྐམ་པོ་ནི་རྩྭ་གཟན་སྒོ་ཕྱུགས་ཀྱི་གཞི་རྩའི་གཟན་ཆག་ཡིན། ལྷག་པར་དུ་སྤུས་ལེགས་རྩྭ་སྐམ་ནི་རྩྭ་གཟན་སྒོ་ཕྱུགས་ཀྱི་གཟན་ཆག་བཟང་པོ་ཡིན་པ་མ་ཟད། སྤོ་རྩྭ་སྐམ་པོ་དང་ལུ་མང་གཟན་ཆག་མཉམ་བསྲེས་ཀྱིས་བཞོན་མར་སྟེར་གསོ་བྱས་ན་དངོས་རྫས་སྐམ་པོ་དང་ཚི་སྣུམ་རྩིང་པོའི་བཟའ་ཚད་ཇེ་མང་དུ་གཏོང་ཐུབ་པར་བརྟེན། འོ་མ་ཐོན་ཚད་དང་འོ་ཞག་གི་ཚད་ལ་ཁག་ཐེག་བྱེད་ཐུབ། སྤོ་རྩྭ་སྐམ་པོ་ནི་གལ་ཆེ་བའི་གཟན་ཆག་རྩིང་པོ་ཡིན་པར་བརྟེན་སྐམས་ཐོན་སྐྱེད་ཁྲོད་རྒྱ་ཁྱབ་ཏུ་བཀོལ་ཞིང་། ཚོན་གསོའི་ནོར་གྱི་ཉིན་རེའི་གཟན་ཆག་གི་ནུས་ཚད་ཀྱི 30%ཟིན་ལ། སྐམས་གཞན་དག་གི་ཉིན་རེའི་གཟན་ཆག་གི

ནུས་ཚད་ཀྱི 90%ཟིན་པ་ཡིན། སྔོ་རྩྭ་སྐམ་པོ་ནི་གཙོ་བོར་ནུས་ཚད་གཟན་ཆག་བྱེད་བཞིན་ཡོད་ནའང་སྲན་རིགས་གཟན་རྩྭའང་ཤིན་ཏུ་ལེགས་པའི་སྤྲི་དཀར་རྫས་ཀྱི་འབྱུང་ཁུངས་ཡིན།

(གསུམ)སྔོ་རྩྭ་སྐམ་པོའི་སྦྱོར་བཟོ།

སྔོ་རྩྭ་སྐམ་པོ་སྦྱོར་བཟོ་བྱེད་པའི་གོ་རིམ་ཁྲོད། སྔོ་རྩྭའི་ནང་གི་དངོས་རྫས་སྐམ་པོའམ་རོ་བཅུད་འདུས་ཚད་ཚང་མར་གྱོང་གུད་འབྱུང་བ་ཡིན། དཔེར་ན་ནི་འབུ་སུ་ཏང་བཛ་བསྒྱུ་བྱེད་པ་ནས་སྐྱེར་གསོ་བྱེད་པའི་བར་ལོ་མའི 35%ཙམ་གྱོང་གུད་འགྲོ་བ་དང་། དངོས་རྫས་སྐམ་པོ 20%ཙམ་གྱོང་གུད་འགྲོ་བ། སྤྲི་དཀར་རྫས་རྩིང་པོ 29%ཙམ་གྱོང་གུད་དུ་འགྲོ་བ་ཡིན། སྔོ་རྩྭ་ནི་ཞིང་ཁར་འཇོག་པའི་དུས་ཚོད་ཇི་ལྟར་རིང་ན་འཚོ་བཅུད་ཀྱི་གྱོང་གུད་དེ་ལྟར་མང་བ་ཡིན།

སྔོ་རྩྭ་སྐམ་པོ་སྦྱོར་བཟོ་བྱེད་པའི་བྱེད་ཐབས་མི་འདྲ་བས་རོ་བཅུད་གྱོང་གུད་འགྲོ་བའི་བར་ཁྱད་ཤིན་ཏུ་ཆེ། སྤྱིར་བཏང་སྔོ་རྩྭ་སྐམ་པོ་སྦྱོར་བཟོ་བྱེད་པའི་བྱེད་ཐབས་རིགས་གཉིས་སུ་དབྱེ་ཡོད་དེ། རིགས་གཅིག་ནི་རང་བྱུང་དུ་སྐེམ་པ(ཉི་མར་སྐེམ་པའམ་ཁང་པ་ནང་བསིལ་སྐེམ་བྱེད་པ)དང་། རིགས་གཞན་གཅིག་ནི་མིའི་ཐབས་ཀྱིས་སྐེམ་པ་ཡིན། སྐམ་བཟོའི་གོ་རིམ་ཁྲོད་འཚོ་བཅུད་དངོས་རྫས་གྱོང་གུད་འགྲོ་བའི་ཐབས་ལམ་ནི་དབུགས་འབྱིན་རྫུབ་ཀྱིས་གྱོང་གུད་འགྲོ་བ་དང་འཕྲུལ་ཆས་ཀྱིས་གྱོང་གུད་བཟོ་བ། ཚ་དྲོད་རྒྱུས་ཏེ་གྱོང་གུད་འགྲོ་བ། ཉི་མས་སྐེམ་ཞིང་ཆར་གྱིས་བྲན་ཏེ་གྱོང་གུད་འགྲོ་བ་སོགས་ཡོད། སྔོ་རྩྭ་བྲེགས་རྗེས་ངེས་པར་དུ་གང་མགྱོགས་ཀྱིས་རྩེ་ཤིང་ནང་གི་བརླན་གཤེར་རླངས་འགྱུར་བྱེད་དུ་བཅུག་སྟེ། བརླན་གཤེར 60%~80%ནས་མགྱོགས་མྱུར་མར 38%ཡས་མས་ལ་ཆག་ཏུ་འཇུག་དགོས། བརྒྱུད་རིམ་འདིའི་ཁྲོད་བཀོལ་བའི་དུས་ཚོད་གང་ནུས་ཀྱིས་ཐུང་དུ་བཏང་སྟེ་འཚོ་བཅུད་གྱོང་གུད་ཇེ་ཉུང་དུ་གཏོང་དགོས། རང་

བྱུང་དུ་སྐྱེམ་ནས་སྐྱུར་བཟོ་བྱེད་དུས་བྲེགས་རྗེས་ཀྱི་སྔོ་རྩྭ་སྤྲབ་ཅིང་སྐམས་པོར་བརྡལ་ཏེ་ཉི་མར་བཙན་སྐམ་བྱེད་དགོས་ལ། གང་ནུས་ཀྱིས་དུས་ཚོད་ཐུང་དུའི་ནང་བརླན 38%ཡས་མས་ལ་མར་ཆག་ཏུ་འཇུག་དགོས། གོམ་གང་མདུན་སྤོས་སྐོས་བརླན་རླངས་འགྱུར་བྱེད་དུ་བཅུག་སྟེ 14%~17%ལ་མར་ཆག་ཏུ་འཇུག་པའི་གོ་རིམ་ཁྲིད། གང་ནུས་ཅི་ནུས་ཀྱིས་བཙན་སྐམ་བྱེད་པའི་རྒྱ་ཁྱོན་དང་དུས་ཚོད་ཇེ་ཐུང་དུ་གཏོང་དགོས།

སྔོ་རྩྭ་སྐམ་པོ་སྐྱུར་བཟོ་བྱེད་པའི་བརྒྱུད་རིམ་ཁྲིད་ལོ་མ་འཐོར་ཆེན་ལྷུང་ནས་འཚོ་བཅུད་རིན་ཐང་མར་ཆག་པར་མཉམ་འཛོག་བྱེད་དགོས། བདེ་འཇགས་དང་སྔོ་རྩྭ་སྐམ་པོ་གསོག་ཉར་བྱེད་པའི་ཆེས་མཐོ་བའི་བརླན་གྱི་འདུས་ཚད་ནི། ཐོར་བཀྲམ་གྱི་རྩྭ་སྐམ་ནི 25%དང་། དོ་པོ་བཀྲུབ་པའི་རྩྭ་སྐམ 20%~22% གཏུབ་ཅིང་འཐག་པའི་རྩྭ་སྐམ 18%~20% རྡོག་དྲིལ་རྩྭ་སྐམ 16%~17% བཅས་ཡིན་ལ། རྩྭ་སྐམ་གྱི་བརླན་གཤེར 14% ~17%ལ་བསླེབས་དུས་ཕྱོག་རྒྱག་པའམ་དོ་པོ་བཀྲུབ་ནས་གསོག་ཉར་བྱས་ཆོག རྩྭ་སྐམ་གྱི་བརླན་གཤེར 17% ཡིན་ན་གསོག་ཉར་བྱས་ཆོག་པ་ཡིན། གནམ་གཤིས་གཞའ་བརླན་ཆེ་བའི་དུས་རྩྭ་སྐམ་གྱི་བརླན་གཤེར 14%སྐབས་ད་གཟོད་གསོག་ཉར་བྱས་ཆོག

(བཞི)སྔོ་རྩྭ་སྐམ་པོའི་རྒྱུ་ཕྱུས་བརྟར་ཤ་གཅོད་པའི་གནད་འགག

ཕྱུས་ལེགས་ཀྱི་སྔོ་རྩྭ་སྐམ་པོར་འཚོ་བཅུད་རིན་ཐང་མཐོ་ཞིང་ཁ་ལ་འགྲོད་པའི་རང་བཞིན་བཟང་བ། འཇུ་ཚད་མཐོ་བ། བེད་སྤྱོད་ཀྱི་ཕན་འབྲས་མཐོ་བ་སོགས་ཀྱི་ཁྱད་ཆོས་ལྡན་པ་ཡིན། དེའི་རྒྱུ་ཕྱུས་བརྟར་ཤ་གཅོད་པའི་གནད་འགག་ནི་དཔེར་ན་གཤམ་གསལ་ལྟར།

1.གཟན་རྩྭའི་རིགས། སྤྲན་རིགས་གཟན་རྩྭའི་འཚོ་བཅུད་རིན་ཐང་ནི་སྐྱེ་ཅན་ལོ་ཏོག་གི་གཟན་རྩྭ་ལས་མཐོ་བ་ཡིན།

2.བཙ་བསྐྱེད་དུས། གཟན་རྩ་ནི་མེ་ཏོག་རབ་ཏུ་བཞད་པའི་དུས་དང་སྨིན་པའི་དུས་སུ་བཙ་བསྐྱེད་སྐབས་ཀྱི་ སྤྱི་དཀར་རྫས་དང་སྐྱེ་མེད་ཚ། འཚོ་རྒྱུ་བཅས་ཀྱི་འདུས་ཚད་དེ་མེ་ཏོག་ཐོག་མ་བཞད་པའི་དུས་སུ་བཙ་བསྐྱེད་སྐབས་ལས་དམའ་བ་ཡིན།

3.ལོ་མའི་བསྡུར་ཚད། ལོ་མའི་འཚོ་བཅུད་རིན་ཐང་ཆེས་མཐོ་བ་ཡིན། ལོ་མའི་བསྡུར་ཚད་མཐོ་བའི་སྐབས་སུ་སྔོ་རྩ་སྐམ་པོའི་འཚོ་བཅུད་རིན་ཐང་མཐོ་བ་ཡིན།

4.ཁ་དོག མདོག་ལྗང་ནག་གི་གཟན་རྩའི་རྒྱུ་ སྤུས་ནི་ཆེས་མཐོ་བ་ཡིན།

5.དྲི་མ། སྤུས་ལེགས་གཟན་རྩར་དྲི་ཞིམ་འཐུལ་ཞིང་ དུག་དྲི་ཕྲ་བའི་གཟན་རྩའི་རྒྱུ་སྤུས་དམའ་བ་ཡིན།

6.སྐྱི་བའི་རང་བཞིན། གཟན་རྩའི་སྐྱི་བའི་རང་བཞིན་བཟང་བའི་སྐབས་སུ་རྒྱུ་སྤུས་ཅུང་མཐོ་བ་ཡིན།

7.གཞན་དག གལ་ཏེ་ལྷད་རྫས་དང་བཙོག་དངོས་ཉུང་ན་གཟན་རྩའི་རྒྱུ་སྤུས་ཀྱང་ཅུང་མཐོ་བ་ཡིན།

(ལྔ)སྔོ་རྩ་སྐམ་པོའི་སྟེར་གསོའི་ལག་རྩལ།

སྔོ་རྩ་སྐམ་པོ་སྟེར་གསོ་བྱེད་པའི་སྔོན་ལ། རྒྱུན་ཏུ་སྤྱོད་པའི་ལས་སྔོན་སྦྱོར་བཟོ་བྱེད་ཐབས་ལ་གཏུབ་པ་དང་ཞིབ་ཕུར་འཐག་པ། ལེབ་མོར་གཅིར་བ། རིལ་བུ་བཟོ་བ་བཅས་ཡོད། རྩ་སྐམ་ནི་ཁེར་རྐྱང་དུ་སྟེར་གསོ་བྱེད་ཆོག་ལ་གཟན་ཆག་ཞིབ་མོ་དང་མཉམ་བསྲེས་ཀྱིས་སྟེར་གསོ་བྱས་ཀྱང་ཆོག སྔོ་རྩ་སྐམ་པོ་སྟེར་གསོ་མ་བྱས་གོང་ལས་སྔོན་སྦྱོར་བཟོ་བྱེད་པའི་བཟང་ཆ་ནི་ནོར་གྱིས་བཟའ་ཆས་ཡག་སྨྲུག་བྱེད་པར་གཡོལ་བ་དང་གཟན་ཆག་ཟ་འཕྲོ་འབྱུང་བ་ཇེ་ཉུང་དུ་བཏང་སྟེ། རྩ་སྐམ་གྱི་ཁ་ལ་འཕྲོད་པའི་རང་བཞིན་དང་བཟའ་ཚད་ཇེ་ཆེར་གཏོང་བ་དེ

ཡིན།

སྙེར་གསོ་བྱེད་དུས་གཤམ་གྱི་ཕབ་རྩིས་འབྲེལ་བ་ཁོང་དུ་ཆུད་དགོས་ཏེ། སྦོ་རྩ་སྐམ་པོ་སྟོང་ཁེ 1ནི་སྦོ་བསླལ་གཟན་ཆག་སྟོང་ཁེ 3མམ་ཡང་ན་སྦོ་རྩ་སྟོང་ཁེ 4དང་འདྲ་མཚུངས་ཡིན་པ་དང་། སྦོ་རྩ་སྐམ་པོ་སྟོང་ཁེ 2ནི་གཟན་ཆག་ཞིབ་མོ་སྟོང་ཁེ 1དང་མཚུངས་པ་ཡིན།

གཉིས། ཞིང་ཞོར་ཐོན་རྫས་རིགས་ཀྱི་གཟན་ཆག

ཞིང་ཞོར་ཐོན་རྫས་རིགས་ཀྱི་གཟན་ཆག་ལ་གཙོ་བོར་སོག་མ་དང་སྔེ་སྟོང་། འབྲིལ་ལྡན་ལྤང་ཤུག སྟོང་ལོ་སོགས་འདུ་བ་ཡིན། དེའི་ནང་སྔེ་སོག་གཟན་ཆག་ནི་ཞིང་ལས་སྐྱེ་དངོས་ཀྱི་འབྲུ་གུ་སྨིན་པ་དང་བསྡུ་ལེན་བྱས་རྗེས་སུ་ལྷག་པའི་ཞོར་ཐོན་ཐོན་རྫས་ཡིན་ཏེ། སོག་མ་དང་སྔེ་སྟོང་ཁག་གཉིས་འདུ་བ་ཡིན། འབྲུ་གུ་བཏོན་རྗེས་ཀྱི་ལོ་ཏོག་གི་སྡོང་ཡུ་དང་ལོ་མ་ལ་སོག་མ་ཟེར་ཞིང་དཔེར་ན་མ་སྨོས་ལོ་ཏོག་གི་སོག་མ་དང་གྲོའི་རིགས་སྣ་ཚོགས་ཀྱི་སོག་མ། སྲན་རིགས་ཀྱི་སོག་མ་སོགས་ལྟ་བུ། ལོ་ཏོག་གི་འབྲུ་གུ་འདོན་སྐབས་ཕུག་མ་དང་འབྲུ་གུ་བཏོན་རྗེས་ཀྱི་གྲ་མ་དང་གང་བུའི་ཤུན་པ། ཕྱེ་ཤུན། ཆག་ཐོར་བྱུང་བའི་ལོ་མ་སོགས་ཀྱི་སྤྱི་མིང་ལ་སྔེ་སྟོང་ཟེར་བ་ཡིན།

(གཅིག)འཚོ་བཅུད་ཁྱད་ཆོས།

ཚོ་སྣ་རྩིང་པོའི་འདུས་ཚད་ནི 30% ~45%ལ་བསླེབས་ཤིང་། དེའི་ནང་ཤིང་རྒྱུ་ཡི་བསྡུར་ཚད་ནི 6.5% ~12%ཡིན་པ་དང་། དེའི་པོངས་ཚད་ཆེ་ཞིང་ཁ་ལ་འགྲོད་པའི་རང་བཞིན་ཞན་པ་མ་ཟད། འཇུ་ཚད་དམའ་བ་ཡིན། སྤྲི་དཀར་རྫས་ཀྱི་འདུས་ཚད་ནི 2%~8%ཡིན་ཞིང་། དེར་མ་ཟད་རྒྱུ་ཕྲུས་ངན་ཞིང་ངེས་མཁོའི་ཨེམ་ཅི་སོན་མི་འདང་བ་ཡིན། སྲན་རིགས་ནི་སྔེ་མ་ཅན་ལས་བཟང་བ་ཡིན། ཐལ་རྫུལ་རྩིང་པོ 6%ཡན་ལ་བསླེབས་ཤིང་དེའི་ནང་འབྲས་ཤུན་གྱི་ཐལ་

རྟུལ་20%ལ་ཉེ་བ་ཡིན་ལ། མང་ཆེ་བ་ནི་ཀུའི་སོན་ཡན་ཡིན་པ་དང་། ཀའི་དང་ལྷིན་གྱི་འདུས་ཚད་ཅུང་ཞུང་བ་ཡིན། གཞན། འཚོ་རྒྱ་Dཐུད་པའི་འཚོ་རྒྱ་རིགས་མང་པོའི་འདུས་ཚད་ཚང་མ་དམའ་བ་ཡིན།

(གཉིས)གཟན་བཀོལ་རིན་ཐང་།

གཟན་ཆག་འདི་རིགས་ཀྱི་འཚོ་བཅུད་རིན་ཐང་ཅུང་དམའ་ཞིང་། ལྷད་རྒྱག་སྒོ་ཕྱུགས་དང་གཞན་པའི་རྩྭ་ཟན་སྒོ་ཕྱུགས་དང་ཁྱིམ་བྱ་ཕོན་ལ་བཀོལ་བ་ཡིན། རིགས་གཅིག་པ་ཡིན་པའི་ལོ་ཏོག་གི་སོག་མ་དང་སྐེ་སྟོང་བསྡུར་བ་ན་རྒྱུན་དུ་རྗེས་མ་དེ་སྟོན་མ་ལས་ཅུང་ཙམ་བཟང་བ་ཡིན། སོ་བའི་སྐེ་སྟོང་ནང་ཚེར་མ་ཆུང་དུ་འདྲེས་ནས་ཡོད་པས་ཁ་སྨྲུག་རྩེ་པགས་ལ་རྨས་སླ་ཞིང་ཁ་སྨྲུག་གཉན་ཚད་འབྱུང་དུ་འཇུག་སྲིད། དེ་བས་ལས་སྔོན་ཐག་གཅོད་བརྒྱུད་རྗེས་བཀོལ་དགོས།

དེ་ལས་གཞན། སྡོང་ལོ་དང་གཟན་བཀོལ་ནགས་ཀྱི་ཐོན་རྫས་གཞན་དག་ཀྱང་རྩྭ་ཟན་ཐོག་གི་གཟན་ཆག་བྱེད་ཆོག ཡིན་ནའང་མང་ཆེ་བ་འཚོ་བཅུད་རིན་ཐང་དམའ་བ་མ་ཟད་ཁ་ལ་འཕྲོད་པའི་རང་བཞིན་ཞན་པ་ཡིན། དེའི་ཕྱིར་འཚོལ་སྡུད་དང་ལས་སྔོན་བྱེད་པར་ཆེད་དུ་དོ་སྣང་བྱས་ཏེ་ཅི་ནུས་ཀྱིས་དེའི་རྒྱུ་ཁུངས་སྲུང་འཛིན་དང་ལེགས་བཅོས་བྱེད་དགོས།

གསུམ། གཟན་ཆག་སྙིང་པོའི་ལས་སྔོན་ཐག་གཅོད།

(གཅིག)གཟན་ཆག་སྙིང་པོའི་ཐག་གཅོད།

1.གཏུབ་པ། སོག་མ་གཏུབ་རྗེས་སྒོ་ཕྱུགས་ཀྱིས་སོག་མ་ལྷུད་སྐབས་ནུས་ཚད་ཀྱི་ཟད་གྲོན་དང་གཟན་ཆག་ཆུད་ཟོས་འགྲོ་བ་ཇེ་ཉུང་དུ་གཏོང་ཞིང་། བཟའ་ཚད་མཐོར་འདེགས་འབྱུང་ཐུབ་པ་མ་ཟད། གཟན་ཆག་སྦྱབ་དཀྲུག་དང་ཁ་ལ་འཕྲོད་པའི་རང་བཞིན་ལེགས་བཅོས་བྱེད་པར་ཕན་པ་ཡིན། གཏུབ་པའི་རིང་ཐུང་ནི་སྒོ་ཕྱུགས་ཀྱི་རིགས་དང་ལོ་ཚོད་ལྟར་མི་འདྲ། ནོར་ལ་ལི་སྨིད་3~4དང་།

ལོ་ན་ཕྲ་བའི་ཕྱུགས་ཕྲུག་ལ་ལྷག་ཏུ་ཐུང་དགོས།

2.རིལ་བུའི་གཟན་ཆག　གཟན་ཆག་སྙིང་པོ་ཞིབ་བུར་འཐག་རྗེས་ཟུར་སྦྱོར་གཟན་ཆག་གཞན་དག(དཔེར་ན་གཟན་ཆག་ཞིབ་མོ་ཉུང་ངུ་དང་གཅིན་རྒྱུ་སོགས)དང་བསྲེས་ཏེ་བཟོས་པའི་རིལ་བུའམ་རྡོག་གཟུགས་གཟན་ཆག་ནི་ཁ་ལ་འཁྱོད་པའི་རང་བཞིན་བཟང་བ་མ་ཟད་གཟན་ཆག་ཞིབ་མོའི་ཟད་གྲོན་ཇེ་ཉུང་དུ་གཏོང་ཐུབ། གཟན་ཆག་གི་རིལ་བུའི་ཆེ་ཆུང་ནི་ཕྱུགས་ཀྱི་རིགས་ལྟར་མི་འདྲ་སྟེ། ནོར་ལ་ཧའོ་སྨིད 9.5~16དང་། བེའུ་ལ་ཧའོ་སྨིད 4~6ཡིན་དགོས།

3.ཨེམ་འགྱུར་གཟན་ཆག　ཁ་དམ་པོར་བཅད་པའི་ཆ་རྐྱེན་ངེས་ཅན་གྱི་འོག་ཏུ་ཨེམ་ཆུ་དང་ཆུ་མེད་ཨེམ(གཤེར་ཨེམ)མམ་ཡང་ན་གཅིན་རྒྱུའི་ཞུ་ཁུ་དེ་བསྟུར་ཚད་ལྟར་ལོ་ཏོག་གི་སོག་མ་སོགས་གཟན་ཆག་སྙིང་པོའི་སྟེང་དུ་གཏོར་ཞིང་། རྒྱུན་ལྡན་གྱི་དྲོད་ཚད་འོག་དུས་ཚོད་ངེས་ཅན་གྱི་ཐག་གཅོད་བརྒྱུད་དེ་སོག་མའི་གཟན་བཀོལ་རིན་ཐང་མཐོར་འདེགས་བྱེད་པའི་བྱེད་ཐབས་དེར་ཨེམ་འགྱུར་ཟེར། ཨེམ་འགྱུར་ཐག་གཅོད་བྱས་ཟིན་པའི་གཟན་ཆག་སྙིང་པོ་ལ་ཨེམ་འགྱུར་གཟན་ཆག་ཟེར། ཨེམ་འགྱུར་གཟན་ཆག་ནི་གཙོ་བོར་ནོར་དང་ལུག་སོགས་ལྡད་རྒྱུག་སྒོ་ཕྱུགས་ལ་སྤྱོད་པ་ཡིན།

ཨེམ་འགྱུར་ཐག་གཅོད་བྱས་ཟིན་པའི་གཟན་ཆག་སྙིང་པོ་དེ་སྔོན་དང་བསྟུར་ན་སྐྱི་སེར་གྱུར་ཅིང་རྗོད་དྲིའམ་སྐྱུར་བའི་དྲི་མ་ཞིམ་པོ་ཞིག་མངའ་ཞིང་ཁ་ལ་འཁྱོད་པའི་རང་བཞིན་དང་འཚོ་བཅུད་རིན་ཐང་མངོན་གསལ་གྱིས་མཐོར་འདེགས་བྱུང་ཡོད་པ་མ་ཟད། ད་དུང་ཚི་སྣ་སྙིང་པོའི་འདུས་ཚད་ཆེ་ཆེར་དམའ་རུ་བཏང་སྟེ་གཟན་ཆག་གི་འཇུ་ཚད་མཐོར་འདེགས་གཏོང་ཐུབ་པ་ཡིན། ཨེམ་འགྱུར་གཟན་ཆག་གི་སྟེང་གསོའི་ཕན་འབྲས་བཟང་བའི་རྐྱེན་གྱིས། ནུས་ལྡན་གྱི་སྒོ་ནས་གཟན་ཆག་སྙིང་པོའི་གཟན་བཀོལ་རིན་ཐང་མཐོར་འདེགས་བཏང

ཞིང་། དེར་བརྟེན་ནས་གསོ་ཚགས་ཀྱི་མ་རྩ་ཇེ་དམའ་རུ་བཏང་སྟེ་གཟན་ཆག་ཐོན་ཁུངས་དཀོན་པ་ཐག་གཅོད་བྱེད་པར་ནུས་ལྡན་གྱི་ཐབས་ལམ་ཞིག་འདོན་སྤྲོད་བྱས་པ་རེད།

ཨེམ་འགྱུར་སོག་མའི་ཁྱད་ཀྱི་ཨེམ་ནི་བུལ་འགྱུར་རྫས་བྱས་ཚེ། སོག་མའི་ནང་གི་ཆེ་སྣའི་རྒྱུ་ཡི་བེད་སྤྱོད་ཚད་མཐོར་འདེགས་གཏོང་ཐུབ། ཨེམ་འགྱུར་བྱེད་ནུས་བརྒྱུད་དེ་སོག་མའི་ཧྲིན་འདུས་ཚད་དང་འཚོ་བཅུད་རིན་ཐང་ཇེ་མཐོར་གཏོང་ཐུབ། ཡང་སྨྱོམས་སྦྱོར་བྱེད་ནུས་ལ་བརྟེན་ནས་ཕོ་འབུར་ནང་གི་སྐྱེ་དངོས་ཕྲ་རབ་ཀྱི་འཕྲུལ་སྐྱོད་ལ་སྐུལ་འདེད་བྱས་ཏེ། སྔར་ལས་ལྷག་པར་འཚོ་བཅུད་རིན་ཐང་དང་འཇུ་ཚད་མཐོར་འདེགས་བྱེད་པ་དང་། སོག་མའི་ཁ་ལ་འཁྱོད་པའི་རང་བཞིན་ཡང་ཇེ་ཆེར་གཏོང་བ་ཡིན།

(གཉིས)སོག་མའི་ཨེམ་འགྱུར། (སྔོག་རྒྱག་པའི་ཐབས)

1.རྒྱུ་ཆ་དང་ཡོ་བྱད། ①སོག་མ་གསར་བ། ②ཨེམ་ཆུའམ་ཆུ་མེད་ཨེམ། ③དུག་མེད་པའི་འདུས་ཁ་སིན་གྱི་འཁྱིག་ཤོག་སྲབ་མོ་སྟེ་མཐུག་ཚད་ལ་ཧ་འོ་རྨིད་0.2ཡན། ④ཆུ་ཟོ་དང་ཆུ་གཏོར་དེམ། ཨེམ་ལྕུག་སྒྲུ་གུ། རྒྱ་མ། ལྕགས་ཁེམ། ས་མྱུགས་སོགས།

2.བྱེད་ཐབས་དང་གོ་རིམ། གནས་གཙང་དག་བྱེད་པ་དང་སྔོག་རྒྱག་པ། ཨེམ་ལྕུག་པའམ་གཅིན་རྒྱུའི་ཞུ་ཁུ་གཏོར་བ། ཁ་དམ་པོར་བཅད་ནས་ཨེམ་འགྱུར་བཟོ་བ། ཨེམ་ཕྱིར་གཏོང་བ།

3.གསོག་ཉར་བྱེད་ཐབས་དང་དོ་སྣང་བྱེད་པའི་དོན་ཚན། ཨེམ་འགྱུར་སོག་མ་ནི་ནམ་ཐག་གཅོད་བྱས་ན་ནམ་གཟན་བཀོལ་བྱེད་དགོས། འདི་ལྟར་བྱས་ཚེ་འཚོ་བཅུད་རིན་ཐང་མཐོ་ཞིང་ཁ་ལ་འཁྱོད་པའི་རང་བཞིན་བཟང་བ་ཡིན། དགུན་དུས་ཨེམ་འགྱུར་གཟན་ཆག་གང་ལེགས་ཀྱིས་སྲུད་ཆོག་པས་ངེས་པར

འདང་ངེས་སུ་གསོག་ཉར་བྱེད་དགོས། བྱེ་བྲག་གི་གསོག་ཉར་བྱེད་ཐབས་ནི་གཤམ་གྱི་གསུམ་ཡོད་དེ།

(1)སྟར་གནས་སུ་ཁ་དམ་པོར་བཅད་དེ་གསོག་ཉར་བྱེད་ཐབས། སྟར་གྱི་ཨེམ་འགྱུར་བྱེད་ཐབས་སུ་བཀོལ་བའི་ཨེམ་འགྱུར་སྣོད་ཆས(དཔེར་ན་སར་དོང་དང་ས་ཕུག འཁྱིག་ཁུག རྫ་མ་སོགས)སྦྱུད་དེ་སྟར་གནས་སུ་ཁ་དམ་པོར་གཅོད་པ་དང་། ཡུན་རིང་དུ་བདག་ཉར་བྱེད་པ། ཡིན་ནའང་དབུགས་ཤོར་བའམ་ཆུ་འཛག་པ་འགོག་པར་མཉམ་འཛོག་བྱེད་དགོས།

(2)ཁང་པའི་ནང་གསོག་ཉར་བྱེད་ཐབས། ཨེམ་འགྱུར་བྱས་ཟིན་པའི་སོག་མ་ཕྱིར་བླངས་རྗེས། སྐྱུར་དུ་ཉི་མར་སྐམ་ཞིང་གང་ལེགས་ཀྱིས་ཨེམ་ཕྱིར་གཏོང་དགོས། ཉི་མར་སྐམ་སྟེ་ཇི་ལྟར་སྐམ་ན་ཕན་འབྲས་དེ་ལྟར་བཟང་། ཨེམ་འགྱུར་སོག་མ་ཁང་པའི་ནང་བཞག་སྟེ་གསོག་ཉར་བྱེད་ན་ཆུ་འགོག་པར་མཉམ་འཛོག་དགོས། གལ་ཏེ་སྐམ་མེད་པའམ་ཆར་འཛིར་བ་མཐོང་ཚེ་སོག་མ་དུས་ཐོག་ཏུ་ཉི་མར་སྐམ་དགོས།

(3)སྤྱོག་ཆེན་པོ་བརྒྱབ་ནས་གསོག་ཉར་བྱེད་ཐབས། ཨེམ་འགྱུར་སོག་མ་གསོག་ཉར་བྱས་ཏེ་དགུན་ཁར་བཀོལ་ན་གཏུབ་མི་རུང་། ཨེམ་འགྱུར་བྱས་ཟིན་པའི་སོག་མ་ཕྱིར་བླངས་རྗེས། དེ་མ་ཐག་སྐྱུར་དུ་ཉི་མར་སྐམ་དགོས། དེ་ནས་ཐང་དུ་སྤྱོག་ཆེན་པོར་རྒྱག་པ་སྟེ་ཇི་ལྟར་ཆེ་ཞིང་ཇི་ལྟར་ཚགས་དམ་པོ་ཡིན་ན་དེ་ལྟར་བཟང་བ་ཡིན། དེ་རྗེས་འཁྱིག་ཤོག་སྲབ་མོ་བཀོལ་ནས་དམ་པོར་བཀབ་ན་ཡུན་རིང་དུ་གསོག་ཉར་བྱས་ཏེ་སྟེར་གསོ་བྱེད་ཆོག་པ་ཡིན།

བཞི། སྦྱོ་བསྟལ་གཟན་ཆག

སྦྱོ་བསྟལ་གཟན་ཆག་ནི་སྦྱོ་བསྟལ་གྱི་མ་བཙོས་རྒྱུ་ཆ་དེ་གསོ་རླུང་བྲལ་བའི་ཆ་རྐྱེན་འོག་འོ་སྐྱུར་ཕྲ་སྲིན་གྱིས་སྐྱུར་བསྟལ་བྱས་པ་བརྒྱུད་དེ་སྦྱོར་བཟོ་དང་

ཉར་ཚགས་བྱས་པའི་སྔོ་ལྗང་ཁུ་མང་གི་གཟན་ཆག་རིགས་ཤིག་ལ་སྟོན་པ་ཡིན་ཏེ། དཔེར་ན་མ་རྨོས་ལོ་ཏོག་དང་ཡུག་པོ་སོགས་ལྟ་བུ།

སྔོ་ལྗང་གི་གཟན་ཆག་ལ་བཟང་ཆ་མང་པོ་ལྡན་ནའང་བརླན་གཤེར་འདུས་ཚད་མཐོ་བས་ཉར་ཚགས་བྱེད་དཀའ་བ་ཡིན། སྔོ་ལྗང་གཟན་ཆག་གི་ཐོན་སྐྱེད་དེ་དབྱར་དུས་སུ་གཅིག་འདུས་བྱས་ཡོད། དེ་བས་སྔོ་ལྗང་གཟན་ཆག་ལོ་འཁོར་ཧྲིལ་པོར་སྙོམས་པོར་མཁོ་སྤྲོད་བྱེད་རྒྱུ་དེ་བསྒྲུབ་དཀའ་བ་ཡིན། སྔོ་བསྙལ་བྱེད་པ་ནི་སྔོ་ལྗང་གཟན་ཆག་གསོག་ཉར་དང་སྦྱོར་བཟོ་བྱེད་རྒྱུ་མ་ཟད་ད་དུང་དེའི་འཚོ་བཅུད་ཁྱད་གཤིས་སྲུང་འཛིན་བྱེད་པའི་ཆེས་བཟང་བའི་ཐབས་ཤེས་ཤིག་ཡིན། སྔོ་བསྙལ་གཟན་ཆག་ནི་རྩྭ་ཟན་སྒོ་ཕྱུགས་ཀྱིས་དགུན་དཔྱིད་གཉིས་སུ་ཐོན་ཚད་མཐོན་པོ་རྒྱུན་འཁྱོངས་བྱེད་པར་མེད་དུ་མི་རུང་བའི་གཟན་ཆག་ཡིན།

(གཅིག)སྔོ་བསྙལ་གཟན་ཆག་གི་ཁྱད་འཕགས་རང་བཞིན།

1.སྔོ་ལྗང་གཟན་ཆག་གི་གསོ་བཅུད་མང་ཆེ་ཤོས་སྲུང་འཛིན་བྱེད་ཐུབ་པ། རྩྭ་སྐམ་སྦྱོར་བཟོའི་བརྒྱུད་རིམ་ཁྲོད་གསོ་བཅུད་གྱོང་གུད་འགྲོ་བ 20%~40%ལ་བསླེབ་ནའང་། སྔོ་བསྙལ་གཟན་ཆག་སྦྱོར་བཟོ་བྱེད་སྐབས་དངོས་རྫས་སྐམ་པོ་ནི 1%~15%ཙམ་ལས་གྱོང་གུད་དུ་མི་འགྲོ་བ་དང་། འཇུ་ཐུབ་པའི་སྤྲི་དཀར་རྫས 5%~12%ཙམ་ལས་གྱོང་གུད་དུ་མི་འགྲོ་བ་ཡིན། ལྷག་པར་དུ་ལ་སེར་གྱི་བཅུད་ཉར་ཚགས་བྱེད་ཚད་དེ་སྔོ་བསྙལ་བྱེད་པ་ནི་བྱེད་ཐབས་གཞན་གང་ལས་ཀྱང་མཐོ་བ་ཡིན།

2.སྔོ་གཟན་གྱི་དུས་ཚིགས་རྗེ་རིང་དུ་བཏང་བ། མཚོ་སྔོན་ཞིང་ཆེན་གྱི་སྔོ་གཟན་གྱི་དུས་ཚིགས་ལོ་ཕྱེད་ཀྱང་མི་ལོངས་ལ། དགུན་དང་དཔྱིད་དུས་སུ་སྔོ་ལྗང་གཟན་ཆག་དཀོན་པ་ཡིན། ཡིན་ནའང་སྔོ་བསྙལ་གྱི་ཐབས་ཤེས་བཀོལ་ན་སྔོ་ལྗང་གཟན་ཆག་དུས་ཚིགས་བཞི་པོར་འདྲ་མཉམ་དུ་མཁོ་སྤྲོད་བྱེད་ཐུབ་ཅིང་།

སྔ་ཟིན་སྒོ་ཕྱུགས་གསོ་སྐྱེལ་ལས་རིགས་ཀྱི་ཕྲུས་ལེགས་མཐོ་ཐོན་དང་བརྟན་བརླིང་ངང་འཕེལ་རྒྱས་འབྱུང་བ་ཁག་ཐེག་བྱེད་ཐུབ།

3.ཁ་ལ་འགྲོད་པའི་རང་བཞིན་བཟང་ཞིང་འཇུ་སླ་བ། སྡོ་བསྐལ་གཟན་ཆག་ལ་འཚོ་བཅུད་ཕུན་སུམ་ཚོགས་པ་དང་དྲི་མ་ཞིམ་པ། སྙི་ཞིང་ཁུ་བ་མང་བ། ཁ་ལ་འགྲོད་པའི་རང་བཞིན་བཟང་བ་མ་ཟད། ད་དུང་སྒོ་ཕྱུགས་ཀྱི་འཇུ་བྱེད་གཤེར་སྣེན་ཟགས་ཐོན་ལ་སྐུལ་འདེད་དང་གཟན་ཆག་གི་འཇུ་ཚད་མཐོར་འདེགས་གཏོང་བའི་བྱེད་ནུས་ལྡན་པ་ཡིན། དེའི་ཕྱིར། སྒོ་ཕྱུགས་ཀྱི་ལུས་ཁམས་བདེ་སྲུང་རང་བཞིན་གྱི་གཟན་ཆག་ཅིག་ཏུ་བརྩི་རུང་བ་ཡིན།

4.སྦྱོར་བཟོ་བྱེད་པ་སྟབས་བདེ་ཞིང་ཡུན་རིང་དུ་གསོག་ཉར་ཐུབ་པ། སྡོ་བསྐལ་གཟན་ཆག་སྦྱོར་བཟོ་བྱེད་པ་སྟབས་བདེ་ཞིང་གནམ་གཤིས་ཆ་རྐྱེན་གྱི་ཚོད་འཛིན་མི་ཐེབས་པའི་ཁར། ལེན་པ་དང་བཀོལ་བ་སྟབས་བདེ་བ་སྙེ་ནམ་བཀོལ་ན་ནམ་བླངས་ན་ཆོག གཟན་ཆག་བཟོས་ཚར་རྗེས་གལ་ཏེ་ལོ་དེར་བཀོལ་མི་ཚར་ན། དབུགས་ཤོར་དུ་མ་བཅུག་ཚེ་ལོ་དུ་མར་ཉར་ཚགས་བྱས་ཀྱང་ངོ་བོ་མི་འགྱུར།

5.གཟན་ཆག་གི་ཐོན་ཁུངས་རྒྱ་བསྐྱེད་པ། རྩི་ཤིང་ཁ་ཤས་ཏེ་དཔེར་ན་ལུག་མིག་རིགས་ཀྱི་རྩི་ཤིང་དང་ཞོག་ཁོག་གི་སྡོང་རྐང་དང་ལོ་མ་སོགས་སྡོ་གཟན་གྱི་སྐབས་སུ་དྲི་མ་གཞན་པ་ཡོད་པ་མ་ཟད་ཁ་ལ་འགྲོད་པའི་རང་བཞིན་ཞན་ཞིང་བེད་སྤྱོད་ཚད་དམའ་བ་ཡིན། འོན་ཀྱང་སྡོ་བསྐལ་བྱས་རྗེས་དྲི་མ་ཇེ་ལེགས་སུ་འགྲོ་བ་དང་སྙི་ཞིང་ཁུ་བ་མང་བ། ཁ་ལ་འགྲོད་པའི་རང་བཞིན་མཐོར་འདེགས་བྱེད་པ་མ་ཟད་ད་དུང་བེད་མེད་དངོས་རྫས་ཁག་ཇེ་ཉུང་དུ་གཏོང་ཐུབ་པ་ཡིན།

(གཉིས)སྡོ་བསྐལ་གཟན་ཆག་གི་ལས་སྣོན་སྦྱོར་བཟོ།

1.སྡོ་བསྐལ་བྱེད་པའི་སྒྲིག་ཆས་ཀྱི་ཆེ་ཆུང་གཏན་ལ་འབེབས་པའི་གཞིར་

འཛིན་ས། ས་དོང་རྣམ་པའི་སྣོ་བསྐལ་གྱི་འཛུགས་སྐྲུན་ནི། ཕྱིར་བཏང་མཐོ་ཚད་དེ་ཚངས་ཐིག་གི་ལྟབ་2ལས་མི་ཆུང་བ་དང་། ཡང་ཚངས་ཐིག་གི་ལྟབ་3.5ལས་མི་ཆེ་བ་བྱེད་དགོས། དེའི་ཚངས་ཐིག་ནི་ཉིན་རེར་སྣོ་བསྐལ་གཟན་ཆག་སྐྱེར་གསོ་བྱེད་པའི་ཁ་གྲངས་ལྟར་རྩིས་རྒྱག་པ་དང་། གཏིང་ཟབ་ཚད་དམ་མཐོ་ཚད་ནི་སྣོ་བསྐལ་གཟན་ཆག་སྐྱེར་གསོ་བྱེད་པའི་དུས་ཚོད་ཀྱི་རིང་ཐུང་ལ་སྟོས་ནས་ཐག་གཅོད་དགོས།

སྣོ་བསྐལ་འོབས་དོང་གི་འོས་འཚམ་གྱི་ཞེང་ཚད་ནི་ཉིན་རེར་སྐྱེར་གསོ་བྱེད་པའི་སྣོ་བསྐལ་གཟན་ཆག་གི་ཁ་གྲངས་ལ་རག་ལས་པ་དང་། རིང་ཚད་ནི་སྣོ་བསྐལ་གཟན་ཆག་སྐྱེར་གསོ་བྱེད་པའི་ཉིན་གྲངས་ཀྱིས་ཐག་གཅོད་པ་ཡིན། ཉིན་རེར་གཟན་ཆག་ལེན་པའི་སོ་འདྲུ་བྱེད་ཚད་ལི་སྨིད་15ལས་མ་ཞུང་ན་བཟང་བ་ཡིན།

སྣོ་བསྐལ་འོབས་དོང་གི་རིང་ཚད(ལི་སྨིད) =སྐྱེར་གསོའི་འཆར་གཞིའི་ཉིན་གྲངས×15(ལི་སྨིད/ཉིན)

སྣོ་བསྐལ་བྱེད་ས་འཛུགས་སྐྲུན་ཁྲོད་སྣོ་བསྐལ་གཟན་ཆག་གི་ལྗིད་ཚད་ཀྱི་ཚོད་རྩིས་ནི། (རེའུ་མིག 4-1)

སྣོ་བསྐལ་གཟན་ཆག་གི་ལྗིད་ཚད=སྣོ་བསྐལ་བྱེད་སའི་འཛུགས་སྐྲུན་སྒྲིག་ཆས་ཀྱི་ཤོང་ཚད×སྨིད་གྲུ་བཞི་མ་རེའི་སྣོ་བསྐལ་གཟན་ཆག་གི་ཆ་སྙོམས་ལྗིད་ཚད།

སྒོར་དབྱིབས་ཅན་གྱི་སྣོ་བསྐལ་ས་དོང་གི་ཤོང་ཚད=3.1416 ×(ཚངས་ཕྱེད)2×དཔངས།

གྲུ་བཞི་ནར་མོའི་དབྱིབས་ཀྱི་སྣོ་བསྐལ་འོབས་དོང་གི་ཤོང་ཚད=སྲིད×ཞེང(སྟེང་དང་འོག་གི་ཞེང་གི་ཆ་སྙོམས)×དཔངས།

རེའུ་མིག 4−1 རྐྱིད་ཕྲུ་བཞི་མ་རེའི་ནང་སྤོ་བསྐལ་གཟན་ཆག་གི་ལྗིད་ཚད།

མ་བཅོས་རྒྱུ་ཆའི་རིགས།	ལྗིད་ཚད(སྤོང་ཁེ)
མ་སྦྱོས་ལོ་ཏོག་གི་སོག་མ།	400~500
མ་སྦྱོས་ལོ་ཏོག་ཧྲིལ་པོ།	500~550
སྔོ་མ་ཅན་གྱི་གཟན་རྩྭ།	550~600
མངར་ཚལ་ལོ་མ། ཞུང་མ།	600~650

2.རྒྱུ་ཆ་དང་ཡོ་བྱད། སྒྲིག་ཆས། སྤོ་བསྐལ་གྱི་མ་བཅོས་རྒྱུ་ཆར་མ་སྦྱོས་ལོ་ཏོག་དང་ཀའོ་ལིའང་། སྔོ་ཅན་གཟན་རྩྭ་སོགས་ཡོད་པ་ཡིན། ཡོ་བྱད་ལ་རྩྭ་གཏུབ་འཕྲུལ་འཁོར་དང་སྤོ་བསྐལ་གཙོད་འབྲིག་འཕྲུལ་འཁོར། སྦྲུལ་ཤུགས། སློག་ཁུངས། སྐྱེལ་འདྲེན། གནོན་བཙག་སོགས་ཀྱི་ཡོ་བྱད་དགོས། སྤོ་བསྐལ་གྱི་ཤུགས་རེའི་འཕྲུལ་འཁོར་ནི་སྤོ་བསྐལ་བཟ་བསྡུ་མཉམ་འབྲེལ་འཕྲུལ་འཁོར་ཡིན་ཞིང་། དེས་འབྲིག་པ་དང་འཐག་པ། སྣོད་དུ་འཛུག་པ། སྐྱེལ་འདྲེན་བཅས་ཀྱི་ལས་ཀ་ཚང་མ་བྱེད་ཐེངས་གཅིག་གིས་ཡོངས་འགྲུབ་བྱེད་ཐུབ་པ་ཡིན་ལ། སྟོན་ཚོད་ནས་ཞིབ་བཤེར་བཟོ་བཅོས་དང་ཉམས་གསོ་བྱེད་དགོས།

སྤོ་བསྐལ་སྣོད་ཆས་ནི་དགོས་མཁོ་ལྟར་གདམ་དགོས་ཏེ། གཙོ་བོར་སྤོ་བསྐལ་ས་དོང་དང་སྤོ་བསྐལ་འོབས་དོང་། སྤོ་བསྐལ་མཆོད་རྟེན། སྤོ་བསྐལ་ཁུག་མ་སོགས་ཡོད་ཅིང་། བྱ་བའི་སྔོན་དུ་གཙང་དག་བཟོ་བ་དང་ཞིབ་བཤེར། ཉམས་གསོ། དུག་སེལ་བཅས་བྱེད་དགོས། མི་ཤུགས་དང་སྐྱེལ་འདྲེན་ནུས་ཤུགས་འདང་ངེས་སུ་རྩ་འཛུགས་བྱས་ཏེ་ནང་དུ་ཞུགས་པར་བྱེད་པ་དང་། ལས་སྒྲུབ་མི་སྣ་ཡོངས་ཀྱིས་སྤོ་བསྐལ་གྱི་དོན་སྙིང་དང་བྱེད་ཐབས། གོ་རིམ་བཅས་རྒྱུས་ལོན་བྱེད་དགོས། སྤོ་བསྐལ་གྱི་མ་བཅོས་རྒྱུ་ཆ་ནི་དུས་ཚིགས་མི་འདྲ་བར

གཞིགས་ནས་ཡུལ་བབ་དང་བསྟུན་ཏེ། དུས་བགོས་ཁག་བགོས་ཀྱིས་འཚོལ་བསྡུ་དང་། དུས་བགོས་ཁག་བགོས་ཀྱིས་སྔོ་བསླལ་བྱེད་དགོས། སྔོ་བསླལ་བྱེད་པའི་མ་བཅོས་རྒྱུ་ཆ་འཚོལ་བསྡུ་བྱེད་སྐབས་ནི་ཏག་ཏག་སྟོན་སྡུད་ཀྱི་ལས་ལ་བྲེལ་བའི་དུས་ཚིགས་ཡིན་པས། གཅིག་སྒྱུར་གྱིས་བཀོད་སྒྲིག་བྱས་ཏེ་གྲ་སྒྲིག་བཟང་པོ་བྱེད་པ་དང་སྟོབས་ཤུགས་གཅིག་བསྡུས་ཀྱིས་འཚོལ་བསྡུ་བྱེད་ཅིང་སྔོ་བསླལ་གྱི་བྱ་བ་འབུར་དུ་ཐོན་དགོས་ལ། སྔོ་བསླལ་དང་སྟོན་སྡུད་གཉིས་ཀར་དལ་འགོར་བྱེད་མི་རུང་།

3.རྒྱུན་སྤྱོལ་གྱི་སྔོ་བསླལ། དེར་གཏུབ་འཐག་དང་ནང་འཇུག གནོན་བཅག ཁ་གཅོད། ལྔ་སྲུང་བཅས་གོ་རིམ5ལྡན་པ་ཡིན།

(1)གཏུབ་འཐག སྔོ་བསླལ་རྒྱུ་ཆ་གཏུབ་ཅིང་འཐག་པ་ནི་སྔོ་བསླལ་སྐབས་གནོན་བཅག་བྱེད་བདེ་ཞིང་སྔོ་བསླལ་ས་དོང་གི་བེད་སྤྱོད་ཚད་མཐོར་འདེགས་ཡོང་བ་དང་། མ་བཅོས་རྒྱུ་ཆའི་བར་གསེང་གི་མཁའ་རླུང་ཕྱིར་ཕུད་དེ་འོ་སྐྱུར་ཕྲ་སྲིན་འཚར་སྐྱེ་འཚར་ལོངས་འབྱུང་བར་ཕན་པ་ཡིན། འབྲུ་རྡོག་ཡོད་པའི་མ་རྨོས་ལོ་ཏོག་ཧྲིལ་པོར་མཚོན་ན་གཏུབ་འཐག་བརྒྱུད་ནས་འབྲུ་རྡོག་ཞིབ་ཕྲར་བཅག་སྟེ་གཟན་ཆག་གི་བེད་སྤྱོད་ཚད་མཐོར་འདེགས་གཏོང་ཐུབ། ནོར་དང་ལུག་སོགས་ལྷད་རྒྱག་སྤྲོག་ཆགས་ལ་སྟེར་གསོ་བྱེད་སྐབས། ཕྱིར་བཏང་སྐེ་ཅན་གཟན་རྩྭ་དང་སྨན་རིགས་གཟན་རྩྭ། ལོ་མ་ཅན་གྱི་སྔོ་ཚོད་རིགས་སོགས་རྒྱུ་ཆ་ནི་ལི་སྨིད 2~3དུ་གཏུབ་དགོས། མ་རྨོས་ལོ་ཏོག་དང་ཉི་དགའ་མེ་ཏོག་སོགས་སྡོང་རྐང་སྦོམ་པའི་རྩི་ཤིང་ནི་ལི་སྨིད 0.5 ~2ཏར་གཏུབ་དགོས་ཤིང་། སྙི་ཞིང་ཉེམ་པའི་རྩི་ཤིང་འགའ་ཤས་ནི་གཏུབ་འཐག་མ་བྱས་ཀྱང་ཆོག་པ་ཡིན། མ་བཅོས་རྒྱུ་ཆའི་བརླན་གཤེར་འདུས་ཚད་ཇི་ལྟར་ཉུང་ན་དེ་ལྟར་ཐུང་ངུར་གཏུབ་ལ། དེ་ལས་ལྡོག་ན་རིང་ཙམ་གཏུབ་ཆོག གཏུབ་འཐག་གི་འཕྲུལ་ཆས་ལ་སྔོ

བསྔལ་བཛ་བསྲུ་མཉམ་འབྲེལ་འཕྲུལ་འཁོར་དང་སྔོ་ལྗང་གཟན་ཆག་གཏུབ་འཐག་འཕྲུལ་འཁོར། རྩྭ་གཏུབ་འགྲིལ་འཁོར་སོགས་ཡོད།

(2)ནང་འཇུག སྔོ་བསྔལ་གྱི་རྒྱུ་ཆ་སྐབས་ཐོག་ཏུ་གཏུབ་འཐག་བྱས་ཏེ་སྐབས་ཐོག་ཏུ་ནང་འཇུག་བྱེད་དགོས། སྔོ་བསྔལ་རྒྱུ་ཆ་ནང་འཇུག་མ་བྱས་སྔོན་ལ་སྔོན་ཆད་བཀོལ་ཟིན་པའི་སྔོ་བསྔལ་གྱི་སྒྲིག་ཆས་ལ་གཙང་བཤེར་དག་གཙང་བཟོ་ཞིང་། སྔོ་བསྔལ་ས་དོང་ངམ་སྔོ་བསྔལ་འོབས་དོང་གི་མཐིལ་དུ་མཐུག་ཚད་ལི་སྨིད 10 ~15ཙམ་དུ་གཏུབ་པའི་སོག་མའམ་རྩྭ་སྐྱི་མོ་རིམ་པ་ཞིག་བཏིང་སྟེ་སྔོ་བསྔལ་གྱི་གཤེར་ཁུ་བསྡུ་ལེན་བྱེད་དུ་འཇུག་དགོས། དོང་གི་ངོས་ཚང་མར་འགྱིག་ཐོག་སྲབ་མོ་ཞིག་བཏིང་ནས་ཁ་དམ་པོ་སྡོམ་པའི་རང་བཞིན་ལ་ཤུགས་བསྣན་ཏེ་དབུགས་ཤོར་བ་དང་ཆུ་སིམ་པར་གཡོལ་དགོས། ནང་འཇུག་བྱེད་པ་མགོ་བརྩམས་མ་ཐག་མགྱོགས་མྱུར་གྱིས་བླུགས་ཏེ་མ་བཅོས་རྒྱུ་ཆ་རྡུལ་ནས་རྫོ་བོ་འགྱུར་བར་གཡོལ་དགོས། སྔོ་བསྔལ་སྒྲིག་ཆས་གཅིག་གི་ནང་ལ་ཉིན 2~5ནང་བླུགས་ཏེ་བཀང་བར་བྱ་ལ། ནང་འཇུག་བྱེད་པའི་དུས་ཚོད་ཇི་ལྟར་ཐུང་ན་དེ་ལྟར་བཟང་། མ་བཅོས་རྒྱུ་ཆ་བླུམ་གཟུགས་ཀྱི་སྒྲིག་ཆས་ནང་ལྷུག་སྐབས་རིམ་པ་རེ་རེ་བྱས་ཏེ་སྙོམས་པོར་བླུག་དགོས། སྔོ་བསྔལ་འོབས་དོང་ནང་ལྷུག་སྐབས་གནས་ཚུལ་ལ་གཞིགས་ནས་དུམ་བུ་བགོས་ཏེ་རིམ་པ་ལྟར་ནང་འཇུག་བྱེད་དགོས།

(3)གནོན་བཙག རྒྱུ་ཆ་ནང་འཇུག་བྱེད་པ་དང་མཉམ་དུ། སྔོ་བསྔལ་འོབས་དོང་ལྟ་བུར་མཚོན་ན་ངེས་པར་དུ་ལྕགས་འཁོར་ཅན་གྱི་འདྲུད་འཐེན་འཁོར་ལོའམ་ཡང་ན་མི་ཤུགས་ལ་བརྟེན་ནས་རིམ་པ་རེ་རེ་བཞིན་གནོན་བཙག་བྱེད་དགོས་ཤིང་། ལྷག་པར་དུ་དོང་ངམ་འོབས་ཀྱི་གྲུ་ཁ་བཞི་པོ་དང་མཐའ་ཁར་མཉམ་འཇོག་དགོས། འདྲུད་འཐེན་འཁོར་ལོས་གནོན་བཙག་བྱས་མེད་པའམ་གནོན་མི་ཐུབ་སར་ངེས་པར་དུ་མི་སོང་སྟེ་རྐང་པས་གནོན་བཙག་བྱེད་དགོས།

ཇི་ལྟར་གཉོན་བཅག་བྱས་ན་དེ་ལྟར་གསོ་རླུང་བྲལ་བའི་ཁོར་ཡུག་བསྐྲུན་ཐུབ་ལ། དེ་ལྟར་དུ་འོ་སྐྱུར་ཕྲ་སྲིན་གྱི་འགྲུལ་སྐྱོད་དང་རྒྱུད་སྤེལ་ལའང་ཕན་པ་ཡིན། གཉོན་བཅག་བྱེད་པའི་གོ་རིམ་ཁྲིད་ས་འདམ་དང་སྣུམ་དྲིག འཇོར་མ། ལྕགས་སྐྱུད་སོགས་ནང་དུ་འགྲོ་མི་ཉན་པ་སྟེ་སྦོ་བསླལ་གྱི་རྒྱུ་ཆར་བརྫེད་སྐྱོན་བཟོ་བ་འགོག་པ་དང་། ནོར་དང་ལུག་གིས་ཟོས་རྗེས་པོ་འབུར་ལ་ཁྱུང་བུ་འཕིགས་པར་གཡོལ་དགོས། དོང་གི་ཆེ་ཆུང་དང་ངལ་རྩོལ་པ། འཕྲུལ་འཁོར་དང་ཅ་ལག་སོགས་བྱེ་བྲག་གི་གནས་ཚུལ་ལ་གཞིགས་ནས། གང་ཐུབ་ཀྱིས་དོང་ནང་དུ་འཇུག་ཞོར་དང་གཉོན་བཅག་བྱེད་ཞོར། དུས་ཐོག་ཏུ་ཁ་དམ་པོར་གཅོད་པ་བཅས་བསྒྲུབ་ཐུབ་དགོས། སྤྱིར་བཏང་མ་བཅོས་རྒྱུ་ཆ་བླུགས་ཏེ་དོང་ཁ་ནས་སྨིད 1 ཡས་མས་བུད་རྗེས་མ་བཅོས་རྒྱུ་ཆའི་ཐོག་ཏུ་ལི་སྨིད 10~20ཙམ་དུ་གཏུབ་པའི་སོག་མའམ་གཟན་རྩྭ་རིམ་པ་ཞིག་བཀབ་སྟེ་འཁྱིག་ཤོག་སྲབ་མོས་གཡོགས་རྗེས། དེའི་ཐོག་ཏུ་ལི་སྨིད 30~50ཡི་ས་འགེབས་པ་དང་གཉོན་བཅག་བྱས་ནས་ཚོང་རྡོག་གམ་ཁང་པའི་སྐལ་ཚིགས་ཀྱི་དབྱིབས་སུ་བཟོ་དགོས།

(4)ཁ་དམ་པོར་གཅོད་པ།   མ་བཅོས་རྒྱུ་ཆ་ནང་འཇུག་བྱས་ཚར་རྗེས་དེ་མ་ཐག་ཁ་དམ་པོར་གཅོད་པ་དང་བཀབ་སྟེ་མཁའ་རླུང་ལུ་མཐུད་རྒྱུ་ཆ་དང་འབྲེལ་ཐུག་བྱེད་པའི་བར་མཚམས་གཅོད་པ་དང་ཆར་ཆུ་ནང་དུ་འཛུལ་བ་འགོག་དགོས།   དོང་ཁ་གཅོད་པར་དལ་འགོར་བྱུང་ཚེ་སྦོ་བསླལ་རྒྱུ་ཆའི་དྲོད་ཚད་ཡར་འཕགས་ཏེ་འཚོ་བཅུད་ཤོར་བ་ཇེ་མང་དང་།   སྦོ་བསླལ་གཟན་ཆག་གི་རྒྱུ་སྦྲུས་མར་ཆག་ཏུ་འཇུག་སྲིད་པ་ཡིན།

(5)ལྟ་སྲུང་།   ཁ་དམ་པོར་བཅད་རྗེས་རྒྱུན་པར་ཞིབ་བཤེར་བྱས་ཏེ་སེར་ཁ་དང་དབུགས་ཤོར་བའི་ཆ་མཐོང་ཚེ་དུས་ཐོག་ཏུ་ས་བཀབ་ནས་གཉོན་བཅག་བྱས་ཏེ་དབུགས་རྒྱུ་བ་གཏན་གཅོད་བྱེད་པ་མ་ཟད་ཆར་ཆུ་སིམ་པ་འགོག་དགོས།

ཕྱུགས་བཞིར་རྫིད་1གི་མཚམས་སུ་ཆུ་རགས་བཀོ་དགོས། རབ་ཡིན་ན་སོ་བརླལ་ས་དོང་དང་སོ་བརླལ་འོབས་དོང་ངམ་སོ་བརླལ་གྱི་ཤོན་པོའི་མཐའ་འཁོར་དུ་ར་བསྐོར་ཏེ་ཕྱུགས་ཟོག་གིས་རྫོག་བརྫིས་དང་སྙིང་དུ་སྦྱོས་ནས་ཁ་དགབ་བྱེད་དངོས་པོ་གཏོར་བཤིག་བྱེད་པ་འགོག་དགོས།

(གསུམ)སོ་བརླལ་གཟན་ཆག་གི་བཀོལ་སྤྱོད།

གཟན་ཆག་སོ་བརླལ་བྱས་ནས་ཉིན 30 ~50སོང་རྗེས་དོང་ཁ་ཕྱེས་ནས་བཀོལ་སྤྱོད་བྱས་ཆོག དོང་ཁར་རབ་ཡིན་ན་སྤྱིལ་བུ་བརྒྱབ་ནས་བཀབ་སྟེ་ཉི་མ་རྒྱག་པ་དང་ཆར་གྱིས་བྲན་རྗེས་རླམ་ཆགས་ཏེ་རུལ་འགྱུར་བྱེད་པ་འགོག་དགོས། བླངས་ནས་བཀོལ་སྐབས་ས་འདམ་འདྲེས་སུ་འཇུག་མི་རུང་ལ་རླམ་ཆགས་པའི་གཟན་ཆག་འཐུ་དགོས་པ་མ་ཟད་རིམ་པ་དང་དུམ་མཚམས་ལྟར་བླངས་ནས་བཀོལ་དགོས། ནམ་བཀོལ་དགོས་ཚེ་ནམ་བླངས་ཏེ་གསར་པ་སྲུང་འཛིན་བྱེད་པ་དང་བླངས་ནས་ཡུན་རིང་བཞག་པ་ལ་རྐྱེན་བྱས་ཏེ་ཁ་ལ་འཕྲོད་པའི་རང་བཞིན་དང་རྒྱུ་སྤུས་མར་ཆག་ཏུ་འཇུག་མི་རུང་། གཟན་ཆག་བླངས་རྗེས་སྐབས་དེ་ཉིད་དུ་རྟ་གདན་བཀོལ་ནས་གཟན་ཆག་གི་ངོས་དམ་པོར་གཡོགས་ཏེ་འཁྱག་པ་ཆགས་པའམ་ས་འདམ་གྱིས་བཙད་སྐྱོན་བཟོ་པ་ལ་བརྟེན་ནས་གཟན་ཆག་ཚུད་ཟོས་སུ་གཏོང་མི་རུང་།

སོ་བརླལ་གཟན་ཆག་གི་སྣེར་ཚད་ནི་དང་ཐོག་མང་མི་རུང་བ་མ་ཟད་ཁེར་རྐྱང་དུ་སྣེར་མི་རུང་ཞིང་། རིམ་བཞིན་སྣེར་ཚད་ཇེ་མང་དུ་གཏོང་དགོས། སོ་བརླལ་གཟན་ཆག་ལ་ཚུང་ཟད་གྲོད་པ་བཤལ་བའི་བྱེད་ནུས་ལྡན་པ་ཡིན། དེ་བས་མང་ལ་སྦྲུམ་མོ་ཟོག་གི་སྣེར་ཚད་མང་དྲགས་མི་རུང་སྟེ་མངལ་ཤོར་བ་འགོག་དགོས། བེའུར་སྣེར་ཚད་ནི(སྟོང་ཁེ 3 ~5/གཅིག/ཉིན)དང་། ནོར་གྱི་སྣེར་ཚད(སྟོང་ཁེ 8~12/གཅིག/ཉིན)ཡིན།

ས་བཅད་གསུམ་པ། གཟན་ཆག་གི་ཁ་གསབ་གཟན་ཆག

གཟན་ཆག་གི་ཁ་གསབ་གཟན་ཆག་ནི་རྨང་གཞིའི་ཉིན་རེའི་གཟན་ཆག་གི་འཚོ་བཅུད་རིན་ཐང་མཐོར་འདེགས་གཏོང་བའི་གར་བཟོས་གཟན་ཆག་ཡིན་ཞིང་། སྤྲི་དཀར་རྫས་སམ་ཨེམ་ཅི་སོན། སྐྱེ་མེད་ཚྭའམ་འཚོ་རྒྱུ་བཅས་འདུས་པ་ཡིན། ཁ་གསབ་གཟན་ཆག་ནི་ཐད་ཀར་སྟེར་གསོ་བྱེད་ཆོག་ལ་ཡང་རྨང་གཞིའི་ཉིན་རེའི་གཟན་ཆག་དང་མཉམ་དུ་བསྲེས་ཏེ་སྟེར་གསོ་བྱེད་ཆོག་སྟེ། ནུས་པ་གཙོ་བོ་ནི་འཚོ་བཅུད་མི་འདང་བའི་ནད་འགོག་པ་དང་སྐམས་ཀྱི་ཆེས་མགྱོགས་པའི་སྐྱེ་འཚར་གྱི་མྱུར་ཚད་རྒྱུན་འཁྱོངས་བྱེད་པ་ཡིན།

གཅིག གཉེར་རྫས་ཁ་གསབ་གཟན་ཆག

ནོར་ནི་སྐྱེ་འཚར་དང་འཚར་ལོངས་འབྱུང་བའི་ཐོན་སྐྱེད་བརྒྱུད་རིམ་ཁྲོད་གཉེར་རྫས་ཀྱི་གཞི་རྒྱུ་སྣ་མང་མཁོ་བ་ཡིན། སྲོག་ཆགས་དང་རྩི་ཤིང་རང་བཞིན་གྱི་གཟན་ཆག་ཚང་མའི་ནང་ཚད་ངེས་ཅན་གྱི་གཉེར་རྫས་ཡོད་མོད། ཡིན་ནའང་ནོར་ནི་སྐྱེ་འཚར་དང་རྒྱུད་སྤེལ། ཐོན་སྐྱེད་ཆུ་ཚད་ཅུང་མཐོ་བའི་གནས་ཚུལ་གྱི་འོག་གནས་སྐབས། གཉེར་རྫས་ཁ་ཤས་ཀྱི་དགོས་མཁོའི་ཚད་མངོན་གསལ་གྱིས་ཇེ་མཐོར་འགྲོ་བ་ཡིན་པས་ཅིས་ཀྱང་གཟན་ཆག་ཁྲོད་ཟུར་དུ་ཁ་སྣོན་བྱེད་དགོས། ཚད་ཕྲན་གཞི་རྒྱུ་ནི་སྤྱིར་བཏང་དུ་སྦྱོར་ཀ་བྱས་ཏེ་བཀོལ་དགོས།

(གཅིག)ནཱ་དང་ལོའུ་འདུས་པའི་གཟན་ཆག

རྩི་ཤིང་རང་བཞིན་གྱི་གཟན་ཆག་མང་ཆེར་ནཱ་དང་ལོའུ་འདུས་པ་ཆུང་ཉུང་བ་ཡིན། དེའི་ཕྱིར་རྩི་ཤིང་རང་བཞིན་གྱི་གཟན་ཆག་གཙོར་བྱེད་པའི་ནོར་ལ་ནཱ་དང་ལོའུ་ཁ་གསབ་བྱེད་དགོས།

1.བཟའ་ཚྭ(ལོའུ་འགྱུར་ནཱ) ལོའུ་འདུས་ཚད་ནི 60.65%དང་། ནཱ་

འདུས་ཚད་38.45%ཡིན། ལུས་ཁམས་ཀྱི་དྲོ་མཉམ་སྲུང་འཛིན་བྱེད་ཆེད། རྩི་ཤིང་ནི་གཟན་ཆག་གཙོ་བོར་བྱེད་པའི་ནོར་ལ་ངེས་པར་བཟའ་ཚྭ་གསབ་སྣོར་བྱེད་དགོས། བཟའ་ཚྭར་བྲོ་བ་སྨོམས་སྒྲིག་གི་བྱེད་ནུས་ལྡན་པས་གཟན་ཆག་གི་ཁ་ལ་འཁྲོད་པའི་རང་བཞིན་མཐོར་འདེགས་བྱས་ཏེ་ཟས་ཀྱི་ཡི་ག་ཆེ་ཆེར་འབྱེད་ཐུབ།

ནོར་གྱི་བསིལ་སྐམ་གཟན་ཆག་ཁྲོད་བཟའ་ཚྭ་གསབ་སྣོར་བྱེད་ཚད་ནི་1%ཡིན། བཟའ་ཚྭ་གསབ་སྣོར་བྱེད་པའི་ཐབས་ཤེས་གཉིས་རིགས་ཡོད་དེ། རིགས་གཅིག་ནི་བཟའ་ཚྭ་བརྡུངས་རྗེས་དེ་གཟན་ཆག་གི་0.25%~0.5%ཡི་བསྡུར་ཚད་ལྟར་གཟན་ཆག་ནང་སྣོན་པའམ་ཆུ་བཀོལ་ནས་ཞུ་རུ་བཅུག་རྗེས་གཟན་ཆག་ཏུ་བསྐྱོག་དགོས། རིགས་གཅིག་ནི་ཚྭ་ཡི་སོ་ཕག་བཟོས་ཏེ་ནོར་ལ་རང་དབང་དུ་ལྡག་ཏུ་འཇུག་དགོས།

བཟའ་ཚྭ་གསབ་སྣོར་གྱི་སྐབས་དོ་སྣང་བྱེད་དགོས་པའི་དོན་ཚན།
①བཟའ་ཚྭ་གསབ་སྣོར་བྱེད་ན་ཚད་ལས་བརྒལ་མི་རུང་སྟེ་སྒོ་ཕྱུགས་དང་ཁྱིམ་བྱར་དུག་མི་ཐོག་པ་བྱེད་དགོས། ②ཆུ་འདང་ཆོག་པར་འཐུང་རྒྱུ་ཁག་ཐེག་བྱེད་དགོས། ③དྲིན་དཀོན་པའི་ས་ཁུལ་དུ་དྲིན་འགྱུར་བཟའ་ཚྭ་གསབ་སྣོར་བྱས་ན་འཚམ་པ་ཡིན།

2. སྨན་སོན་ཆིང་ནྲ། ནོར་ལ་ནྲ་ཡི་དགོས་མཁོའི་ཚད་དེ་སྤྱིར་བཏང་ཕྱོགས་ཀྱི་དགོས་མཁོའི་ཚད་ལས་མཐོ་བ་ཡིན། སྨན་སོན་ཆིང་ནྲ་ནི་རྒྱུན་དུ་གཟན་འབྲུ་ནང་ནྲ་མི་འདང་བ་ཁ་གསབ་བྱེད་པར་བཀོལ་བ་ཡིན།

(གཉིས) ཀའི་དང་ལྷིན་འདུས་པའི་གཟན་ཆག

སྒོ་ཕྱུགས་དང་ཁྱིམ་བྱའི་ཉིན་རེའི་གཟན་ཆག་མཉམ་སྦྱོར་བྱེད་སྐབས། ངེས་པར་དུ་ཀའི་འདུས་པའི་གཟན་ཆག་དང་ཀའི་དང་ལྷིན་འདུས་པའི་གཟན་

ཆག་གསབ་སྣོན་བྱེད་དགོས། ལྷིན་གྱི་ཐོན་ཁུངས་ནི་ཀའེ་ཡི་ཐོན་ཁུངས་ལས་ལྷག་ཏུ་རྩ་ཆེན་ཡིན། དེ་བས་ངེས་པར་གྲོན་ཆུང་བྱེད་དགོས།

རྫ་ཕྱེ་ནི་གཙོ་བོར་རྫ་ཐལ་རྫའི་ཕྱེ་ལ་སྟོན་ཞིང་དེ་ནི་རང་བྱུང་གི་ཐྭན་སོན་ཀའེ་ཡི་རིགས་ཤིག་ཡིན། སྤྱིར་བཏང་ཀའེ་འདུས་ཚད 35%ཡས་མས་ཡིན་པ་དང་ཀའེ་ཁ་གསབ་བྱེད་པའི་རིན་གོང་ཆེས་སླ་བའི་མ་བཅོས་རྒྱུ་ཆ་ཡིན། དེ་ལས་གཞན། ཚུང་ལྷད་མེད་ཀྱི་ཚོང་རྫས་ཐྭན་སོན་ཀའེ་དང་དཀར་རག་སོགས་ལ་རྫ་ཕྱེ་དང་གཅིག་མཚུངས་ཀྱི་འཚོ་བཅུད་ནུས་པ་ལྡན་པ་ཡིན།

རུས་ཕྱེ་ནི་སྲོག་ཆགས་ཀྱི་རུས་པ་སྣ་ཚོགས་ཚ་གདོན་བརྒྱུད་དེ་ཞག་དང་སྤྱིན་བཏོན་རྗེས་སུ། རྙམ་པོ་བཟོ་བ་མ་ཟད་ཞིབ་ཕྲར་འཐག་སྟེ་གྲུབ་པ་ཡིན། དེའི་ཀའེ་དང་ལྷིན་གྱི་བསྡུར་ཚད་ནི 2:1ཡིན་ཞིང་། ཀའེ་དང་ལྷིན་ཚུང་དོ་མཉམ་པའི་གཏེར་རྫས་གཟན་ཆག་ཡིན། རུས་ཕྱེ་ཁྲོད་ཀའེ 30%~35%འདུས་པ་དང་། ལྷིན 8%~15%འདུས་པ་ཡིན་ལ་གཞན་མའེ་དང་གཞི་རྒྱུ་གཞན་དག་ཚད་ཉུང་ཏུ་ཡོད་པ་ཡིན། རུས་ཕྱེ་ཡི་ཕྲུལ་འདུས་ཚད་ནི 0.035%ཡིན་ཞིང་བཀོལ་ཚད 2%མན་ལ་ཚོད་འཛིན་བྱས་ན་འཚམ་པ་ཡིན། བཀོལ་སྤྱོད་ཁྲོད་དེའི་ཕྲུས་ཀའེ་གཏན་འཇགས་མིན་པའི་རང་བཞིན་ལ་གང་ལེགས་ཀྱིས་བསམ་གཞིག་བྱེད་དགོས།

གཉིས། འཚོ་རྒྱུ་ཁ་གསབ་གཟན་ཆག

འཚོ་རྒྱུ་གཟན་ཆག་ནི་བཟོ་ལས་འདྲེས་གྲུབ་བམ་ཡང་ན་བཟང་སྒྲིག་གི་སྣ་གཅིག་རིགས་ཀྱི་འཚོ་རྒྱུའམ་བསྲེས་སྦྱར་འཚོ་རྒྱུ་ལ་སྟོན་ཞིང་། འཚོ་རྒྱུ་འདུས་ཚད་ཚུང་མང་བའི་རང་བྱུང་གི་གཟན་ཆག་ཁ་ཤས་མི་འདུ་བ་ཡིན། གཟན་ཆག་ཁྲོད་འཚོ་རྒྱུ་འདུས་ཚད་ལ་གཙོ་བོར་རྩེ་ཤིང་གི་རིགས་དང་གནས། བཊ་བསྐྱུ། གསོག་ཉར། ལས་སྣོན་བཅས་ཀྱི་ཤུགས་རྐྱེན་ཐེབས་པ་ཡིན། འཚོ་རྒྱུ་ལ་ཚ་བ

དང་ཉི་འོད། གསོ་རླུང་། རླམ་སྲིན་བཅས་ཀྱི་གཏོར་བརླག་ཐེབས་སླ་བ་ཡིན། སྐམས་དར་མ་ལ་འཚོ་རྒྱུ A དང་འཚོ་རྒྱུ D འཚོ་རྒྱུ E བཅས་དཀོན་སླ་བ་ཡིན་ཞིང་། དེའི་ནང་འཚོ་རྒྱུ A ནི་ཆེས་དཀོན་སླ་བ་ཡིན། རྒྱུན་ལྡན་གྱི་གནས་ཚུལ་འོག་ཏུ། སྐམས་ཀྱི་ཕོ་འབུར་སྐྱེ་དངོས་ཕྲ་རབ་ཀྱིས B རྒྱུད་འཚོ་རྒྱུ་དང་འཚོ་རྒྱུ K འདྲེས་སྒྲུབ་བྱེད་ཐུབ་པ་ཡིན། ནོར་ཁང་དུ་གསོ་སྐབས་ངེས་པར་དུ་འཚོ་རྒྱུ D ཁ་གསབ་བྱེད་རྒྱུར་དོ་སྣང་བྱེད་དགོས། འོན་ཀྱང་རང་རྒྱལ་གྱི་གསོ་སྐྱེལ་ཐོན་སྐྱེད་ལག་ལེན་གྱི་བརྒྱུད་རིམ་ཁྲོད། གཟན་ཆག་མཉམ་སྦྱེབ་བྱེད་པའི་ཆ་རྐྱེན་མི་ལྡན་པའམ་མཉམ་སྦྱེབ་གཟན་ཆག་བཀོལ་སྤྱོད་མི་བྱེད་པའི་གནས་ཚུལ་ཁ་ཤས་འོག འབུ་སུ་ཧྲང་དང་སྔོ་རྩྭ་སྐམ་པོ། ལ་སེར་སོགས་ནི་ལ་སེར་གྱི་བཅུད་ཁ་གསབ་བྱེད་པའི་གཟན་ཆག་བྱེད་པ་དང་། སྦང་མ་དང་། ཕུབ་མ་དང་འབྲུ་ཤུན། ཕབས་རྩི་སོགས་ནི B རྒྱུད་འཚོ་རྒྱུ་ཁ་གསབ་བྱེད་པའི་གཟན་ཆག་བྱས་ཏེ་བཀོལ་སྤྱོད་བྱེད་པ་ཡིན།

(གཅིག) འཚོ་རྒྱུ A དང་ལ་སེར་གྱི་བཅུད།

སྔོ་ལྡང་གི་གཟན་ཆག་དང་མ་སྨིན་ལོ་ཏོག་སེར་པོར་ཕུན་སུམ་ཚོགས་པའི་ལ་སེར་གྱི་བཅུད་འདུས་ཤིང་། ལ་སེར་གྱི་བཅུད་ལ་འཚོ་རྒྱུ A ཡི་རྒྱུ་ཡང་ཟེར་ལ། སྐམས་ཀྱི་ལུས་པོའི་ནང་དུ་འཚོ་རྒྱུ A ལ་འགྱུར་ཐུབ། འཚོ་རྒྱུ A ནི་གཟན་ཆག་ནང་བསྟན་ཚོག་ལ་ཤ་གནད་དུ་ཁབ་བརྒྱབ་ཀྱང་ཚོག

(གཉིས) འཚོ་རྒྱུ D

ནོར་ཁང་དུ་གསོ་བའི་སྐམས་ལ་འཚོ་རྒྱུ D ཁ་གསབ་བྱེད་དགོས། གལ་ཏེ་སྐམས་ནི་ཉིན་རེར་ཉི་མར་ལྡེ་བའི་དུས་ཚོད་ནི་དུས་ཚོད 6 གི་ཡན་ཡིན་ཚེ་ཉིན་རེའི་གཟན་ཆག་ནང་ཟུར་དུ་འཚོ་རྒྱུ D སྣོན་མི་དགོས། འཚོ་རྒྱུ D མ་འདང་པའི་སྐབས་སུ་སྐམས་ལ་ད་རྐན་ནད་དང་རུས་སྐྲི་ནད་འབྱུང་སླ་བ་ཡིན།

(གསུམ)འཚོ་རྒྱུ་E

འཚོ་རྒྱུ་E ཡིས་རྒྱུད་སྤེལ་དང་ཤ་གནད་ཀྱི་རྒྱུ་ཕྲུས་ལ་ཤུགས་རྐྱེན་ཐེབས་པ་ཡིན། འབྲུ་རིགས་དང་རྩེ་ཞིང་གི་ལོ་མའི་ནང་ཚང་མར་ཉུང་མང་བའི་འཚོ་རྒྱུ་E འདུས་པ་ཡིན། སྤྱིར་བཏང་གི་སྐམས་ཀྱི་གཟན་ཆག་ཁྲིད་སྟོན་མི་དགོས། ཡིན་ནའང་མཁོ་བསྟུན་དང་སྐྱེལ་འདྲེན། རིམས་འགོག་ནུས་པ་ཞན་པའི་སྐབས་ལ་འཚོ་རྒྱུ་E ཁ་གསབ་བྱེད་དགོས།

(བཞི)འཚོ་རྒྱུ་K དང་B རྒྱུད་འཚོ་རྒྱུ།

ཟོ་འབུར་སྐྱེ་དངོས་ཕྲ་རབ་ཀྱིས་འཚོ་རྒྱུ་K དང་B རྒྱུད་འཚོ་རྒྱུ་འདྲེས་གྲུབ་བྱེད་ཐུབ་ཅིང་། སྐམས་ཀྱི་ཉིན་རེའི་གཟན་ཆག་ནང་སྟོན་མི་དགོས། ན་ཚོད་གཟའ་འཁོར་8 སྔོན་གྱི་བེའུ་ལ་སྟོན་དགོས་པ་ཡིན།

གསུམ། གཟན་ཆག་གི་སྦྱོར་ཐྲ།

(གཅིག)གཟན་ཆག་གི་སྦྱོར་ཐྲའི་གསོ་སྐྱེལ་ལས་རིགས་ཁྲོད་ཀྱི་བྱེད་ནུས།

གཟན་ཆག་གི་སྦྱོར་ཐྲ་ནི་མཉམ་སྡེབ་གཟན་ཆག་ཁྲོད་བསྣན་པའི་ཚད་ཉུང་ངམ་ཚད་ལྡན་གྱི་གྲུབ་ཆ་སྣ་ཚོགས་དེ་ཡིན། དེའི་བྱེད་ནུས་གཙོ་བོ་ནི་གཟན་ཆག་གི་འཚོ་བཅུད་འཐུས་ཚང་ཡོང་བ་དང་གཟན་ཆག་གི་བེད་སྤྱོད་ཚད་མཐོར་འདེགས་བྱེད་པ། སྒོ་ཕྱུགས་དང་ཁྱིམ་བྱའི་སྐྱེ་འཚར་ལ་སྐུལ་འདེད་དང་ནད་རིགས་སྔོན་འགོག་བྱེད་པ། གཟན་ཆག་དེ་གསོག་ཉར་གྱི་སྐབས་འཚོ་བཅུད་དངོས་རྫས་གྱོང་གུད་འགྲོ་བ་ཇེ་ཉུང་དུ་གཏོང་བ། སྒོ་ཕྱུགས་དང་ཁྱིམ་བྱ། ཉ་སོགས་ཐོན་རྫས་ཀྱི་རྒྱུ་ཕྲུས་ལེགས་བཅོས་བྱེད་པ་བཅས་ཀྱི་ཆེད་དུ་ཡིན། གཟན་ཆག་གི་སྦྱོར་ཐྲ་ནི་མཉམ་སྡེབ་གཟན་ཆག་ཁྲོད་མེད་དུ་མི་རུང་བའི་ཆ་ཤས་ཡིན་ཞིང་གསོ་སྐྱེལ་ཐོན་སྐྱེད་ཁྲོད་གོ་གནས་གལ་ཆེན་བཟུང་ཡོད། རྒྱུ་ཕྲུས་མཐོ་བའི་མཉམ་སྡེབ་གཟན་ཆག་རིགས་གཅིག་གི་ནང་དུ། བཀོལ་སྤྱོད་བྱེད་པའི་གཟན

ཆག་གི་སྐྱོར་རྟའི་རིགས་སྣ་ཁ 30ཡན་ཡོད་ཅིང༌། གཟན་ཆག་གི་སྐྱོར་རྟ་འདི་དག་གཟན་ཆག་ཁྲོད་ཀྱི་སྣིད་ཚད་ནི 4% ~5%ཙམ་ལས་མི་ཟིན་ནའང་གཟན་ཆག་གི་མ་རྩ་སྤྱིའི 30%ཡན་ཟིན་པ་ཡིན།

(གཉིས)གསོ་སྤེལ་ཐོན་སྐྱེད་ལག་ལེན་ལས་གཟན་ཆག་གི་སྐྱོར་རྟའི་ཐླང་བྱ་དང་གདམ་བཀོལ་རྩ་དོན།

1.དུས་ཡུན་རིང་པོར་སྲུད་ཀྱང་སྒོ་ཕྱུགས་དང་ཁྱིམ་བྱར་དུག་གི་གནོད་པའི་བྱེད་ནུས་དང་ཤུགས་རྐྱེན་མི་ལེགས་པ་ཐེབས་མི་སྲིད་ལ། སོན་བཀོལ་གྱི་སྒོ་ཕྱུགས་དང་ཁྱིམ་བྱའི་སྐྱེ་འཕེལ་ལུས་ཁམས་དང་མངལ་གནས་སྨྲུ་གུར་ཤུགས་རྐྱེན་མི་ཐེབས་པ།

2.མངོན་གསལ་གྱི་ཐོན་སྐྱེད་ཕན་ནུས་དང་དཔལ་འབྱོར་གྱི་ཕན་འབྲས་ལྡན་པ།

3.གཟན་ཆག་དང༌། སྒོ་ཕྱུགས་དང་ཁྱིམ་བྱའི་ལུས་པོའི་ནང་ཙུང་བཟང་པའི་གཏན་འཇགས་ཀྱི་རང་བཞིན་ལྡན་པ།

4.སྒོ་ཕྱུགས་དང་ཁྱིམ་བྱས་གཟན་ཆག་བཟའ་བར་ཤུགས་རྐྱེན་མི་ཐེབས་པ།

5.སྒོ་ཕྱུགས་དང་ཁྱིམ་བྱའི་ཐོན་རྫས་ཁྲོད་ཀྱི་ལྷག་རོའི་ཚད་ཚད་གཞི་ལས་མ་བརྒལ་ཆེ། སྒོ་ཕྱུགས་དང་ཁྱིམ་བྱའི་རྒྱུ་སྨུས་དང་མི་ལུས་ཀྱི་བདེ་ཐང་ལ་ཤུགས་རྐྱེན་མི་བཟོ་བ།

6.སྐྱོར་རྟ་བྱེད་པའི་དུག་སྲིན་འགོག་རྫས་དང་ཧྲུམ་འབུ་འགོག་སྨན་རྒྱུ་མས་བསྒྱུ་ལེན་བྱེད་མི་སླ་བའམ་བསྒྱུ་ལེན་མི་བྱེད་པ།

7.ཁོར་ཡུག་ལ་བཙྙད་སྐྱོན་མི་བཟོ་བ་དང༌། ཕྱུགས་ལས་ཀྱི་རྒྱུན་བསྲིངས་འཕེལ་རྒྱས་ལ་ཕན་པ།

མདོར་ན། གཟན་ཆག་གི་སྐྱོར་རྟའི་ཞིབ་འཇུག་དང་ཐོན་སྐྱེད། གདམ་

བཀོལ་ནི་བདེ་འཇགས་རང་བཞིན་དང་དཔལ་འབྱོར་རང་བཞིན། བཀོལ་སྤྱོད་སྐབས་བདེ་བ་བཅས་ཀྱི་རྩ་དོན་དང་མཐུན་དགོས་པ་ཡིན།

བཞི། གཟན་ཆག་གི་སྦྱོར་རྫའི་རིགས་དང་ཁྱད་ཆོས། བཀོལ་སྤྱོད་བྱེད་ཐབས།

(གཅིག)གཟན་ཆག་གི་སྦྱོར་རྫའི་རིགས།

གཟན་ཆག་གི་སྦྱོར་རྫའི་རིགས་ཤིན་ཏུ་མང་ཞིང་། སྤྱིར་བཏང་རིགས་ཆེན་པོ་གཉིས་སུ་དབྱེ་བ་ཡིན་ཏེ། རིགས་གཅིག་ནི་སྒོ་ཕྱུགས་དང་ཁྱིམ་བྱར་འཚོ་བཅུད་གྲུབ་ཆ་མཁོ་སྤྲོད་བྱེད་པའི་དངོས་རྫས་ཡིན་ཞིང་། འཚོ་བཅུད་རང་བཞིན་གྱི་སྦྱོར་རྫ་ཟེར། གཙོ་བོར་ཨེམ་ཅི་སོན་དང་གཏེར་རྫས། འཚོ་རྒྱུ་སོགས་ཡིན། རིགས་གཞན་གཅིག་ནི་སྐྱེ་འཚར་ལ་སྐུལ་འདེད་དང་ལུས་ཁམས་བདེ་སྲུང་། གཟན་ཆག་གི་གསོ་བཅུད་ལ་སྲུང་སྐྱོབ་བྱེད་པའི་དངོས་རྫས་ཡིན་ཞིང་། འཚོ་བཅུད་རང་བཞིན་མ་ཡིན་པའི་སྦྱོར་རྫ་ཟེར། དཔེར་ན་དུག་སྲིན་འགོག་སྨན་དང་རྩབས་བཟོས་སྨན། རུལ་འགོག་རྫས་སོགས་ལྟ་བུ།

1.འཚོ་བཅུད་རང་བཞིན་གྱི་སྦྱོར་རྫ། གཙོ་བོར་སྒོ་ཕྱུགས་དང་ཁྱིམ་བྱའི་ཉིན་རེའི་གཟན་ཆག་གི་འཚོ་བཅུད་དོ་མཉམ་ཡོང་བར་བཀོལ་བ་ཡིན།

(1)ཨེམ་ཅི་སོན་སྦྱོར་རྫ། རྒྱུན་དུ་བཀོལ་བ་ལ་ཏན་ཨེམ་སོན་དང་ལའི་ཨེམ་སོན་སོགས་ཡོད།

(2)ཚད་ཉུང་གཞི་རྒྱུ། རྒྱུན་དུ་བཀོལ་བའི་ཚད་ཉུང་གཞི་རྒྱུའི་སྦྱོར་རྫ་ལ་ལིག་སོན་ལྕགས་འབྲིང་དང་ལིག་སོན་ཞིན། ལིག་སོན་ཟངས། ལིག་སོན་མེན། ཏེན་ཧྲ་ཐཱ། ཤིས་འབྲིང་སོན་ནཱ། སོའུ་ཧྲ་ཀོའུ་སོགས་ཡོད། དེའི་བཀོལ་ཚད་ཉུང་ནའང་གཟན་ཆག་མཉམ་བསྲེས་བྱེད་པའི་བརྒྱུད་རིམ་ཁྲོད་ངེས་པར་དུ་སྟོན་དགོས་པའི་གྲུབ་ཆ་ཡིན། བཀོལ་སྤྱོད་སྐབས་གཟན་ཆག་གཞན་དག་ཁྲོད་འདུས་

པའི་ཚད་ཁུང་གཞི་རྒྱ་ལའང་བསམ་གཞིགས་གཏོང་དགོས། གཞན་ད་དུང་ཚད་ཁུང་གཞི་རྒྱུའི་རྒྱ་ཁྱུས་ལ་དོ་སྣང་བྱེད་དགོས་ཏེ་དཔེར་ན། བསྒྱུ་ལེན་བྱེད་པའི་ཚད་དང་ཞུན་ཆགས་ཆུའི་གྲངས་ཚད། འཁྱམས་གྱེས་ཆུའི་འདུས་ཚད། རྡོག་ཆེ་ཆུང་གི་ཚད་སོགས་ལྟ་བུ།

(3)འཚོ་རྒྱུའི་སྦྱོར་རྫ། སྦྱོར་རྫ་བྱེད་པའི་འཚོ་རྒྱུ་ལ་འཚོ་རྒྱུ་Aདང་འཚོ་རྒྱུ་D_3 འཚོ་རྒྱུ་E འཚོ་རྒྱུ་E_1 འཚོ་རྒྱུ་B_1 འཚོ་རྒྱུ་B_2 འཚོ་རྒྱུ་B_6 འཚོ་རྒྱུ་B_{12} ཕྲན་སོན་ཀའི། ཡན་སོན། ལོ་མའི་སྨུར། སྐྱེ་དངོས་རྒྱ་སོགས་ཡོད།

2.འཚོ་བཅུད་རང་བཞིན་མ་ཡིན་པའི་སྦྱོར་རྫ། གཙོ་བོར་རྙིང་ཚབ་གསར་བྱེད་སྙོམ་སྒྲིག་དང་སྐྱེ་འཚར་ལ་སྐུལ་སྤེལ། འབུ་སྐྲོད། ནད་འགོག་ལུས་ཁམས་བདེ་སྲུང་། ཐོན་རྫས་ཀྱི་རྒྱ་ཁྱུས་མཐོར་འདེགས་བཅས་ཀྱི་བྱེད་ནུས་ཐོན་པ་ཡིན། གཞན་གཟན་ཆག་ཁྲིད་ཀྱི་གསོ་བཅུད་ལ་སྲུང་སྐྱོབ་ཀྱི་བྱེད་ནུས་ཐོན་པ་ཡིན།

(1)ལུས་ཁམས་བདེ་སྲུང་དང་སྐྱེ་འཚར་ལ་སྐུལ་འདེད་བྱེད་པའི་སྦྱོར་རྫ། དུག་སྲིན་འགོག་རྫས་གཟན་ཆག་གི་སྦྱོར་རྫ་བྱེད་པའི་བྱེད་ལས་གཙོ་བོ་ནི་གནོད་ལྡན་སྐྱེ་དངོས་ཕྲ་རབ་རྒྱུད་སྤེལ་བར་བཀག་འགོག་དང་ཕན་ལྡན་སྐྱེ་དངོས་ཕྲ་རབ་འཚར་སྐྱེ་འཕྲུང་བར་སྐུལ་འདེད་བྱས་ཏེ། རྒྱ་མའི་ནང་ལྡེབས་སྲབ་མོར་འགྱུར་དུ་བཅུག་སྟེ་འཇུ་ལམ་གྱི་བསྒྱུ་ལེན་གནས་ཚུལ་ལེགས་བཅོས་བྱེད་པ་དང་། ནོར་གྱི་གཟུགས་པོའི་བདེ་ཐང་ཇེ་བཟང་དུ་བཏང་སྟེ་ཐོན་སྐྱེད་ཀྱི་གཤིས་ནུས་མཐོར་འདེགས་བྱེད་པ་ཡིན། འཕྲོད་བསྟེན་གྱི་ཆ་རྐྱེན་ཅུང་ཞན་པ་དང་ཉིན་རེའི་གཟན་ཆག་གི་འཚོ་བཅུད་འཐུས་ཚང་མིན་པའི་ཆ་རྐྱེན་འོག་དུག་སྲིན་འགོག་སྨན་གྱི་བྱེད་ནུས་ལྷག་ཏུ་མངོན་གསལ་ཡིན། བཀོལ་སྤྱོད་སྐབས་ངེས་པར་དུ་གཏན་འཁེལ་ལྟར་སྤྱོད་པ་མ་ཟད་དུས་ཐོག་ཏུ་སྨན་མཚམས་འཇོག་དགོས།

(2)འབུ་སྲོད་ལུས་ཁམས་བདེ་སྲུང་གི་སྨན། འབུ་སྲོད་སྨན་གྱི་རིགས་ཧ་ཅང་མང་། སྤྱིར་བཏང་དུག་ནུས་ཆུང་ཆེ་བ་དང་ངེས་པར་ནད་བྱུང་བའི་སྐབས་གསོ་བཅོས་སྨན་རྫས་བྱས་ཏེ་དུས་ཐུང་དུ་བཀོལ་སྤྱོད་བྱེད་པ་ལས་གཟན་ཆག་ནང་སྦྱོར་རྟ་བྱས་ཏེ་བསྟུད་མར་བཀོལ་མི་རུང་། དེ་ལས་ལྡོག་ཚེ་སྨན་རྫས་འདི་དག་ནོར་གྱི་ཐོན་རྫས་ཁྲོད་ལྷག་རོ་བསྡད་དེ་མིའི་རིགས་ཀྱི་བདེ་ཐང་ལ་གནོད་པ་བཟོ་བ་ཡིན།

(གཉིས)གཟན་ཆག་གི་སྦྱོར་རྟའི་ཁྱད་ཆོས་དང་བཀོལ་སྤྱོད་བྱེད་ཐབས།

1.གཟན་ཆག་གི་སྦྱོར་རྟའི་ཁྱད་ཆོས། གཟན་ཆག་གི་སྦྱོར་རྟར་རིགས་མང་བ་དང་བཀོལ་ཚད་ཉུང་བ། ནུས་པ་ཆེ་བ། རྫས་འགྱུར་གྱི་གཏན་འཇགས་རང་བཞིན་ཞན་པ། ཕན་ཚུན་བར་གྱི་འབྲེལ་བ་རྙོག་འཛིང་ཆེ་བ། རྫས་འགྱུར་འགྱུར་འབྱུང་འབྱུང་སླ་བ་སོགས་ཀྱི་ཁྱད་ཆོས་ལྡན་པ་ཡིན། དེ་བས་བཀོལ་སྤྱོད་སྐབས་བསྲེས་སྦྱོར་སྒྲིམས་པོ་ཡོང་བར་ལྷག་ཏུ་དོ་སྣང་བྱེད་དགོས་པ་ཡིན།

2.གཟན་ཆག་གི་སྦྱོར་རྟའི་བཀོལ་སྤྱོད་བྱེད་ཐབས། གཟན་ཆག་གི་སྦྱོར་རྟ་བཀོལ་སྤྱོད་བྱེད་སྐབས་ངེས་པར་དུ་གཤམ་གྱི་གནད་འགག་ལ་དོ་སྣང་བྱེད་དགོས། ①མ་བཀོལ་སྔོན་ལ་གང་ལེགས་ཀྱིས་གཟན་ཆག་གི་སྦྱོར་རྟའི་བྱེད་ནུས་དང་ཁྱད་ཆོས་ལ་རྒྱུས་ལོན་བྱེད་པ་དང་། དེ་ནས་གསོ་ཚགས་བྱེད་པའི་དམིགས་ཡུལ་དང་གསོ་བྱའི་སྒོ་ཕྱུགས་མི་འདྲ་བ་གཞིར་བཟུང་སྟེ་དམིགས་ཡུལ་ལྡན་པའི་སྒོ་ནས་གདམ་སྤྱོད་བྱེད་དགོས། ②གཟན་ཆག་གི་སྦྱོར་རྟའི་བཀོལ་ཡུལ་དང་གྲངས་ཚད། དེའི་ཕན་ནུས་བཅས་ནི་ནད་བཅུ་སྨན་གཅིག་གིས་ནམ་ཡང་མི་འགྱུར་བ་བྱེད་མི་རུང་སྟེ། ངེས་པར་དུ་ལག་ལེན་ཁྲོད་ནས་ཚོད་ལྟས་ར་སྤྲོད་དང་ལེགས་བཅོས་བྱེད་དགོས། ③སྣོན་ཚད་ལ་ཚོད་འཛིན་ནན་ཏན་དང་སྙེབ་སྦྱོར་གྱི་འཛོམ་བྱར་དོ་སྣང་བྱེད་དགོས། ④སྦྱོར་རྟའི་བཀོལ་ཡུལ་དང་སྤྱོད་པའི་དུས

ཚོད་ནི་ཡུལ་བབ་དང་བསྟུན་པ་ལས་གང་བྱུང་དུ་བཀོལ་མི་རུང་། ⑤བཀོལ་སྤྱོད་བྱས་རྗེས་སྣོ་ཕྲུགས་དང་ཁྲིམ་བྱར་ཐེབས་པའི་ཤུགས་རྐྱེན་ལ་དོ་སྣང་བྱས་ཏེ། འབྲེལ་ཡོད་ཚོད་ལྟ་དང་ཟིན་ཐོ་འགོད་པ་དང་མུ་མཐུད་ནས་ལེགས་བཅོས་བྱེད་དགོས། ⑥སྦྱོར་རྫ་དེ་མཉམ་སྡེབ་གཟན་ཆག་ཁྲིད་ཀྱི་འདུས་ཚད་དང་སྙོམས་པོ་ཡིན་མིན་ལ་དོ་སྣང་བྱེད་དགོས། ⑦སྦྱོར་རྫ་ནི་སྤྱིར་བཏང་དུ་གཟན་ཆག་སྐམ་པོ་ནང་བསྲེས་པ་ལས་གཟན་ཆག་རློན་པའམ་ཆུའི་ནང་དུ་བསྲེས་ནས་བཀོལ་མི་རུང་། རིགས་རེ་འགའ་ཕུད། ⑧སྦྱོར་རྫའི་གསོག་འཇོག་ནི་ཅིས་ཀྱང་གསལ་བཤད་ལྟར་བསྒྲུབ་པ་ལས་ལས་སླ་པོར་དམིགས་མི་རུང་སྟེ། སྐྱོང་གུད་དང་ཆུད་ཟོས་བཟོ་བར་གཡོལ་དགོས།

ལེའུ་ལྔ་པ། སྐམས་ཀྱི་འཚོ་བཅུད་དགོས་མཁོའི་ཁྱད་ཆོས་དང་ཉིན་རེའི་གཟན་ཆག་སྤེལ་ཚུལ།

ས་བཅད་དང་པོ། སྐམས་ཀྱི་འཚོ་བཅུད་དགོས་མཁོའི་ཁྱད་ཆོས།

སྒོ་ཕྱུགས་ནི་རིགས་དང་རིགས་རྒྱུད། ལོ་ཚོད། ཕོ་མོ། སྐྱེ་འཚར་འཚར་ཡོངས་ཀྱི་དུས་རིམ། ལུས་ཁམས་ཀྱི་གནས་སྟངས། ཐོན་སྐྱེད་ཀྱི་དམིགས་ཡུལ་བཅས་མི་འདྲ་བའི་རྐྱེན་གྱིས་འཚོ་བཅུད་དངོས་རྫས་ཀྱི་དགོས་མཁོ་ཡང་མི་འདྲ་བ་ཡིན། སྒོ་ཕྱུགས་ཀྱིས་གཟན་ཆག་ལས་འཚོ་བཅུད་དངོས་རྫས་བསྡུ་ལེན་བྱས་ཏེ། ཁག་ཅིག་རྒྱུན་ལྡན་གྱི་ལུས་དྲོད་སྲུང་འཛིན་དང་ཟུངས་ཁྲག་འཁོར་རྒྱུག་ཕུང་གྲུབ་གསར་བསྒྱུར་སོགས་དགོས་ངེས་ཀྱི་ཚེ་སྲོག་འགུལ་སྐྱོད་ལ་བཀོལ་ཞིང་། ཁག་གཞན་ཅིག་ནི་མངལ་སྦྲུམ་པ་དང་འོ་མ་ཟགས་པ། སྐྱེ་འཚར། ཤ་ཐོན་པ། ལུས་སྤུ་ཐོན་པ། ངལ་རྩོལ། སྒོང་གཏོང་བ་སོགས་ཐོན་སྐྱེད་ཀྱི་བྱ་འགུལ་ལ་སྤྱོད་པ་ཡིན། དེའི་ཕྱིར། སྒོ་ཕྱུགས་ཀྱི་འཚོ་བཅུད་དགོས་མཁོ་ནི་ཉིན་རེར་སྒོ་ཕྱུགས་རེར་མཁོ་བའི་ནུས་ཚད་དང་ཕྲི་དཀར་རྫས། གཏེར་རྫས། འཚོ་རྒྱུ་སོགས་འཚོ་བཅུད་དངོས་རྫས་ཀྱི་སྤྱིའི་དགོས་མཁོའི་ཚད་ལ་སྟོན་པ་ཡིན། (སྤྱིའི་འཚོ་བཅུད་དགོས་མཁོ=རྒྱུན་འཁྱོངས་ཀྱི་འཚོ་བཅུད་དགོས་མཁོ+ཐོན་སྐྱེད་ཀྱི་འཚོ་བཅུད་དགོས་མཁོ)

ནོར་གྱིས་ཟོས་པའི་གཟན་ཆག་གི་འཚོ་བཅུད་དངོས་རྫས་དེ་འཇུ་ནས······

བསྐྱུ་ལེན་བྱས་རྗེས་ལུས་པོའི་འཚོ་བཅུད་དགོས་མཁོ་རྒྱུན་འཁྱོངས་དང་སྐྱེ་འཚར། རྒྱུད་སྤེལ་སོགས་ཀྱི་དགོས་མཁོར་བཀོལ་ཞིང་། འདྲ་ཞིང་བསྐྱུ་ལེན་མ་བྱས་པའི་ཁག་དེ་ལུས་ཕྱིར་འབུད་པ་ཡིན། དེ་བས་ནོར་གྱི་འཚོ་བཅུད་དངོས་རྫས་ཀྱི་དགོས་མཁོ་དེ་གཤམ་གྱི་རིགས་གཉིས་ལ་དབྱེ་ཆོག་སྟེ། ①རྒྱུན་འཁྱོངས་ཀྱི་འཚོ་བཅུད་དགོས་མཁོ། ནོར་དར་མ་ཞིག་གིས་ཐོན་རྫས་ཐོན་སྐྱེད་མི་བྱེད་ལ་ངལ་རྩོལ་ཀྱང་མི་བྱེད་པར། ཟོས་པའི་གསོ་བཅུད་ཀྱིས་ལུས་པོའི་ལྗིད་ཚད་མི་འགྱུར་བ་དང་ལུས་གཟུགས་བདེ་ཐང་ཡོང་བ། ལུས་པོའི་ཕུང་གྲུབ་ཀྱི་གྲུབ་ཆ་གཏན་གནས་ཡོང་བ་བཅས་རྒྱུན་འཁྱོངས་བྱེད་ཐུབ་པ་དང་མཚུངས་ཤིང་ཐོན་སྐྱེད་རང་བཞིན་མ་ཡིན་པའི་འགྲུལ་སྐྱོད་ཀྱི་འཚོ་བཅུད་དགོས་མཁོར་རྒྱུན་འཁྱོངས་ཀྱི་འཚོ་བཅུད་དགོས་མཁོ་ཟེར། དུས་རྒྱུན་གྱི་གནས་ཚུལ་འོག་ནོར་གྱིས་ཟོས་པའི་འཚོ་བཅུད་དངོས་རྫས་ཀྱི 30% ~50%རྒྱུན་འཁྱོངས་ཀྱི་དགོས་མཁོར་བཀོལ་བ་ཡིན། རྒྱུན་འཁྱོངས་ཀྱི་འཚོ་བཅུད་དགོས་མཁོར་ཤུགས་རྐྱེན་གཏོང་བའི་རྒྱུ་རྐྱེན་གཙོ་བོར་རིགས་དང་རིགས་རྒྱུད། འགྲུལ་སྐྱོད། གནམ་གཤིས། མགོ་བསྡུན། ཁོར་ཡུག་གི་དྲོད་ཚད། ལུས་གཟུགས་ཀྱི་ཆེ་ཆུང་སོགས་ཡོད། ②ཐོན་སྐྱེད་ཀྱི་འཚོ་བཅུད་དགོས་མཁོ། སྐྱེ་འཚར་གྱི་དགོས་མཁོ་དང་རྒྱུད་སྤེལ་བའི་དགོས་མཁོ། འོ་མ་ཟགས་ཐོན་གྱི་དགོས་མཁོ་སོགས་འདུ་བ་ཡིན།

གཅིག ནུས་ཚད་ཀྱི་དགོས་མཁོ།

གཟན་ཆག་ཁྲིད་ཀྱི་སྣོན་ཆ་འདྲེས་འགྱུར་རྫས་དང་སྨུམ་ཆིལ། སྤྱི་དཀར་རྫས་བཅས་ཚང་མས་སྐམས་ལ་ནུས་ཚད་མཁོ་སྤྲོད་བྱེད་ཐུབ་ཅིང་། སྣོན་ཆ་འདྲེས་འགྱུར་རྫས་ནི་སྐམས་ཀྱི་ནུས་ཚད་འབྱུང་ཁུངས་གཙོ་བོ་ཡིན། སྐམས་ཀྱིས་ཟོས་པའི་གཟན་ཆག་གིས་ཐོག་མར་རྒྱུན་འཁྱོངས་ཀྱི་འཚོ་བཅུད་དགོས་མཁོ་སྐོང་པ་ཡིན་ཞིང་། ལྷག་མའི་ནུས་ཚད་ནི་ཐོན་སྐྱེད་དང་རྒྱུད་སྤེལ་སོགས་ལ་བཀོལ་བ

ཡིན། སྐམས་ཀྱི་རྒྱུན་འཁྱོངས་ཀྱི་དགོས་མཁོ་སྐོང་སྐབས་གཟན་ཆག་ཟིང་པོ་གཙོར་བྱེད་ལ། ཆོན་གསོ་བྱེད་པའི་དུས་མཚུག་ཏུ་གཟན་ཆག་ཞིབ་མོའི་བཀོལ་ཚད་འཕར་སྐྱོན་བྱེད་དགོས།

གཉིས། སྤྲི་དཀར་རྫས་ཀྱི་དགོས་མཁོ།

སྐམས་ནི་དུས་མགོར་སྐྱེ་འཚར་གྱི་མྱུར་ཚད་མགྱོགས་ཤིང་ཤ་སྣུམ་གྱི་བསྡུར་ཚད་མཐོ་ལ། སྤྲི་དཀར་རྫས་ཀྱི་དགོས་མཁོའི་ཚད་ཀྱང་ཆེ་བ་ཡིན། སྐམས་མི་འདྲ་བའི་སྤྲི་དཀར་རྫས་ཀྱི་དགོས་མཁོ་དང་ཉིན་རེའི་གཟན་ཆག་གི་འཚོ་བཅུད་ཆུ་ཚད་ཀྱང་མི་འདྲ། སྦྲོམ་ལོངས་ནོར་དང་རྒྱུད་སྤེལ་མོ་ཟོག་ལ་མཚོན་ན་སྤྲན་རིགས་གཟན་རྩྭས་སྤྲི་དཀར་རྫས་ཀྱི་རྒྱུན་འཁྱོངས་དགོས་མཁོ་སྐོང་ཐུབ་པ་ཡིན། ཆོན་གསོ་ནོར་དང་མངལ་སྦྲུམ་མོ་ཟོག་ལ་ཉིན་རེར་སྟོང་ཁེ 0.5~1གི་སྤྲི་དཀར་རྫས་ཀྱི་ཁ་གསབ་གཟན་ཆག་སྟོན་དགོས།

གསུམ། གཏེར་རྫས་ཀྱི་དགོས་མཁོ།

ནོར་གྱི་ལུས་པོར་སྤྲི་དཀར་རྫས་ཀྱི་མཁོ་ཚད་གཞིར་བཟུང་སྟེ་རྒྱུན་ཚད་གཞི་རྒྱུ(ཀའེ་དང་ལཱིན། མའེ། ནཱ། ལོའུ། ལིག་སོགས)དང་ཚད་ཕྲན་གཞི་རྒྱུ(ཐཱིན་དང་ཟངས། ཞིན། ཀོའུ། ལྷུགས། ཤིས་སོགས)ཙ་དབྱེ་ཆོག

སྐམས་ཀྱིས་གཏེར་རྫས་མི་འདང་བ་དང་ཤིས་དང་ཧྲུལ། མོའུ་བཅས་ཀྱི་ཚད་མང་དྲགས་པར་ཤིན་ཏུ་ཚོར་བ་སྐྱེན་པ་ཡིན། གཏེར་རྫས་ཀྱི་དགོས་མཁོའི་ཚད་ཁག་ཐེག་བྱེད་པའི་ཚུང་བཟང་བའི་བྱེད་ཐབས་ནི་ཆོན་གསོ་ནོར་རར་ཚྭ་སྡོད་གཉིས་བཞག་སྟེ། གཅིག་གི་ནང་དུ་ཏིན་འགྱུར་བཟའ་ཚྭ་དང་གཞན་གཅིག་གི་ནང་དུ་ངེས་མཁོའི་ཚད་ཁུང་གཞི་རྒྱུ་བཞག་ནས་སྐམས་ལ་རང་དབང་དུ་ལྡག་ཏུ་འཇུག་པ་དེ་ཡིན།

1. ནཱ(Na)དང་ལོའུ(Cl) ཉིན་རེར་ནོར་གཅིག་རེར་ཁེ 2~3ཕྱི་ནཱ་དང་

ཁེ 5ཡི་ལོའུ་དགོས་ཤིང་། སྔོན་ཚད་ཉིན་རེའི་གཟན་ཆག་གི 0.3%ཟིན་དགོས།

2.ཀའེ(Ca)གཙོ་བོར་རྒྱུ་སོར་བརྒྱུ་གཉིས་པའི་ནང་ནས་བསྡུ་ལེན་བྱས་ཏེ་བྲུན་གྱི་ནང་ནས་ཕྱིར་འབུད་པ་ཡིན། སོག་མ་སྐྱེར་གསོ་བྱེད་སྐབས་ཀའེ་དགོན་སླ་བ་ཡིན་ཏེ་རྒྱུ་མཚན་ནི་སོག་མའི་ནང་གི་ཀའེ་བསྡུ་ལེན་བྱེད་དཀའ་བ་ཡིན་པས་རེད། གཟན་ཆག་ཞིབ་མོ་གཙོར་བྱེད་པའི་ཚོན་གསོ་ནོར་ལ་ཀའེ་ཁ་གསབ་བྱེད་དགོས། བེའུར་ཀའེ་མ་འདང་ཚེ་ད་རྒན་ནད་འབྱུང་བ་དང་། ནོར་དར་མར་ཀའེ་མ་འདང་ཚེ་རུས་སྐྱི་ནད་འབྱུང་བ་ཡིན། སྲན་རིགས་ལོ་ཏོག་དང་བག་ཟན་སྐྱིགས་མའི་རིགས་ཀྱི་གཟན་ཆག་གི་ཀལ་འདུས་ཚད་མཐོ་བ་ཡིན། ཐྣན་སོན་ཀའེ་དང་རྡོ་ཕྱེ། རུས་ཕྱེ། ལྷིན་སོན་ཆེང་ནྣ། ལིག་སོན་ཀའེ་བཅས་བཀོལ་ནས་ཀའེ་མི་འདང་བ་ཁ་གསབ་བྱེད་ཀྱང་ཆོག དེའི་ནང་རུས་ཕྱེ་དང་ལྷིན་སོན་ཆེང་ནྣ་ཡིས་དུས་མཉམ་གཅིག་ཏུ་ཀའེ་དང་ལྷིན་མི་འདང་བ་ཁ་གསབ་བྱེད་ཐུབ། ཀའེ་ཡི་བེད་སྤྱོད་ཚད་ཁག་ཐེག་བྱེད་ཆེད། ཀའེ་དང་ལྷིན་གྱི་བསྡུར་ཚད་ནི་ངེས་པར་དུ 2:1ལ་སྲུང་འཛིན་བྱེད་དགོས།

3.ལྷིན(P) ལྷིན་བསྡུ་ལེན་བྱེད་པ་ནི་རྒྱུ་མའི་སྨུར་དྲུལ་གྱི་ཚད་ལ་རག་ལས་ཤིང་། ཀའེ་དང་ཙྣ། ལྕགས། ཏ་ཡང་། མའེ། ནྣ། སྦྱུམ་ཚིལ་སོགས་ཚང་མས་ལྷིན་བསྡུ་ལེན་བྱེད་པར་ཤུགས་རྐྱེན་བཟོ་ཐུབ་པ་ཡིན། སྐམས་ལ་ལྷིན་མ་འདང་ཚེ་སྐྱེ་འཚར་དལ་བ་དང་ཡི་ག་མེད་པ། གཟན་ཆག་བེད་སྤྱོད་ཚད་དམའ་བ། གཞན་ཟ་བར་དགའ་ཕྱུགས་ཆགས་པ། མོ་ཟིག་གི་རྒྱུད་སྡེལ་ནུས་པ་མར་ཆག་པ་སོགས་བྱེད་པ་ཡིན། བག་ཟན་དང་སྐྱིགས་མའི་རིགས་ཀྱི་གཟན་ཆག་དང་སྲོག་ཆགས་ཀྱི་ཐོན་རྫས་ནང་། གཟན་ཆག་ཞིབ་མོ་བཅས་ཀྱི་ནང་དུ་ལྷིན་འདུས་ཚད་མཐོ་བ་ཡིན། ལྷིན་གྱི་བཀོལ་ཚད་ཉིན་རེའི་གཟན་ཆག་གི་དངོས་རྫས་སྐམ་པོའི 1%མི་བརྒལ་བ་བྱེད་དགོས། ལྷིན་མཐོ་ན་གཅིན་པའི་རྫེའུ་སྐྲན་འབྱུང་སླ

བ་ཡིན། ཟླིན་གྱི་འབྱུང་ཁུངས་གཙོ་བོར་ཟླིན་སོན་ཆེང་ཀའི་དང་ཐྲུལ་བརྟོན་ཟླིན་སྐྱུར་རྩ། ཏུས་ཕྱེ། ཟླིན་སོན་ནྷ་སོགས་ཡོད། ཀའི་དང་ཟླིན་གྱི་ཆེས་ལེགས་པའི་བསྡུར་ཚད་ནི 1~2:1ཡིན།

4.ཤིས(Se) ཤིས་ནི་ཀུའུ་ཀོང་ཀན་ཐའི་རྩབས་ཀྱི་གྲུབ་ཆ་ཡིན། ཚོན་གསོ་ནོར་ལ་རན་པའི་ཆུ་ཚད་ནི(ཧའོ་ཁེ 0.1/ཀྐོང་ཁེ)ཡིན། མོ་ཟོག་ལ་ཤིས་མ་འདང་ཚེ་ཤམ་མི་ལྷུང་བ་དང་བེའུའི་ཤི་ཚད་མཐོ་བ། བེའུའི་ཤ་གནད་དཀར་པོའི་ནད་མང་བ། འོ་མ་ཆད་ཅིང་ལུས་ཀྱི་ལྡིད་ཚད་དམའ་བ་བཅས་འབྱུང་སླ་བ་ཡིན། འདིའི་སྐབས་ཤིས་འབྲིང་སྐྱུར་ནྷ་བཀོལ་ནས་ཁ་གསབ་བྱེད་ཆོག ཉིན་རེའི་གཟན་ཆག་གི་ནང་དུ་ཤིས་འདུས་ཚད་ནི(ཧའོ་ཁེ 10~30/ཀྐོང་ཁེ)ལས་བརྒལ་བའི་སྐབས། ཤིས་དུག་ཐོག་སྟེ་ཡི་ག་འགག་པ་དང་རྫ་མའི་ཕྲུ་བྱི་བ་སོགས་བྱེད་པ་ཡིན།

5.ཞིན(Zn) སྐམས་ལ་ཞིན་མཁོ་ཚད་ནི་དངོས་རྫས་སྐམ་པོའི་འདུས་ཚད་ཀྱི(ཧའོ་ཁེ 30/ཀྐོང་ཁེ)ཡིན། རིར་འཚོ་སྐབས་སྐམས་ལ་རྒྱུན་དུ་ཞིན་མི་འདང་བ་ཡིན། ཚོན་གསོ་སྐམས་ལ་ཞིན་མ་འདང་པའི་སྐབས་གཙོ་བོར་སྐྱེ་འཚར་དལ་བའི་མངོན་རྟགས་འབྱུང་ཞིང་། ཁྱད་པར་ཅན་གྱི་ནད་རྟགས་གཞན་མེད། ཀྲི་སོན་དང་ཀའི་ཚང་མས་ཞིན་བསྡུ་ལེན་བྱེད་པར་ཤུགས་རྐྱེན་བཟོ་བ་ཡིན། དེ་བས་ཉིན་རེའི་གཟན་ཆག་ནང་ཞིན་གསབ་ཚེ་ཚོན་གསོ་ནོར་གྱི་ཉིན་རེའི་ལྡིད་ཚད་འཕར་ཚད་དང་གཟན་ཆག་གི་བེད་སྤྱོད་ཚད་མཐོར་འདེགས་གཏོང་ཐུབ། སྤྱིར་བཏང་ལིག་སོན་ཞིན་འམ་ཐྣན་སོན་ཞིན་བཀོལ་ནས་ཁ་གསབ་བྱེད་པ་ཡིན།

བཞི། འཚོ་རྒྱུའི་དགོས་མཁོ།

འཚོ་རྒྱུ་ནི་ནོར་གྱི་ལུས་པོའི་རྒྱུན་ལྡན་གྱི་ཚེ་སྲོག་འགྲུལ་སྐྱོད་དང་སྐྱེ་འཚར་འཚར་ལོངས་ལ་ངེས་པར་དུ་མཁོ་བའི་འཚོ་བཅུད་ཡིན། ཉིན་རེའི་གཟན་ཆག

ཁྲིད་ཚད་འོས་འཚམ་གྱི་འཚོ་རྒྱ་བསྟན་ཆེ་འཚོ་བཅུད་དངོས་རྫས་ཀྱི་བེད་སྤྱོད་ལ་སྐྱེལ་འདེད་དང་ལེགས་བཅོས་བྱེད་ཐུབ། ནོར་གྱི་ཞོ་འབྱུར་གྱིས་འདང་ངེས་ཀྱི་Bརྒྱུད་འཚོ་རྒྱ་དང་འཚོ་རྒྱ་Kའདྲེས་སྦྱུབ་བྱེད་ཐུབ། ཡིན་ནའང་སྣུམ་ལས་ཞུ་བའི་རང་བཞིན་གྱི་འཚོ་རྒྱ(འཚོ་རྒྱ་Aདང་འཚོ་རྒྱ་D འཚོ་རྒྱ་E)ནི་ངེས་པར་དུ་གཟན་ཆག་ཁྲིད་ནས་མཁོ་སྤྲོད་དང་ཚོམ་པ་བྱེད་དགོས། འཚོ་རྒྱ་མ་འདང་བ་ཚབས་ཆེ་ན་སྐམས་ཤི་རུ་འཇུག་སྲིད། ཐོན་སྐྱེད་ཁྲིད་སྤྱིར་བཏང་ཚད་འཁྲིད་ཙམ་གྱི་འཚོ་རྒྱ་མ་འདང་བའི་ནད་འབྱུང་སྲིད་ཀྱང་ནད་རྟགས་ནི་གང་ཡང་མི་མངོན་པ་ཡིན། འོན་ཀྱང་འཚར་སྐྱེའི་མྱུར་ཚད་ལ་ཤུགས་རྐྱེན་བཟོ་བ་ཡིན། བེའུར་ངེས་པར་དུ་གཟན་ཆག་ཁྲིད་ནས་འཚོ་རྒྱ་སྣ་ཚོགས་འཐོབ་དགོས། གཟན་རྩྭ་སྦྱུས་ལེགས་ཀྱིས་འཚོ་རྒྱ་Aདང་འཚོ་རྒྱ་Dམཁོ་སྤྲོད་བྱེད་ཐུབ།

(གཅིག)སྣུམ་ལས་ཞུ་བའི་རང་བཞིན་གྱི་འཚོ་རྒྱ།

1.སྐམས་ལ་སྣུམ་ལས་ཞུ་བའི་རང་བཞིན་གྱི་འཚོ་རྒྱའི་དགོས་མཁོའི་ཚད་ནི། འཚོ་རྒྱ་Aནི་སྐམས་ཀྱི་ཉིན་རེའི་གཟན་ཆག་ཁྲིད་ཆེས་དཀོན་སླ་བའི་འཚོ་རྒྱ་ཡིན། སྐམས་ལ་གཟན་ཆག་ཞིབ་མོའི་ཚད་མཐོ་བའི་ཉིན་རེའི་གཟན་ཆག་སྟེར་གསོ་བྱེད་པའམ་གཟན་ཆག་གསོག་ཉར་གྱི་དུས་ཚོད་རིང་དྲགས་ཚེ་འཚོ་རྒྱ་Aདཀོན་སླ་ཞིང་། བཟའ་ཚད་མར་ཆག་པ་དང་པགས་པ་རྩུབ་ཤས་ཆེ་བ། འཚར་སྐྱེའི་མྱུར་ཚད་ཇེ་དལ་དུ་འགྲོ་བ་དང་། ཚབས་ཆེ་དུས་མཚན་ལོང་གི་ནད་འབྱུང་བ་ཡིན།

2.འཚོ་རྒྱ་Dཡིས་ཀའི་དང་ལྷིན་གྱི་བསྡུ་ལེན་སྐྱོམས་སྒྲིག་བྱེད་ཐུབ། ཚད་མཐོ་བའི་སྤོ་བསྐོལ་གྱི་ཉིན་རེའི་གཟན་ཆག་དང་ཚད་མཐོ་བའི་གཟན་ཆག་ཞིབ་མོའི་ཉིན་རེའི་གཟན་ཆག་གིས་སྐམས་ཚོན་གསོ་བྱེད་སྐབས་འཚོ་རྒྱ་Dདཀོན་སླ་ཞིང་། གཙོ་བོར་རུས་ཀྲུང་གི་སྐྱེ་འཚར་ལ་ཤུགས་རྐྱེན་བཟོ་བ་ཡིན། བེའུ་ལ་འཚོ་རྒྱ་Dམ་འདང་བའི་སྐབས་དྲ་རྒན་ནད་འབྱུང་ཞིང་ནོར་དར་མར་མ་འདང་ཚེ་

ཊུས་སྣི་ནད་འབྱུང་བ་ཡིན། གལ་ཏེ་སྐམས་ཉིན་རེར་དུས་ཚོད 6 ~8ལ་ཉི་མར་ལྡེ་ཐུབ་ཚེ་འཚོ་རྒྱ Dདཀོན་མི་སྲིད་པ་ཡིན།

3.འཚོ་རྒྱ Eཡིས་འཚོ་རྒྱ Aཡི་བེད་སྤྱོད་ལ་སྐུལ་འདེད་བྱེད་ཐུབ། སྐམས་ཀྱི་ཉིན་རེའི་གཟན་ཆག་ནང་འཚོ་རྒྱ Eསྟོན་དགོས། མ་འདང་ཚེ་ཤ་གནད་དཀར་པོའི་ནད་འབྱུང་སླ་བ་ཡིན།

4.རྒྱུན་ལྡན་གྱི་གནས་ཚུལ་འོག་ཕོ་འབུར་གྱི་སྐྱེ་དངོས་ཕྲ་རབ་ཀྱིས་འཚོ་རྒྱ Kའདྲེས་གྲུབ་བྱེད་ཐུབ། སྐམས་ལ་ནླམ་ཆགས་པའི་རྒྱ་སྤྲོས་སྟེར་གསོ་བྱས་ཚེ་འཚོ་རྒྱ Kདཀོན་པ་བཟོས་ཏེ་རྒྱ་སྤྲོས་ཀྱི་ཁྲག་ཐོན་ནད་འབྱུང་བ་ཡིན། འཚོ་རྒྱ Kཡིས་མཆིན་པས་ཟུངས་ཁྲག་རྫིང་རྫའི་རྒྱུ་དང་ཟུངས་ཁྲག་རྫིང་པའི་རྒྱུ་རྐྱེན་འདྲེས་གྲུབ་བྱེད་པར་སྐུལ་འདེད་བྱེད་ནུས་པ་ཡིན་ཏེ། འཚོ་རྒྱ Kམ་འདང་བའི་སྐབས་ཟུངས་ཁྲག་རྫིང་པའི་དུས་ཚོད་ཇེ་རིང་དུ་བཏང་སྟེ་པགས་པའི་འོག་དང་ཤ་གནད། ཕོ་བ་བཅས་ནས་ཁྲག་ཐོན་པར་བྱེད་པ་ཡིན།

(གཉིས)ཆུ་ལས་ཞུ་བའི་རང་བཞིན་གྱི་འཚོ་རྒྱ།

1.Bརྒྱུད་འཚོ་རྒྱ། ཕོ་འབུར་འཚར་ལོངས་མ་བྱུང་བའི་བེའུར་ཐྲི་ཨན་རྒྱ་དང་སྐྱེ་དངོས་ཀྱི་རྒྱ། ཡན་སོན། ཕེ་ཏུའོ་ཁྲུན། ཟླན་སོན། ཏོ་ཏོང་སུཨུ། འཚོ་རྒྱ B12སོགས Bརྒྱུད་འཚོ་རྒྱ་ཁ་གསབ་བྱེད་དགོས། ནོར་དར་མའི་ཕོ་འབུར་སྐྱེ་དངོས་ཕྲ་རབ་ཀྱིས་ཀོའུ་ལ་བརྟེན་ནས་འཚོ་རྒྱ B12འདྲེས་གྲུབ་བྱེད་ཐུབ། དེ་བས་ཀོའུ་འདང་པ་ཡིན་ཚེ་སྤྱིར་བཏང་འཚོ་རྒྱ B12དཀོན་མི་སྲིད་པ་ཡིན།

2.འཚོ་རྒྱ C སྐམས་ཀྱི་ཕོ་འབུར་ནང་གི་སྐྱེ་དངོས་ཕྲ་རབ་ཀྱི་བྱེད་ནུས་འོག་ཏུ་འདྲེས་གྲུབ་བྱེད་ཐུབ།

ལྔ། ཆུའི་དགོས་མཁོ།

ཆུ་ནི་སྐམས་ཀྱི་ལུས་པོའི་ནང་ནས་གཙོ་བོར་གཟན་ཆག་གི་འཇུ་བ་དང་

བསྲུ་ཞེན། ལྡི་བ་ཕྱིར་ཐུད་པ། ལུས་དྲོད་སྐྱོམས་སྒྲིག་བྱེད་པ་བཅས་ལ་ཞུགས་པ་ཡིན། ཆུའི་དགོས་མཁོའི་ཚད་ལ་སྐམས་ཀྱི་ལུས་པོའི་ལྡིད་ཚད་དང་ཁོར་ཡུག་གི་དྲོད་ཚད། ཐོན་སྐྱེད་གཤིས་ནུས། གཟན་ཆག་གི་རིགས། བཟའ་ཚད་སོགས་ཀྱི་ཤུགས་རྐྱེན་ཐེབས་པ་ཡིན། ཆུའི་ནང་དུ་ཚྭ་འདུས་ཚད 0.1%ལས་བརྒལ་སྐབས་སྐམས་ལ་དུག་ཐོག་ངེས་པ་ཡིན། ཚད་མང་དྲག་པའི་ཟེ་ཚྭའི་སྐྱུར་འབྲིང་དང་བུལ་ཧོག་འདུས་པའི་ཆུ་ཡིས་སྐམས་ལ་གནོད་པ་ཡོད། 4℃ཡི་ནང་ཚུད་དུ་སྐམས་ཀྱི་ཆུའི་དགོས་མཁོའི་ཚད་ཅུང་བརྟན་འཇགས་ཡིན་ཞིང་། དབྱར་ཁར་ཆུ་འཐུང་ཚད་ཇེ་མང་དང་དགུན་དུས་ཆུ་འཐུང་ཚད་ཇེ་ཉུང་དུ་འགྲོ་བ་ཡིན། དགུན་དུས་སྐམས་ལ་ལྡུད་པའི་ཆུའི་དྲོད་ཚད་ནི་ཆབ་རོམ་མ་ཆགས་ཙམ་རྒྱུན་འཁྱོངས་བྱས་པས་འཐུས་ལ། ཟུར་དུ་ཚ་པོ་བཟོ་མི་དགོས།

ས་བཅད་གཉིས་པ། ཉིན་རེའི་གཟན་ཆག་བསྟེབས་པའི་གཙོ་གནད།

གཅིག ཉིན་རེའི་གཟན་ཆག་དང་མཉམ་སྡེབ་གཟན་ཆག ཕན་ནུས་ཀུན་ལྡན་གྱི་གཟན་ཆག སྔོན་བསྲེས་གཟན་ཆག་བཅས་ཀྱི་གོ་དོན།

(གཅིག) ཉིན་རེའི་གཟན་ཆག

ཉིན་རེའི་གཟན་ཆག་ནི་ཉིན་མཚན་གཅིག་གི་ནང་དུ་སྒོ་ཕྱུགས་གཅིག་གིས་བཟའ་བའི་གཟན་ཆག་གི་ཚད་ལ་སྟོན་པ་ཡིན། དེ་ནི་གསོ་ཚགས་ཀྱི་ཚད་གཞིས་གཏན་འཁེལ་བྱས་པའི་འཚོ་བཅུད་དངོས་རྫས་སྣ་ཚོགས་ཀྱི་རིགས་དང་གྲངས་ཚད། ནོར་གྱི་ལུས་ཁམས་གནས་སྟངས་མི་འདྲ་བ། ཐོན་སྐྱེད་གཤིས་ནུས་བཅས་གཞིར་བཟུང་སྟེ་འོས་འཚམ་གྱི་གཟན་ཆག་སྡེབ་ཚུལ་གདམ་བཀོལ་བྱས

ནས་གྲུབ་པ་ཡིན། ཉིན་རེའི་གཟན་ཆག་ཁྲོད་ཀྱི་འཚོ་བཅུད་དངོས་རྫས་སྣ་ཚོགས་ཀྱི་རིགས་དང་གྲངས་ཚད། ཕན་ཚུན་བསྡུར་ཚད་བཅས་ཀྱིས་ནོར་གྱི་འཚོ་བཅུད་དགོས་མཁོ་སྐོང་ཐུབ་པའི་སྐབས་སུ། དེ་མཉམ་པའི་ཉིན་རེའི་གཟན་ཆག་གམ་ཕན་ནུས་ཀུན་ལྡན་གྱི་གཟན་ཆག་ཟེར་བ་ཡིན།

(གཉིས)མཉམ་སྡེབ་གཟན་ཆག

ཉིན་རེའི་གཟན་ཆག་ཁྲོད་དུ་གཟན་ཆག་གི་བསྡུར་ཚད་ལྟར་བཟོས་པའི་མཉམ་བསྲེས་གཟན་ཆག་འཕོར་ཆེན་ལ་མཉམ་སྡེབ་གཟན་ཆག་ཟེར།

(གསུམ)སྦྱོར་རྫའི་སྣོན་བསྲེས་གཟན་ཆག

རིགས་གཅིག་གམ་རིགས་མང་བའི་ཚད་ཤུང་གི་སྦྱོར་རྫའི་མ་བཅོས་རྒྱུ་ཆ(འཚོ་རྒྱུ་སྣ་ཚོགས་དང་ཚད་ཤུང་གཞི་རྒྱུ། འདྲེས་གྲུབ་ཀྱི་ཨེམ་ཅི་སོན། སྨན་རྫས་ཀྱི་སྦྱོར་རྫ་སོགས)དང་གར་སྣ་སྙོམས་རྫས་སམ་ཐེག་གཟུགས་དེ་བླང་བྱ་ལྟར་སྡེབ་ཚད་སྙོམས་པོར་མཉམ་བསྲེས་བྱས་ནས་གྲུབ་པའི་ཐོན་རྫས་ལ་སྦྱོར་རྫའི་སྣོན་བསྲེས་གཟན་ཆག་ཟེར་ཞིང་། བསྡུས་ན་སྣོན་བསྲེས་གཟན་ཆག་ཟེར། སྤྱིར་བཏང་གི་བླང་བྱ་ནི་དེ་མཉམ་སྡེབ་གཟན་ཆག་ནང་0.01%~5% སྣོན་དགོས། སྤྱིར་བཏང་དུ་ཆེས་མཐའ་མཇུག་གི་མཉམ་སྡེབ་གཟན་ཆག་ཐོན་རྫས་ཀྱི་སྤྱིའི་དགོས་མཁོ་གཞིར་འཛིན་ས་བྱས་པ་ལྟར་འཆར་འགོད་བྱས་པ་དང་། རྒྱུན་དུ་དེར་མཉམ་སྡེབ་གཟན་ཆག་གི་སྲོག་ཤིང་ཟེར་བ་ཡིན།

(བཞི)གར་བཟོས་གཟན་ཆག

སྦྱོར་རྫའི་སྣོན་བསྲེས་གཟན་ཆག་དང་སྤྲི་དཀར་རྫས། རྒྱུན་ཚད་གཏེར་རྫས་གཟན་ཆག(ཀའེ་དང་ལྷིན། བཟའ་ཚྭ)བསྡེབས་ནས་གྲུབ་པའི་མཉམ་སྡེབ་གཟན་ཆག་གི་ཁྱེད་གྲུབ་ཐོན་རྫས་ཡིན། གར་བཟོས་གཟན་ཆག་གི་འཚོ་བཅུད་གྲུབ་ཆ་འདུས་པའི་གར་ཚད་ཤིན་ཏུ་མཐོ་བ་ཡིན། གྲུབ་ཆ་འགའ་ཤས་ཕལ་ཆེར་

ཕན་ནུས་ཀུན་ལྡན་གྱི་མཉམ་སྦྱིབ་གཟན་ཆག་གི་ལྡབ 2.5 ~5ཡིན། འོན་ཀྱང་ངེས་པར་དུ་བསྒྱུར་ཚད་ངེས་ཅན་ལྟར་ནུས་ཚད་གཟན་ཆག་དང་མཉམ་དུ་བསྡེབས་རྫེས་ད་གཟོད་གཞི་ནས་ཕན་ནུས་ཀུན་ལྡན་གྱི་མཉམ་སྦྱིབ་གཟན་ཆག་གམ་གཟན་ཆག་ཞིབ་མོའི་ཁ་གསབ་གཟན་ཆག་ཏུ་གྲུབ་པ་ཡིན། སྤྱིར་བཏང་དུ་ཕན་ནུས་ཀུན་ལྡན་གྱི་མཉམ་སྦྱིབ་གཟན་ཆག་ཁྲོད 20% ~40%ཡི་བསྒྱུར་ཚད་ཟིན་པ་ཡིན།

(ལྔ)ཕན་ནུས་ཀུན་ལྡན་གྱི་མཉམ་སྦྱིབ་གཟན་ཆག

ནུས་ཚད་གཟན་ཆག (60%~80%ཟིན) དང་གར་བཟོས་གཟན་ཆག་བསྡེབས་ནས་གྲུབ་པ་ཡིན། དེས་ཕྱུགས་ཡོངས་ནས་སྒོ་ཕྱུགས་དང་ཁྱིམ་བྱའི་འཚོ་བཅུད་དགོས་མཁོ་སྐོང་ཐུབ་པ་མ་ཟད། ད་དུང་ཐད་ཀར་སྒོ་ཕྱུགས་དང་ཁྱིམ་བྱར་སྟེར་གསོ་བྱེད་ཆོག

(དྲུག)གཟན་ཆག་ཞིབ་མོའི་ཁ་གསབ་གཟན་ཆག

གཙོ་བོར་ནུས་ཚད་གཟན་ཆག་དང་སྤྲི་དཀར་རྫས་ཀྱི་གཟན་ཆག གཉེར་རྫས་ཀྱི་གཟན་ཆག་སོགས་ཀྱིས་གྲུབ་པའི་མཉམ་སྦྱིབ་གཟན་ཆག་རིགས་ཤིག་ཡིན་ཞིང་། ནོར་དང་ལུག་སོགས་རྩྭ་གཟན་གྱི་སྒོ་ཕྱུགས་ལ་གཟན་ཆག་ཁྲོད་གསོ་བཅུད་མི་འདང་བ་ཁ་གསབ་བྱེད་པར་བཀོལ་བ་ཡིན།

གཉིས། ཉིན་རེའི་གཟན་ཆག་སྦྱིབ་པའི་གཙོ་གནད།

སྐམས་ཀྱི་གཟན་ཆག་སྦྱིབ་པའི་སྐབས་སུ་གཟན་ཆག་ནི་རིགས་གསུམ་དུ་དགར་ཆོག་སྟེ། གཟན་ཆག་ཞིབ་མོ་དང་གཟན་ཆག་རྩིང་པོ། ཁ་གསབ་གཟན་ཆག་བཅས་ཡིན།

(གཅིག)གསོ་ཚགས་ཀྱི་ཚད་གཞི་ལྟར་འཚོ་བཅུད་དམིགས་ཚད་གཏན་འཁེལ་བྱེད་པ།

ཉིན་རེའི་གཟན་ཆག་སྤེལ་སྐབས་ངེས་པར་དུ་སྒོ་ཕྱུགས་དང་ཁྱིམ་བྱའི་རིགས་དང་རིགས་རྒྱུད། ཕོ་མོ། ལོ་ཚོད། ལུས་ཀྱི་ལྗིད་ཚད། ཐོན་སྐྱེད་ཀྱི་སྤྱོད་སྒོ། ཐོན་སྐྱེད་ཀྱི་ཆུ་ཚད་སོགས་དང་མཐུན་པའི་གསོ་ཆགས་ཀྱི་ཚད་གཞི་བདམས་ཏེ་འཚོ་བཅུད་ཀྱི་དགོས་མཁོའི་དམིགས་ཚད་གཏན་འཁེལ་བྱེད་དགོས། དེའི་རྨང་གཞིའི་སྟེང་ནས་དུས་ཐུང་གི་གསོ་ཆགས་བྱས་པའི་ལག་ལེན་ཁྲོད་ནས་སྒོ་ཕྱུགས་དང་ཁྱིམ་བྱའི་སྐྱེ་འཚར་དང་གཤིས་ནུས་ཀྱིས་ཚུར་སྣང་བྱས་པའི་གནས་ཚུལ་གཞིར་བཟུང་སྟེ་འོས་འཚམ་གྱིས་ལེགས་སྒྲིག་བྱེད་དགོས། གལ་ཏེ་ཉིན་རེའི་གཟན་ཆག་གི་འཚོ་བཅུད་ཆུ་ཚད་ཅུང་མཐོ་དྲགས་ན་གནས་ཚུལ་དང་གཞིགས་ཏེ་ཇེ་དམའ་རུ་གཏོང་བ་དང་། དེ་ལས་ལྡོག་ཚེ་འོས་འཚམ་གྱིས་ཇེ་མཐོར་བཏང་ཆོག

(གཉིས)འཚོ་བཅུད་ཀྱི་ཕྱོགས་ཡོངས་དང་དོ་མཉམ་ལ་དོ་སྣང་བྱེད་པ།

ཐོག་མར་ངེས་པར་དུ་སྒོ་ཕྱུགས་དང་ཁྱིམ་བྱའི་ནུས་ཚད་ཀྱི་རེ་འདུན་སྐོང་བ་དང་། དེའི་འཕྲོ་ནས་སྤྲི་དཀར་རྫས་དང་ཨེམ་ཅི་སོན། གཏེར་རྫས། འཚོ་རྒྱུ་སོགས་ཀྱི་དགོས་མཁོ་ལ་བསམ་བློ་གཏོང་བ་མ་ཟད་ནུས་ཚད་སྤྲི་དཀར་རྫས་ཀྱི་བསྡུར་ཚད་དང་། ནུས་ཚད་དང་ཨེམ་ཅི་སོན་གྱི་བསྡུར་ཚད་ལ་དོ་སྣང་བྱས་ཏེ་གསོ་ཆགས་དམིགས་ཚད་ཀྱི་ཁྲང་བྱར་མཐུན་པ་བྱེད་དགོས།

(གསུམ)ཉིན་རེའི་གཟན་ཆག་གི་རྒྱུ་ཕྲུས་ལ་དོ་སྣང་བྱེད་པ།

ཉིན་རེའི་གཟན་ཆག་གམ་གཟན་འབྲུ་སྤེལ་སྐབས་སྒོ་ཕྱུགས་དང་ཁྱིམ་བྱའི་འཚོ་བཅུད་དགོས་མཁོ་སྐོང་དགོས་ལ། དེའི་ཁ་ལ་འགྲོད་པའི་རང་བཞིན་དང་བཅུད་སྦྱོར་ལུས་གསོ་རང་བཞིན་ལའང་བསམ་གཞིག་བྱེད་དགོས། ལྷག་པར་དུ་སོན་བཀོལ་སྒོ་ཕྱུགས་དང་རྒྱུད་སྤེལ་མོ་ཕྱུགས། ཕྱུགས་ཕྲུག་བཅས་ལ་ལྷག་ཏུ་དེ་ལྟར་ཡིན། གདམ་བཀོལ་བྱེད་པའི་གཟན་ཆག་གི་རྒྱུ་ཕྲུས་ལེགས་པ་དང་

དུག་མེད་པ། གནོད་པ་མེད་པ། དངོས་རྫས་གཞན་མི་འདྲེས་པ། ཀླམ་ཆགས་མེད་པ། བརྫད་སྐྱོན་མེད་པ་སོགས་ལ་ཁག་ཐེག་བྱེད་དགོས་ཤིང་། ལྷག་པར་དུ་རང་རྒྱལ་གྱི་གཟན་ཆག་རྒྱུ་ཕྱུས་ཀྱི་ཚད་གཞི་དང་འཕྲོད་བསྟེན་ཚད་གཞི་དང་མཐུན་པ་ཡིན་དགོས།

(བཞི)གཟན་ཆག་ནི་ལུགས་མཐུན་གྱིས་སྟེབ་སྦྱོར་བྱེད་དགོས།

ཉིན་རེའི་གཟན་ཆག་ནི་གཟན་ཆག་སྣ་མང་གདམ་བཀོལ་བྱས་ཏེ་མཉམ་དུ་སྟེབ་དགོས་པ་དང་། ཁ་ལ་འཕྲོད་པའི་རང་བཞིན་བཟང་བ་དང་འཇུ་ཚད་མཐོ་བ། གཟན་ཆག་སྣ་རྐྱང་ཡིན་པ་དང་འཚོ་བཅུད་འཐུས་ཚང་མིན་པ་ལ་གཡོལ་དགོས། གཟན་ཆག་ཞིབ་མོ་དང་རྩིང་པོ་དབར་གྱི་བསྒྱུར་ཚད་ལ་དོ་སྣང་བྱེད་དགོས། སྐམས་ནི་རྩྭ་གཟན་སྒོ་ཕྱུགས་ཡིན་པས་ཚད་ངེས་ཅན་གྱི་ཚོ་སྣ་རྩིང་པོ་ཟོས་ན་ད་གཟོད་རྒྱུན་ལྡན་གྱི་འཇུ་ནུས་ལ་ཁག་ཐེག་བྱེད་ཐུབ།

(ལྔ)གཟན་ཆག་གི་གྲུབ་ཆ་དང་འཚོ་བཅུད་རིན་ཐང་རེའུ་མིག་གི་གདམ་བཀོལ།

གཟན་ཆག་གི་གྲུབ་ཆར་ཁག་ཐེག་དང་འཚོ་བཅུད་རེའུ་མིག་གིས་བཀོལ་བའི་མ་བཅོས་རྒྱུ་ཆའི་འཚོ་བཅུད་ཀྱི་གྲུབ་ཆའི་འདུས་ཚད་ཇི་བཞིན་དུ་མཚོན་པའི་ཆེད་དུ་ཐོག་མར་ས་དེ་གའམ་རང་བྱུང་ཆ་རྐྱེན་ཉེ་མཚུངས་ཡིན་པའི་ས་ཆའི་གཟན་ཆག་གི་གྲུབ་ཆའི་རེའུ་མིག་བཀོལ་དགོས།

(དྲུག)གདམ་བཀོལ་བྱེད་པའི་གཟན་ཆག་ནི་འགྲོ་སྒོ་ཆུང་ཞིང་སྤྱོད་སྒོ་ཆེ་བ་ཞིག་ཡིན་དགོས།

སྐམས་ཐོན་སྐྱེད་ཁྲིད་གཟན་ཆག་གི་འགྲོ་གྲོན་གྱིས་བསྒྱུར་ཚད་ཆེན་པོ་ཞིག་ཟིན་པས། ཉིན་རེའི་གཟན་ཆག་སྟེབ་སྐབས་ཡུལ་བབ་དུས་བབ་དང་བསྟུན་ཞིང་རྩིས་རྒྱག་ཞིབ་ཙིང་ཕྲ་བ་དང་གཟན་ཆག་སྤྱོད་མཁས་བྱས་ཏེ། གང་

ནུས་ཀྱིས་འཚོ་བཅུད་ཕུན་སུམ་ཚོགས་ཤིང་རྒྱུ་སྤྲུས་གཏན་འཛུགས་ཡིན་པ། རིན་གོང་དམའ་བ། ཐོན་ཁུངས་འཕེལ་པོ་ཡིན་པ། ས་དེ་ག་ནས་ཐོན་པའི་གཟན་ཆག་གདམ་བཀོལ་བྱེད་དགོས་ལ། ཞིང་ཞོར་ཐོན་རྫས་ཀྱི་བསྡུར་ཚད་ཇེ་ཆེར་གཏོང་དགོས་ཏེ་དཔེར་ན་མ་རྗེས་ལོ་ཏོག་གི་སྐྱེ་རྩའི་སྦུ་གུའི་བག་ཟན་དང་འབྲུ་རིགས་ཀྱི་སྦྲང་མ་སོགས་བཀོལ་ཏེ་མ་རྗེས་ལོ་ཏོག་སོགས་ནུས་ཚད་གཟན་ཆག་ཁག་ཅིག་གི་ཚབ་བྱེད་པ་དང་། དུག་བཏོན་འབབ་ཆའམ་འབབ་སྙིགས་དང་འབྲུ་སུ་ཧྲང་གི་ཕྱེ་མ་སོགས་བེད་སྤྱོད་དེ་སྤྲན་ཆེན་གྱི་བག་ཟན་དང་ཉ་ཕྱེ་སོགས་རིན་གོང་མཐོ་བའི་སྤྲི་དཀར་རྫས་ཀྱི་གཟན་ཆག་ཁག་ཅིག་གི་ཚབ་བྱེད་དགོས་ཤིང་། གཟན་ཆག་གི་ཐོན་ཁུངས་གང་ལེགས་ཀྱིས་བེད་སྤྱོད་དེ་གཟན་ཆག་གི་མ་རྩ་ཇེ་དམའ་རུ་གཏོང་བ་མ་ཟད་དཔལ་འབྱོར་གྱི་ཕན་འབྲས་ཆེས་བཟང་བ་འཐོབ་པར་བྱ་དགོས།

གསུམ། ཉིན་རེའི་གཟན་ཆག་སྡེབ་སྟངས་རྩིས་རྒྱག་ཐབས།

སྐམས་ཀྱི་ཉིན་རེའི་གཟན་ཆག་གི་སྡེབ་སྦྱོར་རྩིས་རྒྱག་པའི་སྔོན་ལ། ཐོག་མར་སྐམས་ཀྱི་ལུས་པོའི་ལྗིད་ཚད་དང་ཟས་བཟའ་ཚད། ཉིན་རེའི་ལྗིད་ཚད་འཕར་ཚད་བཅས་རྒྱུས་ལོན་བྱེད་དགོས་ཤིང་། དེ་རྗེས་སྐམས་ཀྱི་གསོ་ཚགས་ཚད་གཞིའི་ཁྲིད་ནས་ཉིན་རེར་ནོར་རེའི་འཚོ་བཅུད་དགོས་མཁོའི་ཚད་འཚོལ་བ་དང་། དེ་ནས་སྐམས་ཀྱི་རྒྱུན་བཀོལ་གཟན་ཆག་གི་གྲུབ་ཆ་དང་འཚོ་བཅུད་རིན་ཐང་རེའུ་མིག་ཁྲིད་ནས་ད་ཡོད་གཟན་ཆག་གི་འཚོ་བཅུད་གྲུབ་ཆ་རྩད་གཅོད་ཅིང་། འཚོ་བཅུད་གྲུབ་ཆ་གཞིར་བཟུང་ནས་རྩིས་བརྒྱབ་སྟེ་ལུགས་མཐུན་གྱིས་སྡེབ་སྦྱོར་བྱེད་དགོས། སྐམས་ཀྱི་ཉིན་རེའི་གཟན་ཆག་གི་སྡེབ་སྟངས་རྩིས་རྒྱག་ཐབས་མང་པོ་ཡོད་ཅིང་། དེའི་ནང་ཆེས་རྒྱུན་བཀོལ་ནི་གཏད་ཟུར་ཐིག་རྩིས་རྒྱག་ཐབས་དང་བརྟག་བསྡུར་ཐབས་ཡིན་པ་རེད། འོན་ཀྱང་ཉེ་བའི་ལོ་ཤས་ནང་

རྩིས་འཁོར་གྱི་ཡང་དག་ཅིང་བདེ་མྱུར་གྱི་རྒྱུན་པས་ཆེད་སྤྱོད་ཀྱི་སློབ་སྦྱོར་མཉེན་ཆས་བཀོལ་ནས་ཉེན་རེའི་གཟན་ཆག་སློབ་པ་དང་རྩིས་རྒྱག་པའང་བསྟོད་ཀྱིན་བསྟོད་ཀྱིན་ཁྱབ་གདལ་དུ་བྱུང་ཡོད།

ད་ལྟ་ཚོང་རའི་ནང་ཆེད་སྤྱོད་ཀྱི་གཟན་ཆག་སློབ་སྦྱོར་མཉེན་ཆས་ཡོད་ཅིང་། གཞི་གྲངས་ཀྱི་ཚད་ཆེ་ཞིང་རྩིས་རྒྱག་མྱུར་ཚད་མགྱོགས་པ། བཀོལ་སྤྱོད་སྟབས་བདེ་བ་ཡིན། གཟན་ཆག་སློབ་སྦྱོར་མཉེན་ཆས་ཀྱི་བཀོལ་སྤྱོད་བྱེད་ཐབས་ནི་དེའི་བཀོལ་སྤྱོད་གསལ་བཤད་གཞིར་བཟུང་སྟེ་བཀོལ་སྤྱོད་བྱེད་དགོས་ལ། དེའི་གོ་རིམ་གཤམ་ལྟར།

1.གཟན་ཆག་གི་རིགས་གཏན་ལ་འབེབས་པ། གཟན་ཆག་གི་ཐོན་ཁུངས་དང་མཛོད་ཉར་གྱི་གནས་ཚུལ། ཁྲིམ་རའི་རིན་གོང་གནས་ཚུལ། སྒོ་ཕྱུགས་དང་ཁྱིམ་བྱའི་རིགས་དང་ལུས་ཁམས་ཀྱི་དུས་རིམ་མི་འདྲ་བ། ཐོན་སྐྱེད་དམིགས་ཡུལ་དང་ཐོན་སྐྱེད་གཤིས་ནུས་མི་འདྲ་བ་སོགས་གཞིར་བཟུང་སྟེ་བཀོལ་བའི་གཟན་ཆག་གི་མ་བཙོས་རྒྱུ་ཆའི་རིགས་གཏན་ལ་འབེབས་དགོས།

2.འཚོ་བཅུད་ཀྱི་དམིགས་ཚད་གཏན་ལ་འབེབས་པ། སྒོ་ཕྱུགས་དང་ཁྱིམ་བྱའི་རིགས་དང་ལུས་ཁམས་ཀྱི་དུས་རིམ་མི་འདྲ་བ། ཐོན་སྐྱེད་དམིགས་ཡུལ་དང་ཐོན་སྐྱེད་གཤིས་ནུས་མི་འདྲ་བ་སོགས་གཞིར་བཟུང་སྟེ་འཚོ་བཅུད་དམིགས་ཚད་ཀྱི་དགོས་མཁོའི་ཚད་གཏན་འཁེལ་བྱེད་དགོས། མཐོ་དམའ་ཡི་ཚད་ལ་(མཐོ་བ་དང་དམའ་བའི་ཚད་བཀག་ཁོ་ན་ཡོད་པ)ཚད་བཀག་ཅན་གྱི་དམིགས་ཚད་ནི་རྩིས་རྒྱག་པའི་ནང་འཇུག་ཚོག་པ་དང་། གཞན་པའི་གཙོ་བོ་མིན་པའི་དམིགས་ཚད་ནི་ཚད་བཀག་མེད་པའི་རྩིས་རྒྱག་ནང་བཅུག་སྟེ་དམིགས་ཚད་གཙོ་བོའི་ཚད་གཞི་སྐོང་པ་དང་དོ་མཉམ་ལ་ཁག་ཐེག་བྱེད་དགོས།

3.གཟན་ཆག་གི་འཚོ་བཅུད་གྲུབ་ཆའི་རེའུ་མིག་ལ་བལྟ་བ། རབ་ཡིན་ན

གཟན་ཆག་སྣ་ཚོགས་ཀྱི་དངོས་དཔེ་སླངས་ཏེ་དབྱེ་ཞིབ་བྱས་རྗེས། འཚོ་བཅུད་གྲུབ་ཆའི་རེའུ་མིག་ལ་བལྟས་ཏེ་ནང་འཇུག་བྱེད་པའི་འཚོ་བཅུད་ཀྱི་འདུས་ཚད་རིན་ཐང་གཏན་འཁེལ་བྱེད་དགོས།

4. གཟན་ཆག་གི་བཀོལ་ཚད་ཁྱབ་ཁོངས་གཏན་འཁེལ་བྱེད་པ། གཟན་ཆག་གི་འབྱུང་ཁུངས་དང་མཛོད་ཉར། རིན་གོང་། ཁ་ལ་འགྲོད་པའི་རང་བཞིན། འཇུ་བའི་ཁྱད་ཆོས། འཚོ་བཅུད་ཁྱད་ཆོས། དུག་རྒྱུ་ཡོད་མེད། སྒོ་ཕྱུགས་དང་ཁྱིམ་བྱའི་རིགས་དང་ལུས་ཁམས་ཀྱི་དུས་རིམ། ཐོན་སྐྱེད་གཤིས་ནུས་སོགས་ཀྱི་གནས་ཚུལ་གཞིར་བཟུང་སྟེ་ངེས་པར་དུ་གཟན་ཆག་འགའ་ཤས་ཀྱི་བཀོལ་ཚད་གཏན་ལ་འབེབས་དགོས་ཏེ། དེ་ལྟར་མིན་ཚེ་གཟན་ཆག་གང་ལེགས་དང་ལུགས་མཐུན་གྱིས་གདམ་བཀོལ་བྱེད་པར་ཤུགས་རྐྱེན་བཟོ་སྲིད་པ་ཡིན།

5. གཟན་ཆག་གི་མ་བཅོས་རྒྱུ་ཆའི་རིན་གོང་རྩད་ཆོད་མཐའ་གསལ་བྱེད་པ།

6. གོ་རིམ་སོ་སོ་བརྗོད་པའི་གཞི་གྲངས་རེ་རེ་བཞིན་རྩིས་འཁོར་ནང་འཇུག་པ།

7. སྡེབ་སྦྱོར་རྩིས་རྒྱག་གི་གོ་རིམ་ལྟར་མཇུག་འབྲས་རྩི་བ།

8. རྩིས་འཁོར་གྱིས་དཔར་དུ་བཏབ་པའི་སྡེབ་སྦྱོར་ལ་ཞིབ་བཤེར་བྱས་ཏེ་ཕུགས་རེ་མིན་པའི་བཀག་སྡོམ་ཆ་རྐྱེན་ནམ་ཚད་བཀག་གི་བཀོལ་ཚད་སོགས་མཇུག་འབྲས་བཟོ་བཅོས་བྱེད་པ་དང་། དེ་ལས་འཚོ་བཅུད་དོ་མཉམ་པ་དང་རིན་གོང་དམའ་བའི་ཚན་རིག་གི་སྡེབ་སྟངས་ཤིག་འཐོབ་པར་བྱེད་དགོས།

བཞི། མཉམ་སྡེབ་གཟན་ཆག་གི་ལས་སྟོན།

མཉམ་སྡེབ་གཟན་ཆག་ནི་སྐམས་ཀྱི་རིགས་རྒྱུད་མི་འདྲ་བ་དང་སྐྱེ་འཚར་གྱི་དུས་རིམ་དང་ཐོན་སྐྱེད་ཚུ་ཚད་མི་འདྲ་བ་གཞིར་བཟུང་སྟེ་འཚོ་བཅུད་ཀྱི་གྲུབ་

ཆ་སྣ་ཚོགས་ཀྱི་དགོས་མཁོའི་ཚད་དང་། གཟན་ཆག་གི་ཐོན་ཁུངས་དང་རིན་གོང་གནས་ཚུལ་ཐིག་རིས་ལྟར་འཆར་འགོད་བྱེད་ཐབས་བརྒྱུད་དེ་དམིགས་སུ་བཀར་ནས་འཚོ་བཅུད་འཐུས་ཚང་དང་རིན་གོང་སླ་མོ་ཡིན་པའི་ཚན་རིག་གི་སྡེབ་སྟངས་བདམས་ཤིང་། གཟན་ཆག་རིགས་མང་པོ་བསྡུར་ཚད་ངེས་ཅན་ལྟར་བཟོ་ལས་ཐོན་སྐྱེད་ཀྱི་བཟོ་རྩལ་ལ་བརྟེན་ནས་ཤིན་ཏུ་སྙོམས་ཤིང་ཐད་ཀར་སྟེར་གསོ་བྱེད་ཚོག་པའི་ཚོང་རྫས་གཟན་ཆག་སྦྱོར་བཟོ་དང་ཐོན་སྐྱེད་བྱེད་པ་ཞིག་ཡིན། མཉམ་སྡེབ་གཟན་ཆག་ནང་འདུས་པའི་འཚོ་བཅུད་ཀྱི་གྲུབ་ཆའི་རིགས་དང་གྲངས་ཚད་ཚང་མས་སྤྲོག་ཆགས་སྣ་ཚོགས་ཀྱི་སྐྱེ་འཚར་དང་ཐོན་སྐྱེད་ཀྱི་དགོས་མཁོ་སྐོང་ཐུབ་ཅིང་། དེ་ཐོན་སྐྱེད་ཀྱི་ཆུ་ཚད་ངེས་ཅན་ཞིག་ཏུ་བསླེབ་པར་བྱེད་པ་ཡིན།

གཟན་ཆག་རིགས་སྣ་ཚོགས་མཉམ་དུ་བསྲེས་ཏེ་མཉམ་སྡེབ་གཟན་ཆག་བཟོ་བའི་དམིགས་ཡུལ་ནི་རིལ་བུའི་བོངས་ཚད་ཇེ་ཆུང་དུ་བཏང་སྟེ་ནོར་གྱིས་ཟས་ཡག་སྨྱུག་བྱེད་པ་འགོག་པ་ཡིན་ལ། དེའི་མཚུངས་སུ་རིལ་བུའི་ཚད་ཆུང་དྲགས་མི་རུང་བ་ལའང་མཉམ་འཛོག་བྱས་ཏེ་ཕོ་འབུར་གྱི་སྐྱུར་བསྐལ་ལ་ཤུགས་རྐྱེན་མི་ཐེབས་པ་བྱེད་དགོས།

ལེའུ་དྲུག་པ། སྐམས་ཀྱི་གསོ་ཚགས་དོ་དམ།

ས་བཅད་དང་པོ། བེའུའི་གསོ་ཚགས་དོ་དམ།

གཅིག བེའུའི་འཇུ་བྱེད་ཀྱི་ལུས་ཁམས་ཁྱད་ཆོས།

སྐྱེས་རྗེས་ཀྱི་ཐོག་མའི་གཟའ་འཁོར 3ཀྱི་བེའུ་ལ་མཚོན་ན་ཕོ་འབུར་དང་གྲོད་པ། སྣུལ་མང་བཅས་ཚང་མ་འཚར་སྐྱེ་བྱུང་བ་ཆ་ཚང་མིན། དུས་སྐབས་འདིར་བེའུའི་ཕོ་འབུར་ཡང་ཕོ་བ་ཆུང་ཆེན་པོ་ཞིག་ཡིན་མོད། ཡིན་ནའང་དེར་འཇུ་བའི་བྱེད་ནུས་གང་ཡང་མི་ལྡན་པ་ཡིན། འོ་མ་ནི་མིད་པའི་སྐབས་ཡུར་བརྒྱུད་དེ་ཐད་ཀར་སྣུལ་མང་ནང་སོང་རྗེས་འཇུ་བ་ཡིན། བེའུའི་གྲོད་ཆེན་གྱིས་ཕོ་བ་སྤྱིའི་ཤོང་ཚད་ཀྱི 70%ཟིན(ནོར་དར་མའི་གྲོད་ཆེན་གྱིས་ཕོ་བ་སྤྱིའི་ཤོང་ཚད་ཀྱི 8%མ་གཏོགས་མི་ཟིན)པ་ཡིན། འོ་མ་གྲོད་ཆེན་ནང་བསླེབས་དུས་གྲོད་ཆེན་གྱིས་ཟགས་ཐོན་བྱས་པའི་འོ་མའི་འཁེང་རྫེ་ཡིས་འོ་མ་འཇུ་བར་བྱེད་པ་ཡིན། བེའུ་གཟའ་འཁོར 3ཀྱི་ན་ཚོད་སྐབས་ནས་བཟུང་རྩྭ་སྐམ་དང་ལོ་ཏོག སྡོ་བསྐལ་གཟན་ཆག་སོགས་བལྟད་ནས་ཐྲོ་བ་སྒྲོང་མགོ་བརྩམས་ཤིང་། ཕོ་འབུར་ནང་གི་སྐྱེ་དངོས་ཕྲ་རབ་ཀྱི་མ་ལག་གྲུབ་མགོ་བརྩམས་པ་དང་། ནང་ལྡེབས་ཀྱི་ནུ་མགོ་ལྟ་བུའི་འབུར་པོ་རིམ་བཞིན་འཚར་སྐྱེ་བྱུང་སྟེ་ཕོ་འབུར་དང་གྲོད་པ་རྗེ་ཆེར་འགྲོ་བའི་མགོ་བརྩམས་པ་ཡིན། ཕོ་འབུར་འཚར་ལོངས་བྱུང་བ་དང་བསྟུན་ནས་བེའུས་འོ་མ་མ་ཡིན་པའི་གཟན་ཆག་འཇུ་བའི་ནུས་པ་རིམ་བཞིན་རྗེ་དྲག་ཏུ་གྱུར་

ཅིང་། ད་གཟོད་ནོར་དར་མ་དང་མཚུངས་པར་ལྡད་རྒྱག་སྲོག་ཆགས་ཀྱི་འཇུ་སྟོབས་ལྡན་པ་ཡིན།

གཉིས། བེའུའི་གསོ་ཚགས་དོ་དམ།

(གཅིག)སྲི་མའི་དུས་སྐབས་ཀྱི་གསོ་ཚགས་དོ་དམ།

1.སྲི་མའི་དུས་སྐབས་ཀྱི་གསོ་ཚགས། བེའུ་ཕོག་མར་སྐྱེས་རྗེས། དེའི་འཚོ་བའི་ཁོར་ཡུག་ལ་འགྱུར་ལྡོག་ཆེན་པོ་བྱུང་ཡོད། སྐབས་དེའི་བེའུའི་ སྲུང་སྐྱབ་དབང་པོ་འཚར་ལོངས་འཕྲུས་ཚང་བྱུང་མེད་ཅིང་ཕྱི་རོལ་ཁོར་ཡུག་ལ་འཕྲོད་པའི་ནུས་ཤུགས་ཤིན་ཏུ་ཞན་པ་ཡིན། དེའི་ཁར་ཕོ་རྒྱུའི་ནང་སྟོང་པ་ཡིན་ཞིང་ཟགས་ཕོན་གྱི་ཚུར་སྣང་མེད་པ། སྲི་དཀར་རྩབས་དང་འོ་མའི་འཁེང་རྩི་ཡང་དེ་འདྲའི་འབྲུག་པོ་མིན་པ་དང་། གྲོད་ཆེན་དང་རྒྱུ་མའི་ནང་ལྷེབས་ན་འབྱར་ཁུ་མི་ལྡན་པས་ནད་གཞིའི་སྐྱེ་དངོས་ཕྲ་རབ་ཀྱིས་བརྒོལ་སླ་ཞིང་ཟུངས་ཁྲག་ནང་འཛུལ་ཏེ་ནད་སློང་བར་བྱེད་པ་ཡིན། དེ་བས་བེའུ་ལ་སྐྱ་མོ་ནས་སྲི་མ་འཕྲུང་དུ་འཇུག་དགོས་པ་མ་ཟད་སྲི་མ་ལེགས་པོ་ཞིག་འཕྲུང་དུ་འཇུག་དགོས།

མོ་ཟོག་གིས་སྐྱེས་རྗེས་ཀྱི་གཟའ་འཁོར་1གི་ཚུན་དུ་ཟགས་པའི་འོ་མར་སྲི་མ་ཟེར་བ་དང་། སྲི་མའི་ནང་དུ་ཕྲ་སྲིན་ཞུ་རྩི་དང་དུག་སྲིན་འགོག་རྫས་སྲི་དཀར་རྫས་འདུས་ཤིང་། ཤིན་ཏུ་ལེགས་པར་ནད་འགོག་ནུས་པ་མཐོར་འདེགས་གཏོང་བའི་བྱེད་ནུས་ལྡན་པ་ཡིན། བེའུ་སྐྱེས་རྗེས་མགྱོགས་པོར་སྲི་མ་འཕྲུང་དུ་འཇུག་དགོས། སྤྱིར་བཏང་བེའུ་སྐྱེས་རྗེས་དུས་ཚོད0.5~1གི་ནང་དུ་རང་འགུལ་གྱིས་ལངས་ཐུབ། སྐབས་འདིར་བེའུ་མོ་ཟོག་གི་གམ་དུ་དྲངས་ཏེ་ཨ་མའི་ནུ་མ་བཙལ་ནས་ནུ་ནུ་འཇུག་དགོས། གལ་ཏེ་དཀའ་ངལ་ཡོད་ན་མིའི་རམ་འདེགས་ལ་བརྟེན་ནས་ནུ་མ་ལྡུད་དགོས། གལ་སྲིད་མོ་ཟོག་བདེ་ཐང་ཡིན་ཞིང་ནུ་མར་ནད་མེད་ན་བེའུར་ཐད་ཀར་དུ་ཨ་མའི་ནུ་མ་ནུ་རུ་འཇུག་ལ། མོ་ཟོག་དང་བསྟུན་ནས

རང་ཤུགས་སུ་ནུ་རུ་འཇུག་དགོས།

མིའི་རྩོལ་བ་ལ་བརྟེན་ནས་ནུ་མ་སྟུན་སྐབས། བེའུ་གསོ་ཚགས་བྱེད་པའི་ཁོར་ཡུག་དང་བཀོལ་སྤྱོད་བྱེད་པའི་ཡོ་བྱད་ངེས་པར་དུ་འགྲོད་བསྙེན་གྱི་ཆ་རྐྱེན་དང་འཚམ་དགོས་ཤིང་། སྤྲི་མ་ལྡུད་ཐེངས་རེའི་ཚད་ནི་བེའུའི་ལུས་ཀྱི་ལྗིད་ཚད་ཀྱི་5%ལས་བརྒལ་མི་རུང་བ་དང་། ཉིན་རེར་སྟོང་ཁེ6~8བྱས་ཏེ་ཐེངས3~5ལ་བགོས་ཏེ་ལྡུད་དགོས།

2.སྤྲི་མའི་དུས་སྐབས་ཀྱི་དོ་དམ།

(1)གསར་དུ་སྐྱེས་པའི་བེའུ་ཡི་བདག་སྐྱོང་བྱ་བ་ལེགས་པོར་སྒྲུབ་པ། བེའུ་སྐྱེས་རྗེས་གལ་ཏེ་དབུགས་འབྱིན་རྔུབ་མི་བྱེད་པའམ་དབུགས་འབྱིན་རྔུབ་ལ་དཀའ་ཁག་ཡོད་ཚེ་རྒྱུན་དུ་སྐྱིད་དཀའ་བ་དང་འབྲེལ་བ་ཡོད་པ་ཡིན་པས། ངེས་པར་དུ་སྔོན་ལ་བེའུ་ཡི་ཁ་དང་སྣ་ནང་གི་བེ་སྣབས་གཙང་སེལ་བྱས་ཏེ་བེའུའི་མགོ་བོ་ལུས་ཀྱི་ཁག་གཞན་ལས་དམའ་བར་བྱེད་པའམ་ཡང་ན་མགོ་མཇུག་ཕྱིར་དུ་བསློགས་ནས་སྐར་ཆ་འགར་བཏེགས་ཏེ་འབྱར་ཁྲུ་ཕྱིར་བཞུར་དུ་འཇུག་པ་དང་། དེ་རྗེས་མིའི་ཐབས་ཀྱིས་བེའུ་ལ་དབུགས་འབྱིན་རྔུབ་བྱེད་དུ་འཇུག་དགོས།

(2)སྐྱེས་རྗེས་ཀྱི་བེའུ་ལ་དུས་ཐོག་ཏུ་སྤྲི་མ་ལྡུད་དགོས། ཉིན་རེར་ཐེངས5~7དང་། ཐེངས་རེར་སྟོང་ཁེ1.5~1.7ལྡུད་དགོས།

(3)གསར་དུ་སྐྱེས་པའི་བེའུར་ཆེས་འཚམ་པའི་ཕྱི་རོལ་གྱི་དྲོད་ཚད་ནི15℃ཡིན། དེ་བས་དྲོད་སྲུང་བ་དང་རླུང་རྒྱ་བ། འོད་ཐོག་པ། གསོ་ཁང་ལེགས་པ་བཅས་ཀྱི་ཆ་རྐྱེན་མཁོ་སྤྲོད་བྱེད་དགོས།

(4)བེའུ་གསོ་ཚགས་བྱེད་པའི་བརྒྱུད་རིམ་ཁྲོད་ཅིས་ཀྱང"ངེས་གཏན་བཞི"སྒྲུབ་དགོས། གཅིག་ནི་རྒྱུ་ཕྱུས་ངེས་གཏན་བྱེད་དགོས། བེའུར་ལྡུད་པའི་འོ་མ་ངེས་པར་དུ་ནོར་བདེ་ཐང་གི་འོ་མ་ཡིན་དགོས་ཤིང་། རྒྱུ་ཕྱུས་ངན་པ་

དང་རུལ་བའི་འོ་མར་འཛོམ་དགོས་ལ། ཉུ་མའི་གཤེར་རྨེན་གྱི་གཉན་ཚད་ཡོད་པའི་ནོར་གྱི་འོ་མའང་ལྷུད་མི་རུང་། གཉིས་ནི་ཚད་ངེས་གཏན་ཡིན་དགོས་ཏེ། ལུས་པོའི་ལྗིད་ཚད་ཀྱི 8%~10%ལ་གཏན་འཁེལ་བྱེད་དགོས། གསུམ་ནི་དུས་ཚོད་གཏན་འཁེལ་བྱེད་དགོས། འོ་མ་ལྷུད་པའི་དུས་ཚོད་གཏན་འཁེལ་བྱས་ཏེ་གཟབ་ནན་གྱིས་བརྩི་སྲུང་བྱེད་དགོས་ཤིང་། སྔ་དྲགས་པའམ་འཕྱི་དྲགས་མི་རུང་། བཞི་ནི་དྲོད་ཚད་གཏན་འཁེལ་བྱེད་པ། དེ་ནི་ལྷུད་པའི་འོ་མའི་དྲོད་ཚད་ལ་སྟོན་པ་སྟེ་དབྱར་ཁར 34 ~36℃དང་། དགུན་ཁར 36 ~38℃ལ་ཚོད་འཛིན་བྱེད་དགོས།

(5)བེའུའི་གྲོད་ཁོག་བཤལ་བ་འགོག་པ། གཅིག་ནི་བེའུ་ལ་འོ་མ་ལྷུད་སྐབས་དུས་ཚོད་ངེས་གཏན་དང་ཚད་ངེས་གཏན། དྲོད་ཚད་ངེས་གཏན་བཅས་བྱེད་དགོས་ཤིང་། གཉིས་ནི་ནམ་ཟླ་འཁྱག་དུས་སྣན་མཐུག་པོ་འདིང་ལ། སྣན་ནི་ངེས་པར་དུ་སྐམ་པོ་དང་དག་གཙང་། དྲོད་སྲུང་བ་བཅས་ཡིན་དགོས་པ་ལས་རླམ་ཆགས་པའམ་བརྫད་སྐྱོན་བཟོས་ཟིན་པའི་སྣན་བཀོལ་མི་རུང་། གསུམ་ནི་བཤལ་བའི་ནད་རྟགས་ཅན་གྱི་བེའུ་སོགས་སུ་བཀར་ཏེ་དུས་ཐོག་ཏུ་གསོ་བཅོས་བྱེད་པ་དང་། བཀོལ་བའི་གཟན་ཆག་ཞིབ་མོ་དང་རྙིང་པོ་ཚང་མ་གཙང་མ་ཡིན་པར་ཁག་ཐེག་བྱེད་དགོས་ལ། ཁོར་ཡུག་ལ་རྒྱུན་དུ་དུག་སེལ་བྱེད་དགོས།

(གཉིས)འོ་མ་རྒྱུན་ལྡན་སྐབས་ཀྱི་གསོ་ཚགས་དོ་དམ།

1.དུས་སྔ་མའི་གཟན་ཆག་གསབ་སྣོར། བེའུའི་སྐྱེ་འཚར་དང་མོ་ཟོག་གི་གཟུགས་གཞིའི་གནས་ཚུལ་གཞིར་བཟུང་སྟེ་བེའུར་འོས་འཚམ་གྱིས་གཟན་ཆག་གསབ་སྣོར་བྱེད་དགོས། དུས་མགོར་བེའུ་ལ་གཤམ་གྱི་རྩི་ཤིང་རང་བཞིན་གྱི་གཟན་ཆག་བཟའ་རུ་བཅུག་ཆེ་བེའུའི་འཚོ་བཅུད་དགོས་མཁོ་སྐོང་བར་ཕན་ལ། བེའུའི་དུས་སྔ་མའི་ཉུ་མ་མཚམས་འཇོག་པར་ཡང་ཕན་པ་ཡིན།

(1) རྩ་སྐམ། བེའུ་ནི་ཉིན 7~10 ཡི་ན་ཚོད་ནས་མགོ་བཟུང་སྟེ་རྩ་སྐམ་ཟ་བ་སྦྱོང་བརྡར་བྱེད་པ་སྟེ། འབྲུ་སུ་ཧྲང་དང་རི་སྐྱེས་ལྷུམ་བུ། སྔེ་ཅན་གཟན་རྩ་སོགས་ཕྲུས་ལེགས་རྩ་སྐམ་སྟེར་གསོ་བྱེད་ཆོག་པ་ཡིན། སྐྱེས་ནས་ཟླ 2ནང་ཚུད་ཀྱི་བེའུ་ལ་ལི་རྨིད 2ནང་ཚུད་དུ་གཏུབ་པའི་རྩ་སྐམ་སྟེར་གསོ་བྱེད་པ་དང་། སྐྱེས་ནས་ཟླ 2སོང་རྗེས་ཀྱི་བེའུ་ལ་ཐད་ཀར་གཏུབ་མེད་པའི་རྩ་སྐམ་སྟེར་གསོ་བྱེད་ཆོག་པ་ཡིན། མཉམ་བསྲེས་ཀྱི་རྩ་སྐམ་སྟེར་ཚེ་དེའི་ནང་གི་འབྲུ་སུ་ཧྲང་གིས 20% ཡན་ཟིན་དགོས་པའི་གྲོས་གཞི་འདོན་པ་ཡིན།

(2) གཟན་ཆག་ཞིབ་མོ། བེའུ་སྐྱེས་རྗེས་ཉིན 15 ~20 ཡི་ན་ཚོད་སྐབས་ནས་བཟུང་གཟན་ཆག་ཞིབ་མོ་བཟའ་བ་སྦྱོང་བརྡར་བྱེད་དགོས། བེའུར་གཟན་ཆག་སྟེབ་སྐབས་ཁ་ལ་འཁྱོད་པའི་རང་བཞིན་བཟང་ཞིང་ཚི་སྣ་ཅེང་པོའི་འདུས་ཚད་དམའ་ལ་ སྲི་དཀར་རྫས་ཀྱི་འདུས་ཚད་ཅུང་མཐོ་བའི་གཟན་ཆག་ཞིབ་མོ་གྲ་སྒྲིག་བྱེད་དགོས། དཔེར་ན་བཞོན་མའི་བེའུར་བཀོལ་བའི་འོ་ཚབ་གཟན་ཆག་དང་བེའུའི་གཟན་ཆག་རིལ་བུ། ཡང་ན་རང་ཉིད་ཀྱིས་ལས་སྣོན་བྱས་པའི་བེའུའི་གཟན་ཆག་རིལ་བུ་བཅས་ནི་ཉིན་རེའི་ནངས་དགོང་གཉིས་ལ་ཐེངས་རེ་སྟེར་དགོས། གཟན་ཆག་ཞིབ་མོ་ཐོག་མར་སྟེར་དུས། བེའུར་འོ་མ་བླུད་ཚར་རྗེས་བེའུའི་གཟན་ཆག་བེའུའི་མཆུ་ཏོ་ལ་བསྐུས་ཏེ་ལྷག་ཏུ་འཇུག་པ་དང་། ཉིན 2 ~3 སོང་རྗེས་བེའུ་ར་ནང་དུ་གཟན་ཆག་གི་སྣོད་བཞག་སྟེ་རང་དབང་དུ་ལྷག་ཏུ་འཇུག་དགོས། དུས་མགོར་བཟའ་ཚད་ཅུང་ཞུང་བས་གཟན་ཆག་ཞིབ་མོ་མང་དུ་འཇོག་མི་འོས་ལ། ཉི་མ་རེ་རེར་ངེས་པར་དུ་བརྗེས་ཏེ་གཟན་ཆག་དང་གཟན་སྣོད་ཀྱི་གསར་ཞིང་དག་གཙང་རྒྱུན་འཁྱོངས་བྱེད་དགོས། ཆེས་ཐོག་མར་བེའུ་རེ་ལ་ཉིན་རེར་གཟན་ཆག་ཕྱེ་མ་སྐམ་པོ་ཁེ 10~20 སྟེར་བ་དང་། ཉིན་འགའི་རྗེས་སུ་ཁེ 80~100 ལ་འཕར་ཆོག འཁྱོད་པར་གྱུར་ནས་དུས་གང་འཚམས་སོང་རྗེས་

མཉམ་བསྲེས་ཀྱི་གཟན་ཆག་སྣོན་པ་སྟེར་དགོས་ཏེ་གཟན་ཆག་ཕྱེ་མ་སྐམ་པོ་ཆུ་ཐོན་འཛམ་ནང་མཉམ་སྦྲོལ་བྱས་རྗེས་མངར་བསྒྱུར་བྱས་ཏེ་སྟེར་དགོས། གཟན་ཆག་སྣོན་པ་སྟེར་ཚད་ན་ཚོད་ཀྱི་ཉིན་གྲངས་འཕར་བ་དང་བསྟུན་ནས་རིམ་བཞིན་ཇེ་མང་དུ་བཏང་ཆོག

(3)ཕྱུ་མང་གཟན་ཆག　　སྐྱེས་རྗེས་ཀྱི་ཉིན་20ནས་བཟུང་སྟེ་མཉམ་བསྲེས་གཟན་ཆག་ཁྲིད་ཁེ་20~25ཡི་ལ་སེར་གཙབས་ནས་སྟོན་པ་དང་རྗེས་ནས་རིམ་བཞིན་ཇེ་མང་དུ་གཏོང་དགོས། ལ་སེར་མེད་དུས་མངར་ཚལ་དང་ནན་ཀྱ་སྟེར་ཆོག་ལ་འོན་ཀྱང་སྟེར་ཚད་གང་འཚམ་གྱིས་ཇེ་ཉུང་དུ་གཏོང་དགོས།

(4)སྦོ་བསྐལ་གཟན་ཆག　　ཟླ་2གྱི་ན་ཚོད་ནས་བཟུང་སྟེ་སྟེར་གསོ་བྱས་ཏེ་ཆེས་ཐོག་མར་ཉིན་རེར་ཁེ་100~150དང་། ཟླ་3གྱི་སྐབས་ཁེ་1.5~2.0སྟེར་ཆོག་ལ། ན་ཚོད་ཟླ་4~6ལ་ཐོན་དུས་ཁེ་4~5ལ་ཇེ་མང་དུ་གཏོང་དགོས།

(5)ཆུ་འཐུང་བ།　　སྟེར་གསོ་བྱེད་པའི་འོ་མའི་ཁྲིད་ཀྱི་ཆུ་འདུས་ཚད་ཀྱིས་བེའུའི་རྒྱུན་ལྡན་གྱི་སྙིང་ཚབ་གསར་བསྒྱུར་གྱི་དགོས་མཁོ་སྐོང་མི་ཐུབ་པས། ཅིས་ཀྱང་བེའུས་སྦོ་མོ་ནས་ཆུ་འཐུང་བ་སྦྱོང་བརྡར་བྱེད་དགོས། མགོ་རྩོམ་དུས36~37℃ཡི་ཆུ་ཁོལ་ཐོན་འཛམ་འཐུང་བ་དང་། ན་ཚོད་ཉིན་10~15ཡི་རྗེས་ནས་རྒྱུན་ཚད་ཀྱི་ཆུ་ཐོན་འཛམ་འཐུང་བར་བསྒྱུར་ལ། ན་ཚོད་ཟླ་1གི་རྗེས་ནས་འགྲུལ་སྐྱོད་ར་བ་ནང་ཆུ་གཙང་མ་གྲ་སྒྲིག་བྱས་ཏེ་རང་དབང་དུ་འཐུང་དུ་འཇུག་དགོས།

(6)དུག་སྲིན་འགོག་སྨན་གསབ་སྟེར་བྱེད་དགོས།　　བེའུའི་གྲོད་ཁོག་བཤལ་བ་སྔོན་འགོག་བྱེད་ཆེད། དུག་སྲིན་འགོག་སྨན་གྱི་གཟན་ཆག་གསབ་སྟེར་བྱེད་ཆོག་སྟེ། བེའུ་རེར་ཁྲི་1གི་རྒྱལ་སྤྱིའི་འཛལ་བྱེད་རྫས་གཞིའི་ཅིན་མེ་སུའུ་གསབ་སྟེར་བྱེད་དགོས་ཤིང་ན་ཚོད་ཉིན་30ཡི་རྗེས་ནས་སྨན་མཚམས་འཇོག

དགོས།

2.དུས་སྔ་མའི་ནུ་མཚམས་འཛོག་པ། ནུ་མ་སྟེར་མཚམས་འཛོག་པའི་བེའུའི་ལོ་ཚོད་ཀྱི་ཆེ་ཆུང་ལྟར་དུས་སྔ་མའི་ནུ་མཚམས་འཛོག་པ་དང་དུས་ཚུང་སྔ་མའི་ནུ་མཚམས་འཛོག་པ་རིགས་གཉིས་སུ་དབྱེ་ཆོག དུས་ཚུང་སྔ་མའི་ནུ་མཚམས་འཛོག་པ་ནི་མང་ཆེ་བ་བཞོན་མར་བཀོལ་བ་ཡིན་ཞིང་། ནུ་མཚམས་འཛོག་པའི་དུས་ཚོད་ནི་གཟའ་འཁོར 4 ~8ཡིན། དུས་སྔ་མའི་ནུ་མཚམས་འཛོག་པ་ནི་བེའུ་ན་ཚོད་ཟླ 2 ~3གྱི་སྐབས་ནུ་མཚམས་འཛོག་པ་ལ་ཟེར། སྐམས་བཀོལ་མོ་ཟོག་ལ་མཚོན་ནས་བཤད་ན་མང་ཆེ་བ་འོ་མ་ཟགས་ཐོན་བྱས་ཏེ་ཟླ 2~3གྱི་རྗེས་ནས་འོ་མ་འབབ་ཚད་མར་ཆག་མགོ་བརྩམས་ཤིང་བེའུའི་འཚོ་བཅུད་དགོས་མཁོ་ཇེ་ཆེར་འགྲོ་བ་ཡིན། འདིའི་སྐབས་བེའུ་ལ་གཟན་རྩྭ་གསབ་སྟེར་བྱས་ཏེ་བཟའ་རུ་འཇུག་དགོས། བེའུ་ན་ཚོད་ཟླ 2 ~3གྱི་དུས་ནུ་མཚམས་འཛོག་དུས་ཕལ་ཆེར་རྩྭ་སྐམ་དང་གཟན་ཆག་ཞིབ་མོའི་ཉིན་རེའི་གཟན་ཆག་བཟའ་བར་གོམས་འདྲིས་སུ་གྱུར་ཡོད། བེའུ་ཕྲུག་གི་ཉིན་རེའི་གཟན་ཆག་ཁྲོད་གཟན་ཆག་ཞིབ་མོ་དང་རྩིང་པོ་སྤེལ་བའི་བསྡུར་ཚད་ལུགས་མཐུན་ཡིན་དགོས་ཏེ་ བླང་བྱ་ནི་གཟན་ཆག་ཞིབ་རྩིང་གི་བསྡུར་ཚད 1:1ཡིན་དགོས། གཟན་ཆག་རྩིང་པོ་ནི་རབ་ཡིན་ན་སྔུས་ལེགས་རྩྭ་སྐམ་དང་སྔོ་རྩྭ། སྔོ་བསྐལ་མ་རྫོས་ལོ་ཏོག་བྱིན་ན་བཟང་། ལོ་ཚོད་ཇེ་ཆེར་སོང་བ་དང་བསྟུན་ནས་ལོ་ཚོད་ཟླ 4ཡི་རྗེས་ནས་རིམ་བཞིན་སོག་མ་སྟེར་ཆོག་ཅིང་། ཟླ 9ཡི་ན་ཚོད་ལ་བསླེབ་སྐབས་སོག་མའི་གཟན་ཆག་གི་སྟེར་ཚད་གཟན་ཆག་རྩིང་པོ་ཡོངས་ཀྱི 1/3ཟིན་ཆོག་པ་ཡིན།

3.ཉེན་རྒྱུན་གྱི་དོ་དམ།

(1)དྲོད་སྲུང་བ་དང་གྲང་ངར་འགོག་པར་དོ་སྣང་བྱེད་པ། དགུན་དུས་གནམ་གཤིས་གྲང་ངར་ཆེ་ཞིང་ རླུང་ཆེ་བས་བེའུ་ཁང་གི་དྲོད་སྲུང་བར་དོ་སྣང

བྱས་ཏེ་གྲང་རེག་ནང་དུ་འཛུལ་བ་འགོག་དགོས། བེའུ་ར་ནང་དུ་སྐྱི་ཞིང་གཙང་མ་ཡིན་པའི་རྩྭའི་སྟན་བཏིང་སྟེ་དྲོད་ཚད་0℃ཡན་རྒྱུན་འཁྱོངས་བྱེད་དགོས།

(2)རྣ་འདོར་བ། རྗེས་སྐྱུགས་ཆོན་གསོ་བྱེད་པའི་བེའུ་དང་ཕྲུ་གུ་གསོ་བའི་བེའུའི་རྣ་ཅོ་དོར་ཆེ་ལྷག་ཏུ་དོ་དམ་བྱེད་སླ་བ་ཡིན། རྣ་ཅོ་འདོར་བའི་འོས་འཚམ་གྱི་དུས་ཚོད་ནི་སྐྱེས་རྗེས་ཀྱི་ཉིན7~10ཡིན། རྒྱུན་དུ་བཀོལ་བའི་རྣ་ཅོ་འདོར་བའི་ཐབས་ལ་གློག་དབྱུར་གྱིས་སྲེག་པའི་ཐབས་དང་སྨན་གཟུགས་ཀྱི་ཤུགས་ཆེའི་བུལ་ཏོག་གི་ཐབས་ཏེ་རིགས་གཉིས་ཡོད། གློག་དབྱུར་གྱིས་སྲེག་པའི་ཐབས་ནི་གློག་གི་དབྱུར་ཏེ་ཚ་པོར་བཟོས་ཏེ་དྲོད་ཚད་ངེས་ཅན་ཞིག་ལ་བསླེབས་རྗེས་རྣ་ཅོའི་རྩ་བར་བརྟན་པོར་མནན་ཏེ་དེའི་འོག་རིམ་གྱི་ཕུང་གྲུབ་མདོག་དཀར་པོར་སོང་བའི་བར་དུ་བསྲེགས་པ(དུས་ཡུན་རིང་དྲགས་པ་དང་ཟབ་དྲགས་མི་རུང་སྟེ་འོག་རིམ་གྱི་ཕུང་གྲུབ་ལ་བསྲེགས་རྨས་ཐེབས་པ་འགོག་དགོས)དང་། དེ་ནས་ཆིང་མེ་སུའུ་བྱུག་སྨན་ནམ་ཚ་ལའི་སྐྱུར་གྱི་ཕྱེ་མ་བྱུགས་དགོས། སྨན་གཟུགས་ཀྱི་ཤུགས་ཆེའི་བུལ་ཏོག་གི་ཐབས་ནི་གནམ་དྭངས་པ་མ་ཟད་ཉི་མ་བསྟན་རྗེས་སྤེལ་དགོས། ཐོག་མར་རྣ་རྩེང་གི་སྤུ་འབྲེག་དགོས་ཤིང་། དེ་ནས་གཏེར་ཚིལ་སྐོར་བ་གཅིག་བྱུགས་ཏེ་རྗེས་སུ་སྨན་ཁུ་ཕྱིར་བཞུར་ནས་མགོ་དང་མིག་ལ་རྨས་སྐྱོན་བཟོ་བ་འགོག་པ་ཡིན། དེ་རྗེས་དབྱུག་གཟུགས་ཀྱི་ཤུགས་ཆེའི་བུལ་ཏོག་བཀོལ་ནས་ཆུའི་ནང་ཙུང་ཟད་བསྲེས་ཏེ་རྣ་རྩེང་ལ་བྱུགས་ནས་ཕྱི་ངོས་ནས་ཁྲག་ཕྲན་ཙམ་འཛག་པའི་བར་དུ་བྱེད་དགོས། རྨ་ཁ་མ་སྐམ་སྔོན་ལ་བེའུར་ནུ་མ་ནུ་རུ་བཅུག་ན་མི་བཟང་སྟེ་མོ་ཟོག་གི་ནུ་མའི་ཕྱི་ལྤགས་ལ་རུལ་བསླད་བཟོ་བར་གཡོལ་དགོས་པ་ཡིན།

(3)མ་བུ་སོ་སོར་དགར་བ། གཞི་ཁྱོན་ཆུང་བའི་འདོགས་གསོ་རྣམ་པའི་མོ་ཟོག་གི་ནོར་ཁང་དུ་སྤྱིར་བཏང་སྐྱེ་ཁང་དང་བེའུ་བྲིས་བཀོད་སྒྲིག་བྱས་ཡོད

ཀྱང་བེའུ་ཁང་ནི་བཀོད་སྒྲིག་བྱས་མེད་པ་ཡིན། གཞི་ཁྱོན་ཆེ་བའི་ནོར་གསོ་ར་བའམ་ཐོར་བཀྲམ་རྣམ་པའི་ནོར་ཁང་དུ་ད་གཟོད་བེའུ་ཁང་དང་བེའུ་བྲེས་བཀོད་སྒྲིག་བྱས་ཡོད། བེའུ་བྲེས་ནི་ཆིག་བྲེས་དང་ཁྱུ་བྲེས་རིགས་གཉིས་སུ་དབྱེ་ཡོད། བེའུ་སྐྱེས་རྗེས་སྐྱེ་ཁང་གི་ཉེ་སའི་ཆིག་བྲེས་ནང་གསོ་བ་དང་བེའུ་རེར་བྲེས་རེ་བྱས་ཏེ་སོགས་སུ་བཀར་ནས་དོ་དམ་བྱེད་དགོས་ཤིང་། སྤྱིར་བཏང་ན་ཚོད་ཟླ 1གི་རྗེས་ནས་ད་གཟོད་ཁྱུ་བྲེས་ནང་བར་བརྒྱལ་བྱེད་དགོས། བྲེས་ཁྱུ་གཅིག་ནང་གི་བེའུའི་ལོ་ཚོད་ཟླ་གྲངས་གཅིག་མཚུངས་སམ་ཉེ་མཚུངས་ཡིན་དགོས་ཏེ། ན་ཚོད་ཟླ་གྲངས་མི་འདྲ་བའི་བེའུ་ནི་གཟན་ཆག་གི་ཆ་རྐྱེན་བླང་བྱ་མི་འདྲ་བ་ལས་གཞན་ཁོར་ཡུག་གི་དྲོད་ཚད་ཀྱི་བླང་བྱའང་གཅིག་མཚུངས་མིན་པས། གལ་ཏེ་མཉམ་གཅིག་ཏུ་བསྲེས་ནས་གསོས་ཚེ་གསོ་ཚགས་དོ་དམ་དང་བདེ་ཐང་ཚང་མར་མི་ཕན་པ་ཡིན།

(4)འབྲད་པ། བེའུའི་དུས་སྐབས་སུ་སྤྱིར་བཏང་དུ་ཁང་པར་གསོ་བའི་རྣམ་པ་བཀོལ་བ་ཡིན་པས། པགས་པའི་ངོས་སུ་ལྷེ་བ་དང་ས་རྡུལ་འབྱར་ཏེ་དྲེག་པ་ཆགས་པར་བྱེད། འདིས་ལུས་ལྤགས་ཀྱི་དྲོད་འཛིན་དང་ཚ་བ་ཕྱིར་འགྲེམ་གྱི་ནུས་པ་ཇེ་ཆུང་དུ་གཏོང་ངེས་པ་མ་ཟད། ད་དུང་པགས་པའི་ཟུངས་ཁྲག་འཁོར་རྒྱུག་ངན་འགྱུར་བྱེད་དུ་བཙུག་སྟེ་ནད་སློང་བར་བྱེད་སྲིད། དེའི་ཕྱིར། བེའུ་ལ་ངེས་པར་དུ་ཉིན་རེར་ཐེངས་གཅིག་ལ་འབྲད་དགོས།

4.འགུལ་སྐྱོད་དང་ཕྱི་རུ་འཚོ་བ། བེའུ་སྐྱེས་ནས་ན་ཚོད་ཉིན 8 ~10ནས་བཟུང་སྟེ་བེའུ་ཁང་ཕྱིའི་འགུལ་སྐྱོད་ར་བར་དུས་ཚོད་ཐུང་ངུར་འགུལ་སྐྱོད་བྱེད་པ་མགོ་བརྩམས་ཆོག་ཅིང་། རྗེས་ནས་རིམ་བཞིན་དུས་ཚོད་ཇེ་རིང་དུ་བཏང་ཆོག གལ་ཏེ་བེའུ་ནམ་ཟླ་དྲོ་བའི་དུས་ཚིགས་སུ་སྐྱེས་པ་ཡིན་ན་འགུལ་སྐྱོད་མགོ་རྩོམ་པའི་ན་ཚོད་ཉིན་གྲངས་འོས་འཚམ་གྱིས་སྔོན་ལ་སྤར་ཆོག ཡིན་ནའང

གནམ་གཤིས་དྲོད་གྲང་གི་འགྱུར་ལྡོག་གཞིར་བཟུང་ནས་ཉིན་རེར་འགུལ་སྐྱོད་བྱེད་པའི་དུས་ཚོད་ཐག་གཅོད་དགོས།

ཆ་རྐྱེན་འཛོམས་པའི་ས་ཆར་སྐྱེས་རྗེས་ཟླ་2ནས་བཟུང་ཕྱི་རུ་འཚོ་བའི་མགོ་རྩོམ་ཆོག ཨོན་ཀྱང་ན་ཚོད་ཉིན་གྲངས་40ཡི་སྔོན་དུ་བེའུས་སྔོ་རྩྭ་བཟའ་ཚད་ཤིན་ཏུ་ཉུང་བས། དུས་སྐབས་འདིའི་ནང་ཕྱི་རུ་འཚོ་བ་དེ་འགུལ་སྐྱོད་བྱེད་པ་ལ་མི་དོ་བ་ཡིན། འགུལ་སྐྱོད་ནི་བེའུའི་ཟས་བཟའ་ཚད་དང་བདེ་ཐང་ངང་འཚར་ལོངས་འབྱུང་བ་ཚང་མར་ཤིན་ཏུ་གལ་ཆེན་པོ་ཡིན། དོ་དམ་གྱི་ཕྱོགས་ནས་འོས་འཚམ་གྱིས་འགུལ་སྐྱོད་ར་བ་དང་ཕྱིར་འཚོ་སའི་ར་བ་བཀོད་སྒྲིག་བྱེད་དགོས་ཤིང་། ར་བ་ནང་རྒྱུན་དུ་བཏང་ཆུ་གཙང་མ་གྲ་སྒྲིག་བྱེད་པ་དང་དབྱར་དུས་ངེས་པར་དུ་གྲིབ་བསིལ་གྱི་ཆ་རྐྱེན་ལྡན་དགོས།

ས་བཅད་གཉིས་པ། འཚར་ལོངས་བྱུང་བའི་ནོར་གྱི་གསོ་ཚགས་དོ་དམ།

བེའུ་ནུ་མཚམས་བཞག་པ་ནས་ཐེངས་དང་པོར་རྒྱུད་སྤེལ་བའི་མོ་ཟོག་གམ་སོན་བཀོལ་བྱེད་པའི་སྔོན་གྱི་ཕོ་ཟོག་གི་སྐྱེ་མིང་ལ་འཚར་ལོངས་བྱུང་བའི་ནོར་ཟེར་བ་ཡིན། སྐབས་འདི་ནི་བེའུའི་སྐྱེ་འཚར་འཚར་ལོངས་ཆེས་མགྱོགས་པའི་དུས་རིམ་ཡིན་པས་ངེས་པར་དུ་སེམས་ཞིབ་མོས་གསོ་ཚགས་དོ་དམ་ལ་ཤུགས་སྣོན་དགོས་ཤིང་། ལུས་ཀྱི་ལྗིད་ཚད་འཕར་བའི་མྱུར་ཚད་ཅུང་མགྱོགས་པོ་ཞིག་འཐོབ་པར་བྱེད་དགོས་པ་མ་ཟད། བེའུ་ཕྲུག་སྐྱེ་འཚར་ལེགས་པོ་འབྱུང་བ་བྱེད་དགོས།

གཅིག འཚར་ལོངས་བྱུང་བའི་ནོར་གསོ་ཆགས་བྱེད་པར་དོ་སྣང་བྱེད་དགོས་པའི་གནད་དོན།

1.གསར་དུ་ཉོས་པའི་ནོར་སྔོན་ལ་ཟུར་བཀར་ར་བ་ནང་བཙུག་སྟེ་ཉིན 15 ཙམ་ལ་ལྟ་ཞིབ་བྱས་ཏེ་རིམས་ནད་འགོས་ཁྱབ་འབྱུང་བ་འགོག་དགོས། ཟུར་དུ་བཀར་ནས་ལྟ་ཞིབ་བྱེད་པའི་དུས་སྐབས་ནང་ནོར་གྱི་ལུས་པོའི་ལྗིད་ཚད་དང་ལོ་ཚོད། ཕོ་མོ་བཅས་གཞིར་བཟུང་སྟེ་ཁྲུ་བགོས་ཚོགས་སྒྲིག་བྱེད་དགོས།

2.ཟུར་དུ་བཀར་བའི་དུས་སྐབས་ནང་རིམས་འགོག་འབུ་སྐྲོད་དང་ཕོ་བའི་འཇུ་སྟོབས་གསོ་བ། འབུ་སྐྲོད་ཀྱི་སྔ་ཉིན་དགོང་མོར་རང་དབང་དུ་ཆུ་འཐུང་དུ་བཅུག་སྟེ་གཟན་རྩྭ་མ་བྱིན་ན་བཟང་། ཕྱི་ཉིན་སྔ་མོར་ནོར་གྱི་ལུས་པོའི་ལྗིད་ཚད་ལ་གཞིགས་ནས་སྨན་བཀོལ་ཚད་རྩིས་བརྒྱབ་སྟེ་མགོ་ནས་བཟུང་རིམ་པ་ལྟར་འབུ་སྐྲོད་བྱེད་དགོས། འབུ་སྐྲོད་སྨན་རྫས་ལ་ཆེང་ཁྲུང་ཙ་དང་ཁྲུང་ཁོ་ཞིང་། པིང་ལིའུ་སྨི་ཙུའོ། ཙུའོ་ཞོན་སྨི་ཙའོ། ཁང་རྦུའུ་མེ་སོགས་གདམ་བཀོལ་བྱས་ཆོག གཟའ་འཁོར 1གི་རྗེས་ནས་ཡང་བསྐྱར་འབུ་སྐྲོད་ཐེངས་གཅིག་བྱེད་དགོས། འབུ་སྐྲོད་བྱས་ནས་ཉིན 2~3གྱི་རྗེས་སུ་ཅན་ཝེ་སན(མིས་བཟོས་ཚྭ་དང་ལྷུམ་རྩ་སུའུ་ཧྲར་ནང་ཕབས་རྩི་བསྣན་ནས་བཀོལ་ཀྱང་ཆོག)བཀོལ་ནས་ནོར་ཡོད་ཚད་ལ་ཕོ་བའི་འཇུ་སྟོབས་གསོ་དགོས། ནོར་གྱི་ལུས་པོའི་གནས་ཚུལ་སླར་གསོ་བྱུང་བ་དང་ཁོར་ཡུག་ལ་འཁྲིད་པ་དང་བསྟུན་ནས་རིམ་བཞིན་གཟན་ཆག་ཞིབ་མོ་སྟོན་དགོས། རིམས་འགོག་གི་གོ་རིམ་ལྟར་རིམས་འགོག་བྱེད་དགོས། འཁྲིད་བསྟེན་གྱི་བྱེད་ཐབས་དག་ལག་བསྟར་བྱས་ཏེ་ནོར་ལ་ནད་བྱུང་ནས་ཀྱོང་ཕུད་བཟོ་བ་དང་ཤི་བ། འགོས་ནད་ནོར་གསོ་ར་བར་འགོ་ཁྱབ་བྱེད་པ་སོགས་རྗེ་ཉུང་དུ་གཏོང་དགོས།

3.མཁོ་བསྟུན་གྱི་ཚུར་སྣང་རྗེ་ཉུང་དུ་གཏོང་བ། གསར་དུ་ཉོས་པའི་ནོར

ནི་ནོར་ཁང་དུ་མ་བཙུག་སྔོན་གྱི་ཉིན3གྱི་ནང་། ཆུ་དྲོན་འཛམ་ལྷུད་པའི་དུས0.5% ~1%གི་བཟའ་ཚྭ་དང་ཚད་འོས་འཚམ་གྱི་ཀ་ར་བསྣན་ཏེ་འཚར་ལོངས་བྱུང་བའི་ནོར་དང་འཚམ་པའི་རྒྱ་མའི་སྐྱི་དངོས་ཕྲ་རབ་ཀྱི་གནས་ཁུལ་གྲུབ་པར་བྱས་ཏེ་འཇུ་ལམ་གྱི་ནད་རིགས་ཧེ་ཞུང་དུ་གཏོང་བ་དང་ཚོན་གསོ་བྱེད་པ་བདེ་བླག་ཏུ་སྤེལ་བར་ཁག་ཐེག་བྱེད་དགོས། དེའི་བྱེད་ཐབས་ནི་ནོར་ནོར་ཁང་དུ་མ་བཙུག་སྔོན་གྱི་ཉིན3གྱི་ནང་རྩྭ་སྐམ་གཙོ་བྱས་ཏེ་སྟེར་བ་དང་། དེ་ནས་ཉིན་རེ་བཞིན་གཟན་ཆག་ཞིབ་མོ་སྣོན་སྟེར་བྱེད་མགོ་བརྩམས་ཏེ་ཉིན7ཡས་མས་སོང་མཚམས་མཉམ་སྡེབ་གཟན་ཆག་ཏུ་བར་བརྒྱལ་བྱེད་དགོས།

4.དབྱར་དུས་ཚ་བ་འགོག་ཅིང་ཆུ་གྲང་མོ་འཐུང་དུ་འཇུག་པ་དང་དགུན་དུས་གྲང་ངར་འགོག་ཅིང་ཆུ་དྲོན་མོ་འཐུང་དུ་བཅུག་སྟེ། ནོར་ནི7~27°Cགྱི་འཕྲོད་འོས་ཀྱི་ཁོར་ཡུག་ནང་དུ་འཚོ་བར་ཁག་ཐེག་བྱས་ཏེ་མགྱོགས་མྱུར་འཚར་སྐྱེ་འབྱུང་བ་བྱེད་དགོས།

5.གཟན་རྩྭ་གཏུབ་ཅིང་གཙང་མ་ཡིན་མིན་ཞིབ་བཤེར་བྱས་ཏེ་ལྷད་རྫས་གཞན་གྱིས་བཙད་སྐྱོན་བཟོ་བ་ནན་འགོག་བྱེད་དགོས། (ལྕགས་འཛེར་དང་འགྲིག་སྒོག་སོགས་མེད་པ)

6.ཉིན་རེར་ནོར་གྱི་ལུས་ཐོག་ཐེངས2རེར་འབྲད་དགོས་པ་དང་། གཟའ་འཁོར་རེའི་ནང་རྩིག་པ་ཐེངས་རེ་གཙང་མ་བཟོ་དགོས། བྲད་ན་ལུས་ཐོག་གི་ཟུངས་ཁྲག་འཁོར་རྒྱུག་ལ་སྐུལ་འདེད་བྱེད་ཐུབ་པ་དང་། ལུས་ཐོག་གཙང་མ་རྒྱུན་འཁྱོངས་བྱས་ན་རྙིང་ཚབ་གསར་བསྒྱུར་བྱེད་པར་ཕན་ཞིང་ལུས་ཀྱི་ལྡིད་ཚད་འཕར་བར་སྐུལ་འདེད་བྱེད་པ་ཡིན།

7.བཏུང་ཆུ་གཙང་མ་འདང་ངེས་སུ་མཁོ་སྤྲོད་བྱེད་དགོས། རབ་ཡིན་ན་ནོར་རེར་ཁེར་ཚུགས་ཀྱི་ཆུ་བཏུང་ཆས་རེ་ཡོད་པར་བྱས་ཏེ་རིམས་ནད་འགོས

ཁྱབ་བྱེད་པ་ཇི་ཞུང་དུ་གཏོང་དགོས། འདོགས་གསོ་ཅན་ལ་ཉིན་རེར་ཆུ་ཐེངས 3~4ལ་ལྡུད་དགོས།

8.དུས་ཐོག་ཏུ་བཤང་གཅི་གཙང་སེལ་བྱས་ཏེ་ནོར་ཁང་སྐམ་པོ་ཡོང་བ་རྒྱུན་འཁྱོངས་བྱ་དགོས། ཉིན་རེ་བཞིན་ཆག་གཞོང་དང་ཆུ་གཞོང་། ཡོ་བྱད་རྣམས་གཙང་བཀྲུ་བྱེད་ཅིང་ལས་གོས་ཆེད་བཀོལ་ཡིན་དགོས།

9.ཉིན་རེར་གཟན་ཆག་ཐེངས 2~3ལ་སྟེར་བ་དང་། སྟེར་ཐེངས་རེ་རེའི་བར་མཚམས་ཆ་མཉམ་བྱས་ཏེ་ནོར་ལ་ལྡད་རྒྱག་པའི་དུས་ཚོད་འདང་ངེས་སུ་ཡོད་པ་བྱ་དགོས། (ཉིན་རེར་གཟན་རྩྭ་ཟ་བའི་དུས་ཚོད་ནི 5 ~6ཡིན་ན། ལྡད་རྒྱག་པ་ལ་དུས་ཚོད 7~8དགོས་པ་ཡིན)

10.ཁྲམ་ཆགས་རུལ་འགྱུར་གྱི་གཟན་ཆག་མི་སྟེར་བ་དང་། གཟན་ཆག་བརྗེ་བར་ཉིན 3 ~5ཙམ་གྱི་སྔོན་གཏོང་གི་དུས་ཡུན་ཞིག་དགོས་ཏེ་སྐྱེ་འཚེར་འཚེར་ཡོངས་དང་ལུས་ཀྱི་ལྗིད་ཚད་འཕར་བ་ལ་ཤུགས་རྐྱེན་མི་ཐེབས་པ་བྱེད་དགོས།

11.འཚེར་ཡོངས་བྱུང་བའི་ནོར་གྱིས་བཟའ་བའི་གཟན་རྩྭའི་མང་ཉུང་ནི་དཔེ་དེབ་ལ་བལྟས་ཏེ་འདྲ་དཔེ་བཙན་འགེབས་བྱེད་མི་དགོས་ལ། ཆ་སྙོམས་རིང་ལུགས་སྤེལ་ཏེ་ནོར་རེ་རེར་ཆ་མཚུངས་ཀྱང་བྱེད(སྤྱིར་བཏང་གཟན་ཆག་ཞིབ་མོ་སྟེར་གསོའི་ཚད་ནི་ནོར་གྱི་ལུས་པོའི་ལྗིད་ཚད་ཀྱི 0.8%ཡས་མས་ཡིན)མི་དགོས། ནོར་གྱི་ལྕི་བའི་རྒྱུ་སྤྲུས་དང་དྲི་མ། སྣ་ཁུང་གི་ཆུ་ཐིགས་ཀྱི་གནས་ཚུལ། ནོར་གྱི་སེམས་ཁམས་རྣམ་འགྱུར་སོགས་ལ་ལྟ་ཞིབ་བྱས་ཏེ་དགོས་མཁོ་ལྟར་ཚད་གཏན་འཁེལ་བྱེད་དགོས་པ་མ་ཟད། དེའི་ལུས་ཀྱི་ལྗིད་ཚད་ལ་གཞིགས་ཏེ་འཕར་སྣོན་བྱེད་ཅིང་འགྲུལ་རྣམ་ཅན་གྱི་དོ་དམ་ལག་བསྟར་བྱེད་དགོས།

12.ཟླ་རེར་དུས་བཅད་ལྟར་ལྗིད་ཚད་བཅལ་ཏེ་ལྗིད་ཚད་འཕར་བའི

གནས་ཚུལ་གཞིར་བཟུང་སྔེ་ནུས་ལྡན་གྱི་གསོ་ཚགས་བྱེད་ཐབས་སྤྱོད་པ་དང་གཟན་ཆག་གི་སྟེབ་སྦྱོར་ལེགས་སྒྲིག་བྱེད་པར་སྟབས་བདེ་བཟོ་དགོས། སྒྲིམ་ཡོངས་ནོར་ནང་འདྲེན་བྱེད་པ་དང་ཚོན་གསོ་ནོར་བཤས་ཁོངས་སུ་གཏོང་བའི་སྟོན་ལ་རིམས་ནད་ཞིབ་བཤེར་བྱེད་དགོས་ལ། སྐྱེལ་འདྲེན་གྱི་བདེ་འཛགས་བྱེད་ཐབས་ལྟར་བསྒྲུབ་ནས་མི་ཕྱུགས་གཉིས་ཀྱི་བདེ་འཛགས་ལ་ཁག་ཐེག་བྱེད་དགོས།

གཉིས། འཚར་ལོངས་བྱུང་བའི་མོ་ཟོག་གི་གསོ་ཚགས་དོ་དམ།

འཚར་ལོངས་བྱུང་བའི་དུས་ནི་མོ་ཟོག་སྐྱེ་འཚར་འཚར་ལོངས་ཆེས་མགྱོགས་པའི་དུས་རིམ་ཡིན་པས། སེམས་ཞིབ་མོས་གསོ་ཚགས་དོ་དམ་བྱས་ན་ལྡིད་ཚད་འཕར་བའི་མྱུར་ཚད་ཅུང་མགྱོགས་པོ་ཞིག་འཐོབ་ཐུབ་པ་མ་ཟད། ད་དུང་ཕྱུགས་ཕྲུག་འཚར་སྐྱེ་ལེགས་པོ་འབྱུང་དུ་འཇུག་ཐུབ།

(གཅིག)འཚར་ལོངས་བྱུང་བའི་མོ་ཟོག་གི་གསོ་ཚགས།

1.ཟླ 6 ~12ཀྱི་ན་ཚོད། མོ་ཟོག་གི་མཚན་མ་སྨིན་པའི་དུས་སྐབས་ཡིན། དུས་སྐབས་འདིར་མོ་ཟོག་གི་མཚན་མའི་དབང་པོ་དང་མཚན་མའི་རྟགས་གཉིས་པ་སྐྱེ་འཚར་ཤིན་ཏུ་མགྱོགས་པ་དང་། ལུས་གཟུགས་ནི་མཐོ་ཚད་དང་རིང་ཚད་ཕྱོགས་གཉིས་སུ་མགྱོགས་མྱུར་དུ་སྐྱེས་ཤིང་། དེའི་མཚུངས་སུ་ཕོ་བའི་ཁག་མདུན་མ་ཆེ་ཆེར་རྒྱས་ཏེ་ཤོང་ཚད་ལྡབ་1ཡས་མས་སུ་རྒྱ་བསྐྱེད་ཡོད། དེའི་ཕྱིར། གསོ་ཚགས་ཀྱི་སྟེང་ནས་འདང་ངེས་ཀྱི་འཚོ་བཅུད་མཁོ་སྤྲོད་བྱེད་ཐུབ་དགོས་ལ། བོངས་ཚད་ངེས་ཅན་ཞིག་ཀྱང་ངེས་པར་དུ་ལྡན་དགོས་ཏེ་ཕོ་བའི་ཁག་མདུན་མའི་འཚར་སྐྱེ་ལ་སྐུལ་འདེད་བྱེད་དགོས་པ་ཡིན། དུས་སྐབས་འདིའི་སྐབས་ཀྱི་འཚར་ལོངས་བྱུང་བའི་ནོར་ལ་ཕྲུས་ལེགས་ཀྱི་རྩྭ་སྐམ་དང་སྤོ་བསླལ་གཟན་ཆག་སྟེར་དགོས་པ་ལས་གཞན། ད་དུང་ཅིས་ཀྱང་མཉམ་བསྲེས་ཀྱི་གཟན་ཆག་ཞིབ་མོ་

ཁ་གསབ་བྱེད་དགོས་ཤིང་། གཟན་ཆག་ཞིབ་མོའི་བསྡུར་ཚད་ནི་གཟན་ཆག་གི་དངོས་རྫས་སྐམ་པོ་སྤྱིའི་མང་ཉུང་གི 30%~40%ཟིན་དགོས།

2.ཟླ 12~18ཀྱི་ན་ཚོད། འཚར་ལོངས་བྱུང་བའི་ནོར་གྱི་འཇུ་བྱེད་དབང་པོ་སྔར་ལས་ལྷག་པར་ཆེར་བསྐྱེད་བྱུང་ཡོད་ལ། གོམ་གང་མདུན་སྤོས་སྒོས་དེའི་འཇུ་བྱེད་དབང་པོའི་སྐྱེ་འཚར་ལ་སྐུལ་འདེད་བྱེད་ཆེད་དེའི་ཉིན་རེའི་གཟན་ཆག་ནི་རྩྭ་གཟན་དང་གཟན་ཆག་རྩིང་པོ་གཙོར་བྱེད་དགོས། དེའི་བསྡུར་ཚད་ནི་ཕལ་ཆེར་ཉིན་རེའི་གཟན་ཆག་གི་དངོས་རྫས་སྐམ་པོ་སྤྱིའི 75%ཟིན་དགོས་པ་དང་། འཕྲོ་མ 25%ནི་མཉམ་བསྲེས་གཟན་ཆག་བྱས་ཏེ་ནུས་ཚད་དང་སྤྲི་དཀར་རྫས་མི་འདང་པ་ཁ་གསབ་བྱེད་དགོས།

3.ཟླ 18 ~24ཡི་ན་ཚོད། སྐབས་འདིའི་མོ་ཟོག་ནི་རྒྱུད་སྦྲེལ་ཏེ་མངལ་སྦྲུམ་ནས་ཡོད་པས་སྐྱེ་འཚར་གྱི་དྲག་ཚད་རིམ་བཞིན་ཇེ་དལ་དུ་སོང་ཞིང་། ལུས་གཟུགས་ནི་མངོན་གསལ་གྱིས་ཞེང་དང་ཟབ་ཏུ་བསྐྱེད་བཞིན་ཡོད། གལ་ཏེ་གསོ་ཚགས་བཟང་དྲགས་ན་ལུས་པོའི་ནང་རྣུམ་ཚིལ་ལྷག་མ་གསོག་སླ་བས་ནོར་གྱི་ལུས་པོ་ཚོ་དྲགས་ཏེ་མངལ་མི་སྦྲུམ་པ་བཟོ་སྲིད་པ་ཡིན། འོན་ཀྱང་གསོ་ཚགས་ཞན་དྲགས་ཆེ་ཡང་ནོར་གྱི་ལུས་པོའི་སྐྱེ་འཚར་འཚར་ལོངས་ལ་བཀག་འགོག་ཐེབས་ཤིང་། ལུས་གཟུགས་ཐྲ་ཞིང་ཆུང་བ་དང་སྒུག་བཞི་ཐྲ་ཞིང་རིང་བ། འོ་མ་ཐོན་ཚད་དམའ་བའི་མོ་ཟོག་ཅིག་ཏུ་འགྱུར་བ་ཡིན། དེའི་ཕྱིར། དུས་སྐབས་འདིའི་ནང་སྤུས་ལེགས་རྩྭ་སྐམ་དང་སྔོ་རྩྭའམ་སྔོ་བསྐལ་གཟན་ཆག་བཅས་རྩ་བའི་གཟན་ཆག་བྱེད་པ་དང་། གཟན་ཆག་ཞིབ་མོ་ནི་ཉུང་ཙམ་སྟེར་བའམ་ཐན་མ་བྱིན་ན་ཆོག་པ་ཡིན། འོན་ཀྱང་མངལ་སྦྲུམ་པའི་དུས་མཇུག་ཏུ་བསླེབས་དུས་ཕོག་གི་མངལ་གནས་ཕྲུ་གུའི་སྐྱེ་འཚར་ཤིན་ཏུ་མགྱོགས་པས་མཉམ་བསྲེས་གཟན་ཆག་ཁ་གསབ་བྱེད་དགོས་ལ། ཉིན་རེའི་ཚད་ནི 2 ~3ལ་གཏན་འཁེལ་བྱེད་

དགོས།

གལ་ཏེ་རིར་འཚོ་བའི་ཆ་རྐྱེན་ལྡན་ན་འཚར་ལོངས་བྱུང་བའི་ནོར་ནི་རིར་འཚོ་བ་གཙོར་བྱེད་དགོས། རྩྭ་ས་བཟང་པོའི་སྟེང་འཚོས་ན་གཟན་ཆག་ཞིབ་མོ 30% ~50%ཛེ་ཅུང་དུ་བཏང་ཆོག རིར་འཚོས་ཏེ་ཕྱིར་ནོར་ཁང་ནང་འཇུག་སྐབས་གལ་ཏེ་ཕོ་བ་འགྲང་མེད་ན་རྩྭ་སྐམ་དང་ཚོད་འོས་འཚམ་གྱི་གཟན་ཆག་ཞིབ་མོ་སྣོན་སྟེར་བྱེད་དགོས།

(གཉིས)འཚར་ལོངས་བྱུང་བའི་མོ་ཟོག་གི་ཉོ་དམ།

ཉོ་དམ་གྱི་སྟེང་ནས་འཚར་ལོངས་བྱུང་པའི་ནོར་ནི་ལོ་ན་མཐོ་བའི་མོ་ཟོག་དང་སོ་སོར་དགར་ཏེ་གསོ་ཚགས་བྱེད་དགོས་ཤིང་། བཏགས་ནས་གསོ་ཚགས་བྱེད་ཆོག་ལ་ར་བསྐོར་ནས་གསོས་ཀྱང་ཆོག་པ་དང་། ཉིན་རེར་ཐེངས 1 ~2ལ་ལུས་ཐོག་འབྲད་པ་དང་ཐེངས་རེར་སྐར་མ 5ལ་འབྲད་དགོས། དེ་དང་ཆབས་ཅིག་འགུལ་སྐྱོད་བྱེད་པར་ཤུགས་སྣོན་དགོས་ཏེ། ཤ་གནད་ཀྱི་ཕུང་གྲུབ་དང་ནང་ཁྲོལ་དབང་པོའི་སྐྱེ་འཚར། ལྷག་པར་དུ་སྙིང་དང་གློ་བ་སོགས་དབུགས་འབྱིན་རྔུབ་དང་འཁོར་རྒྱུག་མ་ལག་གི་སྐྱེ་འཚར་ལ་སྐུལ་འདེད་བྱས་ཏེ་དེར་ཐོན་ཚད་མཐོ་བའི་མོ་ཟོག་གི་ཁྱད་ཆོས་འཛོམས་པར་བྱེད་དགོས། རྒྱུད་སྤེལ་ཏེ་མང་ལ་སྦྲུམ་ནས་ཟླ 5~6གི་རྗེས་སུ་མོ་ཟོག་གི་ནུ་མའི་ཕུང་གྲུབ་ཚད་མཐོན་པོར་སྐྱེ་འཚར་འབྱུང་བའི་དུས་རིམ་དུ་གནས་པ་ཡིན། ནུ་མའི་སྐྱེ་འཚར་ལ་སྐུལ་འདེད་བྱེད་ཆེད་སྤྲུས་ལེགས་པའི་ཕན་ནུས་ཀུན་ལྡན་གྱི་གཟན་ཆག་སྟེར་བ་ལས་གཞན། ད་དུང་ནུ་མར་འཕུར་མཉེད་བྱེད་དགོས་ཤིང་ནངས་དགོང་གཉིས་ལ་འཕུར་མཉེད་ཐེངས་རེ་བྱས་ཏེ། མ་སྐྱེ་གོང་གི་ཟླ 1~2ཀྱི་སྐབས་འཕུར་མཉེད་བྱེད་མཚམས་འཇོག་དགོས། དེ་ལྟར་བྱས་ན་ནུ་མའི་གཤེར་རྫེན་ཕུང་གྲུབ་ཀྱི་སྐྱེ་འཚར་ལ་ཕན་པ་མ་ཟད་ད་དུང་མོ་ཟོག་དེ་གཤིས་ཀ་ཞི་དུལ་ཅན་དུ་གཏོང་ཐུབ།

གསུམ། འཚར་ལོངས་བྱུང་བའི་ཕོ་བྱེག་གི་གསོ་ཚགས་དོ་དམ།

བེའུ་ཕོ་མོ་ཚང་མ་གསོ་ཚགས་དོ་དམ་གྱི་སྟེང་ནས་ཕལ་ཆེར་གཅིག་མཚུངས་ཡིན་མོད། འོན་ཀྱང་འཚར་ལོངས་བྱུང་བའི་དུས་ལ་བསླེབས་རྗེས་གཉིས་ཀའི་གསོ་ཚགས་དོ་དམ་གྱི་སྟེང་ཅུང་མི་འདྲ་བ་ཡོད་པས། ངེས་པར་དུ་ལོ་ཚོད་དང་སྐྱེ་འཚར་གྱི་ཁྱད་ཆོས་མི་འདྲ་བ་ལྟར་དབྱེ་བ་ཕྱེས་ཏེ་སྐྱོད་སྟངས་འཛིན་དགོས།

(གཅིག)འཚར་ལོངས་བྱུང་བའི་ཕོ་བྱེག་གི་གསོ་ཚགས།

འཚར་ལོངས་བྱུང་བའི་ཕོ་བྱེག་གི་སྐྱེ་འཚར་ནི་འཚར་ལོངས་བྱུང་བའི་མོ་བྱེག་ལས་མགྱོགས་པ་ཡིན། དེ་བས་དགོས་མཁོའི་འཚོ་བཅུད་དངོས་རྫས་ཀྱང་ཅུང་མང་བ་ཡིན་ལ། ལྷག་པར་དུ་གཟན་ཆག་ཞིབ་མོ་གསབ་སྟེར་བྱེད་པའི་རྣམ་པས་འཚོ་བཅུད་མཁོ་སྤྲོད་བྱེད་དགོས་ཤིང་། དེའི་སྐྱེ་འཚར་འཚར་ལོངས་དང་འདོད་པ་འཕེལ་བར་སྐུལ་འདེད་བྱེད་དགོས། འཚར་ལོངས་བྱུང་བའི་ཕོ་བྱེག་གི་གསོ་ཚགས་ལ་ཚད་ངེས་ཅན་གྱི་གཟན་ཆག་ཞིབ་མོ་མཁོ་སྤྲོད་བྱས་ཏེ་ཚོམ་པར་བྱེད་པའི་རྨང་གཞིའི་སྟེང་དེར་རང་དབང་དུ་གཟན་ཆག་ཞིབ་མོ་དང་རྩིང་པོ་བཟའ་རུ་འཇུག་དགོས། ན་ཚོད་ཟླ་6~12ཀྱི་སྐབས། གཟན་ཆག་རྩིང་པོ་ལ་སྔོ་རྩྭ་གཙོར་བྱེད་དུས་གཟན་ཆག་ཞིབ་མོ་དང་རྩིང་པོས་ཟིན་པའི་གཟན་ཆག་གི་དངོས་རྫས་སྐམ་པོའི་བསྡུར་ཚད་ནི55 :45ཡིན་པ་དང་། རྩྭ་སྐམ་གཙོར་བྱེད་དུས་དེའི་བསྡུར་ཚད་ནི60:40ཡིན། སྦུན་རིགས་སམ་སྙེ་ཅན་ལོ་ཏོག་གི་གཟན་རྩྭ་སྟེར་གསོ་བྱེད་པའི་གནས་ཚུལ་འོག་ལོ་འཁོར་གཅིག་ཡན་གྱི་འཚར་ལོངས་བྱུང་བའི་ཕོ་བྱེག་ལ། མཉམ་བསྲེས་ཀྱི་གཟན་ཆག་ཞིབ་མོ་ཁྲོད་སྤྲི་དཀར་རྫས་རྩིང་པོའི་འདུས་ཚད་ནི12%ཡས་མས་འཚམ་པ་ཡིན།

(གཉིས)འཚར་ལོངས་བྱུང་བའི་ཕོ་བྱེག་གི་དོ་དམ།

ངོ་དམ་གྱི་སྟེང་ནས་འཚར་ལོངས་བྱུང་བའི་ཕོ་ཟློག་དེ་ཁ་མཐོ་བའི་མོ་ཟློག་དང་ཟླུར་དུ་དགར་བ་མ་ཟད། འཚར་ལོངས་བྱུང་བའི་མོ་ཟློག་དང་ཁྱུ་སོ་སོར་དབྱེ་སྟེ་གསོ་ཚགས་བྱེད་དགོས། སོན་བཞག་ཕོ་ཟློག་ནི་ན་ཚོད་ཟླ་6ནས་བཟུང་སྟེ་མཐུར་བསྐོན་ཏེ་བཏགས་ནས་གསོ་ཚགས་བྱེད་དགོས། ངོ་དམ་བྱེད་བདེ་ཆེད་ན་ཚོད་ཟླ་8 ~10ཡི་སྐབས་སྣ་ཕུག་སྟེ་སྣ་གཙུ་སྦྱོད་དགོས་ཤིང་ཀོ་ཐག་གིས་བཏགས་ནས་ཕོ་ཟློག་གི་དཔྲལ་བ་བརྒྱུད་དེ་རྣ་རྩར་བཅིངས་དགོས་ལ། སྣ་གཙུ་ནི་བཙའ་མི་ཆགས་པའི་ངར་ལྕགས་ཀྱིས་བྱས་ན་རབ་ཡིན། འཁྲིད་པའི་སྐབས་གཡས་གཡོན་གཉིས་སུ་སྣ་ཐག་སྦྲད་ནས་འཁྲིད་དགོས། གཤིས་རྒྱུད་ངར་ཤུགས་ཅན་གྱི་ཕོ་ཟློག་ལ་དབྱུག་པ་རྫེ་གུག་བཀོལ་ནས་འཁྲིད་པ་སྟེ། མི་གཅིག་གིས་སྣ་ཐག་ནས་འཁྲིད་པ་དང་ཆབས་ཅིག་མི་གཞན་གཅིག་གིས་དབྱུག་པ་རྫེ་གུག་ལ་འཛུས་ནས་སྣ་གཙུ་ནང་བརྒྱུས་ཏེ་དེའི་འགྲོ་སྐྱོད་ལ་ཚོད་འཛིན་བྱེད་དགོས། སྐམས་བཀོལ་ཚོང་ཟློག་གི་ཕོ་ཟློག་ནི་འགུལ་སྐྱོད་ཀྱི་ཚད་མང་དྲགས་མི་རུང་སྟེ་ལུས་སྟོབས་ཟད་དྲགས་ཏེ་ཚོན་གསོའི་ཕན་ནུས་ལ་ཤུགས་རྐྱེན་བཟོ་བར་གཡོལ་དགོས། སོན་བཀོལ་ཕོ་ཟློག་གི་ངོ་དམ་ལ་ཅིས་ཀྱང་འགུལ་སྐྱོད་བྱེད་པ་རྒྱུན་འཁྱོངས་བྱེད་དགོས་ཤིང་། སྔ་དྲོ་དང་ཕྱི་དྲོ་སོ་སོར་ཐེངས་རེ་སྤྲོལ་དགོས་ལ། ཐེངས་རེར་དུས་ཚོད1.5 ~2དང་བསྐྱོད་པའི་ལམ་ཐག་སྟོང་ཕྲེད4ལོངས་དགོས། འགུལ་སྐྱོད་ཀྱི་རྣམ་པར་སྐོར་རྒྱུག་སྒྲིམ་འཐེན་པ་དང་གངས་གྲུ་འཐེན་པ། ཤིང་ཏ་འདྲུད་པ་སོགས་ཡོད། གལ་སྲིད་འགུལ་སྐྱོད་བྱེད་པ་མི་འདང་པའམ་དུས་ཡུན་རིང་པོར་བཏགས་ཚེ་ཕོ་ཟློག་གི་གཤིས་རྒྱུད་ངན་པར་འགྱུར་ཞིང་ཁུ་བའི་རྒྱུ་ཕྲུས་མར་ཆག་སྟེ་ཐིག་པའི་ནད་དང་འཇུ་ལམ་གྱི་ནད་སོགས་འབྱུང་སླ་བ་དང་། འོན་ཏེ་འགུལ་སྐྱོད་ཚད་ལས་བརྒལ་བའམ་ལས་ཀར་བཀོལ་བ་ཚད་དྲགས་ཚེ་ཕོ་ཟློག་གི་བདེ་ཐང་དང་ཁུ་བའི་རྒྱུ་ཕྲུས་ལ་དེ་མཚུངས་ཀྱི་ཤུགས་རྐྱེན་ངན་པ་

འབྱུང་བ་ཡིན། ཉིན་རེ་བཞིན་ཐེངས་2ལ་འབྲད་དགོས་ཤིང་། ཐེངས་རེར་སྐར་མ་10ལ་འབྲད་དགོས། རྒྱུན་དུ་ལུས་ཐོག་བྲད་ན་ནོར་གྱི་ལུས་པོའི་གཙང་སྦྲ་ལ་ཕན་ཞིང་། ད་དུང་མི་དང་ནོར་གྱི་དབར་ལ་འདྲིས་མཐུན་འབྱུང་བ་མ་ཟད་འཇམ་ཁྲིད་ཞི་འདུལ་གྱི་དམིགས་ཡུལ་ལ་བསླེབ་ཐུབ་པ་ཡིན། དེ་ལས་གཞན། བྲུས་བྱེད་པ་དང་རྨིག་པ་བཟོ་བཅོས་བྱེད་པའང་འཚར་ལོངས་བྱུང་བའི་ནོར་ལ་ངོ་དམ་བྱེད་པའི་གལ་ཆེ་བའི་སྤྱོད་སྟངས་རྣམ་གྲངས་ཤིག་ཡིན།

ས་བཅད་གསུམ་པ། མོ་ཟོག་གི་གསོ་ཚགས་ངོ་དམ།

མི་རྣམས་ཀྱིས་བཤའ་རྒྱུའི་སོན་བཀོལ་མོ་ཟོག་གསོ་ཚགས་བྱེད་པར་མོ་ཟོག་གི་མང་ལ་སྨྲུམ་ཚད་མཐོ་བ་དང་འོ་མ་ཟགས་ཐོན་གྱི་གཤིས་ནུས་མཐོ་བ། བེའུ་གསོ་སྐྱོང་གི་ནུས་པ་དྲག་པ། བེའུ་སྐྱེས་རྗེས་སྣར་སྤྲིག་པ་སྤོ་བ་བཅས་ལ་རེ་བ་བཅངས་པ་དང་། སྐྱེས་པའི་བེའུ་རྒྱུ་སྲུས་བཟང་ཞིང་སྐྱེས་མ་ཐག་གི་ལུས་ཀྱི་ལྗིད་ཚད་ལྗི་བ་དང་ནུ་མཚམས་འཇོག་དུས་ཀྱི་ལྗིད་ཚད་ལྗི་བ། ནུ་མཚམས་བཞག་རྗེས་ཀྱི་གསོན་ཚད་མཐོ་བ་བཅས་ལ་རེ་བ་བྱེད་པ་ཡིན།

གཅིག མོ་ཟོག་གསོ་ཚགས་ཁྲིད་ཀྱི་གནད་འགག་རང་བཞིན་གྱི་འཚོ་བཅུད་གནད་དོན།

1.རྒྱུད་སྤེལ་བའི་མོ་ཟོག་ལ་མཚོན་ན་ནུས་ཚད་ནི་སྤྲི་དཀར་རྫས་ལས་ཀྱང་ལྷག་ཏུ་གལ་ཆེ་བའི་ཚོད་འཛིན་གྱི་རྐྱེན་གྲངས་ཡིན་པ་ངེས་པར་དུ་སེམས་ལ་དམ་པོར་འཛིན་དགོས།

2.ལྷྭན་མ་འདང་ཆེ་རྒྱུད་སྤེལ་ཚད་ལ་ཤུགས་རྐྱེན་ངན་པ་ཡོད་པ།

3.འཚོ་རྒྱུ་Aཁ་གསབ་བྱས་ཚེ། མོ་ཟོག་དར་མའི་རྒྱུད་སྤེལ་ཚད་མཐོར་

འདེགས་གཏོང་ཐུབ།

4.བེའུ་སྐྱེ་པའི་སྔ་རྗེས་ཀྱི་ཉིན 100ནང་གི་གཟན་ཆག་དང་གསོ་ཚོགས་གནས་ཚུལ་གྱིས་མོ་ཟོག་གི་སྤྱིག་ཚད་དང་མངལ་སྦྲུམ་ཚད་ལ་ཐག་གཅོད་རང་བཞིན་གྱི་བྱེད་ནུས་ཐོན་པ་ཡིན། བེའུ་སྐྱེས་རྗེས་མོ་ཟོག་གི་འོ་མ་ཟགས་ཐོན་བྱེད་པ་ཇེ་མང་དུ་སོང་བའི་རྐྱེན་གཟན་ཆག་དགོས་མཁོའི་ཚད་ཕོན་ཆེན་པོས་འཕར་བ་ཡིན། དེའི་ཕྱིར། འོ་མ་ལྡུད་པའི་དུས་སྐབས་ཀྱི་འཚོ་བཅུད་ཀྱི་དགོས་མཁོའི་ཚད་ནི་མངལ་སྦྲུམ་པའི་དུས་སྐབས་ལས 50%ཡིས་མཐོ་དགོས། དེ་ལྟར་མིན་ཚེ་མོ་ཟོག་གི་ལུས་ཀྱི་ལྗིད་ཚད་མར་ཆག་སྟེ་སྤྱིག་པའམ་མངལ་སྦྲུམ་མི་ཐུབ་པ་ཡིན།

5.མངལ་སྦྲུམ་པའི་དུས་སྐབས་སུ་མོ་ཟོག་གི་ལྗིད་འཕར་ཚད་ཆེས་ཉུང་ནའང་སྟོང་ཁེ 45བརྒལ་བ་ཡིན། བེའུ་སྐྱེས་རྗེས་ཉིན་རེར་ལུས་ཀྱི་ལྗིད་ཚད་སྟོང་ཁེ 0.25 ~0.3རེ་འཕར་ཏེ་རྒྱུད་སྤེལ་ཚར་བའི་བར་དུ་འཕར་བ་ཡིན། གལ་ཏེ་མོ་ཟོག་གིས་བེའུ་སྐྱེ་སྐབས་ལུས་ཀྱི་གནས་ཚུལ་ནི་ཤ་ཤེད་ཞན་པ་ཡིན་ན་སྐྱེས་རྗེས་ཀྱི་ཉིན་རེའི་ལྗིད་འཕར་ཚད་ངེས་པར་དུ་སྟོང་ཁེ 0.3 ~0.9ལ་བསླེབ་དགོས་ཏེ། དེ་ལྟར་ན་བེའུ་མ་སྐྱེ་སྔོན་ཉིན་རེར་སྟོང་ཁེ 6 ~10ཡི་རྒྱུ་ཕྲུས་འབྲིང་ཙམ་གྱི་རྩྭ་སྐམ་སྟེར་གསོ་བྱེད་དགོས་ཤིང་། བེའུ་སྐྱེས་རྗེས་ཉིན་རེར་སྟོང་ཁེ 6~12.7གྱི་རྩྭ་སྐམ་ལ་གཟན་ཆག་ཞིབ་མོ་སྟོང་ཁེ 2རེ་བསྣན་ནས་སྟེར་གསོ་བྱེད་དགོས་པ་དང་། དེ་དང་ཆབས་ཅིག་སྤྱི་དཀར་རྫས་དང་སྐྱེ་མེད་ཚྭ། འཚོ་རྒྱུ་བཅས་ཀྱི་མཁོ་སྤྲོད་ལའང་ཅིས་ཀྱང་དོ་སྣང་བྱེད་དགོས་པ་ཡིན།

6.མོ་ཟོག་ལ་འཚོ་བཅུད་རང་བཞིན་གྱི་སྐྱེ་འཕེལ་གྱི་ནད་རིགས་ཡོད་མེད་ནི་གཤམ་གྱི་ཆ་གསུམ་ནས་བརྟར་ཤ་བཅད་ཆོག ①སྤྱིག་པའི་དུས་ཚིགས་ནང་རྒྱུན་ལྡན་གྱི་འཁོར་ཡུན(ཉིན 21)ལྟར་སྤྱིག་པ་དང་རྒྱུད་སྤེལ་ཐུབ་པའི་མོ་ཟོག་ཤིན་ཏུ་ཉུང་བ། ②ཐེངས་དང་པོར་རྒྱུད་སྤེལ་བའི་མངལ་སྦྲུམ་ཚད་ཤིན་ཏུ

དམའ་བ། ③བེའུ་གཟའ་འཁོར་2ནང་གི་གསོན་ཚད་ཤིན་ཏུ་དམའ་བ།

གཉིས། མངལ་སྦྲུམ་མོ་ཟྡོག་གི་གསོ་ཚགས་དོ་དམ།

མོ་ཟྡོག་ལ་མངལ་སྦྲུམ་རྗེས་རང་ལུས་ཀྱི་སྐྱེ་འཚར་འཚར་ལོངས་ལ་འཚོ་བཅུད་དགོས་པ་མ་ཟད། ད་དུང་མངལ་གནས་ཕྲུ་གུའི་སྐྱེ་འཚར་འཚར་ལོངས་ཀྱི་འཚོ་བཅུད་དགོས་མཁོ་སྐོང་པ་དང་སྐྱེས་རྗེས་འོ་མ་ཟགས་ཐོན་བྱེད་པར་འཚོ་བཅུད་གསོག་འཇོག་བྱེད་དགོས་པ་ཡིན། དེའི་ཕྱིར། མངལ་སྦྲུམ་མོ་ཟྡོག་གི་གསོ་ཚགས་དོ་དམ་ལ་ཤུགས་བསྟན་ཏེ་དེས་རྒྱུན་ལྡན་དང་བེའུ་སྐྱེ་པ་དང་འོ་མ་ལྡུད་ཐུབ་པ་བྱེད་དགོས།

1.མངལ་སྦྲུམ་མོ་ཟྡོག་གི་གསོ་ཚགས་ལ་ཤུགས་སྟོན་པ། མོ་ཟྡོག་མངལ་སྦྲུམ་པའི་དུས་མགོར་མངལ་གནས་ཕྲུ་གུའི་སྐྱེ་འཚར་འཚར་ལོངས་ཆུང་དལ་རྐྱེན་དེའི་འཚོ་བཅུད་དགོས་མཁོ་ཆུང་ཉུང་བ་ཡིན། དེ་བས་མངལ་སྦྲུམ་པའི་དུས་མགོའི་མོ་ཟྡོག་ལ་མངལ་སྦྲུམ་མེད་པའི་མོ་ཟྡོག་ལྟར་གསོ་ཚགས་བྱས་པས་འཐུས། མོ་ཟྡོག་མངལ་སྦྲུམ་ནས་དུས་དཀྱིལ་དང་དུས་མཇུག་ལ་བསླེབས་པ་དང་ལྷག་པར་དུ་མངལ་སྦྲུམ་པའི་ཆེས་མཐའ་མཇུག་གི་ཟླ་2 ~3ཡི་ནང་འཚོ་བཅུད་ལ་ཤུགས་སྟོན་རྒྱུ་ནི་ཤིན་ཏུ་གལ་ཆེ་བར་སྣང་། འདིའི་སྐབས་ཀྱི་མོ་ཟྡོག་གི་འཚོ་བཅུད་ཀྱིས་ཐད་ཀར་དུ་མངལ་གནས་ཕྲུ་གུའི་སྐྱེ་འཚར་དང་རང་ལུས་ཀྱི་འཚོ་བཅུད་གསོག་འཇོག་ལ་ཤུགས་རྐྱེན་ཐེབས་པ་ཡིན། གལ་ཏེ་འདིའི་སྐབས་སུ་འཚོ་བཅུད་མ་འདང་པ་ཡིན་ཚེ་བེའུའི་སྐྱེས་མ་ཐག་གི་ལྗིད་ཚད་དམའ་བ་དང་མོ་ཟྡོག་གི་ལུས་སྟོབས་ཞན་པ། འོ་མ་མི་འདང་བ་སོགས་བཟོ་སླ་ཞིང་། འཚོ་བཅུད་མ་འདང་བ་ཚབས་ཆེ་བའི་སྐབས་མོ་ཟྡོག་གི་མངལ་ཤོར་བར་འཇུག་སྲིད།

ནོར་ཁང་དུ་གསོ་བའི་མངལ་སྦྲུམ་མོ་ཟྡོག་ལ་མངལ་སྦྲུམ་པའི་ཟླ་གྲངས་འཕར་བ་བཞིན་བཟུང་སྟེ་ཉིན་རེའི་གཟན་ཆག་གི་སྡེབ་སྦྱོར་ལེགས་སྒྲིག་བྱས་ཏེ

འཚོ་བཅུད་དངོས་རྫས་མཁོ་སྒྲོད་བྱེད་ཚད་ཇེ་མང་དུ་གཏོང་དགོས། རིར་འཚོས་ནས་གསོ་ཚགས་བྱེད་པའི་མངལ་སྦྲུམ་མོ་ཟོག་ལ་རྩྭ་ར་བཟང་པོ་མང་དུ་འདེམས་པ་དང་རིར་འཚོ་བའི་དུས་ཚོད་ཇེ་རིང་དུ་གཏོང་བ། རིར་འཚོས་རྗེས་གཟན་ཆག་གསབ་སྟེར་བྱེད་པ་སོགས་ཀྱི་བྱེད་ཐབས་ཀྱིས་མོ་ཟོག་གི་འཚོ་བཅུད་ལ་ཤུགས་བསྣན་ཏེ་དེའི་འཚོ་བཅུད་དགོས་མཁོ་སྐོང་དགོས། ཐོན་སྐྱེད་ལག་ལེན་ཁྲོད་དུ་མངལ་སྦྲུམ་པའི་དུས་མཇུག་གི་མོ་ཟོག་ལ་ཉིན་རེར་སྟོང་ཁ 1 ~2ཀྱི་གཟན་ཆག་ཞིབ་མོ་གསབ་སྟེར་བྱེད་དགོས་པ་ཡིན། དེའི་མཚུངས་སུ་ཚད་ལས་བརྒལ་བར་གསོ་ཚགས་བྱེད་པ་འགོག་དགོས་ལ། མངལ་སྦྲུམ་མོ་ཟོག་ཚོ་དྲགས་པ་ལའང་མཉམ་འཇོག་དགོས་ཤིང་། ལྷག་པར་དུ་མངལ་ཐོག་མ་སྦྲུམ་པའི་མོ་ཟོག་དར་མར་སྐྱེ་དཀའ་བ་མི་འབྱུང་བར་བྱེད་དགོས། རྒྱུན་ལྡན་གྱི་གསོ་ཚགས་ཆ་རྐྱེན་འོག་མངལ་སྦྲུམ་མོ་ཟོག་ལ་ཤ་ཤེད་འབྲིང་ཙམ་སྲུང་འཛིན་བྱེད་དུ་བཅུག་པས་ཆོག

2.མངལ་སྦྲུམ་མོ་ཟོག་གི་མངལ་ལེགས་པར་སྲུང་བ། མོ་ཟོག་ལ་མངལ་སྦྲུམ་པའི་དུས་སྐབས་སུ་དེས་མངལ་ཤོར་བ་དང་སྐྱེ་སྔ་བར་མཉམ་འཇོག་བྱེད་དགོས་ཤིང་། འདི་ནི་རིར་འཚོས་ནས་གསོ་ཚགས་བྱེད་པའི་ནོར་ཕྱུ་ལ་ལྷག་ཏུ་གལ་ཆེན་པོར་སྣང་། ཐོན་སྐྱེད་ཁྲོད་མངལ་སྦྲུམ་པའི་དུས་མཇུག་གི་མོ་ཟོག་ནི་ནོར་ཕྱུ་གཞན་དག་དང་སོ་སོར་ཕྱུ་བསྡེབས་ཏེ་ཁེར་རྐྱང་དུ་ཉེ་འཁོར་གྱི་རྩྭ་རར་འཚོ་ཞིང་། འཚོ་སྐྱོང་གི་སྐབས་ལྕུག་གིས་བྲབ་རྡེ་བདའ་སྐོར་མི་བྱེད་པར་ནོར་ཕྱུ་ལ་འདྲོགས་མི་སློང་ཞིང་མོ་ཟོག་དབར་ཕན་ཚུན་བ་ཅོར་གཏུག་བྱེད་པ་འགོག་དགོས། ཆར་འབབ་པའི་ཉིན་མོར་རིར་འཚོ་བ་དང་བདའ་འདེད་འགྲུལ་སྐྱོད་བྱེད་མི་དགོས་ཏེ་འདྲེད་དེ་འགྱེལ་བ་འགོག་དགོས། ཟིལ་བ་ཡོད་པའི་རྩྭ་རར་མི་འཚོ་ཞིང་ནོར་ལ་དབུགས་འབྱུང་སླ་བའི་ཆུང་ཞིང་མཉེན་པའི་སྲན་རིགས་གཟན་

རྩྭ་འཐོར་ཆེན་ཡང་བཟའ་རུ་མི་འཇུག་པ་དང་། རླམ་ཆགས་པའི་གཟན་ཆག་མི་ཟ་བ། འཁྱག་སོབ་ཅན་གྱི་ཆུ་མི་འཐུང་བ་བཅས་བྱེད་དགོས།

ནོར་ཁང་དུ་གསོ་བའི་མང་ལ་སྦྲུམ་མོ་ཟྲོག་ནི་ཉིན་རེར་དུས་ཚོད་2ཡས་མས་ལ་འགྲུལ་སྐྱོད་བྱས་ཏེ་ཚོ་དྲགས་པའམ་འགྲུལ་སྐྱོད་ཀྱིས་མི་འདང་པ་སེལ་དགོས། སྐྱེ་རན་པའི་མོ་ཟྲོག་ལ་ལྟ་ཞིབ་བྱེད་པར་མཉམ་འཛོག་དགོས་ཤིང་། སྐྱེ་པ་དང་སྐྱེ་གཡོག་གི་གྲ་སྒྲིག་བྱ་བ་དུས་ཐོག་ཏུ་ལེགས་པར་བསྒྲུབ་དགོས།

གསུམ། འོ་མ་སྟུན་བཞིན་པའི་མོ་ཟྲོག་གི་གསོ་ཚགས་དོ་དམ།

(གཅིག)ནོར་ཁང་དུ་གསོ་ཞིང་འོ་མ་སྟུན་བཞིན་པའི་མོ་ཟྲོག་གི་གསོ་ཚགས་དོ་དམ།

མོ་ཟྲོག་གིས་བེའུ་སྐྱེས་ནས་ཉིན་10ཡི་ནང་དུ་དུང་ལུས་པོ་སླར་སོས་པའི་དུས་རིམ་དུ་གནས་པ་ཡིན་པས། གཟན་ཆག་ཞིབ་མོ་དང་གཞུང་རྩ་དང་རྫོག་རྫས་རིགས་ཀྱི་གཟན་ཆག་སྟེར་གསོ་བྱེད་པར་ཚོད་འཛིན་བྱེད་དགོས། འདིའི་སྐབས་གལ་ཏེ་གསོ་ཚགས་བཟང་དྲགས་པ་སྟེ་ལྷག་པར་དུ་གཟན་ཆག་ཞིབ་མོ་སྟེར་ཚད་མང་དྲགས་ཚེ་མོ་ཟྲོག་གི་ཟས་ཀྱི་ཡི་ག་མི་བཟང་ཞིང་འཇུ་བ་མི་སྙོམས་པར་ནུ་མ་སྐྲངས་པའམ་གཉན་ཚད་རྒྱས་པ་ཇེ་སྡུག་ཏུ་འགྲོ་སླ་ཞིང་། སྐབས་འགར་ཀའི་དང་ལྷིན་གྱི་རྙིང་ཚབ་གསར་སྤུར་དོ་མི་མཉམ་པར་རྒྱུན་བྱས་ཏེ་སྐྱེས་རྗེས་གྲིབ་སྐྱོན་གྱི་ནད་སོགས་འབྱུང་བ་ཡིན། གནས་ཚུལ་འདི་རིགས་ཐོན་ཚད་མཐོ་བའི་མོ་ཟྲོག་གི་སྟེང་དུ་ཤིན་ཏུ་འབྱུང་སླ་བ་ཡིན། དེའི་ཕྱིར། བེའུ་སྐྱེས་རྗེས་ལུས་པོ་ཚོ་དྲགས་པའམ་རིད་དྲགས་པའི་མོ་ཟྲོག་གང་ཡིན་ཡང་འོས་ཤིང་འཚམ་པའི་གསོ་ཚགས་བྱེད་དགོས། ལུས་སྟོབས་ཞན་པའི་མོ་ཟྲོག་ལ་སྐྱེས་རྗེས་ཉིན་3ནང་སྤུས་ལེགས་རྩྭ་སྐམ་ཁོ་ན་སྟེར་བ་དང་། ཉིན་4ཡི་རྗེས་ནས་ཚད་འོས་འཚམ་གྱི་གཟན་ཆག་ཞིབ་མོ་དང་ཁུ་མང་གཟན་ཆག་སྟེར་ཚོག་པ་མ་ཟད་ནུ་མ་དང་འཇུ་

ལམ་མ་ལག་གི་སླར་གསོའི་གནས་ཚུལ་ལ་གཞིགས་ཏེ་རིམ་བཞིན་སྟེར་ཚད་ཇེ་མང་དུ་གཏོང་དགོས། འོན་ཀྱང་ཉིན་རེར་འཕར་སྣོན་བྱེད་པའི་གཟན་ཆག་གི་ཚད་སྟོང་ཁེ 1 ལས་བརྒལ་མི་རུང་། གལ་ཏེ་མོ་ཟོག་གིས་སྐྱེས་རྗེས་ནུ་མ་སྐྲངས་མེད་པ་དང་གཟུགས་གཞི་བདེ་ཐང་ཡིན་པ། བཤད་གཅིག་རྒྱུན་ལྡན་ཡིན་ཚེ་བེའུ་སྐྱེས་རྗེས་ཀྱི་ཉིན་དང་པོར་ཁུ་མང་གཟན་ཆག་དང་གཟན་ཆག་ཞིབ་མོ་སྟེར་གསོ་བྱེད་ཆོག་ཅིང་། ཉིན 6~7 ལ་བསླེབས་རྗེས་རྒྱུན་ལྡན་གྱི་སྟེར་ཚད་ལ་འཕར་ཆོག

མང་ལ་ཐོག་མ་སྨྱུམ་པའི་མོ་ཟོག་ནི་སྐྱེས་རྗེས་གལ་ཏེ་གསོ་ཚགས་འོས་འཚམ་མིན་ཚེ་ཐུང་ཁྲག་གི་ནད—ཐུངས་ཁྲག་གི་མངར་ཆ་དམའ་བ་འབྱུང་སླ་བ་དང་། ཁྲག་དང་གཅིན་གྱི་ནང་དུ་ཐུང་གཟུགས་ཇེ་མང་དུ་འགྲོ་ཞིང་། ཟས་ཀྱི་ཡི་ག་མི་ལེགས་པ་དང་འོ་མ་ཟགས་ཚད་མར་ཆག་པ། དབང་རྩའི་ནད་རྟགས་བཅས་ཀྱི་མངོན་རྟགས་འབྱུང་བ་ཡིན། དེའི་རྒྱུ་རྐྱེན་ནི་གཟན་ཆག་ཁྲོད་ཐྣན་ཆུ་འདྲེས་འགྱུར་རྫས་ཕུན་སུམ་ཚོགས་པར་འདུས་པའི་གཟན་ཆག་ཞིབ་མོ་སྟེར་ཚད་མ་འདང་པ་དང་ཕྱི་དཀར་རྫས་མཁོ་སྤྲོད་བྱེད་ཚད་མང་དྲགས་པས་བཟོས་པ་རེད། ལག་ལེན་ཁྲོད་ཤིན་ཏུ་མཐོང་ཆེན་བྱེད་དགོས་པ་ཡིན།

སྐམས་བཀོལ་འོ་མ་སྟུན་བཞིན་པའི་མོ་ཟོག་གསོ་ཚགས་བྱེད་དུས་སྟེར་གསོའི་ཐེངས་གྲངས་ཡང་དག་པར་བཀོད་སྒྲིག་བྱེད་དགོས། ཕྱིར་བཏང་ཉིན་རེར་ཐེངས 3 རེ་བྱས་ན་འཚམ་པ་ཡིན།

(གཉིས) རེར་འཚོ་ཞིང་འོ་མ་སྟུན་བཞིན་པའི་མོ་ཟོག་གི་གསོ་ཚགས་དོ་དམ།

དབྱར་དུས་སུ་རེར་འཚོ་བའི་དོ་དམ་གཙོར་བྱེད་དགོས་པ་ཡིན། རེར་འཚོ་བའི་སྐབས་ཀྱི་འདང་ངེས་ཀྱི་འགུལ་སྐྱོད་དང་ཉི་འོད་ཀྱིས་ཕན་པ། གཟན་རྩྭའི་ནང་འདུས་པའི་ཕུན་སུམ་ཚོགས་པའི་འཚོ་བཅུད་བཅས་ཀྱིས་ནོར་གྱི་ལུས

པའི་སྙིང་ཚབ་གསར་སྐྱུར་ལ་སྐྱུལ་འདེད་བྱས་ཏེ་རྒྱུད་འཕེལ་ནུས་པ་ལེགས་བཅོས་བྱེད་པ་དང་། འོ་མ་ཟགས་ཐོན་ཚད་མཐོར་འདེགས་གཏོང་བ། མོ་ཟོག་དང་བེའུ་ཡི་བདེ་ཐང་ཇེ་དྲག་ཏུ་གཏོང་བ་བཅས་བྱེད་པ་ཡིན། སྔོ་ལྡུང་གི་གཟན་ཆག་ནང་དུ་ཕུན་སུམ་ཚོགས་པའི་སྤྲི་དཀར་རྫས་དང་། ངེས་མཁོའི་ཨེམ་ཅི་སོན་དང་འཚོ་རྒྱུ། རྩབས། ཚད་ལྡན་གཞི་རྒྱུ་སྣ་ཚོགས་འདུས་པའི་རྐྱེན་གྱིས་རིར་འཚོས་པའི་འོ་མ་སྟུན་བཞིན་པའི་མོ་ཟོག་གི་ལུས་ཀྱི་ཟུངས་ཁྲག་ནང་དུ་ཁྲག་རྩི་དམར་པོ་ཇེ་མང་དུ་འགྲོ་ཞིང་། ལ་སེར་གྱི་བཅུད་དང་འཚོ་རྒྱུ D སོགས་གསོག་ཚད་ཅུང་མང་བ་ཡིན། དེའི་ཕྱིར་རིར་འཚོས་ཏེ་གསོ་ཚགས་བྱེད་པ་ཡིས་ནད་རིགས་སྣ་ཚོགས་འགོག་པའི་ནུས་པ་མཐོར་འདེགས་གཏོང་ཐུབ་པ་ཡིན། རིར་འཚོས་ཏེ་གསོ་ཚགས་བྱེད་པའི་སྔོན་ལ་ངེས་པར་དུ་གཤམ་གྱི་གྲ་སྒྲིག་གི་བྱ་བ་འགའ་ལེགས་པར་བསྒྲུབ་དགོས།

1.འཚོ་སའི་རྩྭ་རའི་སྒྲིག་ཆས་ཀྱི་གྲ་སྒྲིག རིར་འཚོ་བའི་དུས་ཚོགས་མ་ཐོན་སྔོན་ལ་ནོར་ཁང་དང་ལྷས་ར། ར་སྐོར་བཅས་ལ་ཞིབ་བཤེར་བཟོ་བཅོས་བྱེད་པ་དང་། ཆུའི་འབྱུང་ཁུངས་དང་ཆུ་འཐུང་རྗེས་གནས་སྐབས་ངལ་གསོ་སའི་གནས་གཏན་འཁེལ་བྱེད་པ། འགྲོ་ལམ་ཞིག་གསོ་བྱེད་པ།

2.ནོར་ཁྱུའི་གྲ་སྒྲིག སྨིག་པ་བཟོ་བཅོས་དང་རྣ་འདོར་བ། ལུས་ཕྱི་ནང་གི་གཞན་བརྟེན་སྲིན་འབུ་སྐྲོད་པ། ནོར་གྱི་ཨང་རྟགས་ལ་ཞིབ་བཤེར་བྱེད་པ། མོ་ཟོག་གི་ལྗིད་ཚད་འཇལ་བ། ཁྱུ་སྒྲིག་པ་སོགས་འདུ་བ་ཡིན།

3.ནོར་ཁང་དུ་གསོ་བ་ནས་རིར་འཚོ་བར་བར་བཀྱལ། མོ་ཟོག་ནི་ནོར་ཁང་དུ་གསོ་བ་ནས་རིར་འཚོ་བའི་ངོ་དམ་ནི་རིམ་བཞིན་སྤེལ་དགོས་ཤིང་། སྤྱིར་བཏང་ཉིན 7 ~8ཀྱི་བར་བཀྱལ་གྱི་དུས་དགོས་པ་ཡིན། མོ་ཟོག་རྩྭ་སའི་སྟེང་དེད་ནས་འཚོ་བའི་སྔོན་ལ་གཟན་ཆག་ཆེང་པོ་དང་ཕྱེད་སྐམ་སྔོ་བསྲལ། སྔོ་བསྲལ

གཟན་ཆག་བཅས་བཀོལ་ཏེ་སྦྱོན་གསོ་བྱེད་དགོས། ཉིན་རེའི་གཟན་ཆག་ཁྲིད་ཚད་འདང་ངེས་ཀྱི་ཚོ་སྣའི་རྒྱུ་ཡོད་པར་བྱས་ཏེ་རྒྱུན་ལྡན་གྱི་ཕོ་འབུར་གྱིས་ཟས་འཇུ་བ་རྒྱུན་འཁྱོངས་བྱེད་དགོས། གལ་ཏེ་དགུན་དུས་ཉིན་རེའི་གཟན་ཆག་ཁྲིད་ཁུ་མང་གཟན་ཆག་ཏ་ཅང་ཉུང་ན་བར་བརྒྱལ་གྱི་དུས་ཉིན 10 ~14ལ་ཐེ་རིང་དུ་གཏོང་དགོས། རེར་འཚོ་བའི་དུས་ཚོད་ནི་མགོ་བཙམས་དུས་ཀྱི་ཉིན་རེར་དུས་ཚོད 2~3ལ་འཚོ་བ་ནས་རིམ་བཞིན་མཐའ་མཇུག་ཉིན་རེར་དུས་ཚོད 12ལ་བར་བརྒྱལ་བྱེད་དགོས།

རྩྭ་སྦྱོན་གྱི་རྩ་འཁྲུམ་ནད་སྔོན་འགོག་བྱེད་ཆེད། དཔྱིད་དུས་ནོར་ཕྱུ་ནོར་ཁང་དུ་གསོ་བ་ནས་རེར་འཚོ་བར་བསྒྱུར་སྐབས་མགོ་རྩོམ་པའི་གཟའ་འཁོར 1 ནང་ཟོས་པ་མང་དྲགས་མི་རུང་ཞིང་རེར་འཚོ་བའི་དུས་ཚོད་རིང་དྲགས་མི་རུང་ལ། ཉིན་རེར་ཆེས་ཉུང་ནའང་སྐོང་ཁེ 2ཀྱི་རྩྭ་སྐམ་ཁ་གསབ་བྱེད་དགོས། དེ་དང་ཆབས་ཅིག་རྩྭ་རའི་ནང་མང་དྲགས་པའི་ཁཱ་ལུད་དང་ཨན་ལུད་འཇོག་མི་རུང་བར་ནད་གཞི་འབྱུང་སླ་བའི་སར་ལིག་སོན་མའི་སྔོན་འགོག་བྱེད་པར་མཉམ་འཇོག་དགོས་པ་ཡིན།

གཟན་རྩྭའི་ནང་ཁཱ་འདུས་པ་མང་ལ་ནཱ་འདུས་པ་ཉུང་བས་བཟའ་ཚྭ་གསབ་སྣོར་བྱེད་པར་ལྷག་ཏུ་མཉམ་བཞག་སྟེ་ནོར་གྱི་ལུས་པོའི་ནང་དུ་ནཱ་དང་ཁཱ་དོ་མཉམ་ཡོང་བ་རྒྱུན་འཁྱོངས་བྱེད་དགོས། དེའི་ཚྭ་གསབ་སྣོར་བྱེད་ཐབས་ནི། མོ་ཟོག་གི་གཟན་ཆག་ཞིབ་མོ་ནང་མཉམ་བསྲེབས་བྱས་ཏེ་སྣོར་ཆོག་ལ་མོ་ཟོག་གིས་ཆུ་འཐུང་བའི་སར་ཚྭ་གཞོང་བཞག་སྟེ་རང་དབང་དུ་ལྡག་ཏུ་བཅུག་ཀྱང་ཆོག་པ་ཡིན།

བཞི། མངལ་མ་སྦྲུམ་པའི་མོ་ཟོག་གི་གསོ་ཆགས་དོ་དམ།

མངལ་མ་སྦྲུམ་པའི་མོ་ཟོག་གི་གསོ་ཆགས་དོ་དམ་ནི། གཙོ་བོར་རྒྱུད་སྲིལ་

ཚད་དང་མངལ་སྐྱུམ་ཚད་མཐོར་འདེགས་བྱེད་ཅིང་གང་ལེགས་ཀྱིས་གཟན་ཆག་རྫིང་པོ་བེད་སྤྱད་དེ་གསོ་ཚགས་ཀྱི་མ་རྫ་ཇེ་དམའ་རུ་གཏོང་བར་དམིགས་ཏེ་སྤེལ་བ་ཡིན། རྒྱུད་སྤེལ་མོ་ཟོག་དེ་རྒྱུད་སྤེལ་བའི་སྔོན་ལ་འབྲིང་གོང་ཙམ་གྱི་ཤ་ཤེད་འཛོམས་དགོས། རིད་དྲགས་པའམ་ཚོ་དྲགས་པ་ཡིས་རྒྱུན་དུ་རྒྱུད་འཕེལ་བར་ཤུགས་རྐྱེན་བཟོ་བ་ཡིན། ཉིན་རྒྱུན་གྱི་གསོ་ཚགས་དོ་དམ་བྱ་བའི་ཁྲོད། གལ་ཏེ་མང་དྲགས་པའི་གཟན་ཆག་ཞིབ་མོ་སྟེར་བ་ལས་འགུལ་སྐྱོད་བྱེད་པ་མི་འདང་ཚེ་མོ་ཟོག་ཚོ་དྲགས་པར་གྱུར་ཏེ་མི་སྦྲིག་པར་བྱེད་པ་ཡིན། སྐམས་བཀོལ་མོ་ཟོག་གི་གསོ་ཚགས་དོ་དམ་ཁྲོད་འདི་ནི་ཆེས་རྒྱུན་པར་འབྱུང་བ་དང་ཅིས་ཀྱང་མཉམ་འཛོག་དགོས་པ་ཞིག་ཡིན། ཡིན་ནའང་གཟན་ཆག་མ་འདང་པ་དང་མོ་ཟོག་གི་ཤ་ཤེད་ཞན་པའི་གནས་ཚུལ་འོག ཏེན་གྱིས་མོ་ཟོག་མི་སྦྲིག་པར་བྱས་ཏེ་རྒྱུད་འཕེལ་ལ་ཤུགས་རྐྱེན་བཟོ་སྲིད་པ་ཡིན། གནས་ཚུལ་འདི་རིགས་སྔོན་ཐོག་ལོ་འབབ་མི་བཟང་བ་དང་རྩྭ་ཕྱུགས་ཀྱི་བསྟུར་ཚད་དོ་མི་མཉམ་པའི་ས་ཁུལ་དུ་མང་དུ་མཐོང་བ་ཡིན། ལག་ལེན་ལས་ར་སྦྲོད་བྱུང་བ་ལྟར་ན་གལ་ཏེ་མོ་ཟོག་ནི་འོ་མ་ཟགས་ཐོན་བྱེད་པའི་དུས་སྐབས་སྔོན་མའི་ནང་འདང་ངེས་ཀྱི་དོ་མཉམ་པའི་གཟན་འབྲུ་བྱིན་པ་དང་། དེའི་མཚུངས་སུ་ལས་ཀར་བཀོལ་བ་ཉུང་ཡང་ཞིང་དོ་དམ་བྱས་པ་གང་ལེགས་བྱུང་ཡོད་ཚེ། མོ་ཟོག་གི་མངལ་སྐྱུམ་ཚད་མཐོར་འདེགས་བྱེད་ཐུབ་པ་ཡིན། ཤ་རིད་པའི་མོ་ཟོག་རྒྱུད་སྤེལ་བའི་སྔོན་གྱི་ཟླ་ 1~2ཀྱི་ནང་གསོ་ཚགས་ལ་ཤུགས་བསྣན་ཏེ་འོས་འཚམ་གྱིས་གཟན་ཆག་ཞིབ་མོ་གསབ་སྟེར་བྱས་ཚེ། ཡང་མངལ་སྐྱུམ་ཚད་མཐོར་འདེགས་གཏོང་ཐུབ་པ་ཡིན།

མོ་ཟོག་སྦྲིག་ཚེ་དུས་ཐོག་ཏུ་རྒྱུད་སྤེལ་བར་བྱས་ཏེ་རྒྱུད་སྤེལ་བ་ལུས་པ་དང་ཤོར་བ་འགོག་དགོས། རྒྱུད་ཐོག་མར་སྤེལ་བའི་མོ་ཟོག་གི་དོ་དམ་ལ་ཤུགས་སྣོན་དགོས་ཏེ་རི་ནས་སྡེབ་པ་དང་སྡེབ་སྟབ་འགོག་དགོས། བེའུ་སྐྱེས་མྱོང་བའི་

མོ་ཟོག་གིས་བེའུ་སྐྱེས་རྗེས་ཀྱི་གཟའ་འཁོར 3ནང་དེ་སྤྲིག་པའི་གནས་ཚུལ་ལ་མཉམ་འཇོག་དགོས། སྤྲིག་པ་རྒྱུན་ལྡན་མ་ཡིན་པ་དང་མི་སྤྲིག་པ་ལ་དུས་ཐོག་ཏུ་བྱེད་ཐབས་སྤྱོད་དགོས། སྤྱིར་བཏང་མོ་ཟོག་གིས་སྐྱེས་རྗེས་སྤྲིག་པའི་འཁོར་ཡུན 1 ~3ནང་སྤྲིག་སྟེ་ཁམས་དམར་འདོན་པ་ནི་ཙུང་རྒྱུན་ལྡན་ཡིན་ལ། དུས་ཚོད་ཕྱིར་འགྱངས་པ་དང་བསྟུན་ནས་བེའུའི་ལུས་ཀྱི་ལྡིད་ཚད་འཕར་ཞིང་ཟད་གྲོན་ཇེ་མང་དུ་འགྲོ་བ་ཡིན། གལ་ཏེ་དུས་ཐོག་ཏུ་གཟན་ཆག་གསབ་སྐྱེར་བྱེད་མ་ཐུབ་ཚེ་རྒྱུན་པར་མོ་ཟོག་གི་ཤ་ཤེད་ལྷུང་བ་དང་། སྤྲིག་ཙིང་ཁམས་དམར་འདོན་པ་ལ་ཤུགས་རྐྱེན་ཐེབས་པ་ཡིན། དེའི་ཕྱིར། སྐྱེས་རྗེས་ཐེངས་མང་པོར་སྤྲིག་པའི་འཁོར་ཡུན་འཛུར་བར་བྱས་ན་སྤྲིག་དུས་ཀྱི་མངལ་སྨྲུམ་ཚད་ཇེ་དམའ་ནས་ཇེ་དམའ་རུ་འགྲོ་བ་ཡིན། གལ་ཏེ་གནས་ཚུལ་འདི་རིགས་བྱུང་ན་དུས་ཐོག་ཏུ་བཤད་ལམ་ནས་བརྟག་དཔྱད་བྱས་ཏེ་གནས་ཚུལ་གསལ་རྟོགས་བྱས་ནས་གཟབ་ནན་གྱིས་ཐག་གཅོད་བྱ་དགོས།

མོ་ཟོག་ལ་མངལ་མ་ཆགས་པ་བྱུང་ན་གནས་ཚུལ་མི་འདྲ་བར་གཞིགས་ཏེ་ཐག་གཅོད་བྱེད་དགོས། མོ་ཟོག་ལ་མངལ་མི་ཆགས་པར་བྱེད་པའི་རྒྱུ་རྐྱེན་ལ་སྐྱེས་ཐོབ་དང་རྗེས་ཐོབ་ཕྱོགས་གཉིས་ཡོད་པ་ཡིན། སྐྱེས་ཐོབ་ཀྱི་མངལ་མི་ཆགས་པ་ནི་སྤྱིར་བཏང་མོ་ཟོག་གི་སྐྱེ་འཕེལ་དབང་པོའི་སྐྱེ་འཚར་རྒྱུན་ལྡན་མིན་པའི་རྐྱེན་ཡིན་ཏེ། དཔེར་ན་མངལ་གྱི་ཁ་སྒྲུབས་ཀྱི་གནས་ཡུལ་མི་འགྲིག་པ་དང་མངལ་ལམ་ཆུང་དྲགས་པ། ན་ཆུང་གི་ནད། མཚན་མ་མི་མཐུན་པའི་མཆེ་མའི་བེའུ་མོ། མཚན་གཉིས་ཡ་མ་གཟུགས་སོགས་ལྟ་བུ། སྐྱེས་ཐོབ་ཀྱི་མངལ་མི་ཆགས་པའི་གནས་ཚུལ་ཙུང་ཉུང་བ་ཡིན། རིགས་རྒྱུད་སྤེལ་བའི་བྱ་བའི་ཁྲིད་སྐོག་གཞུང་གཞི་རྒྱ་འཕྱེར་མཁན་དག་ཕྱིར་འབུད་བྱས་ཚེ་གཞི་ནས་ཐག་གཅོད་བྱེད་ཐུབ་པ་ཡིན། རྗེས་ཐོབ་རང་བཞིན་གྱི་མངལ་མི་ཆགས་པ་ནི་གཙོ་བོར་འཚོ་བཅུད་མ

འདང་པ་དང་། གསོ་ཚོགས་དོ་དམ་དང་ལས་ཀར་བཀོལ་བ་ཚུལ་དང་མི་མཐུན་པ། སྐྱེ་འཕེལ་དབང་པོའི་ནད་རིགས་བཅས་ཀྱིས་བཟོས་པ་ཡིན།

གལ་ཏེ་ནོར་དར་མ་གསོ་ཚོགས་དོ་དམ་འོས་འཚམ་མ་ཡིན་པ་ལས་མངལ་མི་ཆགས་པ་བཟོས་པ་ཡིན་ཚེ། རྒྱུན་ལྡན་གྱི་འཚོ་བཅུད་ཆུ་ཚད་སྟར་གསོ་བྱས་རྗེས་མང་ཆེ་བ་དྲག་སྐྱིད་བྱུང་ཐུབ་པ་དང་། བེའུའི་དུས་སྐབས་སུ་འཚོ་བཅུད་མ་ལེགས་པའི་རྐྱེན་གྱིས་སྐྱེ་འཚར་འཚར་ལོངས་ལ་འགོག་རྐྱེན་ཐེབས་ཏེ་སྐྱེ་འཕེལ་དབང་པོ་རྒྱུན་ལྡན་དང་སྐྱེ་འཚར་འབྱུང་བར་ཤུགས་རྐྱེན་བཟོས་ཏེ་བྱུང་བའི་མངལ་མ་སྨྲུམ་པ་ནི་གསོ་ཚོགས་ཀྱི་བྱེད་ཐབས་བཀོལ་ནས་བཅོས་དཀའ་བ་ཡིན། གལ་ཏེ་འཚར་ལོངས་བྱུང་བའི་སོ་ཟོག་ལ་དུས་ཡུན་རིང་པོར་འཚོ་བཅུད་མ་འདང་ཚེ་རྒྱུན་པར་ཐོག་མར་སྤྲིག་པའི་འཁོར་ཡུན་ཕྱིར་འགྱངས་བྱེད་པ་དང་། ཐོག་མ་སྐྱེ་དུས་སྐྱིད་དཀའ་བའམ་མངལ་ཤི་བར་བྱེད་པ་མ་ཟད། ད་དུང་རྗེས་ཀྱི་རྒྱུད་འཕེལ་ནུས་པ་ལ་ཤུགས་རྐྱེན་བཟོ་བ་ཡིན།

འགྲུལ་སྐྱོད་བྱེད་པ་དང་ཉི་འོད་ཀྱིས་བྲན་པ་ནི་ནོར་ཕྱུའི་གཟུགས་གཞི་ཇེ་དྲག་ཏུ་གཏོང་བ་དང་ནོར་གྱི་སྐྱེ་འཕེལ་ནུས་པ་མཐོར་འདེགས་བྱེད་པར་འབྲེལ་བ་དམ་ཟབ་ཡོད་པ་ཡིན། ནོར་ཁང་ནང་རླུང་རྒྱུ་བ་མི་ལེགས་ཤིང་མཁའ་རླུང་བཙོག་པ་དང་། ཨན་འདུས་ཚད་ནི་ཆིད་གྲུ་བཞི་ལྗམ་པ་རེའི་ནང་ཧའོ་ཁེ་0.02བརྒལ་བ། དབྱར་དུས་ཚ་བས་བཀུམ་ཞིང་དགུན་དུས་གྲང་ངར་ཆེ་བ། བརླན་གཤེར་ཚད་ལས་བརྒལ་བ་སོགས་ཁོར་ཡུག་ངན་པ་ཡིས་ནོར་གྱི་གཟུགས་གཞིའི་བདེ་ཐང་ལ་གནོད་འཚེ་བཟོ་སླ་ཞིང་། ཚོར་བ་སྐྱེན་པ་འགའ་ཤས་ཀྱིས་མྱུར་དུ་སྤྲིག་པ་མཚམས་འཛོག་པ་ཡིན། དེ་བས་གསོ་ཚོགས་དོ་དམ་གྱི་ཆ་རྐྱེན་ལེགས་བཅོས་བྱེད་པ་ནི་ཤིན་ཏུ་གལ་ཆེ་བ་ཡིན།

ལེའུ་བདུན་པ། རྐམས་ཀྱི་ཆོན་གསོ་ལག་རྩལ།

ས་བཅད་དང་པོ། ཆོན་གསོ་རྣམ་པའི་གདམ་གསེས།

རྐམས་ཆོན་གསོ་བྱེད་པའི་རྣམ་པ་ནི་སྤྱིར་བཏང་དུ་རིར་འཚོ་བ་དང་ཕྱེད་གསོ་ཕྱེད་འཚོ། ནོར་ཁང་དུ་གསོ་བ་བཅས་རྣམ་པ་རིགས་གསུམ་ཡོད།

གཅིག རིར་འཚོ་བའི་ཆོན་གསོ་རྣམ་པ།

རིར་འཚོས་ནས་ཆོན་གསོ་བྱེད་པ་ནི་བེའུ་ནས་བཞས་ཁོངས་སུ་གཏོང་བའི་བར་ཡོངས་སུ་རྩྭ་ར་ནང་འཚོ་བ་ལས་གཟན་ཆག་གང་ཡང་གསབ་སྣོར་མི་བྱེད་པའི་ཆོན་གསོ་རྣམ་པ་ལ་སྟོན་པ་ཡིན་ཞིང་། རྩྭ་སའི་ཕྱོགས་ལས་ཀྱང་ཟེར། ཆོན་གསོ་རྣམ་པ་འདི་རིགས་ནི་མི་གྲངས་ཉུང་ཞུང་བ་དང་ས་ཞིང་གིས་འདང་པ། རྩྭ་ས་རྒྱ་ཆེ་བ། ཆར་ཆུ་མོད་པ། གཟན་རྩྭ་རབ་ཏུ་རྒྱས་པའི་འབྲོག་ཁུལ་དང་རོང་མ་འབྲོག་ཁག་ཅིག་ཏུ་འཚམ་པ་ཡིན། དཔེར་ན་ནེའུ་ཛི་ལན་གྱི་རྐམས་ཆོན་གསོ་ནི་ཕལ་ཆེར་རྣམ་པ་འདིའི་རིགས་གཙོར་བྱེད་པ་ཡིན། སྤྱིར་བཏང་དུ་སྐྱེས་པ་ནས་གསོ་ཚགས་བྱས་ཏེ་ན་ཚོད་ཟླ་18ལ་བསླེབས་ཤིང་། ལུས་ཀྱི་ལྗིད་ཚད་སྟོང་ཁེ400ལ་བསླེབ་དུས་བཞས་ཁོངས་སུ་བཏང་ཆོག་པ་ཡིན།

གལ་ཏེ་རྒྱ་ཁྱོན་ཆུང་ཆེ་བའི་རྩྭ་སའི་སྤྱང་ལྡེབས་ཡོད་ཚེ་གཟན་རྩྭ་འདེབས་འཛུགས་བྱེད་ཆོག་ཅིང་། དབྱར་ཁ་རྩྭ་སྟོན་གྱི་དུས་སུ་རིར་འཚོ་བར་མ་ཁོ་སྦྲོད་བྱེད་པ་ལས་གཞན་ད་དུང་རྩྭ་ས་ཁག་ཅིག་སོར་འཇོག་བྱས་ཏེ་བྲེགས་ནས་སྔོ་རྩྭ

སྐམ་པོའམ་སྤོ་བསྐལ་གཟན་ཆག་སྨྲར་བཟོ་བྱེད་པར་བཀོལ་ཏེ་དགུན་བཀལ་བར་བཀོལ་ཆོག རྣམ་པ་འདིའི་རིགས་ལ་རིར་འཚོ་བའི་ཚོན་གསོ་ཡང་ཟེར་ཞིང་། འགྲོ་སོང་ཆེས་ཆུང་བ་ཡིན་མོད་འོན་ཀྱང་གསོ་ཚགས་ཀྱི་འཁོར་ཡུན་རིང་བ་ཡིན།

གཉིས། ཕྱེད་གསོ་ཕྱེད་འཚོའི་ཚོན་གསོ་རྣམ་པ།

དབྱར་དུས་རྩྭ་སྔོན་གྱི་དུས་སུ་ནོར་ཕྱུ་རིར་འཚོས་ཏེ་ཚོན་གསོ་བྱེད་ཅིང་གྲང་ངར་ཆེ་ཞིང་ཐན་སྐམ་ཡིན་པའི་རྩྭ་སྐམ་གྱི་དུས་སུ་ནོར་ཕྱུ་ནོར་ཁང་དུ་བཅུག་སྟེ་གསོ་བ་ཡིན། ལེགས་བསྡུས་ཞིབ་གཉེར་ཕྱེད་ཙམ་ཡིན་པ་འདིའི་རིགས་ཀྱི་ཚོན་གསོ་རྣམ་པར་ཕྱེད་གསོ་ཕྱེད་འཚོའི་ཚོན་གསོ་ཟེར་བ་ཡིན། ཐབས་འདི་རྒྱུན་དུ་རོང་མ་འབྲོག་གི་ས་ཁུལ་ལམ་འབྲོག་ཁུལ་དུ་སྤྱོད་པར་འཚམ་པ་ཡིན། རྒྱུ་རྐྱེན་ནི་ས་འདིར་དབྱར་དུས་གཟན་རྩྭ་རབ་ཏུ་རྒྱས་ཤིང་སྐམས་ཀྱི་སྐྱེ་འཚར་འཚར་ཡོངས་ཀྱི་དགོས་མཁོ་སྐོང་ཐུབ་པ་དང་། དགུན་དུས་དྲོད་ཚད་དམའ་ལ་ཆར་ཆུ་ཉུང་པས་གཟན་རྩྭ་སྐྱེས་པ་མི་ལེགས་པའམ་སྐྱེ་མི་ཐུབ་པ་ཡིན།

ཕྱེད་གསོ་ཕྱེད་འཚོའི་ཚོན་གསོ་བྱེད་པ་སྐྱུད་དེ་མོ་ཟོག་གིས་དབྱར་དུས་གཟན་རྩྭའི་དུས་སྐབས་མགོ་རྩོམ་པའི་དུས་ནས་བེའུ་སྐྱེ་པར་ཚོད་འཛིན་བྱེད་ཅིང་། བེའུ་སྐྱེས་རྗེས་མོ་ཟོག་དང་འགྲོགས་ཏེ་རིར་འཚོ་བ་དང་རང་བཞིན་གྱིས་ནུ་མ་ནུ་རུ་འཇུག་པ་ཡིན། དེ་ལྟར་བྱས་ན་མོ་ཟོག་ལ་དབྱར་དུས་སྨུས་ལེགས་ཀྱི་ལྷང་ཞིང་ཉེམ་པའི་གཟན་རྩྭ་བཟའ་བ་མཁོ་སྤྲོད་བྱེད་ཐུབ་པར་བརྟེན། འོ་མ་ཟགས་ཐོན་ཚད་མང་ཞིང་བདེ་ཐང་གི་བེའུ་གསོ་ཐུབ་པ་ཡིན། བེའུ་འཚར་ལོངས་བྱུང་སྟེ་ན་ཚོད་ཟླ་5~6གི་སྐབས་ནུ་མཚམས་འཇོག་དུས་ལྗིད་ཚད་སྟོང་ཁེ་100~150ལ་བསླེབ་པ་དང་། དེ་རྗེས་ནོར་ཁང་དུ་བཅུག་ནས་གསོ་ཚགས་བྱེད་པ་སྤྱོད་ཅིང་གཟན་ཆག་ཞིབ་མོ་ཙུང་ཙམ་ཁ་གསབ་བྱས་ཏེ་དགུན་བཀལ་བ་ཡིན་ལ། ལོ་གཉིས་པའི་རྩྭ་སྔོན་གྱི་དུས་སུ་རིར་འཚོས་ཏེ་ཚོན་གསོ་བྱེད་པ་སྐྱུད་དེ

དགུན་དུས་སླར་ཡང་ཕྱིར་ནོར་ཁང་དུ་བཙུག་ནས་ཟླ 3 ~4ལ་གསོ་ཚགས་བྱས་ཚེ་གཞི་ནས་བཤས་ཁོངས་སུ་གཏོང་པའི་ཚད་གཞིར་ཐོན་པ་ཡིན།

ཐབས་འདིའི་ལེགས་ཆ་ནི། རིན་གོང་ཆེས་བདེ་མོ་ཡིན་པའི་རྩ་ས་བེད་སྤྱོད་དེ་རིར་འཚོ་ཆོག་པ་དང་། བེའུ་ནུ་མཚམས་བཞག་རྗེས་འཚོ་བཅུད་དམའ་མོའི་སྒོ་ནས་དགུན་བཀལ་ཆོག་ལ། ལོ་གཉིས་པར་རྩ་སྔོན་གྱི་དུས་སྐབས་སུ་རིར་འཚོས་ཏེ་ཅུང་ཕུགས་རེ་དང་མཐུན་པའི་ལུས་ཀྱི་ལྗིད་ཚད་ཁ་གསབ་བྱེད་ཐུབ་པ་ཡིན། དེ་དང་ཆབས་ཅིག་མ་བཤས་གོང་དུ་ཟླ 3~4ཡི་ནང་ནོར་ཁང་དུ་བཙུག་ནས་གསོ་བ་ཡིན་པས་ཤ་བུབས་ཀྱི་རྒྱུ་སྤུས་ལེགས་པོ་ཡོད་པ་ཡིན།

གསུམ། ནོར་ཁང་དུ་ཚོན་གསོ་བྱེད་པའི་རྣམ་པ།

སྐམས་སྐྱེས་པ་ནས་བཤའ་བའི་བར་ཡོངས་སུ་ནོར་ཁང་དུ་བཙུག་སྟེ་གསོ་བ་ལག་བསྟར་བྱེད་པའི་ཚོན་གསོ་རྣམ་པ་ལ་ནོར་ཁང་དུ་ཚོན་གསོ་བྱེད་པ་ཟེར། ནོར་ཁང་དུ་གསོ་བའི་འབུར་དུ་ཐོན་པའི་ལེགས་ཆ་ནི་སྤྱོད་པའི་ས་ཉུང་བ་དང······གསོ་ཚགས་ཀྱི་འཁོར་ཡུན་ཐུང་བ། སྐམས་ཤའི་རྒྱུ་སྤུས་བཟང་བ། དཔལ་འབྱོར་གྱི་ཕན་ནུས་མཐོ་བ་བཅས་ཡིན་པ་དང་། ཉེན་ཆ་ནི་གཏོང་སྒོ་མང་བ་དང་གཟན་ཆག་ཞིབ་མོ་ཅུང་མང་པོ་དགོས་པ་ཡིན་ཞིང་། མི་གྲངས་མང་བ་དང་ས་ཞིང་ཉུང་བ། དཔལ་འབྱོར་ཅུང་དར་རྒྱས་ཆེ་བའི་ས་ཁུལ་དུ་སྤྱོད་པར་འཚམ་པ་ཡིན། ནོར་ཁང་དུ་ཚོན་གསོ་བྱེད་པའི་རྣམ་པའང་བཏགས་ནས་གསོ་བ་དང་ཁྲུ་བགོས······ནས་གསོ་བ་གཉིས་སུ་དབྱེ་ཆོག

(གཅིག)བཏགས་ནས་གསོ་བ།

ནང་ཁང་དུ་ཚོན་གསོ་བྱེད་པའི་སྐམས་ཅུང་མང་བའི་དུས་སུ། ནོར་རེ་རེ་སོ་སོར་བཏགས་ནས་གཟན་ཆག་སྟེར་བ་ལ་བཏགས་ནས་གསོ་བ་ཟེར། དེའི་བཟང་ཆ་ནི་དོ་དམ་བྱེད་བདེ་བ་དང་དུས་མཉམ་གྱི་ལྗིད་ཚད་འཕར་བར་ཁག······

ཐེག་བྱེད་ཐུབ་པ། གཟན་ཆག་གི་ཐོབ་ཆ་མཐོ་བ་ཡིན། ཞན་ཆ་ནི་འགྲུལ་སྐྱོད་ཉུང་བས་ལུས་ཁམས་འཚར་ལོངས་ལ་ཤུགས་རྐྱེན་བཟོས་ཏེ་ཚོན་གསོ་བྱེད་པའི་དུས་སྟོད་ཀྱི་ལྷིད་ཚད་འཕར་བ་ལ་མི་ཕན་པ་ཡིན། སྤྱིར་བཏང་གི་གནས་ཚུལ་འོག་ཏུ། གཟན་ཆག་སྐྱེར་ཚད་ངེས་གཏན་ཡིན་དུས་བཏགས་ནས་གསོ་བའི་ཕན་འབྲས་ཆུང་བཟང་བ་ཡིན།

(གཉིས)ཁྲུ་བགོས་ནས་གསོ་བ།

ཁྲུ་བགོས་ནས་གསོ་བའི་གནད་དོན་ནི་ནོར་ཁྲུའི་གྲངས་ཀའི་མང་ཉུང་དང་ནོར་རའི་ཆེ་ཆུང་། གཟན་ཆག་སྐྱེར་སྟངས། གཟན་ཆག་སྐྱེར་ཚད་བཅས་ཀྱིས་བྱུང་བ་ཡིན། སྤྱིར་བཏང་ནོར 6རེ་ཁྲུ་གཅིག་བྱས་ཏེ་ནོར་རེ་རེས་བཟུང་བའི་རྒྱ་ཁྱོན་ཞིང་གྲུ་བཞི་མ 4ཡིན་དགོས། གཏུག་འཛིང་བྱེད་པར་གཡོལ་ཆེད་ཚོན་གསོའི་དུས་མགོར་ཆུང་མང་ཆོག་པ་དང་། རྗེས་ནས་རིམ་བཞིན་ནོར་གྱི་གྲངས་ཀ་ཇེ་ཉུང་དུ་གཏོང་དགོས། ཡང་ན་གཟན་ཆག་སྐྱེར་སྐབས་ལྕགས་ཐག་གམ་སྒྲིལ་དབྱེ་ཆོག་པའི་སྒོ་ཐེག་གིས་གདགས་དགོས། གལ་ཏེ་གཟན་ཆག་བཟའ་སྐབས་གདགས་པར་མི་བྱ་ན་སྐབས་བདེའི་ནོར་བྲིས་ཁང་མིག་འདྲ་བ་བཟོས་ཏེ་ནོར་སོ་སོར་དགར་ནས་རང་དབང་དུ་བཟའ་རུ་འཇུག་དགོས་ཤིང་། གཟན་ཆག་འཕྲོག་རེས་བྱས་ནས་ལྷིད་འཕར་ཚད་ཆ་མི་སྙོམས་པ་བཟོ་བ་འགོག་དགོས། གཟན་ཆག་བཟའ་བའི་གྲལ་ནས་བ་ཅོར་ཏེ་ཕྱིར་ཕུད་ཅིང་གཟན་ཆག་བཟའ་བར་སྐྲག་པའི་ནོར་མཐོང་ཚེ། ཆག་གཞོང་ལོགས་སུ་བཙུགས་ཏེ་ཁེར་རྐྱང་དུ་སྐྱེར་གསོ་བྱེད་དགོས།

ཁྲུ་བགོས་ནས་གསོ་བའི་བཟང་ཆ་ནི་ངལ་རྩོལ་པ་གྲོན་ཆུང་བྱེད་པ་དང་། ནོར་ལ་བཀག་རྒྱ་མི་ཐེབས་ཤིང་ལུས་ཁམས་ཀྱི་སྐྱེ་འཚར་ལ་ཕན་པ་ཡིན། སྐྱོན་ཆ་ནི་གལ་སྲིད་འཕྲོག་རེས་བྱས་ནས་ཟོས་ཚེ་ལུས་ཀྱི་ལྷིད་ཚད་ཆ་མཉམ་མི་ཡོང་བ

དང་། ཚད་བཀག་གིས་སྣེར་གསོ་བྱེད་སྐབས་ལྡིད་ཚད་འཕར་བར་བཀོལ་བའི་གཟན་ཆག་ནི་ལྷོག་སྐྱེ་འགྲུལ་སྐྱོད་ཀྱི་སྟེང་དུ་བསྐོར་ཏེ་གཟན་ཆག་གི་ཐོབ་ཆ་མར་ཆག་པར་བྱེད་པ་ཡིན། གཟན་ཆག་འདང་པ་དང་རང་དབང་དུ་བཟའ་རུ་འཇུག་སྐབས། ཕྲུ་བཏོགས་ནས་གསོ་བའི་ཕན་འབྲས་ཅུང་བཟང་བ་ཡིན།

ནོར་གནག་ནོར་ཁང་དུ་གསོ་བའི་དུས་ཡུན་ནི་ཟླ་4ཡིན། ཟླ་དང་པོ་ནི་འཁྲོད་པའི་དུས་རིམ་ཡིན་ཞིང་ཉིན་རེར་རིལ་བུའི་གཟན་ཆག་སྟོང་ཁ་2.5དང་རྩྭ་སྐམ་སྟོང་ཁ་2.5གསབ་སྣེར་བྱེད་པ་དང་། ཟླ་2པར། ཉིན་རེར་གཟན་ཆག་ཞིབ་མོ་སྟོང་ཁ་7.5དང་རྩྭ་སྐམ་སྟོང་ཁ་2རེ་གསབ་སྣེར་བྱེད་དགོས། ཟླ་3པ་ལ་ཉིན་རེར་གཟན་ཆག་ཞིབ་མོ་སྟོང་ཁ་10དང་རྩྭ་སྐམ་སྟོང་ཁ་2རེ་གསབ་སྣེར་བྱེད་དགོས་ཤིང་། ཟླ་4པ་ལ་ཉིན་རེར་གཟན་ཆག་ཞིབ་མོ་སྟོང་ཁ་12དང་རྩྭ་སྐམ་སྟོང་ཁ་2རེ་གསབ་སྣེར་བྱེད་དགོས་པ་ཡིན།

ས་བཅད་གཉིས་པ། བེའུ་ཆོན་གསོ་བྱེད་པའི་ལག་རྩལ།

བེའུ་ཆོན་གསོ་བྱེད་པའི་གསོ་ཚགས་ནི་དུས་སྐབས་གསུམ་དུ་དབྱེ་ཆོག་པ་སྟེ། བེའུའི་དུས་སྐབས་དང་འཚར་ལོངས་བྱུང་བའི་དུས་སྐབས། ཆོ་སྐྱལ་གྱི་དུས་སྐབས་བཅས་ཡིན། ནོར་ཁང་དུ་གསོ་བ་དང་ཕན་ནུས་ཀུན་ལྡན་གྱི་ཉིན་རེའི་གཟན་ཆག་གིས་སྣེར་གསོ་བྱེད་པའི་བྱེད་ཐབས་སྤྱད་ཅིང་། ན་ཚོད་ཟླ་16~18ཀྱི་སྣེར་གསོའི་དུས་སྐབས་བརྒྱུད་ཚེ། ལུས་ཀྱི་ལྡིད་ཚད་སྟོང་ཁ་500ཡན་ལ་བསླེབ་པ་དང་། དུས་སྐབས་ཕྱིལ་པོའི་ཉིན་རེའི་ལྡིད་འཕར་ཚད་སྟོང་ཁ་0.8~1ཡིན་ཞིང་། ཟད་གྲོན་བྱུས་པའི་ཉིན་རེའི་གཟན་ཆག་གི་གཟན་ཆག་ཞིབ་མོ་ནི(སྟོང་ཁ2/ཉིན)ཡིན།

གཅིག བེའུ་གདམ་གསེས།

(གཅིག)རིགས་རྒྱུད།

སྤྱིར་བཏང་བཞོན་མའི་ལས་རིགས་ཁྱད་སོན་བཀོལ་མི་བྱེད་པའི་ཕོ་བེའུ་དང་སྐམས་ཀྱི་རྒྱུད་འདྲེས་མའི་བེའུ་བེད་སྤྱད་དེ་ཚོན་གསོ་བྱེད་པ་ཡིན། རང་རྒྱལ་གྱི་ས་ཁུལ་མང་པོར་དཀར་ནག་གི་ཁྲ་རིས་ཅན་གྱི(ཧེ་པའི་ཧྭ)བཞོན་མའི་ཕོ་བེའུ་གསོར་བྱེད་ཅིང་། དེའི་རྒྱུ་རྐྱེན་གཙོ་བོ་ནི་དཀར་ནག་གི་ཁྲ་རིས་ཅན་གྱི་བཞོན་མའི་ཕོ་བེའུ་ནི་དུས་སྟོད་ཀྱི་སྐྱེ་འཚར་མགྱོགས་པ་དང་ཚོན་གསོའི་མ་རྩ་དམའ་བ་མ་ཟད། ཕན་སྐྱིད་རྩ་འཛུགས་བྱེད་བདེ་བ་ཡིན།

(གཉིས)ཕོ་མོ་དང་ལོ་ཚོད། ལུས་ཀྱི་ལྗིད་ཚད།

སྤྱིར་བཏང་སྐྱེས་མ་ཐག་གི་ལྗིད་ཚད་སྟོང་ཁི 35ལས་མི་དམའ་བ་དང་སྐྱོན་མེད་པ། བདེ་ཐང་གནས་ཚུལ་ལེགས་པའི་སྐྱེས་མ་ཐག་གི་ཕོ་བེའུ་གདམ་དགོས།

(གསུམ)གཟུགས་དབྱིབས་དང་ཕྱིའི་ཚུགས་ཀ

མགོ་ཆེ་ཞིང་གྲུ་བཞི་ཡིན་པ་དང་རོ་སྟོད་སྦོམ་ཆེ་བ། རྨིག་པ་ཆེ་བའི་བེའུ་གདམ་དགོས།

གཉིས། གསོ་ཚགས་དོ་དམ་གྱི་ལག་རྩལ།

བེའུ་ནི་སྐྱེས་པ་ནས་ཟླ 6གི་ན་ཚོད་ལ་བསླེབས་པའི་ནོར་ཡིན། སྤྱིར་བཏང་དུ་ན་ཚོད་ཟླ་གྲངས་དང་ནུ་མཚམས་འཛོག་པའི་གནས་ཚུལ་ལྟར་ཁྱུ་བགོས་ཏེ་དོ་དམ་བྱེད་ཅིང་། འོ་མ་སྣུན་པའི་བེའུ་ན་ཚོད་ཟླ 0~3དང་ནུ་མཚམས་བཞག་རྗེས་ཀྱི་བེའུ་ན་ཚོད་ཟླ 3~6ཅན་དུ་དབྱེ་ཆོག་པ་ཡིན།

(གཅིག)འཚོ་བཅུད་ཀྱི་དགོས་མཁོ།

འོ་མ་སྣུན་པའི་དུས་སྐབས་ཉིན 60~90དང་། དུས་སྐབས་ཧྲིལ་པོར་འོ་

མ་ལྷུད་ཚད་སྟོང་ཁ་300~400ཡིན་ཞིང་། གཟན་ཆག་ཞིབ་མོ་སྐྱེར་ཚད་སྟོང་ཁ་185དང་རྩྭ་སྐམ་སྐྱེར་ཚད་སྟོང་ཁ་170ཡིན། དུས་མཉམ་གྱི་ལུས་ཀྱི་ལྗིད་ཚད་སྟོང་ཁ་155~170ལ་བསླེབ་པ་ཡིན།

(གཉིས)རྒྱུན་ལྡན་གྱི་འོ་མ་ལྷུད་པ་དང་གཟན་ཆག་སྐྱེར་བ།

བེའུ་ལ་སྤྲ་མོ་ནས་གཟན་ཆག་གསབ་སྐྱེར་བྱེད་པ་དང་། ན་ཚོད་ཉིན་7གྱི་རྗེས་ནས་རྒྱུན་ལྡན་གྱི་འོ་མ་སྐྱེར་བར་བསྒྱུར་དགོས་པ་མ་ཟད། ད་དུང་ཟས་སྒོ་འབྱེད་པའི་གཟན་ཆག་སྐྱེར་མགོ་རྩོམ་པ་དང་། དེར་མ་ཟད་གཟན་ཆག—འོ་མ—ཆུ་བཅས་སོ་སོར་སྐྱེར་གསོ་བྱེད་དགོས།

(གསུམ)ནུ་མཚམས་གཅོད་པ།

བེའུ་ལ་ན་ཚོད་ཉིན་10ནས་བཟུང་སྔོ་རྩྭ་སྐམ་བཟའ་རུ་འཇུག་པ་དང་། ན་ཚོད་ཟླ་6གི་སྔོན་ལ་སྟོང་ཁ་2.0~2.5ལ་འཕར་དགོས། ན་ཚོད་ཉིན་60ནས་བཟུང་སྔོ་སྒོ་བསྐལ་གཟན་ཆག་སྔོན་སྐྱེར་བྱེད་དགོས་ཤིང་། ཐོག་མའི་སྐྱེར་ཚད་སྟོང་ཁ་100~150དང་། ན་ཚོད་ཟླ་5~6གི་སྐབས་སྒོ་བསྐལ་གཟན་ཆག་ཆ་སྙོམས་ཀྱིས་ནོར་རེར་ཉིན་རེར་སྐྱེར་ཚད་སྟོང་ཁ་3~4དང་ཕྲུས་ལེགས་རྩྭ་སྐམ་སྟོང་ཁ་1~2ཡིན། ཉིན་རེའི་གཟན་ཆག་གི་ཀའི་དང་ལྦིན་གྱི་བསྡུར་ཚད་2:1ལས་བརྒལ་མི་རུང་། ན་ཚོད་ཀྱི་ཉིན་གྲངས་འཕར་བ་དང་བསྟུན་ནས་ཐོག་མའི་གཟན་ཆག་ཀྱང་དེ་བསྟུན་གྱིས་འཕར་སྔོན་བྱེད་ཅིང་། ན་ཚོད་ཟླ་3ཀྱི་སྐབས་གཟན་ཆག་གི་ཚད་ནི་རིམ་གྱིས་སྟོང་ཁ་1~1.5ལ་འཕར་བ་དང་། ནུ་མ་མཚམས་བཞག་ཆོག ནུ་མཚམས་བཅད་རྗེས་བེའུའི་ན་ཚོད་ཟླ་གྲངས་དང་ལུས་ཀྱི་ལྗིད་ཚད་ལྟར་ཕྲུ་བགོ་དགོས་ཤིང་། ལོ་ཚོད་དང་ལུས་ཀྱི་ལྗིད་ཚད་ཉེ་མཚུངས་ཡིན་པའི་བེའུ་ནི་ཕྲུ་གཅིག་གི་ནང་བཞག་ཆོག

(བཞི)ཆུ་ལྷུད་པ།

དུས་སྔ་མའི་ཟུ་མཚམས་བཞག་པའི་བེའུ་ལ་བཟའ་བྱའི་དངོས་རྫས་སྐམ་པོ་སྤྱིའི་ལྷབ 6~7ཀྱི་ཆུ་མཁོ་བ་ཡིན། འོ་མ་བླུད་རྗེས་དགོས་ངེས་ཀྱི་བཏུང་ཆུ་སྟོན་པ་ལས་གཞན་ད་དུང་ཆུ་གཞོང་བཀོད་སྒྲིག་བྱས་ཏེ་ཆུ་མཁོ་སྤྲོད་བྱེད་དགོས། དུས་སྔ་མར(ཉ་ཚོད་ཟླ 1~2)ཆུ་དྲོན་འཇམ་མཁོ་སྤྲོད་བྱེད་དགོས་པ་མ་ཟད་ཆུའི་རྒྱུ་ཕྲུས་ལ་ཚད་འཛལ་གཏན་འཁེལ་བྱེད་དགོས།

(ལྔ)གཙང་སྦྲ་དུག་སེལ།

བེའུའི་གསོ་ཚགས་ལ་གཙང་སྦྲ་རྒྱུན་འཁྱོངས་བྱ་དགོས། དཔེར་ན་འོ་ཟོ་བཀོལ་ཏེ་འོ་མ་ལྡུད་པ་དང་འོ་མ་བླུད་རྗེས 0.5%ཡི་ཀའོ་སེང་སོན་ཙ་ཞུན་མ་བཀོལ་ནས་ལག་ཕྱིས་སྦྱངས(40℃)ཏེ་བེའུའི་ཁ་སྣའི་མཐའ་འཁོར་དུ་ལུས་པའི་འོ་མ་དུས་ཐོག་ཏུ་གཙང་མར་དབྱེ་དགོས། འོ་མ་ལྡུད་པའི་ཡོ་བྱད་དག་ཐེངས་གཅིག་ལ་བཀོལ་ན་ངེས་པར་དུ་གཙང་བཀྲུ་དང་དུག་སེལ་ཐེངས་གཅིག་བྱེད་དགོས། བེའུ་བྲིས་དང་ནོར་སྟེགས་དུས་བཅད་ལྟར་གཙང་བཀྲུ་དང་དུག་སེལ་བྱེད་ཅིང་སྐམ་པོ་ཡོང་བ་རྒྱུན་འཁྱོངས་བྱ་དགོས། སྤྱིར་བཏང་དུ་སྦྲུ་ཤད་སྐྱི་མོ་བཀོལ་ཏེ་བེའུའི་ལུས་ཐོག་འབྲད་པ་དང་། ཉིན་རེར་ཐེངས 1~2ལ་འབྲད་དགོས།

(དྲུག)འགུལ་སྐྱོད་དང་སྦྱོང་བརྡར།

དུས་ཚོད་ངེས་ཅན་གྱི་ཉི་འོད་འོག་སྡོད་པ་རྒྱུན་འཁྱོངས་བྱ་དགོས། བེའུ་སྐྱེས་ནས་གཟའ་འཁོར 1གི་རྗེས་ནས་ར་སྐོར་ནང་ངམ་བེའུ་ཁང་ནང་རང་དབང་དུ་འགུལ་སྐྱོད་བྱེད་ཆོག་པ་དང་། ཉིན 10ཡི་རྗེས་ནས་ད་དུང་ནོར་རའི་ཕྱི་ཡི་འགུལ་སྐྱོད་ར་བ་ནས་དུས་ཚོད་ཐུང་ངུའི་འགུལ་སྐྱོད་བྱེད་ཆོག་པ་ཡིན་ཞིང་། སྤྱིར་བཏང་མགོ་རྩོམ་དུས་ཐེངས་རེར་དུས་ཚོད་ཕྱེད་ཀར་འགུལ་སྐྱོད་བྱེད་པ་དང་ཉིན་རེར་ཐེངས 1~2ལ་འགུལ་སྐྱོད་བྱེད་དགོས། ན་ཚོད་ཀྱི་ཉིན་གྲངས་

འཕར་བ་དང་བསྟུན་ནས་འགུལ་སྐྱོད་ཀྱི་དུས་ཚོད་ཇེ་རིང་དུ་གཏང་ཆོག

(བདུན)ཁྲུ་སྦྱོར་བ།

ཉུ་མཚམས་བཞག་རྗེས་ཕྱུ་ལུ་པ་འཕྱུ་ཕྲ་དང་འདུས་འདྲིལ་གཙོང་ནད་ཀྱི་འགོས་ནད་ཞིབ་བཤེར་བྱེད་དགོས་ཤིང་། ཁ་ཚ་རྨིག་ཚའི་འགོག་ཁབ་དང་ས་ནད་སྲིན་སྔོང་གི་འགོག་ཁབ་ཀྱི་རིམས་འགོག་སྨན་ཁབ་རྒྱག་དགོས། ན་ཚོད་ཟླ 6གི་སྐབས་ལུས་ཀྱི་ལྗིད་ཚད་འཇལ་བ་དང་གཟུགས་ཀྱི་རིང་ཐུང་བཅལ་ཏེ་འཚར་ལོངས་བྱུང་བའི་ནོར་ཁྲུར་སྤར་ཏེ་གསོ་ཚགས་བྱེད་དགོས།

(བརྒྱད)ནད་རིགས་སྔོན་འགོག

ཉིན་རེ་བཞིན་ཐེངས་དུ་མར་བེའུའི་གནས་སྟངས་ལ་ལྟ་ཞིབ་བྱ་དགོས་ཏེ། གཅིག་ནས་བེའུའི་ནད་རིགས་ལྟ་ཞིབ་དང་སེམས་ཁམས་གནས་སྟངས་ལ་བརྟག་པ་དང་། གཉིས་ནས་ཟས་ཀྱི་དང་ག་དང་སྐྱེ་འཚར་འཚར་ལོངས་ཀྱི་གནས་ཚུལ་ལ་བརྟག་པ། གསུམ་ནས་བཤང་གཅིའི་འགྱུར་ལྡོག་ལ་བརྟག་པ་སྟེ་ཟས་ཀྱི་དང་ག་དང་བཤང་གཅི་འདུ་བ་ཡིན། རབ་ཡིན་ན་དུས་བཅད་ལྟར་ལུས་དྲོད་དང་དབུགས་འབྱིན་རྡུབ། ཟུངས་ཁྲག་དང་གཅིན་གྱི་རྒྱུན་སྲོལ་ཞིབ་བཤེར་བྱས་ཏེ་ནད་རིགས་སྔོན་འགོག་དང་ནད་རིགས་སྔ་མོ་ནས་ཤེས་ཐུབ་པ་བྱ་དགོས། ཟས་ཀྱི་དང་ག་དང་བཤང་གཅི་ནི་ཉིན་རེ་བཞིན་ལྟ་ཞིབ་བྱེད་དགོས་ཤིང་། གལ་ཏེ་རྒྱུན་ལྡན་མིན་པ་ཤེས་ཚེ་རབ་ཡིན་ན་དུས་ཐོག་ཏུ་ཐག་གཅོད་བྱ་དགོས།

གསུམ། ཚོན་གསོའི་དུས་སྐབས་དང་ཚོ་སྐྱུལ་དུས་སྐབས་ཀྱི་གསོ་ཚགས་ཇོ་དམ།

(གཅིག)ཚོན་གསོ་དུས་སྐབས་དང་ཚོ་སྐྱུལ་དུས་སྐབས་ཀྱི་གསོ་ཚགས།

1.ཚོན་གསོ་དུས་སྐབས་ཀྱི་གསོ་ཚགས། ཚོན་གསོའི་དུས་སྐབས་ནི་སྤྱིར་བཏང་ཉིན 150ཡིན་ཞིང་ཆ་སྙོམས་ཉིན་རེར་དངོས་ཟས་སྐམ་པོ་སྟོང་ཁེ 6

བཟའ་བ་དང་། ཉིན་རེའི་གཟན་ཆག་ཁྲིད་ཚི་སྣ་སྙིང་པོ་དང་གཟན་ཆག་ཞིབ་མོ་ཡི་བསྡུར་ཚད་ནི 11:9ཡིན་ཞིང་ཚི་སྣ་སྙིང་པོའི་འདུས་ཚད 12%ཡིན། ཚོན་གསོ་དུས་སྐབས་ཀྱི་གཟན་ཆག་གི་དཔྱད་གཞིའི་སྡེབ་སྦྱངས་ནི་སྲན་སྙིགས 19.6%~22.4%དང་། སོབ་ཐལ 1% སྡོ་བསྐལ་སོག་མ 42.2%~44.2% ཐང་མ 26.4%~27.1%བཅས་ཡིན།

2.ཚོ་སྐྱལ་དུས་སྐབས་ཀྱི་གསོ་ཚགས། ཚོ་སྐྱལ་དུས་སྐབས་ནི་ཉིན 100 ~ 130ཡིན་ཞིང་ཚོ་སྐྱལ་ནོར་གྱི་སྔོན་དཔག་གི་ཉིན་རེའི་ལྗིད་འཕར་ཚད་སྟོང་ཁ 1.2དང་། ལུས་ཀྱི་ལྗིད་ཚད་སྟོང་ཁ 500ཡན་ལ་བསླེབ་རྒྱུ་དེ་ཡིན། ཚོ་སྐྱལ་དུས་སྐབས་ཀྱི་གཟན་ཆག་གི་དཔྱད་གཞིའི་སྡེབ་སྦྱངས་ནི་མ་རྫས་ལོ་ཏོག་གི་ཕྱེ 35.5%དང་། སྲན་སྙིགས 9.2% སོབ་ཐལ 1% བཟའ་ཚྭ 0.3% སྡོ་བསྐལ་སོག་མ 54%བཅས་ཡིན།

(གཉིས)ཚོན་གསོ་དུས་སྐབས་དང་ཚོ་སྐྱལ་དུས་སྐབས་ཀྱི་དོ་དམ།

1.ནོར་ཁང་དུ་སྤོར་བའི་གྲ་སྒྲིག བེའུ་ན་ཚོད་ཟླ 6གི་རྗེས་ནས་ཚོན་གསོ་ནོར་ཁང་དུ་སྤར་དགོས། ནོར་ཁང་དུ་མ་སྤར་སྔོན་ལ་ཚོན་གསོ་ནོར་ཁང་གི་ཐང་དང་གྱང་ལོགས་སུ 2%ཀྱི་ཤུགས་ཆེའི་བུལ་ཏོག་གི་ཁུན་མ་གཏོར་བ་དང་། ཡོ་བྱད་ནི 1%གི་ཅེ་ཨེར་མིའི་ཁུན་མའམ 0.1%གི་ཀའོ་མེང་སོན་ཙ་ཁུན་མས་དུག་སེལ་བྱེད་དགོས།

2.འབུ་སྐྲོད། ན་ཚོད་ཟླ 6གི་བེའུ་ལ་དབྱི་ལེ་ཙུན་སྒུའུ་སྦྱད་དེ་འབུ་སྐྲོད་ཐག་གཅོད་བྱེད་ཅིང་། བཀོལ་ཚད་ནི་ལུས་ཀྱི་ལྗིད་ཚད་སྟོང་ཁ་རེར་ཁ 0.2ཡིན། དབྱི་ལེ་ཙུན་སྒུའུ་ཡི་ཁབ་བརྒྱབ་ཚར་རྗེས་དུས་ཚོད 2 ~5ལ་ནོར་ཁང་དུ་ནོར་གྱི་གནས་ཚུལ་ལ་ལྟ་ཞིབ་བྱེད་དགོས་ཤིང་། གལ་ཏེ་རྒྱུན་ལྡན་མིན་པ་མཐོང་ཚེ་དུས་ཐོག་ཏུ་དུག་སེལ་ཐག་གཅོད་བྱ་དགོས།

3.སྐྱེར་གསོ། ཉིན་རེར་ཐེངས་3ལ་སྐྱེར་གསོ་བྱེད་པ་དང་། རྒྱུན་དུ་ནོར་གྱིས་ཟས་བཟའ་བ་དང་ལྷོད་རྒྱག་པ། བཤང་གཅི་འདོར་བ། ནོར་གྱི་སེམས་ཁམས་གནས་ཚུལ་སོགས་ལ་ལྟ་ཞིབ་བྱས་ཏེ། གལ་ཏེ་རྒྱུན་ལྡན་མ་ཡིན་པ་མཐོང་ཚེ་དུས་ཐོག་ཏུ་བརྟག་བཅོས་བྱ་དགོས།

4.ཆུ་ལྡུད་པ། འཁྱགས་པ་ཆགས་པའི་གཟན་ཆག་སྐྱེར་གསོ་དང་ཆུ་འཁྱགས་པ་འཐུང་བ་གཏན་འགོག་བྱས་ཏེ་དགུན་དུས་ཆུ་དྲོན་འཇམ་འཐུང་དུ་འཇུག་དགོས། སྤྱིར་བཏང་གཟན་ཆག་སྐྱེར་གསོ་བྱས་ནས་དུས་ཚོད་1གི་རྗེས་ཆུ་འཐུང་དགོས།

5.འབྲད་པ། ཉིན་3~5ནང་ནོར་གྱི་ལུས་ཐོག་ཐེངས་1ལ་བྲད་དེ་ནོར་གྱི་ལུས་པོའི་གཙང་སྦྲ་རྒྱུན་འཁྱོངས་བྱ་དགོས།

6.བཤས་ཁོངས་སུ་གཏོང་བ། སྐམས་ན་ཚོད་ཟླ་16~19ཡི་སྐབས་ལུས་ཀྱི་ལྗིད་ཚད་སྟོང་ཁེ་500ལ་བསླེབས་ཤིང་ལུས་ཡོངས་ཀྱི་ཤ་གནད་རབ་ཏུ་རྒྱས་ཡོད་པས་བཤས་ཁོངས་སུ་གཏང་ཆོག་པ་ཡིན།

ས་བཅད་གསུམ་པ། ནོར་དར་མ་ཚོན་གསོ་བྱེད་པའི་ལག་རྩལ།

གཅིག ནོར་ཁང་དུ་སྲུགས་ཚད་དྲག་པོས་ཚོན་གསོ་བྱེད་པ།

ནོར་དར་མ་ནི་མཚན་མ་འཚར་ལོངས་བྱུང་བ་ནས་ལུས་པོ་འཚར་ལོངས་བྱུང་བའི་དུས་རིམ་ལ་ཟེར་ཞིང་། ལོ་ཚོད་ཀྱི་སྟེང་ནས་སྤྱིར་བཏང་ཟླ་6~24ཡི་དུས་རིམ་ཡིན། དུས་རིམ་འདིར་ནོར་ནི་སྐྱེ་འཚར་འབྱུང་བ་ཆེས་དྲག་པ་དང་ཉིང་ཚབ་གསར་སྤྱུར་ཆེས་དར་རྒྱས་ཆེ་བའི་དུས་སྐབས་སུ་གནས་ཤིང་། སྐྱེ་འཚར་འཚར་ལོངས་ཆེས་མགྱོགས་ལ་ལུས་ཀྱི་ལྗིད་ཚད་འཕར་བ་དྲང་ཐིག་ལྟར

ཡར་འཕར་བར་མངོན། ནོར་དར་མ་ནོར་ཁང་དུ་ཤུགས་ཚད་དྲག་པོས་ཚོན་གསོ་བྱེད་པ་དེ་སྤྱིར་བཏང་དུ་འགྲོད་པའི་དུས་སྐབས་དང་ཤ་འཕར་བའི་དུས་སྐབས། ཚ་སྐྱོལ་དུས་སྐབས་སྟེ་དུས་རིམ་གསུམ་དུ་དབྱེ་བ་ཡིན།

1.འགྲོད་པའི་དུས་སྐབས། ནོར་ཁང་དུ་སྦྱར་མ་ཐག་གི་ནུ་མཚམས་བཞག་པའི་བེའུ་ནི་ནོར་ཁང་གི་ཁོར་ཡུག་ལ་མི་འགྲོད་པ་ཡིན་ཞིང་། སྤྱིར་བཏང་ཟླ་གཅིག་ཡས་མས་ཀྱི་འགྲོད་པའི་དུས་སྐབས་ཤིག་དགོས་པ་ཡིན། དུས་སྐབས་འདིར་དེ་རང་དབང་དུ་འགྲུལ་སྐྱོད་བྱེད་དུ་འཇུག་ཅིང་ཆུ་མང་དུ་འཐུང་བ། སྲུས་ལེགས་སྔོ་རྩྭའམ་རྩྭ་སྐམ་ཉུང་ཙམ་སྟེར་གསོ་བྱེད་པ་དང་། གྲོ་ཤུན་ནི་ཉིན་རེར་ནོར་རེར་སྟོང་ཁ་0.5སྟེར་ཞིང་། རྗེས་ནས་རིམ་གྱིས་གྲོ་ཤུན་སྟེར་ཚད་ཇེ་མང་དུ་གཏོང་དགོས། བེའུས་གྲོ་ཤུན་སྟོང་ཁ་1 ~2བཟའ་ཐུབ་པའི་སྐབས་རིམ་གྱིས་ཚོན་གསོའི་གཟན་ཆག་ཏུ་བརྗེ་དགོས། དེའི་དཔྱད་གཞིའི་སྟེབ་སྟངས་ནི་སྦྲང་མ་སྟོང་ཁ་5~10དང་། རྩྭ་སྐམ་སྟོང་ཁ་15~20 གྲོ་ཤུན་སྟོང་ཁ་1~1.5 བཟའ་ཚྭ་ཁ་30~35བཅས་ཡིན།

2.ཤ་འཕར་བའི་དུས་སྐབས། སྤྱིར་བཏང་ཟླ7 ~8ཡིན་ཞིང་དུས་སྟོད་དང་དུས་སྨད་གཉིས་སུ་དབྱེ་བ་ཡིན། དུས་སྟོད་ཀྱི་ཉིན་རེའི་གཟན་ཆག་གི་དཔྱད་གཞིའི་སྟེབ་སྟངས་ནི་སྦྲང་མ་སྟོང་ཁ་10~20དང་། རྩྭ་སྐམ་སྟོང་ཁ་5~10 གྲོ་ཤུན་དང་མ་རྨོས་ལོ་ཏོག་གི་ཕྱེ་རགས་མོ། སྲན་མའི་བག་ཟན་གྱི་རིགས་བཅས་སོ་སོར་སྟོང་ཁ་0.5 ~1རེ། གཅིན་རྒྱུ་ཁ་50 ~70 བཟའ་ཚྭ་ཁ་40 ~50བཅས་ཡིན། གཅིན་རྒྱུ་སྟེར་གསོ་བྱེད་དུས་དེ་ཆུའི་ནང་ཞུ་རུ་བཅུག་སྟེ་སྦྲང་མའམ་གཟན་ཆག་ཞིབ་མོ་དང་མཉམ་དུ་བསྲེས་ཏེ་སྟེར་གསོ་བྱེད་དགོས་ལ། ཆུའི་ནང་བླུགས་ནས་ནོར་ལ་འཐུང་དུ་འཇུག་པ་ནི་གཏན་ནས་མི་རུང་སྟེ་དུག་ཕོག་པར་གཡོལ་དགོས་པ་ཡིན། དུས་སྨད་ཀྱི་དཔྱད་གཞིའི་སྟེབ་སྟངས་ནི་སྦྲང་མ་སྟོང་ཁ

20~25དང་། རྩྭ་སྐམ་སྟོང་ཁེ 2.5~5 གྲོ་ཤུན་སྟོང་ཁེ 0.5~1 མ་རྫིས་ལོ་ཏོག་གི་ཕྱེ་རགས་མོ་སྟོང་ཁེ 2~3 བག་ཟན་གྱི་རིགས་སྟོང་ཁེ 1~1.3 གཅིན་རྒྱུ་ཁེ 125 བཟའ་ཚྭ་ཁེ 50~60བཅས་ཡིན།

3.ཚོ་སྐྱལ་གྱི་དུས་སྐབས། དུས་སྐབས་འདི་ནི་གཙོ་བོར་ནོར་གྱི་ལུས་ལ་ཤ་ཤེད་རྒྱས་ཤིང་ཚིལ་གསོག་པར་སྐྱལ་འདེད་བྱེད་པ་ཡིན་ཞིང་སྤྱིར་བཏང་ཟླ་གཉིས་ཡིན། ཉིན་རེའི་གཟན་ཆག་གི་དཔྱད་གཞིའི་སྡེབ་སྟངས་ནི་སྤྲང་མ་སྟོང་ཁེ 20~30དང་། རྩྭ་སྐམ་སྟོང་ཁེ 1.5~2 གྲོ་ཤུན་སྟོང་ཁེ 1~1.5 མ་རྫིས་ལོ་ཏོག་གི་ཕྱེ་རགས་མོ་སྟོང་ཁེ 3~3.5 བག་ཟན་གྱི་རིགས་སྟོང་ཁེ 1.25~1.5 གཅིན་རྒྱུ་ཁེ 150~170 བཟའ་ཚྭ་ཁེ 70~80བཅས་ཡིན། ཚོ་སྐྱལ་གྱི་ཕན་འབྲས་མཐོར་འདེགས་ཡོང་ཆེད་བོ་འབུར་རྒྱུ་བཀོལ་ཏེ་ཉིན་རེར་ཏའོ་ཁེ 200གཟན་ཆག་ཞིབ་མོའི་ནང་བསྲེས་ཏེ་སྟེར་གསོ་བྱས་ཚེ་ལུས་ཀྱི་ལྗིད་ཚད 10%~20%འཕར་ཐུབ་པ་ཡིན།

སྐམས་ནོར་ཁང་དུ་ཤུགས་ཚད་དྲག་པོས་ཚོན་གསོ་བྱེད་པར་ཐག་པས་ཐུང་འདོགས(ཐག་པའི་རིང་ཐུང་སྨི 0.5)བྱེད་པ་དང་སྔོན་རྩིང་རྗེས་ཞིབ། མཐའ་མཇུག་ཆུ་འཐུང་བ། དུས་དང་ཚད་ངེས་གཏན་གྱིས་སྟེར་གསོ་བྱེད་པ་བཅས་ཀྱི་རྩ་དོན་ཁོང་དུ་ཆུད་པར་བྱས་ཏེ་ཉིན་རེར་ཐེངས 2~3ལ་སྟེར་གསོ་བྱེད་པ་དང་། ཆུ་ཐེངས 2~3ལ་ལྡུད་དགོས། གཟན་ཆག་ཞིབ་མོ་སྟེར་དུས་སྔོན་ལ་སྤྲང་མ་སླངས་ནས་ཆུ་རུ་བསྲེས་ཤིང་དཀྲུགས་ཏེ་བརླན་པར་བྱེད་པ། ཡང་ན་སྤྲང་མ་སྐམ་རློན་སོ་སོར་ཕྱེད་ཀ་ལྟར་དུ་སྙོམས་པོར་བསྲེས་རྗེས་གྲོ་ཤུན་དང་མ་རྫིས་ལོ་ཏོག་གི་ཕྱེ་རགས་མོ། བཟའ་ཚྭ་སོགས་སྣོན་དགོས། ནོར་གྱིས་ཟོས་ཏེ་མཐའ་མཇུག་ལ་བསླེབ་དུས་མ་རྫིས་ལོ་ཏོག་གི་ཕྱེ་རགས་མོ་ཚད་ཉུང་དུ་ཞིག་བསྣན་ཏེ་ནོར་ལ་གཟན་ཆག་གཙང་མར་བཟའ་རུ་འཇུག་དགོས། བཏུང་ཆུ་ནི

གཟན་ཆག་བྱེན་རྗེས་ཀྱི་དུས་ཚོད 1གི་ཡས་མས་སུ་མཁོ་འདོན་བྱེད་དགོས་ལ། 15~25℃ཡི་ཆུ་གཙང་དྲོན་འཇམ་སྟེར་དགོས།

ནོར་ཁང་དུ་ཤུགས་ཚད་དྲག་པོས་ཚོན་གསོ་བྱེད་པའི་ཚོན་གསོ་ར་བའི་རྣམ་པ་ལ་ཐོག་སྒྲིབ་ཅི་ཡང་མེད་པའི་ཚོན་གསོ་ར་བ་སྐྱེ་རླུང་འགོག་སྒྲིབ་དངོས་གང་ཡང་མེད་པའམ་ནོར་ར། དྲོ་བའི་ས་ཁུལ་དུ་འཚམ་པ་དང་། ཕྱེད་སྒྲིབ་ཀྱི་ཚོན་གསོ་ར་བ་སྐྱེ་རླུང་འགོག་སྒྲིབ་དངོས་ཡོད་པ། སྐབས་བདེའི་སྤྱིལ་བུ་ཡོད་པའི་ཚོན་གསོ་ར་བ། ཡོངས་སུ་ནོར་ཁང་དུ་གསོ་བའི་ཚོན་གསོ་ར་བ་སྐྱེ་གྲང་ངར་ཆེ་བའི་ས་ཁུལ་དུ་འཚམ་པ་བཅས་ཡོད་པ་ཡིན། གོང་གི་རྣམ་པ་དེ་དག་ནི་མ་རྩ་གཏོང་བའི་ནུས་པ་དང་གནམ་གཤིས་ཀྱི་ཆ་རྐྱེན་ལ་གཞིགས་ཏེ་ཐག་གཅོད་པ་ཡིན།

གཉིས། རིར་འཚོ་ཞིང་གཟན་ཆག་གསབ་སྟེར་གྱི་ཤུགས་ཚད་དྲག་པོས་ཚོན་གསོ་བྱེད་པ།

རིར་འཚོ་ཞིང་གཟན་ཆག་གསབ་སྟེར་གྱི་ཤུགས་ཚད་དྲག་པོས་ཚོན་གསོ་བྱེད་པ་ནི་བེའུ་ནུ་མཚམས་བཞག་རྗེས་ནོར་ཁང་དུ་བཙུག་སྟེ་དགུན་བརྒལ་བ་དང་། ལོ་གཉིས་པའི་དཔྱིད་དུས་སུ་བསླེབས་དུས་རིར་འཚོ་ཞིང་འོས་འཚམ་གྱིས་གཟན་ཆག་ཞིབ་མོ་གསབ་སྟེར་བྱེད་པ་ཟུང་འབྲེལ་གྱིས་ཚོན་གསོ་ཤུགས་ཆེ་རུ་གཏོང་བའི་བྱེད་ཐབས་རིགས་ཤིག་ལ་སྟོན་པ་ཡིན། ཚོན་གསོའི་རྣམ་པ་འདི་རིགས་ལ་གཟན་ཆག་ཞིབ་མོ་བཀོལ་ཚད་ཉུང་བ་སྟེ་ལྷིད་ཚད་སྟོང་ཁེ་རེ་འཕར་བར་ཕལ་ཆེར་གཟན་ཆག་ཞིབ་མོ་སྟོང་ཁེ 2རེ་ཟད་གྲོན་བྱེད་པ་ཡིན། ཡིན་ནའང་ཉིན་རེའི་ལྷིད་འཕར་ཚད་ཅུང་དམའ་བ་སྟེ་ཆ་སྙོམས་ཉིན་རེར་ལྷིད་འཕར་ཚད་སྟོང་ཁེ 1ནང་ཚུད་ཡིན། ན་ཚོད་ཟླ 15ཡི་ལུས་ཀྱི་ལྷིད་ཚད་སྟོང་ཁེ 300~350ཡིན་ཞིང་། ན་ཚོད་ཟླ 18ཀྱི་ལུས་ཀྱི་ལྷིད་ཚད་ནི་སྟོང་ཁེ 400~450

ཡིན།

རིར་འཚོ་ཞིང་གཟན་ཆག་གསབ་སྣེར་གྱི་ཞུགས་ཚད་དྲག་པོས་ཚོན་གསོ་བྱེད་པའི་གསོ་ཚགས་ཀྱི་མ་རྩ་དམའ་བ་དང་ཚོན་གསོའི་ཕན་འབྲས་ཆུང་བཟང་བ་ཡིན་ཞིང་། རོང་མ་འཁྲུག་ཏུ་འཚམ་པ་ཡིན། རིར་འཚོ་ཞིང་གཟན་ཆག་གསབ་སྣེར་གྱི་ཞུགས་ཚད་དྲག་པོས་ཚོན་གསོ་བྱེད་པ་བཀོལ་ཚེ་རིར་ཕུད་པའི་སྔོན་དང་ཕྱིར་བཙུག་རྗེས་དེ་མ་ཐག་ཏུ་གཟན་ཆག་གསབ་སྣེར་མི་བྱེད་པར་ཕྱིར་ནོར་ཁང་དུ་བཙུག་རྗེས་དུས་ཚོད་འགའི་རྗེས་ནས་གཟན་ཆག་གསབ་སྣེར་བྱེད་རྒྱུར་མཉམ་འཇོག་དགོས། དེ་ལས་ལྷག་ཚེ་རིར་འཚོ་བའི་སྐབས་ནོར་གྱི་བཟའ་ཚད་ཇེ་ཉུང་དུ་འགྲོ་སྲིད་པ་ཡིན། གནམ་གཤིས་ཚ་བ་ཆེ་དུས་ཞོགས་པ་ཕུད་སྔ་ལ་དགོང་མོ་ཕྱིར་ལོག་པ་འཕྱི་ཞིང་། ཉིན་གུང་ངལ་གསོ་མང་ཙམ་བྱེད་པ་དང་དགོས་ངེས་ཀྱི་སྐབས་མཚན་མོར་རིར་འཚོ་དགོས། གཟན་ཆག་གསབ་སྣེར་བྱེད་དུས་གཟན་ཆག་སྙིང་པོ་ལ་སོགས་མ་གཙོར་བྱེད་དགོས། དེའི་གཟན་ཆག་ཞིབ་མོའི་དཔྱད་གཞིའི་སྡེབ་སྦྱོར་ནི་གཤམ་ལྟར། ཟླ་1~5པའི་ནང་མ་རྨོས་ལོ་ཏོག་གི་ཕྱེ་60%དང་། སྣུམ་སླིགས་30% གྲོ་ཤུན་10%ཡིན་པ་དང་། ཟླ་6~9པའི་ནང་མ་རྨོས་ལོ་ཏོག་གི་ཕྱེ་70%དང་། སྣུམ་སླིགས་20% གྲོ་ཤུན་10%བཅས་ཡིན།

གསུམ། གཟན་ཆག་སྙིང་པོ་གཙོ་ཡིན་པའི་ཚོན་གསོ།

གཟན་ཆག་སྙིང་པོ་གཙོ་ཡིན་པའི་ཚོན་གསོ་བྱེད་ཐབས་ཀྱང་སྔོ་བསླལ་མ་རྨོས་ལོ་ཏོག་གཙོར་བྱེད་པའི་ཚོན་གསོ་ཐབས་དང་རྩྭ་སྐམ་གཙོར་བྱེད་པའི་ཚོན་གསོ་ཐབས་ཏེ་རིགས་གཉིས་སུ་དཀར་ཆོག

1.སྔོ་བསླལ་མ་རྨོས་ལོ་ཏོག་གཙོར་བྱེད་པའི་ཚོན་གསོ་ཐབས། སྔོ་བསླལ་མ་རྨོས་ལོ་ཏོག་ནི་ནུས་ཚད་མཐོ་བའི་གཟན་ཆག་ཅིག་ཡིན་ཞིང་། སྤྲི་དཀར་རྫས་ཀྱི་འདུས་ཚད་ཆུང་དམའ་བ་སྟེ་སྤྱིར་བཏང་2%མི་བརྒལ་བ་ཡིན། སྔོ་བསླལ་མ་རྨོས

ལོ་ཏོག་ནི་གྲུབ་ཆ་གཙོ་བོ་ཡིན་པའི་ཉིན་རེའི་གཟན་ཆག་གིས་ཉིན་རེར་ལྗིད་འཕར་ཚད་མཐོན་པོ་ཞིག་འཐོབ་དགོས་ན། སྟོང་ཁ 1.5ཡན་གྱི་མཉམ་བསྲེས་ཀྱི་གཟན་ཆག་ཞིབ་མོ་བསྟེབ་པའི་བླང་བྱ་ལྡན་པ་ཡིན། དེའི་དཔྱད་གཞིའི་སྟེབ་སྣངས་ནི་རེའུ་མིག 7–1ལ་སྟོས་ཤིག

རེའུ་མིག 7–1 ལུས་ཀྱི་ལྗིད་ཚད་སྟོང་ཁ 300~350ཡིན་པའི་ཚོན་གསོ་ཚོར་གྱི་དཔྱད་གཞིའི་སྟེབ་སྣངས། (རྩིས་གཞི : སྟོང་ཁ)

གཟན་ཆག	དུས་རིམ་དང་པོ	དུས་རིམ་གཉིས་པ	དུས་རིམ་གསུམ་པ
སྔོ་བརླལ་མ་རྨོས་ལོ་ཏོག	30	30	25
རྩྭ་སྐམ	5	5	5
མཉམ་བསྲེས་གཟན་ཆག	0.5	1.0	2.0
བཟའ་ཚྭ	0.03	0.03	0.03
སྐྱེ་མེད་ཚྭ	0.04	0.04	0.04

མཆན། ཚོན་གསོ་དུས་ཡུན་ནི་ཉིན 90དང་། དུས་རིམ་སོ་སོར་ཉིན 30ཡིན།

སྔོ་བརླལ་མ་རྨོས་ལོ་ཏོག་གཙོར་བྱེད་པའི་ཚོན་གསོ་ཐབས་ལ་མཚོན་ན། ལྗིད་འཕར་བའི་མཐོ་དམའ་ནི་རྩྭ་སྐམ་གྱི་རྒྱུ་ཕྲུས་དང་མཉམ་བསྲེས་ཀྱི་གཟན་ཆག་ཞིབ་མོ་ཁྲོད་ཀྱི་སྲན་སྙིགས་འདུས་ཚད་ལ་འབྲེལ་བ་ཡོད་པ་ཡིན། གལ་ཏེ་རྩྭ་སྐམ་ནི་འབུ་སུ་ཧྲང་དང་སྲད་དཀར། རྩྭ་སྲན་དམར། ལུག་མིག་མེ་ཏོག་གམ་ཕྲུས་ལེགས་ཀྱི་སྙེ་ཅན་གཟན་རྩྭ་ཡིན་ཞིང་གཟན་ཆག་ཞིབ་མོ་ཁྲོད་ཀྱི་སྲན་སྙིགས་འདུས་ཚད་ཕྱེད་ཀ་ཡན་ཟིན་ཚེ། ཉིན་རེའི་ལྗིད་འཕར་ཚད་སྟོང་ཁ 1.2ཡན་ལ་བསླེབ་ཐུབ།

2.རྩྭ་སྐམ་གཙོར་བྱེད་པའི་ཚོན་གསོ་ཐབས། རྩྭ་སྐམ་ཕུན་སུམ་ཚོགས

པར་ཕྱོན་པའི་ས་ཁུལ་དུ་སྟོན་དགུན་གཉིས་ལ་རྩྭ་སྐམ་ཕྲུས་ལེགས་འཕོར་ཆེན་གསོག་འཇོག་བྱེད་ཐུབ་པས་རྩྭ་སྐམ་གཙོར་བྱེད་པའི་ཚོན་གསོ་ཐབས་སྤྱོད་ཆོག་པ་ཡིན། བྱེ་བྲག་གི་བྱེད་ཐབས་ནི་ཕྲུས་ལེགས་རྩྭ་སྐམ་གང་འདོད་དུ་བཟའ་རུ་འཇུག་ཅིང་། ཉིན་རེར་གཟན་ཆག་ཞིབ་མོ་སྟོང་ཁ་1.5རེ་སྟོན་དགོས། ལག་ལེན་ལས་ར་འཕྲོད་པ་ལྟར་ན་རྩྭ་སྐམ་གྱི་རྒྱུ་ཕྲུས་ཀྱིས་ལྗིད་ཚད་འཕར་བའི་ཕན་འབྲས་ལ་གནད་འགག་རང་བཞིན་གྱི་བྱེད་ནུས་ཐོན་པ་ཡིན་ཞིང་། སྨན་རིགས་དང་སླེ་མ་ཅན་མཉམ་དུ་བསྲེས་པའི་རྩྭ་སྐམ་གྱིས་སྐེར་གསོ་བྱས་པའི་ཕན་འབྲས་ཅུང་བཟང་བ་མ་ཟད་ད་དུང་གཟན་ཆག་ཞིབ་མོ་གྲོན་ཆུང་བྱེད་ཐུབ་པ་ཡིན།

ས་བཅད་བཞི་པ། སྦྲོམ་ལོངས་ནོར་གྱི་སྦྱུར་གསོ།

སྦྲོམ་ལོངས་ནོར་གྱི་སྦྱུར་གསོ་ལ་དུས་སྐད་ཀྱི་གཅིག་བསྡུས་ཚོན་གསོ་ཡང་ཟེར་ཞིང་། པེའུ་ནུ་མཚམས་བཞག་རྗེས་ཅུང་རགས་པའི་གསོ་ཚགས་ཆ་རྐྱེན་ལྟར་གསོ་ཚགས་བྱས་ཏེ་ལོ་འཁོར་2~3ལ་བསླེབས་ཤིང་། ལུས་ཀྱི་ལྗིད་ཚད་སྟོང་ཁ་300ཡན་ལ་བསླེབས་དུས་ཤུགས་ཚད་དྲག་པོའི་ཚོན་གསོ་བྱེད་ཐབས་སྤྱད་དེ་ཟླ་3~4ལ་གཅིག་བསྡུས་ཀྱིས་ཚོན་གསོ་བྱེད་པ་དང་། གང་ལེགས་ཀྱིས་ནོར་གྱི་ཁ་གསབ་སྐྱེ་འཚར་ནུས་པ་པེད་སྤྱོད་ཅིང་ཕུགས་རེ་དང་མཐུན་པའི་ལུས་ཀྱི་ལྗིད་ཚད་དང་ཤ་ཤེད་ལ་ཐོན་རྗེས་བཤའ་བ་ལ་སྟོན་པ་ཡིན། ཚོན་གསོ་བྱེད་ཐབས་འདི་རིགས་མ་རྩ་དམའ་བ་དང་གཟན་ཆག་ཞིབ་མོ་བཀོལ་ཚད་ཉུང་བ། དཔལ་འབྱོར་གྱི་ཕན་འབྲས་ཅུང་མཐོ་བ་ཡིན་ཞིང་བཀོལ་བ་ཅུང་ཁྱབ་རྒྱ་ཆེ་བ་ཡིན། སྦྲོམ་ལོངས་ནོར་གྱི་ཚོན་གསོ་ལ་གཤམ་གྱི་གནད་འགག་ལ་དོ་སྣང་བྱ་དགོས་ཏེ།

གཅིག ནོར་མ་ཉོས་གོང་གི་གྲ་སྒྲིག

1.ནོར་ཁང་གྲ་སྒྲིག ནོར་མ་ཉོས་གོང་གི་གཟའ་འཁོར 1གི་སྐབས་ནོར་ཁང་གི་བཤང་གཅི་གཙང་སེལ་བྱས་ཏེ་ཆུ་ཡིས་གཙང་མར་བཀྲུས་རྗེས། 2%ཀྱི་ཤུགས་ཆེའི་བུལ་ཏོག་གི་ཞུན་མ་བཀོལ་ཏེ་ནོར་ཁང་གི་ཐང་དང་གྱང་ལྡེབས་ལ་གཏོར་ནས་དུག་སེལ་བྱེད་པ་དང་། 0.1%གི་ཀའོ་མེང་སོན་ཙ་ཡི་ཞུན་མ་བཀོལ་ཏེ་ཡོ་བྱད་ལ་དུག་སེལ་བྱེད་དགོས་ཤིང་། མཐའ་མཇུག་ཆུ་གཙང་གིས་ཐེངས 1ལ་བཀྲུ་དགོས། གལ་ཏེ་མཐའ་ན་ར་སྐྱོར་མེད་པའི་ནོར་ཁང་ཡིན་ན་དགུན་དུས་འཁྱག་ཤོག་སྦྱབ་མོས་གཡོགས་ཏེ་སྤྱིལ་བུ་དྲོན་པོ་བཟོ་དགོས་ཤིང་། དབྱར་དུས་སྤྱིལ་བུ་བཟོས་ཏེ་གྲིབ་བསིལ་བསྐྲུན་ནས་རླུང་རྒྱུ་ལེགས་པར་བྱེད་ཅིང་། དེའི་དྲོད་ཚད 5℃ལས་མི་དམའ་བ་བྱེད་དགོས།

2.གཟན་ཆག་གྲ་སྒྲིག གཟན་རྩྭའི་རྒྱུ་ཆ་གང་ནུས་ཀྱིས་ས་དེ་ག་ནས་བླངས་ཏེ་ཚོན་གསོའི་མ་རྩ་ཇེ་དམའ་རུ་གཏོང་དགོས། ཚོན་གསོ་ར་བའི་གཞི་ཁྱོན་ཆེ་ཆུང་ལ་གཞིགས་ཏེ་གཟན་ཆག་དང་གཟན་རྩྭ་འདང་ངེས་སུ་གྲ་སྒྲིག་བྱེད་དགོས། དེའི་མཚུངས་སུ་ལོ་ཏོག་གི་སོག་མ་གང་ལེགས་ཀྱིས་བེད་སྤྱོད་པ་སྟེ་དཔེར་ན་འབྲས་སོག་དང་བ་དམ་གྱི་ལྷུང་བ་སོགས་དང་། ཟས་རིགས་ལས་སྐྱོན་ཀྱི་ཞོར་ཐོན་དངོས་རྫས་བེད་སྤྱོད་པ་སྟེ། དཔེར་ན་བག་ཟན་དང་སླིགས་མ། བསིང་ཕྱེའི་སླིགས་མ། སྲན་སླིགས། སྦང་མ་སོགས་ལྟ་བུ།

གཉིས། སྒྲོམ་ལོངས་ནོར་གྱི་གདམ་ཀ།

1.རིགས་རྒྱུད་དང་ལུས་ཀྱི་ལྗིད་ཚད། ས་ཆ་སོ་སོར་རང་ས་ཆའི་ནོར་དངོས་གནས་ཚུལ་གཞིར་བཟུང་སྟེ་ཞི་མོན་ཐ་ཨེར་དང་ཞ་ལུའོ་ལའེ། ཕི་ཨའེ་མེང་ཐེ་སོགས་སྐམས་ཀྱི་རིགས་རྒྱུད་བཟང་པོ་དེ་ས་གནས་ཀྱི་རིགས་རྒྱུད་བཟང་བའི་མོ་ཟོག་དང་རྒྱུད་འདྲེས་སྐྱེབ་སྦྱོར་བྱས་པའི་རྗེས་རབས་བདམས་ཏེ་སྒྲོམ

ཡོངས་ནོར་བྱེད་པར་དམིགས་སུ་བཀར་ནས་བསམ་བློ་གཏོང་དགོས། དེའི་འཕྲོ་ནས་ཚུང་བཟང་བའི་རང་ས་གནས་ཀྱི་ནོར་གྱི་རིགས་རྒྱུད་བདམས་ཀྱང་ཆོག སྒྲིམ་ཡོངས་ནོར་གྱི་ལུས་ཀྱི་ལྗིད་ཚད་དེ་སྟོང་ཁེ 250~350བར་ཡིན་དགོས།

2.ལོ་ཚོད་དང་ཕོ་མོ། ན་ཚོད་ཟླ 15~18གྱི་ཕོ་ཟོག་བདམ་ན་བཟང་བ་ཡིན། ཞིབ་འཇུག་ལས་མཚོན་པ་ལྟར་ན། ཕོ་ཟོག་དེ་ལོ 2གྱི་སྔོན་ནས་བཟུང་སྐྱེ་ཚོན་གསོ་བྱས་ན་སྐྱེ་འཚར་གྱི་མྱུར་ཚད་མགྱོགས་པ་དང་ཤ་སྣུམ་གྱི་ཚད་མཐོ་བ། གཟན་ཆག་གི་ཐོབ་ཆ་མཐོ་བ་ཡིན། ལོ་ན 2ཡན་གྱི་ཕོ་ཟོག་ནི་ཕྱུ་བྱས་རྗེས་ཚོན་གསོ་བྱས་ན་བཟང་བ་དང་། དེ་ལས་ལྡོག་ཚེ་དོ་དམ་བྱེད་དཀའ་བ་ཡིན།

3.ཕྱིའི་རྣམ་པ་དང་བདེ་ཐང་གནས་ཚུལ། ལོ་ཚོད་དང་ཆ་མཚུངས་པར་སྐྱེ་འཚར་འཚར་ཡོངས་ལེགས་པའི་སྒྲིམ་ཡོངས་ནོར་བདམ་དགོས། ཕྱིའི་རྣམ་པའི་ཁྱད་རྟགས་ནི་ལུས་ཀྱི་ཆ་སོ་སོ་སྙོམ་པོ་ཡིན་ཞིང་གཟུགས་དབྱིབས་གསལ་བར་དོད་ཀྱང་ཤ་རྒྱུས་མེད་པ། ལུས་གཟུགས་ཆེ་བ། ལུས་སྦུང་སྲམ་ཆེ་ཞིང་མཐོ་བ། གསུས་ཁྲིམ་ཆེ་ཞིང་ཐུར་དུ་འཕྱང་མེད་པ། སྒལ་པ་ཞེང་ཆེ་ཞིང་སྙོམས་པ། རྐང་ལག་དྲང་པོ་ཡིན་པ། ཀོ་བ་སྲབ་ཅིང་སྤྱི་ལ་ལྷེམ་ཤུགས་ཡོད་པ་བཅས་དང་། བདེ་ཐང་གི་གནས་ཚུལ་ནི་ལུས་ཁམས་ཐང་ཞིང་གྲུང་པོ་ཡིན་པ་དང་ཟས་ཀྱི་ཡི་ག་བཟང་བ། སྤུ་ལ་འོད་མདངས་ལྡན་པ། སྣ་ཁུང་བརླན་གཤེར་ལྡན་ཞིང་ཆུའི་ཐིགས་པ་མུ་ཏིག་གི་དོ་ཤལ་ལྟར་འཐེན་པ། བཤང་གཅི་རྒྱུན་ལྡན་ཡིན་པ། ལྟ་བ་སྡོམས་མེད་པ་བཅས།

གསུམ། སྒྲིམ་ཡོངས་ནོར་གྱི་སྐྱེལ་འདྲེན་དང་དོ་དམ།

སྐམས་སྐྱེལ་འདྲེན་བྱེད་པ་ནི་སྐམས་ཚོན་གསོ་དང་མོ་ཟོག་རྒྱུད་སྤེལ་ཐོན་སྐྱེད་ཁྲོད་གལ་ཆེ་བའི་ལག་རྩལ་གྱི་འགག་གནད་ཅིག་ཡིན། སྐྱེལ་འདྲེན་གྱི་གོ་རིམ་ཁྲོད་གལ་ཏེ་ཞིབ་དང་ཚན་རིག་གི་འཆར་གཞི་བཀོད་སྒྲིག་དང་ཞིབ

ཚོགས་ཀྱི་དོ་དམ་མ་འདང་བ་དང་། སྤྱོད་པའི་བྱེད་ཐབས་མ་འགྲིག་ཚེ་ཐད་ཀར་རྗེས་ཀྱི་སྐམས་གསོ་སྤྲེལ་གྱི་དཔལ་འབྱོར་ཕན་ནུས་ལ་ཤུགས་རྐྱེན་ཐེབས་པ་ཡིན། སྐམས་ནི་འདེད་པའམ་རླངས་འཁོར་ནང་བཞག་ནས་སྐྱེལ་འདྲེན་བྱེད་པ་གང་བྱས་ཀྱང་། ཚང་མས་འཚོ་བའི་ཆ་རྐྱེན་དང་ཆོས་ཉིད་ཀྱི་འགྱུར་ལྡོག་ལ་བརྟེན་ནས་ནོར་གྱི་རྒྱུན་ལྡན་གྱི་འཚོ་བའི་སྟངས་འགྲོས་དང་ལུས་ཁམས་ཀྱི་འགྱུལ་སྐྱོད་ལ་འགྱུར་ལྡོག་ཐེབས་ཏེ་དེ་ཁོར་ཡུག་གསར་པའི་ཆ་རྐྱེན་ལ་འཕྲོད་དགོས་པའི་གཞན་དབང་གི་གནས་སྟངས་སུ་ལྷུང་བར་བྱེད་སྲིད། ཚུར་སྣང་འདི་རིགས་ལ་དྲག་བསྣུན་ཚུར་སྣང་ཟེར་བ་ཡིན། དྲག་བསྣུན་ཚུར་སྣང་ཇི་ལྟར་ཆེ་ན་སླར་གསོ་དུས་སྐབས་ཀྱི་གསོ་ཚགས་དུས་ཚོད་དེ་ལྟར་རིང་ཞིང་གྲོང་གྱུད་ཀྱང་དེ་བཞིན་ཆེ་བ་ཡིན། དྲག་བསྣུན་ཚུར་སྣང་གིས་བཟོས་པའི་ནོར་གྱི་ལྤིད་ཚད་ཆག་པའམ་ཉམས་སྐྱོན་དང་ནད་ཀྱི་གྲོང་གྱུད་སོགས་ཇེ་ཉུང་དུ་གཏོང་ཆེད་ཚན་རིག་དང་མཐུན་པའི་སྐྱེལ་འདྲེན་བྱེད་དགོས།

སྐམས་སྐྱེལ་འདྲེན་གྱི་རྒྱུན་བཀོལ་ཡོ་བྱད་ལ་མི་འཁོར་ཡོད་པ་སྟེ་སྐྱེལ་འདྲེན་བྱེད་སྟངས་འདི་ནི་སྐྱེལ་གླ་ཆུང་དམའ་བ་དང་དུས་ཚོད་རིང་བ་ཡིན། སྐྱེལ་འདྲེན་བྱེད་སྟངས་གཞན་གཅིག་ནི་རླངས་འཁོར་གྱིས་སྐྱེལ་འདྲེན་བྱེད་པ་ཡིན། སྐྱེལ་འདྲེན་བྱེད་སྟངས་འདི་ནི་དུས་ཚོད་ཐུང་བ་དང་སྐྱེན་པོ་ཡིན་ཞིང་། འོན་ཀྱང་སྐྱེལ་གླ་ཆུང་མཐོ་བ་ཡིན། ཕྱོགས་བསྡུས་ཀྱིས་བསྡུར་བ་བྱས་ཚེ་རླངས་འཁོར་གྱིས་སྐྱེལ་འདྲེན་བྱེད་པ་ནི་མི་འཁོར་ལས་བཟང་བ་ཡིན་ལ། མིག་སྔར་ཡོངས་ཁྱབ་ཏུ་རླངས་འཁོར་གྱིས་སྐྱེལ་འདྲེན་བྱེད་པ་བཀོལ་བཞིན་ཡོད། རླངས་འཁོར་གྱིས་སྐྱེལ་འདྲེན་བྱེད་པ་ལ་གཙོ་བོར་སྐམས་ཀྱི་ཤ་ཤེད་ལྷུང་བར་ཤུགས་རྐྱེན་དང་གྲོང་གྱུད་ཀྱི་རྒྱུ་རྐྱེན། སྐྱེལ་འདྲེན་གྱི་བརྒྱུད་རིམ། སླར་གསོའི་དུས་ཀྱི་གསོ་ཚགས་དོ་དམ་སོགས་ཀྱི་ནང་དོན་འདུ་བ་ཡིན།

(གཅིག)ནོར་གྱི་ཤ་ཤེད་ལྷུང་བར་ཤུགས་རྐྱེན་ཐེབས་པ་དང་གྱོང་གུད་ཀྱི་རྒྱུ་རྐྱེན།

1.སྐྱོལ་འདྲེན་བྱེད་པའི་སྔོན་དུ་ནོར་ལ་སྟེར་གསོ་བྱས་པ་ཇི་ལྟར་འགྲངས་ཤིང་ཆུ་བླུད་པ་ཇི་ལྟར་མང་ན་སྐྱོལ་འདྲེན་བྱེད་སྐབས་ཤ་ཤེད་ལྷུང་ཚད་དེ་ལྟར་ཆེ་བ་ཡིན།

2.ཐེའུ་དང་ནོར་དར་མ་སྐྱོལ་འདྲེན་སྐབས་ཀྱི་ཤ་ཤེད་ལྷུང་བའི་སྟོས་མེད་ཀྱི་ཚད་ནི་ནོར་ཁ་མཐོ་ལས་དམའ་བ་དང་། སྟོས་བཅས་ཀྱི་ཚད་ནོར་ཁ་མཐོ་ལས་མཐོ་བ་ཡིན།

3.ནོར་ཆེ་ཆུང་དང་ལུས་སྟོབས་དྲག་ཞན་ཚང་མ་མཉམ་དུ་བསྲེས་ཏེ་སྐྱོལ་འདྲེན་བྱས་ནའང་ཤ་ཤེད་ལྷུང་བ་དང་གྱོང་གུད་ཉུང་མང་པོ་བཟོ་སྲིད་པ་ཡིན།

4.འཕྲོད་འོས་ཀྱི་དྲོད་ཚད(7~16℃)འོག་ཏུ་སྐྱོལ་འདྲེན་བྱས་ཚེ་ཤ་ཤེད་ལྷུང་བ་ཉུང་ཞིང་། ཚ་གདུགས་ཆེ་བའི་ཆ་རྐྱེན་འོག་ཏུ་སྐྱོལ་འདྲེན་བྱེད་པ་དེ་གྲང་ངར་ཆེ་བའི་ཆ་རྐྱེན་འོག་སྐྱོལ་འདྲེན་བྱེད་པ་ལས་ཤ་ཤེད་ལྷུང་བ་ཉུང་མང་ལ། ནོར་ལ་གྱོང་གུད་བཟོ་བའི་ཉེན་ཁ་ཡང་ཆེ་བ་ཡིན།

5.རླངས་འཁོར་ཁ་ལོ་བའི་ལག་རྩལ་བཟང་བ་དང་ཉམས་མྱོང་ཕུན་སུམ་ཚོགས་པ། ལམ་ལ་རྒྱུས་མངའ་ཆེ་བ་བཅས་ཡིན་ཚེ་སྐྱོལ་འདྲེན་སྐབས་ཤ་ཤེད་ལྷུང་བ་ཉུང་།

6.སྐྱོལ་འདྲེན་བྱེད་པའི་དུས་ཚོད་ཇི་ལྟར་རིང་ན་ནོར་གྱི་ཤ་ཤེད་ལྷུང་བ་དེ་ལྟར་མང་བ་དང་། གཞུང་ལམ་གནས་ཚུལ་མི་བཟང་ན་སྐྱོལ་འདྲེན་བྱེད་པའི་ནོར་གྱི་ཤ་ཤེད་ལྷུང་བ་མང་།

7.ལམ་ཐག་ཆ་མཚུངས་ཀྱི་སྐབས། རླངས་འཁོར་གྱིས་སྐྱོལ་འདྲེན་བྱས་ཏེ་ཤ་ཤེད་ལྷུང་བ་ནི་མི་འཁོར་གྱིས་སྐྱོལ་འདྲེན་བྱེད་པ་ལས་ཉུང་བ་ཡིན།

8.ཤོང་ཚད་ལས་བརྒལ་ཏེ་རླངས་འཁོར་ནང་བཙུག་ཚེ་ཤ་ཤེད་ལྷུང་བ་དང་གྱོང་གུད་འབྱུང་བ་ནི་རྒྱུན་ལྡན་ལྟར་ནང་འཛུག་བྱས་པ་ལས་ཆེ་བ་ཡིན།

9.སྐྱེལ་འདྲེན་གྱི་སྔོན་དུ་ནོར་ལ་སྨན་རྫས་ཀྱིས་སྐྱོད་འཛགས་བཟོ་བ་སྤྱད་ཚེ་སྐྱེལ་འདྲེན་སྐབས་ནོར་གྱི་ཤ་ཤེད་ལྷུང་བ་ཇེ་ཉུང་དུ་གཏོང་ཐུབ།

(གཉིས)སྐྱེལ་འདྲེན།

1.སྐྱེལ་འདྲེན་སྔོན་གྱི་གྲ་སྒྲིག

(1)ནོར་གྱི་བདེ་ཐང་དཔང་ཡིག རིམས་ནད་ས་ཁུལ་མ་ཡིན་པའི་བདེན་དཔང་དང་རིམས་འགོག་དཔང་རྟགས། རླངས་འཁོར་ལ་དུག་སེལ་བྱས་པའི་དཔང་རྟགས་སོགས་འདུ་བ་ཡིན།

(2)རླངས་འཁོར། ཁ་ཡོ་བའི་སྐྱེལ་འདྲེན་དཔང་རྟགས་ཆ་ཚང་དང་རླངས་འཁོར་གྱི་གནས་ཚུལ་ལེགས་པོ་ཡིན་པའི་བླང་བྱ་ལྡན་པ། གལ་ཏེ་རིམ་བརྩེགས་གཅིག་ཅན་གྱི་རླངས་འཁོར་ཡིན་ཚེ་སྒྲོམ་སྐྱོར་གྱི་མཐོ་ཚད་སྨིད་1.4ལས་མི་དམའ་ཞིང་ཀླད་ཁེབས་སྒྲད་དེ་ཆར་གྱིས་བྲན་པ་དང་ཉི་འོད་དྲག་པོ་ཕོག་པ་ལས་གཡོལ་དགོས། འཁོར་སྣམ་གྱི་མཐིལ་དུ་བྱེ་མ་དང་རྩྭ་སྐམ། གྲོ་སོག འབྲས་སོག་སོགས་ཀྱི་འདྲེད་འགོག་སྟན་འདིང་དགོས།

(3)དྲག་བསྐྱུན་ཚུར་སྣང་སྔོན་འགོག་གམ་ཇེ་ཉུང་དུ་གཏོང་དགོས། ནོར་བདམས་ཚར་རྗེས་ཆ་རྐྱེན་ལྡན་ཚེ་ས་དེ་གར་གནས་སྐབས་སུ་ཉིན་3~5ལ་གསོས་ཏེ་གསར་དུ་ཉོས་པའི་ནོར་རྣམས་ཁྲུ་འདྲེས་པར་བྱེད་པ་མ་ཟད། བདེ་ཐང་གནས་ཚུལ་ལ་ལྟ་ཞིབ་བྱས་ཏེ་ནོར་བདེ་ཐང་ཡིན་པ་ཁག་ཐེག་བྱས་རྗེས་ད་གཟོད་སྐྱེལ་འདྲེན་བྱེད་ཆོག་པ་ཡིན། སྐྱེལ་འདྲེན་བྱེད་པའི་ཉིན་2~3གྱི་སྔོན་ནས་བཟུང་སྟེ་ནོར་རེ་རེར་ཉིན་རེར་ཁྲི 25~ཁྲི 100ཡི་རྒྱལ་སྤྱིའི་རྩིས་གཞི་ཡི་འཚོ་བཅུད་Aའཐུང་དུ་འཛུག་པའམ་ཁབ་རྒྱག་དགོས། རླངས་འཁོར་ནང་མ་བཞག

གོང 2.5%ཡི་ཁིལ་ག་ཆེན་ཤ་གནད་ནང་ཁབ་རྒྱག་པ་དང་ནོར་གསོན་པོ་ལྗིད་ཚད་སྟོང་ཁ 100རེར་སྨན་གྱི་ཚད་ཀ་འོ་ཁེ 1.7ཡིན་དགོས། ཐབས་འདི་ལམ་ཐག་ཐུང་ངུའི་སྐྱེལ་འདྲེན་ཁྲིད་ཕན་འབྲས་ལྷག་ཏུ་བཟང་། རླངས་འཁོར་དུ་མ་བཞག་སྔོན་གྱི་དུས་ཚོད 6~8ཀྱི་སྐབས་ནས་སྔོ་བསྐལ་གཟན་ཆག་དང་གྲོ་ཤུན། རྩྭ་སྔོན་སོགས་གྲོད་ཁོག་བཤལ་བའི་གཟན་ཆག་དང་སྦྱར་བསྐལ་འབྱུང་སླ་བའི་གཟན་ཆག་སྟེར་གསོ་བྱེད་མཚམས་འཇོག་དགོས་ཤིང་། དེའི་མཚུངས་སུ་སྐྱེལ་འདྲེན་བྱེད་པ་སྔོན་གྱི་དུས་ཚོད 2 ~3གྱི་ནང་ཚད་ལས་བརྒལ་བའི་ཆུ་འཐུང་དུ་འཇུག་མི་རུང་།

2.རླངས་འཁོར་ནང་འཛོག་པ་དང་སྐྱེལ་འདྲེན།

(1)རླངས་འཁོར་ནང་འཇུག་པ། ནོར་འཇུག་བྱེད་སྟེགས་བུ་བསྒྲུན་པ་དང་། རླངས་འཁོར་ནང་འཇུག་པའི་གོ་རིམ་ཁྲིད་ནོར་ལ་དྲག་སྤྱོད(ལྕག་དང་དབྱུག་པས་བསྣུན་པ)གཏན་ནས་སྤྱོལ་མི་རུང་། བྱ་སྤྱོད་འདིའི་རིགས་ཀྱིས་དྲག་བསྣུན་ཚུར་སྣང་རྗེ་སྡུག་ཏུ་བཏང་སྟེ་ནོར་ལ་དགོས་མེད་ཀྱི་ཤ་ཤེད་ལྷུང་བ་དང་གྱོང་གུད་བཟོ་བ་ཡིན། ①ལུགས་མཐུན་སྒོས་ནང་འཇུག་བྱེད་པ། ནོར་རེ་རེའི་ལུས་ཀྱི་ལྗིད་ཚད་དང་ཆེ་ཆུང་གཞིར་བཟུང་སྟེ་ཟིན་པའི་རྒྱ་ཁྱོན་ནི་ལུས་ཀྱི་ལྗིད་ཚད་སྟོང་ཁ 300མན་གྱི་ནོར་རེར་སྨིད་གྲུ་བཞི་མ 0.7~0.8རེ་དང་། སྟོང་ཁ 300~350ཅན་གྱི་ནོར་རེར་སྨིད་གྲུ་བཞི་མ 1.0~1.1རེ། སྟོང་ཁ 400ཅན་གྱི་ནོར་རེར་སྨིད་གྲུ་བཞི་མ 1.2རེ། སྟོང་ཁ 500ཡན་གྱི་ནོར་རེར་སྨིད་གྲུ་བཞི་མ 1.3~1.5རེ། མང་ལ་སྙམ་ནས་དུས་དཀྱིལ་དང་དུས་མཇུག་གི་མོ་ཟོག་རེར་སྨིད་གྲུ་བཞི་མ 2.0རེ་བཅས་བྱེད་དགོས། ②ནོར་འདོགས་དགོས་པའམ་འདོགས་མི་དགོས་པ། སྤྱིར་བཏང་ལུས་ཀྱི་ལྗིད་ཚད་ཅུང་ཆུང་བ(སྟོང་ཁ 300མན)མ་བཏགས་ན་ཆོག་ཅིང་། འདོགས་པའི་ནོར་གྱི་མགོ་དང་མཇུག་ཕན་ཚུན་ལྡོག

ནས་རིམ་པ་བཞིན་བསྒོལ་ཏེ་འདོགས་པ་དང་ར་ཚོ་མེད་པའི་ནོར་ལ་མཐུར་བསྐོན་ཆོག འདོགས་བྱེད་ཀྱི་ཐག་པ་རིང་དྲགས་པའམ་ཐུང་དྲགས་མི་རུང་།

(2)སྐྱེལ་འདྲེན། སྐབས་དཔོར་འདྲེན་བྱེད་པའི་དུས་ཚོགས་ཆེས་བཟང་བ་ནི་དཔྱིད་དང་སྟོན་དུས་ཡིན་ཞིང་། དགུན་དུས་གནམ་གཤིས་གྲང་ངར་ཆེ་བའི་དུས་སུ་དཔོར་འདྲེན་བྱེད་ན་གྲང་ངར་འགོག་པ་བཟང་པོར་སྐྱུབ་དགོས། དབྱར་དུས་ཚ་བ་ཆེ་བས་དཔོར་འདྲེན་བྱེད་པར་མི་འཚམ།

དཔོར་འདྲེན་བྱེད་སའི་གནས་དང་ལམ་གྱི་གནས་ཚུལ་ལ་གཞིགས་ཏེ་སྐྱེལ་འདྲེན་ལམ་ཐིག་གཏན་འཁེལ་བྱེད་དགོས། རླངས་འཁོར་གྱི་འགྲོས་ཚད་དུས་ཚོད་རེར་སྤྱིང་སྨིད70ལས་བརྒལ་མི་རུང་བ་མ་ཟད་འགྲོས་ཚད་སྙོམས་པོ་ཡིན་དགོས། དཀྱུགས་པ་དང་རླངས་འཁོར་སྡོད་པའི་སྔོན་ལ་ནམ་ཡང་ཐོག་མར་ཇི་དལ་དུ་བཏང་སྟེ་གློ་བུར་དུ་ཁ་དགག་པ་མི་འབྱུང་བར་བྱེད་ཅིང་། ལྷག་པར་དུ་གྱེན་ཐུར་དང་དཀྱུགས་མཚམས་སུ་ངེས་པར་དུ་དལ་མོར་བགྲོད་དགོས།

ལྔ་སྐྱེལ་པས་ལག་སྒྲོན་དང་གྲི(ཐག་པ་གཅོད་བྱེད་དུ་བཀོལ་བ)གྲ་སྒྲིག་བྱེད་དགོས། སྐྱེལ་འདྲེན་གྱི་ལམ་བར་དུ་དུས་ཚོད2~3རེའི་ནང་ནོར་གྱི་གནས་ཚུལ་ལ་ཞིབ་བཤེར་ཐེངས་ཤིག་བྱེད་དགོས་ཤིང་། ཉལ་བའི་ནོར་ནི་དེ་མ་ཐག་ཡར་བསླངས(ཡར་འདེགས་ཤིང་འཐེན་པ་དང་རྫ་མས་འཁྱུག་པ། རྫ་རྩར་ཁབ་ཀྱིས་གཙག་པ། ཐ་ན་སྐབས་བདེའི་ཁུག་མ་སྨྱུད་དེ་ཁ་སྣ་བཏུམ་པ་སོགས་ཀྱི་བྱེད་ཐབས་ཀྱིས་དེ་ཡར་ལངས་སུ་འཇུག་པ)ཏེ་རྟོག་ཞིབ་མི་ཐེབས་པ་བྱེད་དགོས།

ལམ་ཐག་རིང་པོར་སྐྱེལ་འདྲེན་བྱེད་པའི་བརྒྱུད་རིམ་ཁྲོད་དུ་ནོར་རེས་ཉིན་རེར་ཆུ་ཐེངས2~3ལ་འཐུང་བ་དང་། ཉིན་རེར་རྩྭ་སྐམ་སྤྱང་ཁ3~5རེ་བཟའ་བར་ཁག་ཐེག་བྱེད་དགོས།

ནོར་འདུད་པའི་རླངས་འཁོར་དམིགས་ཡུལ་ས་ཆར་བསླེབས་རྗེས་ནོར

འཇུག་བྱེད་དང་ལེན་བྱེད་ཀྱི་སྡེགས་བུ་བཀོལ་ཏེ་ནོར་རང་འགུལ་གྱིས་ལྡངས་འཁོར་ལས་འབབ་ཏུ་འཇུག་པ་དང་། གཟན་རྩས་ཁ་དྲངས་ཏེ་ནོར་ལྡངས་འཁོར་ལས་འབབ་ཏུ་བཅུག་ཀྱང་ཆོག་ལ། རྩུབ་སྤྱོད་ཀྱིས་འདེད་རྡུང་གཏན་ནས་བྱེད་མི་རིགས། དེའི་རྗེས་ནས་ནོར་གྱི་ལུས་ཀྱི་ལྗིད་ཚད་དང་ཆེ་ཆུང་། ལུས་སྟོབས་དྲག་ཞན་བཅས་གཞིར་བཟུང་སྐེ་ཁྲུ་དགར(ར་བསྐོར་ནས་ཐོར་བཀྲམ་དུ་གསོ་བ)བའམ་ཁ་ར་གཏན་འཁེལ་བྱས་ཏེ་འདོགས་དགོས། མང་ལ་སྦྲུམ་པའི་མོ་ཟོག་ནི་ཁེར་རྐྱང་དུ་ཁྲུ་འཛུགས་པའམ་བཏགས་ནས་དོ་དམ་བྱེད་དགོས། ཉིན་དེའི་མཚན་མོར་མི་སྣ་ཆེད་བསྐོས་ཀྱིས་དུས་ངེས་མེད་དུ་ནོར་གྱི་གནས་ཚུལ་ལ་ལྟ་ཞིབ་བྱས་ཏེ་གནད་དོན་མཐོང་ཚེ་དུས་ཐོག་ཏུ་ཐག་གཅོད་བྱ་དགོས།

བཞི། སྒྲིམ་ལོངས་ནོར་སྐྱུར་གསོ་བྱེད་པའི་གསོ་ཚགས་དོ་དམ།

(གཅིག)འཕྲོད་པའི་དུས་སྐབས།

སྒྲིམ་ལོངས་ནོར་ར་བར་བསླེབས་རྗེས་སྔོན་ལ་སོགས་སུ་བཀར་ནས་ཉིན 15རིང་ལྟ་ཞིབ་བྱས་ཏེ་ནོར་ཁོར་ཡུག་གསར་བར་འཕྲོད་དུ་འཇུག་ཅིང་། ཐོ་རྒྱུའི་ནུས་པ་སྐྱོམས་སྒྲིག་བྱས་ཏེ་ཟས་ཀྱི་ཡི་ག་འབྱེད་དགོས། ཉིན་དང་པོར་ལྗིད་ཚད་འཇལ་བ་དང་ལུས་དྲོད་ཚད་འཇལ་བྱས་ཏེ་ལུས་དྲོད་ཅུང་མཐོ་བའམ་རྒྱུན་ལྡན་མ་ཡིན་པའི་གནས་ཚུལ་གཞན་དག་ཡོད་པའི་ནོར་མཐོང་ཚེ་ཁེར་རྐྱང་དུ་སོགས་སུ་བཀར་ཏེ་དོ་དམ་བྱེད་པ་དང་། ཚ་འཛོམས་དུག་སེལ་གྱི་ཀྲུང་ལུགས་སྨན་བཀོལ་ཏེ་ལུས་ཁམས་བདེ་སྲུང་གི་གསོ་བཅོས་བྱ་དགོས། ནོར་ར་བར་བསླེབས་ཏེ་དུས་ཚོད 3 ~4ཡི་རྗེས་སུ་ཐེངས་དང་པོར་ཆུ་འཐུང་དུ་འཇུག་པ་དང་། ཆུ་ཡི་ནང་དུ་ཚད་འོས་འཚམ་གྱི་བཟའ་ཚྭ་བསྣན་ནས་ཉུང་འཐུང་ཐེངས་མང་བྱེད་པ་ལས་ཧམ་འཐུང་བྱེད་པ་ནན་འགོག་བྱེད་ཅིང་། འབྲས་སོག་ནི་རང་དབང་དུ་བཟའ་རུ་འཇུག་དགོས། ཉིན 2པར། ཆུ་ནི་སྔར་བཞིན་ཉུང་འཐུང་ཐེངས་མང་

དང་འབྲས་སོག་རང་དབང་དུ་བཟའ་རུ་འཇུག་ལ། ཁ་ར་ནང་མང་ཉུང་འོས་འཚམ་གྱི་གྲོ་ཞུན་དང་མ་རྨོས་ལོ་ཏོག་གི་ཕྱེ་གཏོར་ཆོག ཉིན་3པར་ཆུ་ཐེངས་2ལ་ལྷུད་པ་དང་མཉམ་བསྲེས་ཀྱི་གཟན་ཆག་ཞིབ་མོ་སྐྱེར་མགོ་བཙམས་ཏེ་ཚོད་ཉུང་བའི་སྦོ་བསྐལ་གཟན་ཆག་དང་གཟན་ཆག་རྩིང་པོ་སྟོན་དགོས། ཉིན་4~7ལ། གཟན་ཆག་ཞིབ་མོ་སྐྱེར་གསོ་བྱེད་ཚད་རིམ་གྱིས་ནོར་རེར་ཉིན་རེར་སྤོང་ཁེ་1.5ལ་འཕར་བ་དང་། སྦོ་ལྷང་གི་གཟན་ཆག་དང་གཟན་ཆག་རྩིང་པོ(སྦྲང་མ། སྲན་སྙིགས་སོགས)ཚད་འོས་འཚམ་རེ་བྱས་ཏེ་ཉིན་རེར་ནོར་ལ་བཅུ་ཆའི་བདུན་ཙམ་འགྲངས་པ་བཟའ་རུ་བཅུག་ན་ཆོག་པ་ཡིན། ཉིན་8~15ལ། སྣ་འཐིགས་པ་དང་རྣ་རྟགས་བརྒྱབ་ཏེ་ཡིག་ཚགས་བཟོ་དགོས་ཤིང་། དུས་སྐབས་འདིར་འབུ་སྐྲོད་བྱེད་པ་དང་ཕོ་བའི་འཇུ་སྟོབས་གསོ་བ། རིམས་འགོག་ཁབ་རྒྱག་པ་བཅས་འགྲུབ་པར་བྱ་དགོས་པ་དང་། ནོར་གྱི་ཟས་ཀྱི་དང་ག་དང་བཤང་གཅི། སེམས་ཁམས་གནས་ཚུལ། སྣ་ཁྱེང་གི་རྔུལ་ཟིལ་སོགས་ཀྱི་གནས་ཚུལ་ལ་ལྟ་ཞིབ་བྱས་ཏེ་ཟིན་ཐོ་འགོད་པ་དང་རྒྱུན་ལྡན་མིན་པ་མཐོང་ཚེ་དུས་ཐོག་ཏུ་ཟུར་དུ་བཀར་ནས་ཐག་གཅོད་བྱེད་དགོས། ནོར་གསོ་ར་བར་བསླེབས་ནས་ཉིན་20ཡི་རྗེས་ནས་གཟན་ཆག་བཟའ་ཚད་རྒྱུན་ལྡན་དུ་གྱུར་རྗེས་རིགས་རྒྱུད་དང་ལོ་ཚོད། ལུས་ཀྱི་ལྗིད་ཚད་ལྟར་ཁྲུ་བགོས་ཏེ་གསོ་ཚགས་བྱེད་ཅིང་ཚོན་གསོ་བྱེད་སའི་ནོར་ཁང་དུ་འཇུག་དགོས་པ་ཡིན།

1.འབུ་སྐྲོད། སྒྲོམ་ལོངས་ནོར་ལྷས་རར་བཅུག་རྗེས་དེ་མ་ཐག་འབུ་སྐྲོད་བྱེད་དགོས། རྒྱུན་བཀོལ་གྱི་འབུ་སྐྲོད་སྨན་རྫས་ལ་ཨ་ཧྲུ་སྨི་ཏིང་དང་པིང་ལིའུ་ཕུན་སྨི་ཙུའོ། ཏི་པའི་ཁྲུང་། ཙུའོ་ཉོན་སྨི་ཙུའོ་སོགས་ཡོད། ལྟོ་སྟོང་གི་སྐབས་སུ་སྤེལ་དགོས་ཏེ་སྨན་རྫས་བསྡུ་ལེན་བྱེད་པར་ཕན་པ་ཡིན། འབུ་སྐྲོད་བྱས་རྗེས་སྒྲོམ་ལོངས་ནོར་གཟའ་འཁོར་2ལ་ཟུར་དུ་བཀར་ནས་གསོ་ཚགས་བྱེད་པ་དང་།

དེའི་བཤང་གཅི་ལ་དུག་སེལ་བྱས་རྗེས་གནོད་པ་མེད་པར་ཐག་གཅོད་བྱེད་དགོས།

2.ཕོ་བའི་འཇུ་སྟོབས་གསོ་བ། འབུ་སྲོད་བྱས་ཏེ་ཉིན 3གྱི་རྗེས་སུ་ཟས་ཀྱི་ཡི་ག་ཆེར་འབྱེད་པ་དང་འཇུ་སྟོབས་ཉུས་པ་ལེགས་བཅོས་བྱ་ཆེད་ཕོ་བའི་འཇུ་སྟོབས་གསོ་བ་ཐེངས་ཤིག་སྤྲེལ་དགོས། རྒྱུན་དུ་བཀོལ་བའི་ཕོ་བའི་འཇུ་སྟོབས་གསོ་བའི་སྨན་རྫས་ནི་མིས་བཟོས་ཚྭ་ཡིན་ཞིང་། དེའི་འཐུང་ཚད་ནི་ནོར་རེས་ཐེངས་རེར་ཁེ 60~100ཡིན།

(གཉིས)ཚོན་གསོའི་དུས་སྐབས།

སྒྲིམ་ལོངས་ནོར་གྱི་ཚོན་གསོ་དེ་ཚོན་གསོའི་དུས་སྟོད་དང་ཚོན་གསོའི་དུས་དཀྱིལ། ཚོན་གསོའི་དུས་སྨད་བཅས་དུས་རིམ 3ལ་དབྱེ་ཆོག་པ་ཡིན།

1.ཚོན་གསོའི་དུས་སྟོད། ཟླ 2ཀྱི་ཡས་མས་ཡིན། སྒྲིམ་ལོངས་ནོར་ཚོན་གསོའི་ནོར་ཁང་དུ་ཐུར་རྗེས་ནོར་གྱིས་ཚོན་གསོ་དུས་སྐབས་ཀྱི་ཉིན་རེའི་གཟན་ཆག་བཟའ་བར་ཁ་བྲིད་དེ་རིམ་བཞིན་བཟའ་ཚད་ཇེ་མང་དུ་གཏོང་དགོས། ཉིན་རེའི་གཟན་ཆག་ཁྲོད་གཟན་ཆག་ཞིབ་མོས་སྐྱེར་གསོ་བྱེད་ཚད་ལུས་ཀྱི་ལྗིད་ཚད་ཀྱི 0.6%ཟིན་དགོས་པ་དང་། རང་དབང་དུ་སྲུས་ལེགས་ཀྱི་གཟན་ཆག་རྩིང་པོ(རྩོ་ལྡང་གི་གཟན་ཆག་གམ་རྩོ་བསྐལ་གཟན་ཆག སྔང་མ་དང་སྐྱིགས་མའི་རིགས་སོགས)བཟའ་ཏུ་བཙུག་སྟེ་རྩོ་ལྡང་གི་གཟན་ཆག་གཙོར་བྱེད་དགོས། ཉིན་རེའི་གཟན་ཆག་ཁྲོད་སྤྲི་དཀར་རྫས་ཀྱི་ཆུ་ཚད་དེ 13%~14%ལ་ཆོད་འཛིན་བྱེད་པ་དང་། ཀའི་འདུས་ཚད 0.5% ལྷིན་འདུས་ཚད 0.25%བཅས་བྱེད་དགོས།

2.ཚོན་གསོའི་དུས་དཀྱིལ། ཟླ 5 ~6ཡིན། གཟན་ཆག་ཞིབ་མོས་སྐྱེར་གསོ་བྱེད་ཚད་ལུས་ཀྱི་ལྗིད་ཚད་ཀྱི 0.8% ~1.0%ཟིན་དགོས་པ་དང་། རང་དབང་དུ་སྲུས་ལེགས་ཀྱི་གཟན་ཆག་རྩིང་པོ(ཐུང་ཏུར་གཏུབ་པའི་རྩོ་ལྡང་གི་གཟན་ཆག གམ་རྩོ་བསྐལ་གཟན་ཆག སྔང་མ་དང་སྐྱིགས་མའི་རིགས་སོགས)བཟའ་ཏུ

འཇུག་དགོས། ཉིན་རེའི་གཟན་ཆག་གི་ནུས་ཚད་ཀྱི་ཆུ་ཚད་རིམ་བཞིན་ཇེ་མཐོར་གཏོང་ཞིང་། སྤྲི་དཀར་རྫས་ཀྱི་འདུས་ཚད་དེ 11%~12%ལ་ཚོད་འཛིན་བྱེད་པ་དང་གའི་འདུས་ཚད 0.4% ལྷིན་འདུས་ཚད 0.25%བཅས་བྱེད་དགོས།

3.ཚོན་གསོའི་དུས་སྐད(ཚོ་སྐྱུལ་དུས་སྐབས) ཉིན 50~60ཡིན། གཙོ་བོར་ནོར་གྱི་འགྲུལ་སྐྱོད་ཇེ་ཉུང་དུ་བཏང་སྟེ་ཚ་ནུས་ཟད་གྲོན་བྱེད་པ་ཇེ་ཆུང་དུ་གཏོང་ཞིང་ཤ་ཤེད་རྒྱས་པ་དང་ཚིལ་གསོག་པར་སྐྱུལ་འདེད་བྱས་ཏེ་ཤ་ཡི་རྒྱུ་སྤུས་མཐོར་འདེགས་གཏོང་བ་ཡིན། ཉིན་རེའི་གཟན་ཆག་ཁྲིད་གཟན་ཆག་ཞིབ་མོ་བཟའ་ཚད་རིམ་གྱིས་ཇེ་མང་དུ་བཏང་སྟེ་ལུས་ཀྱི་ལྗིད་ཚད་ཀྱི 1.0%ནས 1.5% ཡན་ཟིན་པར་ཇེ་མང་དུ་གཏོང་བ་དང་། གཟན་ཆག་རྩིང་པོ་རིམ་གྱིས་ཇེ་ཉུང་དུ་གཏོང་བ་སྟེ། ཉིན་རེའི་གཟན་ཆག་ཁྲིད་གཟན་ཆག་ཞིབ་མོ་ཇེ་མང་དུ་བཏང་ནས་ལུས་ཀྱི་ལྗིད་ཚད་ཀྱི 1.2% ~1.3%གྱི་སྐབས་སུ་གཟན་ཆག་རྩིང་པོ་ཏ་ལམ 2/3ཇེ་ཉུང་དུ་གཏོང་དགོས། དུས་སྐབས་འདིར་ཉིན་རེའི་གཟན་ཆག་ཁྲིད་དུ་ནུས་ཚད་ཀྱི་གར་ཚད་སྔར་ལས་ལྷག་པར་ཇེ་མཐོར་གཏོང་ཞིང་། སྤྲི་དཀར་རྫས་ཀྱི་འདུས་ཚད་གོམ་གང་མདུན་སྤོས་སྔོས 9% ~10%ལ་ཇེ་དམའ་རུ་གཏོང་བ་དང་། གའི་འདུས་ཚད 0.3% ལྷིན་འདུས་ཚད 0.27%བཅས་བྱེད་དགོས།

(གསུམ)ཉིན་རྒྱུན་གྱི་དོ་དམ།

1.སྟེར་གསོ། གཟན་ཆག་གི་སྣ་ཁ་ཕུན་སུམ་ཚོགས་པ་བྱ་དགོས་ཤིང་། གཟན་ཆག་རྩིང་པོ་གཏུབ་ཅིང་འཐག་དགོས། རུལ་བར་གྱུར་པ་དང་རླམ་ཆགས་པ། འཁྱགས་པ་ཆགས་པའམ་བྱེ་རྡུལ་ཅན་གྱི་གཟན་ཆག་སྟེར་བར་མི་བྱ། ཉིན་རེར་ཐེངས 2ལ་སྟེར་གསོ་བྱེད་ཅིང་། སྔོན་ལ་རྩིང་པོ་དང་རྗེས་སུ་ཞིབ་མོ། ཉུང་ངུར་སྟེར་ཞིང་ཐེངས་མང་སྟོན་པའི་བླང་བྱ་ལྡན་པ་དང་། གཟན་ཆག་བརྗེ་སྐབས་རིམ་གྱིས་བར་བརྒྱལ་བྱེད་པའི་སྟེར་གསོའི་བྱེད་ཐབས་སྤྱོད་དགོས།

2.ཁྱུ་དགར་བ། གསོ་ཚགས་ཀྱི་སྔོན་དུ། གསོ་ཚགས་བྱེད་པའི་ནོར་གྱི་རིགས་རྒྱུད་དང་ལུས་ཀྱི་ལྡིད་ཚད། ཕོ་མོ། ལོ་ཚོད། གཟུགས་གཞི། ཤ་ཤེད་སོགས་ཀྱི་གནས་ཚུལ་ལ་གཞིགས་ནས་ལུགས་མཐུན་སྒོས་ཁྱུ་དགར་ནས་གསོ་ཚགས་བྱས་ཏེ། ལུས་ཁམས་གནས་སྟངས་མི་འདྲ་བ་གཞིར་བཟུང་སྟེ་གཟན་ཆག་དང་གསོ་ཚགས་ནོ་དམ་གྱི་རྣམ་པ་མི་འདྲ་བ་སྤྱོད་པར་སྟབས་བདེ་བཟོས་ཏེ་ནོར་གྱི་སྐྱེ་འཚར་ལ་སྐུལ་འདེད་དང་། ངལ་རྩོལ་ལས་ཆོད་དང་དཔལ་འབྱོར་གྱི་ཕན་འབྲས་མཐོར་འདེགས་གཏོང་དགོས། བཏགས་ནས་གསོ་ཚགས་བྱེད་སྐབས། ནོར་ཁྱུའི་ཆེ་ཆུང་ནི་གསོ་ཚགས་བྱེད་བདེ་མིན་སྔོན་འགྲོ་བྱས་ཏེ་ལུགས་མཐུན་གྱིས་ཁྱུ་སྒྲིག་དགོས།

3.འབུ་སྐྲོད་དང་དུག་སེལ་རིམས་འགོག སྒྲིམ་ལོངས་ནོར་བར་བརྒྱལ་གྱི་གསོ་ཚགས་དུས་སྐབས་མཇུག་སྒྲིལ་ནས་ཚོན་གསོའི་དུས་སྐབས་སུ་བསྒྱུར་བའི་སྔོན་ལ། ཕྱོགས་ཡོངས་ནས་ལུས་ཕྱི་ནང་ཀུན་ལ་འབུ་སྐྲོད་ཐེངས་ཤིག་བྱེད་པ་དང་རིམས་འགོག་སྨན་ཁབ་རྒྱག་དགོས་པ་དང་། ཤུགས་ཚད་དྲག་པོས་ཚོན་གསོ་བྱེད་པའི་སྔོན་དུའང་འབུ་སྐྲོད་ཐེངས་གཅིག་བྱེད་དགོས། རིར་འཚོས་ནས་གསོ་ཚགས་བྱེད་པའི་ནོར་ལ་དུས་བཅད་ལྟར་འབུ་སྐྲོད་བྱེད་དགོས་ཤིང་། ནོར་ཁང་དང་ལྷས་རར་དུས་བཅད་ལྟར་དུག་སེལ་བྱེད་དགོས། ནོར་སྐོར་ཞིག་བཤས་ཁོངས་སུ་བཏང་རྗེས་ནོར་ཁང་ལ་གཅིག་མཚུངས་ཀྱིས་གཙང་སྦྲ་དང་དུག་སེལ་བྱེད་དགོས།

4.འགྱུལ་སྐྱོད་ལ་ཚོད་འཛིན་པ། ནོར་ཁང་དུ་བཏགས་ནས་ཚོན་གསོ་བྱེད་པའི་རྣམ་པར་དུས་བཅད་ལྟར་འགྱུལ་སྐྱོད་ར་བར་ཁྲིད་དེ་འོས་འཚམ་གྱིས་འགྱུལ་སྐྱོད་བྱེད་ཆོག འགྱུལ་སྐྱོད་དུས་ཚོད་ནི་དཔྱར་དུས་ནངས་དགོང་དང་དགུན་དུས་ཉིན་གུང་བྱེད་དགོས། རིར་འཚོས་ནས་གསོ་ཚགས་བྱེད་པའི་རྣམ་

པར་ཚོན་གསོའི་དུས་སྐད་དུ་ངེས་པར་དུ་རིར་འཚོ་བའི་ལམ་ཐག་ཇེ་ཐུང་དུ་གཏོང་དགོས་ཤིང་། འགྲུལ་སྐྱོད་བྱེད་པ་ཇེ་ཉུང་དང་ངལ་གསོ་བ་ཇེ་མང་དུ་བཏང་སྟེ་འཚོ་བཅུད་དངོས་རྫས་ལུས་པོ་ནང་གསོག་པ་ལ་ཕན་པར་བྱེད་དགོས།

5.ནོར་གྱི་ལུས་ཐོག་འབྲུད་པ། ཉིན་རེ་བཞིན་ནོར་གྱི་ལུས་སྟེང་བྲུད་ན་བྲུངས་ཁྲག་གི་འཁོར་རྒྱུག་ལ་སྐུལ་འདེད་བྱེད་ཅིང་། རྙིང་ཚབ་གསར་སྒྱུར་གྱི་ཚུ་ཚད་མཐོར་འདེགས་བཏང་སྟེ་ནོར་གྱི་ལྷིད་ཚད་འཕར་བར་ཕན་པ་ཡིན། ཕྱིར་བཏང་ཏ་ལའི་ཤད་དམ་རྩྭ་སྐྱུད་ཀྱི་ཤད་བཀོལ་ཏེ་ཉིན་རེར་ཐེངས་1~2ལ་འབྲུད་པ་དང་། འབྲུད་པའི་གོ་རིམ་ནི་སྔུན་ནས་གཞུག་དང་སྟེང་ནས་གཤམ་ལ་འབྲུད་དགོས།

6.ཉིན་རྒྱུན་གྱི་ངོ་དམ། དུས་བཅད་ལྟར་ལྷིད་ཚད་འཇལ་དགོས་པ་མ་ཟད་ལྷིད་ཚད་འཕར་བའི་གནས་ཚུལ་གཞིར་བཟུང་སྟེ་ལུགས་མཐུན་གྱིས་ཉིན་རེའི་གཟན་ཆག་གི་སྦེབ་སྟངས་སྒྲོམས་སྒྲིག་བྱེད་དགོས་པ་དང་། གསོ་ཚགས་མི་སྣས་ནོར་གྱི་སེམས་ཁམས་གནས་ཚུལ་དང་ཟས་ཀྱི་ཡི་ག བཤང་གཅི་སོགས་ཀྱི་གནས་ཚུལ་ལ་ལྟ་ཞིབ་བྱེད་པར་དོ་སྣང་བྱས་ཏེ་རྒྱུན་ལྡན་མིན་པ་མཐོང་ཚེ་དུས་ཐོག་ཏུ་ཡར་ཞུ་དང་ཐག་གཅོད་བྱ་དགོས་ཤིང་། གཟབ་ནན་ལྡན་པའི་ཐོན་སྐྱེད་ངོ་དམ་ལམ་ལུགས་དང་ཐོན་སྐྱེད་ཟིན་ཐོ་གསར་འཛུགས་བྱ་དགོས།

7.བཤས་ཁོངས་སུ་གཏོང་བ། སྒྲོམ་ལོངས་ནོར་ནི་ཕྱིར་བཏང་ཟླ་6~10ཡི་ཚོན་གསོ་བྱས་པ་བརྒྱུད་རྗེས་ཟས་ཀྱི་ཡི་ག་མར་ཆག་པ་དང་བཟའ་ཚད་སློ་བུར་ཇེ་ཉུང་དུ་འགྲོ་བ། ཉལ་བར་དགའ་ཞིང་འགྲོ་འགྲུལ་བྱེད་མི་འདོད་པའི་སྐབས་སུ་དེ་མ་ཐག་བཤས་ཁོངས་སུ་གཏོང་དགོས་པ་ཡིན།

(བཞི) ཉིན་རེའི་གཟན་ཆག་གི་སྦེབ་སྟངས།

སྒྲོམ་ལོངས་ནོར་གསོ་ཚགས་བྱེད་པའི་ཉིན་རེའི་གཟན་ཆག་ཁྲིད་སྟོ་ལྡང་

གཟན་ཆག་དང་གཟན་ཆག་རྩིང་པོའམ་སྔང་མ། མངར་ཚལ་གྱི་སྙིགས་རོ་སོགས་ཏེ་ལས་སྐྱོན་གྱི་ཞོར་ཐོན་དངོས་རྫས་གཙོར་བྱེད་ཅིང་། འོས་འཚམ་གྱི་གཟན་ཆག་ཞིབ་མོ་གསབ་སྣོར་བྱེད་དགོས། གཟན་ཆག་རྩིང་ཞིབ་གཉིས་ཀྱི་བསྡུར་ཚད་ནི་དངོས་རྫས་སྐམ་པོ་ལྟར་རྩིས་བརྒྱབ་སྟེ 1:1.2~1.5ཡིན་པ་དང་། ཉིན་རེར་དངོས་རྫས་སྐམ་པོ་བཟའ་ཚད་ནི་ལུས་ཀྱི་ལྗིད་ཚད་ཀྱི 2.5%~3%ཡིན་དགོས། དེའི་དཔྱད་གཞིའི་སྦྱེལ་སྣངས་ནི་རེའུ་མིག 7–2ལ་བལྟ་བར་བྱ།

རེའུ་མིག 7–2 སྒྲིམ་ལོངས་ནོར་ཚོན་གསོ་བྱེད་པའི་ཉིན་རེའི་གཟན་ཆག་སྦྱེལ་སྣངས།

	ཟྭ་སྐམ་ཨམ་སྒོ་བསྐལ་མ་རྩོས་ལོ་རྟག་གི་སོག་མ (སྤང་ཁེ)	སྔང་མ (སྤང་ཁེ)	མ་རྩོས་ལོ་རྟག་གི་ཕྱེ་རགས་མོ (སྤང་ཁེ)	བག་ཟན་གྱི་རིགས (སྤང་ཁེ)	བཟའ་ཚྭ (སྤང་ཁེ)
ཉིན 1~15	6~8	5~6	1.5	0.5	50
ཉིན 16~30	4	12~15	1.5	0.5	50
ཉིན 31~60	4	16~18	1.5	0.5	50
ཉིན 61~100	4	18~20	1.5	0.5	50

ས་བཅད་ལྔ་བ། ཕྱིར་འབུད་བྱས་པ་དང་ཁ་མཐོ་ཉམ་ཞན་གྱི་ནོར་ཚོན་གསོ།

ཕྱིར་འབུད་བྱས་པ་དང་ཁ་མཐོ་ཉམ་ཞན་གྱི་ནོར་ནི་ཚོན་གསོ་བྱེད་པའི་སྐམས་ཀྱི་འབྱུང་ཁུངས་ཤིག་ཡིན། ཁ་མཐོ་ཉམ་ཞན་དུ་གྱུར་པའི་རྒྱུ་རྐྱེན་ནི་གཙོ་བོར་ཕྱོགས་བཞི་ན་ཡོད་དེ། གཅིག་ནི་ལས་ཀར་བཀོལ་ཏེ་ངལ་དུབ་ཚད་ལས་བརྒལ་བ་བྱུང་ཞིང་ལུས་སྟོབས་ཟད་པ་མང་དྲགས་པ། （ངལ་རྩོལ་གྱི་ཁོངས་ནས་ཕྱིར་འཐེན་པའི་ནོར） གཉིས་ནི་ལུས་པོའི་ནང་དུ་གཞན་བརྟེན་སྲིན་འབུ་ཡོད་པ། གསུམ་ནི་ནོར་གྱི་པོ་རྒྱུའི་འཇུ་སྟོབས་ནུས་པ་རྙོག་འཁྲུག་ཏུ་གྱུར་ཅིང་། འཇུ་ཞིང་བསྡུ་ལེན་གྱི་བྱེད་ལས་མི་བཟང་བ། བཞི་ནི་དུས་ཡུན་རིང་པོར་རྩེང་ཞིང་རགས་པར་གསོས་པས་འཚོ་བཅུད་མི་ལེགས་ཤིང་ལུས་སྟོབས་ཉམ་ཐག་གི་ནོར་དུ་གྱུར་པ་བཅས་ཡིན། ནོར་འདི་དག་ལ་གཟུགས་གཞི་ཆེ་ཞིང་ཤ་ཐོན་ཚད་མང་བའི་ཁྱད་ཆོས་ལྡན་མོད། ཡིན་ནའང་ཤ་བུབས་ཀྱི་ཚད་དམའ་ཞིང་ཤ་ཡི་རྒྱུ་སྤུས་ཅུང་ཞན་པ་སོགས་ཀྱི་ཞན་ཆ་གནས་པ་ཡིན། དེའི་ཕྱིར། མི་མངོན་པའི་ལེགས་ཆ་ལྡན་པའི་ཁ་མཐོ་ཉམ་ཞན་དང་ཕྱིར་འབུད་བྱས་པའི་ནོར་ནི་མ་བཤས་གོང་དུ་ཡུན་ཐུང་ལ་ཚོན་གསོ་བྱས་ཆེ། དེའི་ཤ་ཐོན་པའི་ལས་ཆོད་མཐོར་འདེགས་བཏང་སྟེ་དཔལ་འབྱོར་གྱི་ཕན་འབྲས་ཆེན་པོ་འཐོབ་ཐུབ་པ་ཡིན།

གཅིག ཚོན་གསོ་བྱེད་པའི་ནོར་གདམ་གསེས་དང་ཚོན་གསོའི་དུས་ཚིགས།

ཕྱིར་འབུད་བྱས་པ་དང་ཁ་མཐོ་ཉམ་ཞན་གྱི་ནོར་ཚོན་གསོ་བྱེད་པའི་སྔོན་དུ། ཐོག་མར་ཕྱོགས་ཡོངས་ནས་ཞིབ་བཤེར་བྱ་དགོས། ནད་ཡོད་པའི་ནོར་དང་གཟན་ཆག་བཟའ་བར་དཀའ་ཁག་ཡོད་པའི་ནོར་ཚང་མ་ཚོན་གསོ་བྱེད་མི

འོས། ཚོན་གསོ་བྱེད་པའི་དུས་ཚིགས་ནི་སྟོན་ཀ་དང་དགུན་ཁ། དཔྱིད་ཀ་གསུམ་ལ་སྤེལ་དགོས་ཤིང་། ཚོན་གསོའི་དུས་ཡུན་ནི་ཟླ་3ཡིན།

གཉིས། ཚོན་གསོ་བྱེད་ཐབས།

ནོར་ཁ་མཐོ་མང་ཤས་ནི་ལུས་སྟོབས་ཉུང་ཞན་པས་ཚོན་གསོའི་ཕན་འབྲས་ལ་ཤུགས་རྐྱེན་བཟོ་བ་ཡིན། དེའི་ཕྱིར་སྔོན་ལ་སྨོམས་སྦྲིག་ལེགས་པར་བྱེད་པ་སྔོ་ཕོ་བའི་འཇུ་སྟོབས་གསོ་བ་དང་ནུས་སྟོབས་སླར་གསོ་སོགས་བྱས་ཆེ་ཚོན་གསོའི་ཕན་འབྲས་མཐོར་འདེགས་ཡོང་བར་ཕན་པ་ཡིན།

(གཅིག)ནོར་ཁ་མཐོ་ལ་ཞ་སེད་རྒྱས་ཐབས།

རྟོང་ཅིང་ཙི(བརྗོས་མ)ཁེ 100 ~150འཐག་ནས་ཞིབ་ཕྱུར་བཟོས་ཏེ་གཟན་ཆག་ནང་བསྲེས་ཏེ་སྟེར་བ་དང་། ཉིན་གཉིས་རེར་ཐེངས 1བྱས་ཏེ་ཉིན 15ནང་ནུས་པ་ཐོན་པ་ཡིན། ཡང་ཕྱུ་རམ་དང་ཁ་སྒུར་དམར་པོ་སོ་སོར་ཁེ 250 དང་། ཞྭ་བ་ཁེ 150གདུས་ཏེ་སྙིགས་རོ་བཏོན་རྗེས་ཁུ་བ་ནོར་ལ་བླུད་ཀྱང་ཆོག་ཅིང་། ཉིན་རེར་ཐེངས་གཅིག ཉིན 7ཀྱི་རྗེས་ནས་ནུས་པ་ཐོན་པ་ཡིན།

(གཉིས)ཟས་ཀྱི་ཡི་ག་འབྱེད་པ།

མ་རྨོས་ལོ་ཏོག་གམ་ཕྲོ་སྟོང་ཁེ 2.5མཆེ་བ་ཐོན་རྗེས་ཞིབ་ཕྱུར་འཐག་སྟེ་ཉིན་རེར་སྟོང་ཁེ 0.25ལྟུད་པ་དང་། བསྟུད་མར་ཉིན 10~15ལ་ལྟུད་པ།

(གསུམ)ཕོ་བའི་འཇུ་སྟོབས་གསོ་ཐབས།

ཚང་རྒྱུའུ་ཁེ 50དང་ཤིང་མངར་ཁེ 50ཙའོ་སན་ཞན་ཁེ 200བཅས་ཆུ་རུ་གདུས་ཏེ་ལྟུད་ཅིང་། ཉིན་རེར་ཐེངས་རེ། བསྟུད་མར་ཉིན 3ལ་ལྟུད་པ་དང་། ཙུ་གང་རྗེན་པ་ཁེ 60དང་ཀྲི་མུའུ་ཁེ 50 ཆོགས་རིང་སྨུག་མའི་ལོ་མ་ཁེ 50 གྲོ་སྨུག་ཁེ 100 སྨྱུ་རུ་ར་ཁེ 100 ཕབས་རྩི་ཁེ 100 ཤིང་མངར་ཁེ 50བཅས་ཆུ་རུ་གདུས་ཏེ་ལྟུད་པ། ཉིན་རེར་ཐེངས་རེ། བསྟུད་མར་ཉིན 3ལ་ལྟུད་དགོས།

(བཞི)འཇུ་ནུས་ཞན་པ་སླར་གསོ་ཐབས།

ཕྲུ་ཅན་གྱི་ཕབས་རྫི་དང་མིས་བཟོས་ཚྭ། འཚར་ལོངས་སྐྱུལ་རྒྱུ་བཅས 3:2:1གི་བསྡུར་ཚད་ལྟར་བསྲེས་ཏེ་ཉིན་རེར་ཁེ 50རེ་ཐེངས 2ལ་བགོས་ཏེ་གཟན་ཆག་ནང་མཉམ་སྦྱོལ་བྱས་ནས་སྟེར་དགོས་ལ། ཉིན 7གྱི་ནང་ནུས་པ་མངོན་པ་དང་། ཡང་ན་ལ་སེར་བཙོས་ནས་ཚོས་པར་བྱས་རྗེས་ཕག་ཚིལ་དང་མཉམ་སྦྱོལ་བྱས་ཏེ་ཉིན་རེར་སྟོང་ཁེ 3རེ་སྟེར་བའམ་ཡང་ན་ལ་ཕུག་རྗེན་པ་དང་བཙོས་མ་མང་ཉུང་ཆ་མཚུངས་སུ་བྱས་ཏེ་ཉིན་རེར་སྟོང་ཁེ 3~4རེ་སྟེར་དགོས།

གསུམ། གསོ་ཚགས་དོ་དམ།

(གཅིག)འཕྲོད་པའི་ཁོར་ཡུག

ཚོན་གསོ་ནོར་ནི་ཚགས་དམ་པོས་ནོར་ཁང་དུ་གྲལ་སྟར་བཀྲིགས་ཏེ་ནོར་གྱི་འགུལ་སྐྱོད་རྗེ་ཉུང་དུ་གཏོང་དགོས་པ་དང་། ཙུང་དཀར་ཆ་ཞན་པའི་ཁོར་ཡུག་ཏུ་གསོ་ཚགས་བྱས་ན་ཤ་ཤེད་འབུད་པར་ཕན་ཐོགས་པ་ཡིན། ཚོན་གསོ་རའི་ཁོར་ཡུག་གི་ལྷིང་འཇགས་དང་ནོར་ཁང་གི་གཙང་སྦྲ་དག་གཙང་བྱེད་པ་རྒྱུན་འཁྱོངས་དང་རླུང་རྒྱུ་བ་བཟང་ཞིང་། ནོར་གྱི་ཆག་གཞོང་དང་སྟེར་གསོའི་ཡོ་བྱད་རྣམས་རྒྱུན་པར་བཀྲུ་དགོས་ལ། དབྱར་ཁར་ཉིན་རེར་དུག་སེལ་དཔྱིས་ཕྱིན་པ་རེ་བྱེད་དགོས།

(གཉིས)ནོར་ཁང་དུ་བཏགས་ནས་གསོ་ཐབས་སྤྱད་དེ་གསོ་ཚགས་བྱེད་པ།

རེར་མི་འཚོ་ཞིང་འགུལ་སྐྱོད་མི་བྱེད་པར་ཐག་པས་ཐུང་ངུར་འདོགས་པ་སྟེ། རིང་ཐུང་ལི་སྨིད 35~40ཡིན་ན་ཆོག

(གསུམ)སྟོ་སྟུའི་དུས་སུ་རིར་འཚོས་ཏེ་གཟན་ཆག་ཁ་གསབ་ཀྱིས་ཚོན་གསོ་བྱེད་ཐབས།

བྱེད་ཐབས་འདིར་སྔོ་རྩ་རྒྱས་པའི་དུས་ཚིགས་གང་ལེགས་ཀྱིས་བེད་སྤྱོད་ཚོག་ཅིང་། གཅིན་རྒྱུའི་བྱེད་ནུས་འདོན་སྤེལ་བྱས་ཏེ་དུས་ཐུང་ལ་མགྱོགས་མྱུར་ཚོ་སྐྱལ་བྱས་ཆོག མདོན་གསལ་ལྡན་པའི་དཔལ་འབྱོར་གྱི་ཕན་འབྲས་འབྱུང་བ་ཡིན། ལུས་ཀྱི་ལྗིད་ཚད་སྟོང་ཁེ 250ཡོད་པའི་སྐམ་ས་བདམས་ཏེ་ཉིན་དཀར་རེར་འཚོ་བ་དང་། ནངས་དགོང་དང་ཉིན་གུང་སོ་སོར་ནོར་ཁང་དུ་ཐེངས་གསུམ་ལ་གསོ་བ་སྤྱོད་དགོས། མཉམ་བསྲེས་ཀྱི་ཉིན་རེའི་གཟན་ཆག་སྤེལ་སྟངས་ནི་མ་རྨོས་ལོ་ཏོག་གི་ཕྱེ་སྟོང་ཁེ 1.5དང་། མིས་བཟོས་ཚྭ་ཁེ 50 གཅིན་རྒྱུ་ཁེ 50བཅས་ཡིན་ཞིང་། སྔོ་རྩ་རང་དབང་དུ་བཟའ་རུ་བཅུག་སྟེ་ཟོ་བ་འགྲངས་སུ་བཅུག་ན་བཟང་བ་ཡིན།

(བཞི)གཟན་ཆག་གི་སྨྱུར་དུག་ཟོག་པ་འགོག་དགོས།

ཉིན་རེའི་གཟན་ཆག་ནང་གཟན་ཆག་ཞིབ་མོའི་ཚད་ཀྱི 3%~5%ཡི་སོབ་ཐལ་སྣོན་པའམ་ནོར་རེ་རེར་ཉིན་རེར་ཟོ་འབུར་རྒྱུ་ཧ་འོ་ཧྲིན 250 ~360བསྣན་ཏེ་སྟེར་གསོ་བྱེད་པ་མ་ཟད། རླམ་ཆགས་པ་དང་རུལ་བ། འཁྱགས་པ་ཆགས་པ། བྱེ་རྡུལ་འདྲེས་པའི་གཟན་ཆག་སྟེར་མི་རུང་།

(ལྔ)ཚོན་གསོ་ནོར་གྱི་གཙང་སྲུང་འཕྲོད་བསྟེན་རྒྱུན་འཁྱོངས་བྱ་དགོས།

ཆ་རྐྱེན་ལྡན་པའི་ནོར་ཚོན་གསོ་ར་བས་ཉིན་རེར་ནོར་གྱི་ལུས་ཕྱོག་ཐེངས 1ལ་འབྲད་པ་དང་། ཉིན་རེ་བཞིན་བཤང་གཅི་གཙང་སེལ་ཐེངས 2 ~3ལ་བྱས་ཏེ་ནོར་ཁང་ནང་སྐམ་ཞིང་གཙང་སྲུང་འཕྲོད་བསྟེན་རྒྱུན་འཁྱོངས་བྱ་དགོས།

(དྲུག)ཞིབ་བཤེར་ལ་ཤུགས་སྣོན་པ།

ཕྱུགས་ཀྱི་སྨན་པས་ཡུལ་དངོས་སུ་སྐོར་སྐྱོད་ཞིབ་བཤེར་བྱས་ཏེ་ནད་འགོག་པ་ནད་བཅོས་པ་ལས་གཙོ་བ་དང་། གཞན་དབང་གིས་ནད་བཅོས་བྱེད་པ་དེ་ནད་འགོག་བྱེད་པ་ནད་བཅོས་ལས་ སྔ་བར་བསྒྱུར་དགོས།

(བདུན)དུས་ཐོག་ཏུ་བཤས་ཁོངས་སུ་གཏོང་བ།

ཚོ་སྐྱུལ་བྱེད་པའི་ནོར་བཤས་ཁོངས་སུ་གཏོང་དགོས་མིན་དེ་གནད་གཉིས་ལ་ཐུག་ཡོད་དེ། གཅིག་ནི་ཚོ་སྐྱུལ་གྲུབ་ཟིན་པ་དང་། གཉིས་ནི་ཕན་འབྲས་ཆེས་ལེགས་པའི་ཚད་ལ་བསླེབས་པ་དེ་ཡིན། ཚོ་སྐྱུལ་གྱི་དུས་སྨད་དུ་ནོར་གྱི་སྐྱེ་འཚར་གནས་ཚུལ་ལ་མཉམ་འཛོམ་བྱས་ཏེ་དུས་བཅད་ལྟར་ལྗིད་ཚད་འཇལ་ཞིང་། དེའི་ཤ་ཤེད་གནས་ཚུལ་བཟང་ཞིང་སྐྱེ་འཚར་གྱི་མྱུར་ཚད་མངོན་གསལ་གྱིས་ཇེ་དལ་དུ་སོང་བ་མཐོང་དུས་དེ་མ་ཐག་བཤས་ཁོངས་སུ་གཏོང་བར་བསམ་བློ་གཏང་ཆོག འདིའི་སྐབས་ནོར་གྱི་སྤུ་ལ་འོད་འཁྱུག་ཅིང་། ཤ་གནད་རྒྱས་ཤིང་ཕྱི་རུ་མངོན་པ། སྐལ་གཞུང་དུ་ཤུར་འཐེན་ཡོད་ལ་འཕོངས་ཚོས་སྐོར་དབྱིབས་སུ་ཆགས་པ། ཕོ་ཟློག་གི་གསང་སྒྲ་དང་མོ་ཟློག་གི་ནུ་མ་བཅས་ལ་ཚིལ་བསགས་ཡོད་པ་ཡིན། སྐབས་འདིར་ཚོང་རའི་རིན་གོང་བློར་བབས་ཆེ་མྱུར་དུ་བཙོང་ཆོག་པ་ཡིན། གལ་ཏེ་ཚོང་རའི་རིན་གོང་ཆག་ཡོད་ན་དོན་དངོས་དང་བྱུང་འབྲེལ་བྱས་ཏེ་ཕྱོགས་བསྡུས་ཀྱིས་དབྱེ་ཞིབ་བྱེད་ཅིང་། དེ་རྗེས་མི་མཐུད་གསོ་ཚགས་བྱེད་པའམ་ཡང་ན་སེམས་ཐག་ཆོད་པོས་བཤས་ཁོངས་སུ་བཙོང་བར་ཐག་གཅོད་བྱེད་དགོས།

ས་བཅད་དྲུག་པ། སྐམས་ཤ་རབ་གྲས་ཐོན་སྐྱེད།

གཅིག སྐམས་ཤ་རབ་གྲས་ཀྱི་ཚད་གཞི།

(གཅིག)ལོ་ཚོད་དང་ལུས་ཀྱི་ལྗིད་ཚད་ཀྱི་བླང་བྱ།

ནོར་གྱི་ལོ་ཚོད་ནི་ཟླ་30ཡི་ནང་ཚུད་ཡིན་དགོས་པ་དང་། ནོར་གསོན་པོའི་ལྗིད་ཚད་སྟོང་ཁེ500ཡན་ལ་བསླེབས་པ། ཤ་ཤེད་རབ་ཏུ་རྒྱས་ཤིང་ལུས་

གཟུགས་གྲུ་བཞི་ནར་མོའི་དབྱིབས་སུ་ཆགས་པ། གསུས་ཁྲིམ་ཕྱུར་དུ་འཕྱང་བ། སྒལ་གཞུང་བདེ་ཞིང་སྙོམས་པ། ཀོ་ལྤགས་ཐུང་མཐུག་ཅིང་ཀོ་ལྤགས་ཀྱི་འོག་ཏུ་ཐུང་མཐུག་པའི་ཚིལ་ཡོད་པ་བཅས་ཡིན་དགོས།

(གཉིས)ཤ་ཐུབས་དང་ཤ་ཡི་རྒྱུ་ཕྲུས་ཀྱི་བླང་བྱ།

ཤ་ཐུབས་ཀྱི་ཕྱི་ངོས་སུ་ཚིལ་གྱིས་གཡོགས་ཚད་80%ཡན་ལ་བསླེབ་པ་དང་། སྒལ་གཞུང་གི་ཚིལ་གྱི་མཐུག་ཚད་ཧ་འོ་སྨིད་8~10ཡན་ཡིན་པ། རྩིབ་རུས་བཅུ་གཉིས་པ་ནས་བཅུ་གསུམ་པའི་སྟེང་གི་ཚིལ་གྱི་མཐུག་ཚད་ཧ་འོ་སྨིད་10~13ཡིན་ཞིང་། ཚིལ་ནི་གཙང་ཞིང་དཀར་ལ་སྲ་མོ་ཡིན་དགོས། ཤ་ཐུབས་ཀྱི་ཕྱི་ངོས་སུ་སྐྱོན་ཅི་ཡང་མེད་པ་ཡིན་དགོས། ཤ་ཡི་རྒྱུ་ཕྲུས་སྙི་ཞིང་ནེམ་ལ་ཁྱུབ་མང་བ། གཙོད་གཏུབ་ཀྱི་གྲངས་ཚད་ནི་སྟོང་ཁེ་3.62མན་འབྱུང་བའི་ཐེངས་གྲངས65%ཡན་ཡིན་དགོས། རྡོ་ག་མ་རུའི་རིས་དབྱིབས་མངོན་གསལ་ལྡན་པ། སྒལ་རུས་ནང་ཤ་རེར་སྟོང་ཁེ་2ཡན་དང་སྒལ་རུས་ཕྱི་ཤ་རེར་སྟོང་ཁེ་5ཡན་ཡོད་པ། ཕྱི་གླིང་གི་ཟས་ཀྱི་དགོས་འདུན་དང་མཐུན་ཞིང་འཛད་སྤྱོད་པའི་ཡིད་ཚིམ་པ་དགོས།

གཉིས། སྐམས་ཤ་རབ་གྲས་ཐོན་སྐྱེད་མ་དཔེ།

སྐམས་ཤ་རབ་གྲས་ཐོན་སྐྱེད་བྱེད་པར་ཐོན་སྐྱེད་དང་ཕྱིར་འཚོང་གཞི་གཅིག་ཅན་གྱི་བདག་གཉེར་བྱེད་ཐབས་ལག་བསྟར་བྱས་ཏེ། བྱེ་བྲག་གི་བྱ་བའི་ཁྲིད་གཙོ་བོར་གཤམ་གྱི་གནད་འགག་དམ་དུ་འཛིན་དགོས།

(གཅིག)སྒྲིམ་ལོངས་ནོར་གྱི་ཐོན་སྐྱེད་རྟེན་གཞི་འཛུགས་པ།

སྐམས་ཤ་རབ་གྲས་ཐོན་སྐྱེད་བྱེད་ན་ཅིས་ཀྱང་སྐམས་ཀྱི་རྟེན་གཞི་བཙུགས་ཏེ་སྒྲིམ་ལོངས་ནོར་གྱི་ཐོན་ཁུངས་མགོ་སྒྲིད་ལ་ཁག་ཐེག་བྱ་དགོས། རྟེན་གཞི་འཛུགས་པར་གཤམ་གྱི་གནད་3ལ་དོ་སྣང་བྱ་དགོས།

1.རིགས་རྒྱུད། སྐམས་ཤ་རབ་གྲུས་ལ་མཚོན་ན་སྐམས་ཀྱི་རིགས་རྒྱུད་ཀྱི་བླང་བྱ་ཧ་ཅང་གཟབ་ནན་ཞིག་མིན། དངོས་བཤེར་བརྒྱུད་དེ་ཚད་འཛལ་གཏན་འཁེལ་བྱས་པ་ལྟར་ན་རང་རྒྱལ་དཡོད་ཀྱི་ས་གནས་ཀྱི་རྒྱུད་བཟང་ནོར་རམ། དེ་དག་ནང་འདྲེན་བྱས་པའི་ཕྱི་རྒྱལ་གྱི་སྐམས་བཀོལ་དང་འོ་ཤ་གཉིས་སྦྱོད་རིགས་རྒྱུད་ཀྱི་ནོར་དང་རྒྱུད་འདྲེས་བྱས་པའི་ནོར་ཚང་མ་གསོ་ཚགས་ལེགས་པོ་བྱས་པ་བརྒྱུད་རྗེས་ནང་འདྲེན་བྱས་པའི་སྐམས་ཤ་རབ་གྲུས་ཀྱི་ཆུ་ཚད་ལ་བསླེབ་ཐུབ་ཅིང་། ཚང་མ་སྐམས་ཤ་རབ་གྲུས་ཀྱི་ནོར་གྱི་ཐོན་ཁུངས་བྱེད་ཆོག་པ་ཡིན།

2.ལོ་ཚོད་དང་ཕོ་མོ། ཕྲུ་བྱས་ཟིན་པའི་ནོར་ཚོན་གསོ་བྱས་ན་ཆེས་བཟང་ཞིང་། ཚོན་གསོ་བྱེད་པ་མགོ་རྩོམ་པར་ཆེས་ལེགས་པའི་ལོ་ཚོད་ནི་ན་ཚོད་ཟླ 12~16ཡིན་པ་དང་། ཚོན་གསོ་བྱེད་པ་མཇུག་སྒྲོགས་པའི་ལོ་ཚོད་ནི་ན་ཚོད་ཟླ 24 ~ 27ཡིན། ན་ཚོད་ཟླ 30ཡན་ནི་ཚོན་གསོ་བྱས་ནས་སྐམས་ཤ་རབ་གྲུས་ཐོན་སྐྱེད་བྱེད་པར་མི་འཚམ།

3.གསོ་ཚགས་དོ་དམ། རང་རྒྱལ་གྱི་ཐོན་སྐྱེད་ནུས་ཤུགས་ཀྱི་ཆུ་ཚད་གཞིར་བཟུང་ན། ད་སྟའི་དུས་རིམ་འདིར་སྒྲིམ་ལོངས་ནོར་གསོ་ཚགས་བྱེད་ན་ཆེད་ལས་ཀྱི་ཡུལ་ཚོ་དང་ཆེད་ལས་ཀྱི་སྡེ་བ། ཆེད་ལས་ཀྱི་དུད་ཁྱིམ་གཙོར་བྱས་ཏེ་ཕྱེད་གསོ་ཕྱེད་འཚོ་ཡི་གསོ་ཚགས་རྣམ་པ་སྤྱད་དེ་དབྱར་དུས་ཉིན་དཀར་རིང་འཚོ་བ་དང་དགོང་མོར་ནོར་ཁང་དུ་གསོ་ཞིང་གཟན་ཆག་ཞིབ་མོ་ཉུང་ངུ་གསབ་སྣོར་བྱེད་པ་དང་། དགུན་དུས་ཉིན་གང་པོར་ནོར་ཁང་དུ་གསོ་དགོས་ཤིང་གྲང་ངར་ཆེ་བའི་ས་ཁུལ་དུ་འགྲིག་ཤོག་སྲབ་མོས་བཏུམ་ནས་སྤྱིལ་བུ་རྫོན་པོ་བཟོ་དགོས། གསོ་ཚགས་བྱེད་པའི་དུས་རིམ་དུ་གཟན་ཆག་ལ་སོག་མ་དང་གཟན་རྩྭ་གཙོར་བྱེད་དགོས་པ་དང་འོས་འཚམ་གྱིས་ཚད་ངེས་ཅན་གྱི་སྦྲང་མ་དང་མ་རྒྱས་ལོ་ཏོག་གི་ཕྱེ་རགས་ཉུང་ངུ། སྨན་མའི་བག་ཟན་བཅས་སྣོན་དགོས།

(གཉིས)ནོར་ཆོན་གསོ་རབ་འཛུགས་པ།

སྐམས་ཤ་རབ་གྲུས་ཐོན་སྐྱེད་བྱེད་པར་ནོར་ཆོན་གསོ་རབ་བཙུགས་ཏེ་སྒྲིམ་ལོངས་ནོར་གསོ་ཚགས་བྱས་ཏེ་ན་ཚོད་ཟླ་12~20དང་ལུས་ཀྱི་ལྗིད་ཚད་སྟོང་ཁེ་300ཡས་མས་ལ་བསླེབས་སྐབས་གཅིག་བསྡུས་ཀྱིས་ཆོན་གསོ་རབ་བར་བཙུག་ནས་ཆོན་གསོ་བྱེད་དགོས། ཆོན་གསོའི་དུས་སྐོད་དུ་གཟན་ཆག་རྩིང་པོའི་ཉིན་རེའི་གཟན་ཆག་བཀོལ་ཏེ་གཟའ་འཁོར་1~2ལ་གསོ་ཚགས་བྱས་ནས་བར་བརྒྱལ་བྱེད་ཅིང་། དེ་རྗེས་ཕན་ནུས་ཀུན་ལྡན་གྱི་མཉམ་སྦྱེབ་ཉིན་རེའི་གཟན་ཆག་བཀོལ་བར་བསྒྱུར་བ་མ་ཟད་ལྗིད་ཚད་འཕར་བའི་སྨན་དང་སྦྱོར་རྟ་བཀོལ་དགོས་ལ། ཐག་པ་ཐུང་དུས་འདོགས་པ་དང་གཟན་རྩྭ་རང་དབང་དུ་བཟའ་བ། རང་དབང་དུ་ཆུ་འཐུང་བ་ལག་བསྟར་བྱེད་དགོས། ཉིན་150ཡི་སྦྱོར་བཏང་གི་གསོ་ཚགས་དུས་རིམ་བརྒྱུད་རྗེས་ནོར་རེར་སྤར་ཡོད་ཀྱི་མཉམ་སྦྱེབ་གཟན་ཆག་ཁྲོད་སོ་བ་སྟོང་ཁེ་1~2སྟོན་སྟེར་བྱེད་པ་དང་། ནུས་ཚད་མཐོ་བའི་ཉིན་རེའི་གཟན་ཆག་གིས་ཡང་བསྐྱར་ཉིན་120ལ་ཤུགས་ཚད་དྲག་པོས་ཆོན་གསོ་བྱས་ཚེ་ད་གཟོད་བཤས་ཁོངས་སུ་གཏང་ཆོག་པ་ཡིན།

(གསུམ)དེང་རབས་ཅན་གྱི་སྐམས་བཤའ་རབ་འཛུགས་པ།

སྐམས་ཤ་རབ་གྲུས་ཐོན་སྐྱེད་བྱེད་པ་ནི་སྦྱོར་བཏང་གི་སྐམས་ཤ་ཐོན་སྐྱེད་བྱེད་པ་དང་མི་འདྲ། བཤས་གཏོང་ཁེ་ལས་ལ་བཤའ་སྲུད་སྒྲིག་ཆས་དང་ཤ་བུབས་ཐག་གཅོད་སྒྲིག་ཆས། ཤ་བུབས་བགོ་གཏུབ་སྒྲིག་ཆས། འཁྱག་ཉར་གྱི་སྒྲིག་ཆས། སྐྱེལ་འདྲེན་སྒྲིག་ཆས་སོགས་གང་ཞིག་ཡིན་ཡང་ཚང་མ་ཚུང་མཐོ་བའི་དེང་རབས་ཅན་གྱི་ཆུ་ཚད་ལ་བསླེབ་དགོས། ས་ཆ་སོ་སོའི་ཐོན་སྐྱེད་ཀྱི་ལག་ལེན་གཞིར་བཟུང་ན་སྐམས་ཤ་རབ་གྲུས་ལ་བཤའ་བའི་ཚེ་ན་གཤམ་གྱི་ཆ་འགའ་ལ་དོ་སྣང་བྱ་དགོས།

1.སྐམས་ཀྱི་བཤའ་བའི་ལོ་ཚོད་ནི་ངེས་པར་དུ་ན་ཚོད་ཟླ་30ཡི་ནང་ཚུད་ཡིན་དགོས་ཤིང་། ན་ཚོད་ཟླ་30ཡན་གྱི་སྐམས་ནི་སྤྱིར་བཏང་སྐམས་ཤ་རབ་གྲས་ཐོན་སྐྱེད་ལ་བཀོལ་མི་རུང་།

2.མ་བཤས་གོང་གི་ལུས་ཀྱི་ལྗིད་ཚད་སྟོང་ཁེ་500ཡན་ཡིན་དགོས་ཏེ་རྒྱུ་རྐྱེན་ནི་སྐམས་ཤ་རྫོག་པོའི་ལྗིད་ཚད་དེ་ལུས་ཀྱི་ལྗིད་ཚད་དང་དོན་དངོས་ཀྱི་འབྲེལ་བ་ཡོད་པས་ལུས་ཀྱི་ལྗིད་ཚད་ཇི་ལྟར་ལྗི་ན་ཤ་རྫོག་གི་ལྗིད་ཚད་ཀྱང་དེ་ལྟར་ལྗི་བ་ཡིན། དེའི་ནང་དུ་སྣལ་རུས་ནང་ཤ་ཡི་ལྗིད་ཚད་ཀྱིས་མ་བཤས་གོང་གི་གསོན་པོའི་ལྗིད་ཚད་ཀྱི་0.84%~0.97%ཟིན་དགོས་པ་དང་། སྣལ་རུས་ཕྱི་ཤ་ཡི་ལྗིད་ཚད་ཀྱིས་1.92%~2.12%ཟིན་པ། རུས་པ་རྡོར་བའི་མིག་དབྱིབས་ཤ་ཡི་ལྗིད་ཚད་ཀྱིས་5.3% ~5.4%ཟིན་དགོས་ཤིང་། ཤ་རྫོག་འདི་གསུམ་གྱི་ཐོན་ཟས་རིན་ཐང་ནི་ནོར་རེ་རེའི་སྤྱིའི་ཐོན་ཟས་རིན་ཐང་གི་50%ཡས་མས་ཟིན་དགོས། འཕོངས་ཤ་དང་བརླ་ཤ་ཆེ་བ། བརླ་ཤ་ཆུང་བ། དཔྱི་མགོའི་ཤ ཁེད་པའི་ཤ་བཅས་ཀྱི་ལྗིད་ཚད་ནི་མ་བཤས་གོང་གི་གསོན་པོའི་ལྗིད་ཚད་ཀྱི་8.0% ~10.9%ཟིན་དགོས་ཤིང་། ཤ་རྫོག་འདི་ལྔ་པོའི་ཐོན་ཟས་རིན་ཐང་ནི་ཕལ་ཆེར་ནོར་རེའི་ཐོན་ཟས་རིན་ཐང་གི་15%~17%ཡས་མས་ཟིན་དགོས་པ་ཡིན།

3.བཤས་རྗེས་ཀྱི་ཤ་བུབས་ལ་ཚད་སྨིན་ཐག་གཅོད་བྱེད་དགོས་པ། སྤྱིར་བཏང་གི་སྐམས་ཤ་ཐོན་སྐྱེད་ལ་ཤ་བུབས་དྲོད་མ་ཡལ་གོང་དུ་རུས་པ་ལེན་ཆོག་ཡིན་ནའང་སྐམས་ཤ་རབ་གྲས་ཀྱི་ཐོན་སྐྱེད་ལ་དེ་ལྟར་མི་ཆོག་པ་སྟེ། ཤ་བུབས་ནི་དྲོད་ཚད་0~4℃ཡི་ཆ་རྐྱེན་འོག་ཏུ་ཉིན་7~9ལ་དཔྱང་རྗེས་ད་གཟོད་རུས་པ་ལེན་ཆོག་པ་ཡིན། གོ་རིམ་འདི་ལ་ཤ་བུབས་ཀྱི་སྨུར་འདོན་ཟེར་ཞིང་། སྐམས་ཤའི་ནེམ་སླིའི་ཚད་མཐོར་འདེགས་གཏོང་བར་ཤིན་ཏུ་ཕན་ནུས་ལྡན་པ་ཡིན།

4.ཤ་བུབས་བགོ་གཏུབ་ནི་འཛད་སྤྱོད་པའི་དགོས་འདུན་ལྟར་སྒྲུབ་པ།

སྤྱིར་བཏང་གི་གནས་ཚུལ་འོག་ཏུ་སྐམས་ཤ་ནི་སྐམས་ཤ་རབ་གྲས་དང་སྐམས་ཤ་སྤུས་ལེགས། སྐམས་ཤ་ཕལ་བ་བཅས་ཆ་གསུམ་དུ་བགོ་གཏུབ་བྱེད་པ་ཡིན། སྐམས་ཤ་རབ་གྲས་ལ་སྒལ་རུས་ནང་ཤ་དང་སྒལ་རུས་ཕྱི་ཤ མིག་དབྱིབས་ཤ་བཅས་ཤ་རྫོག་ཁག་གསུམ་འདུ་བ་དང་། སྐམས་ཤ་སྤུས་ལེགས་ལ་འཚོངས་ཤ་དང་བརླ་ཤ་ཆེ་བ། བརླ་ཤ་ཆུང་བ། དཔྱི་མགོའི་ཤ ཁེད་པའི་ཤ ཉ་རིལ་སོགས་འདུ་བ་ཡིན། སྐམས་ཤ་ཕལ་བ་ལ་ཁོག་སྟོད་ཀྱི་ཤ་དང་སྣེ་ཤ སྐམས་ཀྱི་གསུས་ཤ་སོགས་འདུ་བ་ཡིན།

ལེའུ་བརྒྱད་པ། སྐམས་གསོ་ར་བའི་འཛུགས་སྐྲུན་དང་དོ་དམ།

ས་བཅད་དང་པོ། ནོར་ཚོན་གསོ་ར་བའི་འཛུགས་སྐྲུན།

གཅིག ནོར་གསོ་ར་བའི་ས་གནས་ཀྱི་གདམ་ག

ནོར་གསོ་ར་བའི་ས་གནས་གདམ་པར་བསམ་གཞིག་ཞིབ་ཚགས་དང་ཁྱོན་ཡོངས་ནས་བཀོད་སྒྲིག་བྱེད་པ། ཕྱུགས་ཡུན་གྱི་འཆར་འགོད་བཅས་དགོས་ཤིང་། ངེས་པར་དུ་ཞིང་ཕྱུགས་ལས་འཕེལ་རྒྱས་ཀྱི་འཆར་གཞི་དང་ཞིང་སའི་གཞི་རྩའི་འཆར་འགོད། དེང་ཕྱིན་གྱི་དགོས་མཁོ་བཅས་ལ་བསམ་བློ་གཏོང་དགོས་པ་མ་ཟད་ནོར་གསོ་བ་བཀག་སྡོམ་བྱས་པའི་ས་ཁུལ་གྱི་ཕྱི་ནས་བསྐྲུན་དགོས། བདམས་པའི་ས་གནས་ལ་འཕེལ་རྒྱས་ཀྱི་བསམ་བློ་གཏོང་ས་ཡོད་དགོས།

1.སྐམས་གསོ་ར་བ་ནི་ས་བབ་མཐོ་ཞིང་སྐམ་པ་དང་རླུང་ལ་གཡོལ་ཞིང་ཉིན་ཁར་འཁོར་བ། མཁའ་རླུང་ཤར་རྒྱུག་ཡིན་པ། ས་རྒྱུ་སྲ་མཁྲེགས(བྱེ་ཟེགས་ཀྱི་ས་ཡིན་ན་བཟང)ཡིན་པ། ས་འོག་ཆུ་ཡི་གནས་ཚད་དམའ་བ། ངོས་ཅུང་ཙམ་གཟར་བའི་བྱང་མཐོ་ལ་ལྷོ་དམའ་བ། སྤྱི་ཁོག་ནས་བདེ་སྙོམས་ཡིན་པའི་ས་ཆར་བསྐྲུན་དགོས་པ་ལས། ཁུག་ཀྱོག་ས་འོག་བརླན་གཤེར་ཆེ་བ་དང་རི་མགོ་རླུང་དྲག་པའི་གནས་སུ་ནོར་ཁང་འཛུགས་སྐྲུན་བྱེད་མི་འོས།

2.ནོར་གསོ་ར་བའི་ས་གནས་ནི་གཟན་ཆག་ཐོན་སྐྱེད་ཀྱི་རྟེན་གཞི་དང

རིར་འཚོ་སར་ཙུང་ཉེ་བ་དང་། འགྲིམ་འགྲུལ་དར་རྒྱས་ཆེ་བ། ཆུ་དང་གློག་མཐོ་འདོན་སྟབས་བདེ་བའི་ས་ཆར་གནས་དགོས།

3.གནད་ཆེའི་འགྲུལ་ལམ་གཙོ་བོའི་རིགས་དང་གྲོང་ཚོ། བཟོ་གྲྭ་བཅས་ལ་རྒྱང་ཐག་སྨིད 500ལས་རིང་བའི་ས་དང་། ཕྱིར་བཏང་གི་འགྲིམ་འགྲུལ་བགྲོད་ལམ་དང་སྨིད 200ཡི་ཕྱི་རུ་གནས་དགོས་པ་དང་། དེ་དང་ཆབས་ཅིག་ད་དུང་གསོ་སྐྱེལ་ར་བར་བརྗོད་སྐྱོན་བཟོ་བའི་བཞས་ར་དང་ལས་སྟོན་བྱེད་ས། བཟོ་གཉེར་ཁེ་ལས་བཅས་ལ་གཡོལ་དགོས་ཤིང་། ཕྱུགས་སྨན་འཕྲོད་བསྟེན་དང་ཁོར་ཡུག་གཙང་སྦྲའི་བླང་བྱ་དང་མཐུན་ལ་མཐའ་འཁོར་དུ་ནད་རིགས་འགོས་ཁྱབ་ཀྱི་མགོ་ཁུངས་མེད་པའི་ས་ཁུལ་ཡིན་དགོས།

4.འཕྲོད་བསྟེན་གྱི་བླང་བྱ་དང་ཡོངས་སུ་འཚམ་པ་སྟེ། ཐོན་སྐྱེད་འཚོ་བ་དང་མི་ཕྱུགས་ཀྱི་འཕྲུང་ཆུ་ཁག་ཐེག་བྱེད་ཐུབ་ཅིང་། ཆུ་ཡི་རྒྱུ་ཁྲུས་བཟང་བ་དང་དུག་རིགས་ཀྱི་དངོས་རྫས་མི་འདུས་པ། མི་ཕྱུགས་ཀྱི་བདེ་འཇགས་དང་བདེ་ཐང་ལ་ཁག་ཐེག་བྱེད་ཐུབ་པའི་ཆུའི་འབྱུང་ཁུངས་འཛོམས་དགོས་པ་ཡིན།

5.ས་ཞིང་བདག་བཟུང་བྱས་མེད་པའམ་ཉུང་ཙམ་ལས་བདག་བཟུང་མི་བྱེད་པ། ནོར་གསོ་རབའི་འཆར་འགོད་དང་བཀོད་སྒྲིག་ནི་ཡུལ་བབ་དང་བསྟུན་ལ་ཚན་རིག་གིས་ངོ་དམ་བྱེད་པའི་རྩ་དོན་ལ་དམིགས་ཏེ་གྲལ་འགྲིག་པོ་དང་ཚགས་དམ་པོས་ས་ཞིང་བེད་སྤྱོད་ཚད་མཐོར་འདེགས་དང་གཞི་རྩའི་འཛུགས་སྐྲུན་གྱི་མ་རྩར་གྲོན་ཆུང་། འགྲོ་གྲོན་ཆུང་ལ་སྤྱོད་ཤན་ཆེ་བ་ཞིག་བྱས་ཏེ་ཐོན་སྐྱེད་ངོ་དམ་བྱེད་པར་ཕན་པ་དང་ནད་རིམས་འགོག་པར་སྟབས་བདེ་བ། བདེ་འཇགས་བཅས་དམིགས་འབེན་དུ་འཛིན་དགོས།

6.མི་ཕྱུགས་གཉིས་ལ་ཡུལ་ནད་འབྱུང་བར་གཡོལ་དགོས་པ། མི་ཕྱུགས་ཀྱི་ཡུལ་ནད་ནི་རྒྱུ་རྐྱེན་མང་ཆེ་བར་ས་རྒྱུའམ་ཆུ་རྒྱུ་ནང་གཞི་རྒྱུ་གང་ཟུང་ཞིག

དཀོན་པ་འམ་མང་དྲགས་པ་ལས་བྱུང་བ་ཡིན། ཡུལ་ནད་ཀྱིས་སྐམས་ཀྱི་སྐྱེ་འཚར་དང་ཞ་ཡི་རྒྱུ་སྲུས་ལ་ཤུགས་རྐྱེན་བཟོ་བ་ཤིན་ཏུ་ཆེ། འགའ་ཤས་ཞིག་འགོག་བཅོས་བྱེད་ཐུབ་མོད་འོན་ཀྱང་མ་རྩ་ཇེ་ཆེར་འགྲོ་བ་ཕྱོག་ཏུ་མེད། དེའི་ཕྱིར་ར་བ་འཛུགས་སྐྲུན་བྱེད་པའི་སྔོན་ལ་འཛུགས་ཡུལ་གྱི་ས་ཆར་ཡུལ་ནད་ལ་བརྟག་དཔྱད་བྱས་ཏེ་དགོས་མེད་ཀྱི་དཔལ་འཁོར་སྐྱོང་གུད་བཟོ་བ་འགོག་དགོས།

གཉིས། ནོར་གསོ་ར་བའི་བཟོ་སྐྲུན་དང་བཀོད་སྒྲིག

(གཅིག)ནོར་གསོ་ར་བའི་གནས་ཁུལ་འཆར་འགོད།

སྤྱིར་བཏང་དུ་ནོར་གསོ་ར་བ་ནི་བྱེད་ལས་གཞིར་བཟུང་སྟེ་ཁུལ་3དུ་དབྱེ་བ་སྟེ། གསོ་ཚགས་ཐོན་སྐྱེད་བྱེད་ཁུལ་དང་རྡོ་དམ་བྱེད་ཁུལ། ལས་བཟོ་པའི་འཚོ་བ་རོལ་ཁུལ་བཅས་ཡིན།

1.ལས་བཟོ་པའི་འཚོ་བ་རོལ་ཁུལ། (ཡུལ་མིའི་སྡོད་གནས་འདུ་བ) ར་བ་ཕྱིལ་པོའི་རླུང་གི་འབྱུང་ཕྱོགས་དང་ས་བབ་ཅུང་མཐོ་བའི་ས་ཁོངས་སུ་བཀོད་སྒྲིག་བྱེད་དགོས་ཤིང་། དེ་ནས་རིམ་པ་ལྟར་ཐོན་སྐྱེད་རྡོ་དམ་བྱེད་ཁུལ་དང་གསོ་ཚགས་ཐོན་སྐྱེད་བྱེད་ཁུལ་བཀོད་སྒྲིག་བྱ་དགོས།

2.རྡོ་དམ་བྱེད་ཁུལ། ཁུལ་འདིའི་གནས་ཡུལ་འཆར་འགོད་བྱེད་སྐབས་ཕན་ནུས་ལྡན་པའི་སྒོ་ནས་སྤྱར་ཡོད་ཀྱི་བགྲོད་ལམ་དང་གློག་སྐྱེལ་སྐུད་ལམ་བེད་སྤྱོད་བྱེད་པ་དང་། གཟན་ཆག་དང་ཐོན་སྐྱེད་རྒྱུ་ཆས་ཀྱི་མཁོ་སྤྲོད་དང་ཐོན་རྫས་ཀྱི་ཕྱིར་འཚོང་སོགས་གནས་ཚུལ་ལ་བསམ་གཞིག་གང་ལེགས་བྱེད་དགོས། ནོར་གསོ་ར་བར་མཚོན་ན་ཞ་བཟོས་ཐོན་རྫས་ལས་སྣོན་བྱེད་པ་དེ་ནོར་གསོ་ར་བར་བདག་གཉེར་བྱེད་པའི་ཆ་ཤས་ཞིག་ཏུ་འགྱུར་བ་ཡིན་པས། ཁེར་ཚུགས་སུ་ལས་སྣོན་ཐོན་སྐྱེད་བྱེད་ཁུལ་འཛུགས་དགོས་པ་ལས་གཟན་ཆག་ཐོན་སྐྱེད་བྱེད་ཁུལ་ནང་དུ་འཛུགས་མི་འོས། རྡོ་དམ་བྱེད་ཁུལ་དེ་ཐོན་སྐྱེད་བྱེད་ཁུལ་དང་ཟུར་དུ

དགར་ཏེ་ཕྱི་ཡོང་མི་སྣ་དག་དོ་དམ་བྱེད་ཕྲུལ་དུ་འགྲུལ་སྐྱོད་བྱེད་ཆོག་པ་ལས་ཐོན་སྐྱེད་བྱེད་ཕྲུལ་དུ་འཛུལ་མི་ཆོག་པ་བྱ་དགོས།

3.གསོ་ཚགས་ཐོན་སྐྱེད་བྱེད་ཕྲུལ། གསོ་ཚགས་ཐོན་སྐྱེད་བྱེད་ཕྲུལ་ནི་ནོར་གསོ་རབའི་སྙིག་ཤིང་ཡིན་ཞིང་། ཐོན་སྐྱེད་བྱེད་ཕྲུལ་གྱི་འཆར་འགོད་དང་བཀོད་སྒྲིག་ལ་ཕྱོགས་ཡོངས་ནས་ཞིབ་ཚགས་ལྡན་པའི་བསམ་གཞིག་བྱ་དགོས། གསོ་ཚགས་བྱེད་པའི་གོ་རིམ་ཁྲིད་སྣམས་ཀྱི་ལུས་ཁམས་ཁྱད་ཆོས་གཞིར་བཟུང་སྟེ་དེ་ལ་ཁྱུ་བསྒྲིག་པ་དང་ནོར་ཁང་སོ་སོར་དགར་ནས་གསོ་ཚགས་བྱེད་པ་མ་ཟད་ཁྱུ་ལ་གཞིགས་ཏེ་འགྲུལ་སྐྱོད་རབ་བཀོད་སྒྲིག་བྱེད་དགོས། གཟན་ཆག་གི་མཚོ་སྤྲོད་དང་གསོག་ཉར། ལས་སྟོན་སྦྱོར་བཟོ་བྱེད་པ་དང་གཟན་ཆག་ཕྱི་ནས་ནང་དུ་འདྲེན་པ་དང་ནོར་ཁང་དུ་བསྐྱལ་ནས་བགོ་སྤྲོད་བྱེད་པའི་གནད་འགག་འདི་གཉིས་ག་ཕན་ཚུན་མཉམ་དུ་ལྷ་རྟོག་བྱ་དགོས། གཟན་ཆག་སྐྱེལ་འདྲེན་དང་འབྲེལ་བའི་འཛུགས་སྐྲུན་དངོས་པོ་དག་རྩ་དོན་གྱི་སྟེང་ནས་ས་བབ་རྩུང་མཐོ་བའི་སར་འཆར་འགོད་བྱེད་པ་མ་ཟད། རིམས་འགོག་འཕྲོད་བསྟེན་དང་བདེ་འཇགས་ལ་ཁག་ཐེག་བྱ་དགོས།

4.ནོར་གསོ་རབའི་བགྲོད་ལམ། ནོར་གསོ་རབ་དང་ཕྱི་ལོགས་ལ་ཆེད་སྤྱོད་ཀྱི་བགྲོད་ལམ་སྒྲིལ་མཐུད་ཡོད་དགོས། རབ་ནང་གི་བགྲོད་ལམ་ནི་གཙང་ལམ་དང་བཙོག་ལམ་གཉིས་སུ་དབྱེ་ཞིང་། གཉིས་ཀ་སོ་སོར་དགར་བ་གཟབ་ནན་བྱས་ཏེ་ཕན་ཚུན་བསྣོལ་བ་དང་མཉམ་བཀོལ་བྱེད་མི་རུང་།

གསུམ། ནོར་གསོ་རབ་བཟོ་སྐྲུན་བྱེད་པའི་ལག་རྩལ་དཔྱད་གྲངས་གཙོ་བོ།

(གཅིག) རབའི་རྒྱ་ཁྱོན།

ནོར་ཁང་དང་ཁང་པ་གཞན་དག་གི་རྒྱ་ཁྱོན་ནི་རབ་སྤྱིའི་རྒྱ་ཁྱོན་གྱི 15%~20%ཡིན་དགོས། ཚོན་གསོ་བྱེད་པའི་ནོར་རེར་དགོས་པའི་རྒྱ་ཁྱོན་ནི་ཆེད་གྲུ་

བཞི་མ 1.6~4.6ཡིན། རྫ་ཡི་སྟན་ཡོད་ཅིང་ནང་རྒྱུད་ཡུག་གཅིག་ཏུ་བསྲེས་པའི་ནོར་ཁང་ནི་ནོར་རེ་རེས་ཟིན་པའི་རྒྱ་ཁྱོན་ལ་སྨིད་གྲུ་བཞི་མ 2.3~4.6དགོས་ཤིང་། བར་བཅད་ལྡན་པ་ནི་ནོར་རེས་ཟིན་པའི་རྒྱ་ཁྱོན་ལ་སྨིད་གྲུ་བཞི་མ 1.6~2.0དགོས་པ་ཡིན།

(གཉིས)ནོར་ཁང་གི་འཛུགས་སྐྲུན་རྣམ་པ།

1.སྟར་སྒྲིག་གཅིག་ཅན། སྟར་སྒྲིག་གཅིག་ཅན་གྱི་ནོར་ཁང་དཔེ་མཚོན་ལྡན་པ་ནི་ཕྱོགས་གསུམ་ན་གྱང་ར་དང་ཁང་ཀླད་དུ་རྫ་གཡམ་གྱིས་བཀབ་པ། ཁ་དབྱེ་བའི་ཕྱོགས་དེ་ངལ་གསོ་ར་བ་སྟེ་ནོར་ཁང་ཕྱིའི་ནོར་འདོགས་ས་དང་འབྲེལ་ནས་ཡོད། ནོར་ཁང་ནང་དུ་ཁྲམས་ར་དང་ཁ་ར། ནོར་འདུག་སའི་སྟེགས་བུ་བཅས་ཡོད་ཅིང་གཟན་ཆག་སྟེར་སྐབས་ནོར་གྱི་ཁ་ནང་ཕྱོགས་སུ་འཁོར་དགོས། ནོར་ཁང་འདི་རིགས་ཅུང་དམའ་མོ་བྱེད་ཆོག་ལ་དགུན་དཔྱིད་ཅུང་འཁྱག་པ་དང་རླུང་ཅུང་ཆེ་བའི་ས་ཆར་འཚམ་པ་ཡིན། འཛུགས་སྐྲུན་རིན་གོང་ཅུང་དམའ་ནའང་ས་ཞིང་བཀོལ་བ་མང་།

2.སྟར་སྒྲིག་ཟུང་ཅན། སྟར་སྒྲིག་ཟུང་ཅན་གྱི་ནོར་ཁང་ལ་མགོ་དང་མགོ་ཁ་གཏད་པ་དང་རྗེ་མ་དང་རྗེ་མ་ཁ་གཏད་པའི་རྣམ་པ་རིགས་གཉིས་ཡོད། ①མགོ་དང་མགོ་ཁ་གཏད་པའི་རྣམ་པ། དཀྱིལ་ནི་གཟན་ཆག་སྐྱེལ་ལམ་དང་གཞོགས་གཉིས་ནི་ཁ་ར་ཡིན། གཞོགས་གཉིས་ཀྱི་ཁ་རའི་ནང་དུས་མཉམ་གཅིག་ཏུ་གཟན་ཆག་བླུག་ཆོག་ཅིང་སྟེར་གསོ་བྱེད་བདེ་བ་ཡིན། ནོར་གྱིས་གཟན་ཆག་བཟའ་སྐབས་གྲལ་སྟར་གཉིས་པོའི་ནོར་གྱི་མགོ་ཁ་གཏད་ཅིང་ཕན་ཚུན་ལ་བར་ཆད་མི་བྱེད་པ་ཡིན། ②རྗེ་མ་དང་རྗེ་མ་ཁ་གཏད་པའི་རྣམ་པ། དཀྱིལ་གྱི་བགྲོད་ལམ་ཅུང་ཞེང་ཆེ་ཞིང་བཤང་གཅི་གཙང་སེལ་བྱེད་པར་བཀོལ་བ་ཡིན། གཞོགས་གཉིས་སུ་གཟན་ཆག་སྟེར་སའི་འགྲོ་ལམ་དང་ཁ་ར་ཡོད་ཅིང་ནོར་ནི

ཉིས་སྒྲིག་ཏུ་ཕན་ཚུན་རྒྱབ་གཏད་དེ་ཡོད། སྟར་སྒྲིག་ཟུང་ཅན་ནོར་ཁང་འདིའི་རིགས་ཀྱི་ཕྱོགས་བཞི་པོ་གྱང་ངམ་ཕྱོགས་གཉིས་ཁོ་ནར་གྱང་ཡོད་པ་ཡིན།

3.འཁྱིག་ཤོག་གི་སྒྲིལ་བུ་རྟེན་པོ། དགུན་དུས་གྲང་ངར་ཆེ་བ་དང་སད་མི་རྒྱག་པའི་དུས་ཐུང་བའི་ས་ཆར་ཁ་དབྱེ་བའི་སྒྲིལ་བུའམ་ཕྱེད་དབྱེ་རྣམ་པའི་ནོར་ཁང་ལ་འཁྱིག་ཤོག་སྲབ་མོ་བཀོལ་ཏེ་ཁ་དབྱེ་བའི་ཁག་ཁ་བཅད་དེ་ཉི་འོད་ཀྱི་ཚ་ཉུས་དང་ནོར་རང་སྟེང་གི་ལུས་དྲོད་ནས་མཆེད་པའི་ཚ་དྲོད་ཀྱིས་ནོར་ཁང་ནང་གི་དྲོད་ཚད་ཇེ་མཐོར་གཏང་ཆོག ནོར་སྒྲིལ་འདི་རིགས་ཀྱི་ལེགས་ཆ་ནི་བཟོ་སྐྲུན་འགྲོ་སྒྲོན་དམའ་ཞིང་དོ་དམ་སྟབས་བདེ་བ་ཡིན། ཡིན་ནའང་དུས་ནམ་ཡིན་ཡང་སྒྲིལ་བུའི་ནང་གི་དྲོད་ཚད་ཀྱི་འགྱུར་ལྡོག་ལ་མཉམ་བཞག་སྟེ་དུས་ཐོག་ཏུ་སྙོམས་སྒྲིག་བྱེད་དགོས་པ་དང་། ལྡི་འདམ་དང་ཆུ་འཁྱིལ། འཁྱིག་ཤོག་སྲབ་མོ་སྟེང་གི་བ་མོ་ཆགས་པ་སོགས་གཙང་སེལ་བྱེད་དགོས།

(གསུམ)སྟར་སྒྲིག་རྣམ་པ།

ནོར་ཁང་ནང་ཁུལ་གྱི་གྲལ་སྟར་བསྒྲིག་ཚུལ་ནི་ནོར་ཁྱུའི་གཞི་ཁྱོན་ལ་བལྟས་ནས་ཐག་གཅོད་དགོས། གཙོ་བོར་སྟར་སྒྲིག་གཅིག་ཅན་དང་སྟར་སྒྲིག་ཟུང་ཅན་ཡོད། སྟར་སྒྲིག་གཅིག་ཅན་གྱི་ནོར་ཁང་གི་གསོ་ཚགས་གཞི་ཁྱོན་ཆུང་ཆུང་བ་དང་ཕྱིར་བཏང་ནོར་25མན་ཡིན། དཔེ་མཚོན་ལྡན་པའི་སྟར་སྒྲིག་གཅིག་ཅན་གྱི་ནོར་ཁང་གི་ཕྱོགས་གསུམ་དུ་གྱང་ར་ཡོད་པ་དང་ཁང་ཀླད་དུ་རྫ་གཡམ་གྱིས་བཀབ་པ་དང་། ལྷོ་འཁོར་གྱི་ཕྱོགས་དེ་ཁ་དབྱེ་ཡོད། ནང་དུ་འགྲོ་ལམ་དང་ཁ་ར། ནོར་གྱི་སྟེགས་བུ། བཤང་གཅིའི་ཡུར་བུ་སོགས་ཡོད་པ་ཡིན། སྟར་སྒྲིག་ཟུང་ཅན་ནི་མགོ་ཁ་སྤྲོད་ཀྱི་སྟར་སྒྲིག་རྣམ་པར་སྟོན་པ་ཡིན་ཞིང་། དཀྱིལ་ནི་དངོས་པོ་དང་གཟན་ཆག་གི་བགྲོད་ལམ་ཡིན་ལ་གཡོན་གཉིས་ནི་ཁ་ར་ཡིན་ཞིང་དུས་མཉམ་དུ་གཟན་ཆག་དྲངས་ཆོག་པས་གསོ་སྐྱེར་བྱེད་པ་བདེ།

བཤང་གཅི་གཙང་སེལ་བྱེད་ས་ནི་ནོར་ཁང་གི་གཞོགས་གཉིས་སུ་ཡོད་པ་ཡིན། སྟར་སྒྲིག་གཅིག་ཅན་གྱི་ནང་ཐག་ཚངས་ཐིག་ལ་སྨིད 4.5~5དང་སྟར་སྒྲིག་ཟུང་ཅན་གྱི་ནང་ཐག་ཚངས་ཐིག་ལ་སྨིད 9~10ཡོད་པ་ཡིན།

མཚོ་སྔོན་ཞིང་ཆེན་ནི་མཐོ་སྒང་དུ་གནས་ཤིང་གནམ་གཤིས་གྲང་ངར་ཆེ་བ་རེད། ནོར་ཁང་འཆར་འགོད་ལ་གཙོ་བོར་གྲང་ངར་འགོག་པ་གཙོར་འཛིན་དགོས། ནོར་ཁང་གི་བྱེ་བྲག་གི་རྣམ་པ་ནི་གསོ་ཚགས་ཀྱི་གཞི་ཁྱོན་དང་གསོ་ཚགས་ཀྱི་རྣམ་པ་ལ་གཞིགས་ཏེ་ཐག་གཅོད་པ་ཡིན། ནོར་ཁང་གི་བཟོ་སྐྲུན་ནི་གསོ་ཚགས་དོ་དམ་བྱེད་བདེ་བ་དང་ཉི་འོད་སྤྱོད་སླ་བ། དབྱར་དུས་ཚ་བ་འགོག་ཅིང་དགུན་དུས་གྲང་ངར་འགོག་པ། རིམས་འགོག་བྱེད་བདེ་བ་ཞིག་བྱེད་དགོས། ནོར་ཁང་མང་བ་ཅན་བཟོ་སྐྲུན་བྱེད་སྐབས་དཀྱུས་རིང་མཉམ་གཤིབ་ཀྱི་སྒྲིག་བཟོ་སྤྱོད་དགོས་ཤིང་། ནོར་ཁང 4ལས་བརྒལ་བའི་སྐབས་སྟར་གཉིས་རེ་འདྲ་གཤིབ་ཀྱིས་སྟུན་གཞུག་ཆ་མཉམ་དུ་བཀོད་སྒྲིག་བྱེད་ཆོག་པ་དང་། ཕན་ཚུན་གྱི་བར་ཐག་སྨིད 10ཡན་ཡིན་དགོས།

གསུམ། ནོར་ཁང་འཛུགས་སྐྲུན་གྱི་ཚད་གཞི།

ནོར་ཁང་ནི་གཙོ་བོར་ནོར་གྱི་སྙེགས་བུ་དང་ཁ་ར། གཟན་ཆག་སྐྱེར་སའི་བགྲོད་ལམ། བཤང་གཅིའི་ཡུར་བུ་བཅས་ཀྱིས་གྲུབ་པ་ཡིན། ནོར་ཁང་བཟོ་སྐྲུན་བྱ་རྒྱུ་དེ་ཕྱོགས་སྨན་འཕྲོད་བསྟེན་གྱི་བླང་བྱ་དང་མཐུན་ཞིང་ཚན་རིག་དང་ལུགས་མཐུན་ཡིན་དགོས། ཆ་རྐྱེན་ལྡན་པ་དག་གིས་རྒྱུ་ཕྲུས་བཟང་ཞིང་ཡུན་རིང་སྤྱོད་ཤན་ཆེ་བའི་ནོར་ཁང་བཟོ་ཆོག་པ་ཡིན། ནོར་ཁང་ནི་རྒྱབ་བྱང་དང་ཁ་ལྷོ་རུ་འཁོར་བའམ་ཤར་ལྷོར་འཁོར་ན་བཟང་བ་ཡིན། ནོར་ཁང་ལ་གྲངས་ཀ་དང་ཆེ་ཆུང་ངེས་ཅན་གྱི་དྲ་མ་ཡོད་དགོས་ཏེ་འོད་འདང་ངེས་དང་མཁའ་རླུང་རྒྱུ་བར་ཁག་ཐེག་བཟོ་དགོས། ཁང་སྐྱད་ལ་མཐུག་ཚད་ངེས་ཅན་ཞིག་ལྡན་ཅོ་ཚ་བ……

འགོག་པ་དང་དྲོད་འཛིན་པའི་ནུས་པ་བཟང་བ་ཡིན། ནོར་ཁང་ནང་གི་སྒྲིག་ཆས་སྣ་ཚོགས་ཀྱི་བཀོད་སྒྲིག་ཚན་རིག་དང་མཐུན་ཞིང་ལུགས་མཐུན་བྱས་ཏེ་སྐམས་ཀྱི་སྐྱེ་འཚར་ལ་ཕན་པ་བྱ་དགོས།

ནོར་ཁང་ལ་སོ་ཕག་དང་ཨར་འདམ་བསྲེས་པའི་སྒྲིག་གཞིའམ་ཕྲུས་ཡང་སོ་ཕག་གི་སྒྲིག་གཞི་སྤྱོད་པ་དང་། ཕྱིལ་བུར་ལྕགས་མདོང་ངམ་འདེགས་བྱེད་གཞན་དག་སྤྱད་ཆོག་པ་ཡིན། ནོར་ཁང་རེའི་རིང་ཚད་དེ་གསོ་བའི་ནོར་གྱི་གྲངས་ཀས་ཐག་གཅོད་ཅིང་། ཕྲུས་ཡང་ལྕགས་མདོང་གི་སྒྲིག་གཞི་ནི་གཙོ་བོར་ཁ་དབྱེ་བའི་ནོར་ཁང་ལ་སྤྱོད་པ་ཡིན།

(གཅིག)རྩིག་རྨང་དང་རྩིག་པ།

རྩིག་རྨང་གི་ཟབ་ཏུ་ལི་སྨིད 80~100 དང་རྩིག་པའི་མཐུག་ཚད་ལི་སྨིད 24ཡིན། ངོས་གཉིས་སུ་གཟར་བའི་ནོར་ཁང་གི་སྣལ་ཚོགས་ཀྱི་མཐོ་ཚད་ལ་སྨིད 4~5དང་། སྣུན་གཞུག་གི་བྱ་འདབས་ཀྱི་མཐོ་ཚད་སྨིད 3~3.5ཡིན། ནོར་ཁང་ནང་གི་རྩིག་པའི་འདབས་སུ་རྩིག་སྐྱོར་བཟོས་ཏེ་རྩིག་པའི་སྲ་བརྟན་རང་བཞིན་དང་དྲོད་སྲུང་རང་བཞིན་མཐོར་འདེགས་བྱེད་དགོས།

(གཉིས)སྒོ་དང་དྲ་མ།

སྒོ་ཡི་མཐོ་ཚད་ལ་སྨིད 2.1~2.2དང་ཞེང་ཚད་ལ་སྨིད 2~2.5ཡིན་པ་དང་། སྒོ་ནི་ཕྱིར་བཏང་ཉིས་སྒོ་བཟོ་བ་དང་གོང་འོག་ཏུ་འདྲིལ་བའི་སྒོ་སྤྲད་ཀྱང་ཆོག་པ་ཡིན། འབྱེད་དུ་མེད་པའི་དྲ་མ་ནི་ཚུང་ཆེ་དགོས་ཏེ་དཔངས་ལ་སྨིད 1.5དང་ཞེང་ལ་སྨིད 1.5ཡིན་ལ། དྲ་མའི་སྟེགས་བུ་ནི་ས་ངོས་ལས་སྨིད 1.2ཙམ་ཡིན་ན་བཟང་།

(གསུམ)ཁང་ཐད།

ནོར་ཁང་གི་ཁང་ཐད་དུ་ཚ་དྲོད་འགོག་པ་དང་དྲོད་སྲུང་རང་བཞིན

བཟང་བའི་རྒྱུ་ཆ་བདམས་ནས་སྤྱོད་པ་མ་ཟད་མཐུག་ཚད་ངེས་ཅན་ཞིག་དགོས་ཤིང་། སྤྱིག་གཞི་སྟབས་བདེ་ལ་ཡུན་རིང་སྤྱོད་ཤན་ཆེ་བ་ཡིན་དགོས། བཟོ་དབྱིབས་ནི་ཐུར་དུ་གཟར་བའི་རྣམ་པ(ངོས་གཅིག་ཏུ་གཟར་བའམ་ངོས་གཉིས་སུ་གཟར་བ)བཀོལ་ཆོག་ཅིང་། ཐོན་སྐྱེད་ཁྲོད་ཆེས་རྒྱུན་དུ་བཀོལ་བ་ནི་ངོས་གཉིས་སུ་གཟར་བ་ཅན་གྱི་ཁང་སླད་ཡིན། བཟོ་དབྱིབས་འདི་རིགས་ཀྱི་ཁང་སླད་ནི་ནང་ཐག་ཞེང་ཚད་ཆུང་ཆེ་བའི་ནོར་ཁང་ལ་སྤྱོད་པར་འཚམ་ཞིང་། གཞི་ཁྲོན་སྣ་ཚོགས་པའི་ནོར་ཁྱུ་རིགས་སྣ་ཚོགས་ལ་བཀོལ་ཆོག་པ་དང་། ཁང་སླད་འདི་འགྲོ་གྲོན་ཆུང་ལ་དྲོད་སྲུང་རང་བཞིན་བཟང་བ་མ་ཟད་བཟོ་སྐྲུན་བྱེད་སླ་བ་ཡིན།

(བཞི)ནོར་གྱི་སྟེགས་བུ་དང་ཁ་ར།

ནོར་གྱི་སྟེགས་བུ་ནི་སྤྱིར་བཏང་དུ་དཀྱུས་སུ་སྨིད 1.6~1.8དང་ཞེང་ཚད་ལ་སྨིད 1~1.2ཙམ་ཡིན། ནོར་འདུག་སའི་སྟེགས་བུའི་གཟར་ཚད་ནི 1.5% དང་ཁ་རའི་ཕྱོགས་སུ་ཅུང་མཐོ་དགོས། ཁ་ར་ནི་ནོར་གྱི་སྟེགས་བུའི་མདུན་ཕྱོགས་སུ་བཟོ་ལ་གཏན་འཇགས་རྣམ་པའི་ཨར་འདམ་གྱི་ཁ་ར་ནི་ཆེས་འཚམ་པ་ཡིན། ཁ་ནས་ཞེང་ཚད་སྨིད 0.6~0.8དང་ཞབས་ནས་ཞེང་ཚད་སྨིད 0.35~0.40ཡི་གཞུ་དབྱིབས་སུ་གྲུབ་པ་དང་། ནང་མཐའི་དཔངས(ནོར་གྱི་སྟེགས་བུར་ཉེ་ས)ལ་སྨིད 0.35དང་ཕྱི་མཐའི་དཔངས(བགྲོད་ལམ་དང་ཉེ་ས)ལ་སྨིད 0.6~0.8ཙམ་ཡིན་དགོས། ལས་ཀ་བྱེད་བདེ་བ་དང་ངལ་རྩོལ་ནུས་ཤུགས་གྲོན་ཆུང་བྱ་ཆེད་བགྲོད་ལམ་མཐོ་ལ་ཁ་ར་དམའ་བའི་ལམ་དང་ཁ་ར་གཞི་གཅིག་ཅན་དུ་བཟོས་ན་ལེགས་པ་ཡིན་ཏེ། ཁ་རའི་ཕྱི་མཐའ་དང་བགྲོད་ལམ་གཉིས་ཆ་ངོས་སྙོམས་གཅིག་གི་སྟེང་དུ་བྱེད་དགོས་པ་ཡིན།

(ལྔ)བགྲོད་ལམ་དང་བཤང་གཅིའི་ཡུར་བུ།

མགོ་ཁ་སྒྲོད་ཅན་དུ་གསོ་ཚགས་བྱེད་པའི་སྟར་སྤྱིག་ཟུང་ཅན་གྱི་ནོར་

ཁང་གི་དཀྱིལ་གྱི་བགྲོད་ལམ་གྱི་ཞེང་ལ་སྨིད 1.4 ~1.8 དགོས། བགྲོད་ལམ་གྱི་ཞེང་ཚད་དེ་གཟན་ཆག་སྐྱེལ་འཁོར་བགྲོད་ཐུབ་པ་རྩ་དོན་དུ་བྱེད་པ་ཡིན། གལ་ཏེ་བགྲོད་ལམ་དང་ཁ་ར་གཞི་གཅིག་ཅན་དུ་བསྒྲུན་ཚེ་བགྲོད་ལམ་གྱི་ཞེང་ཚད་ལ་སྨིད 3 འོས་འཚམ(ཁ་རའི་ཞེང་ཚད་འདུ་བ)ཡིན། བཤང་གཅིའི་ཡུར་བུའི་ཞེང་ཚད་དེ་རྒྱུན་ཚད་ཀྱི་ལྕགས་ཁེམ་རྒྱུན་ལྷན་དང་འདེད་སྐྱོད་བྱ་ཐུབ་པ་ཡིན་དགོས་ཏེ། ཞེང་ལ་སྨིད 0.25 ~0.3 དང་། ཟབ་ཏུ་སྨིད 0.15 ~0.30 ཡིན་པ། གསེག་ཚད 1:50~1:100 ཡིན་དགོས།

(དྲུག)བྱ་སྒྲུབ་ཁང་དང་གཟན་ཆག་སྦྱོར་བཟོ་ཁང་།

སྟར་སྒྲིག་ཟུང་ཅན་གྱི་ནོར་ཁང་གི་བགྲོད་ལམ་གྱི་སྣེ་གཅིག་ཏུ་ཁང་མིག་གཉིས་བསྒྲུན་ཏེ་ཁང་མིག་གཅིག་ནི་བྱ་སྒྲུབ་ཁང(ལས་རིས་ཁང)དང་། གཞན་གཅིག་ནི་གཟན་ཆག་སྦྱོར་བཟོ་ཁང་བྱེད་དགོས་ཤིང་། ཐོན་སྐྱེད་ཀྱི་དགོས་མཁོ་གཞིར་བཟུང་སྟེ་འཛུགས་སྐྲུན་བྱེད་ཚོག སྤྱིར་བཏང་དུ་རྒྱ་ཁྱོན་སྨིད་གྲུ་བཞི་མ 10~15 ཡིན། (རི་མོ 8–1)

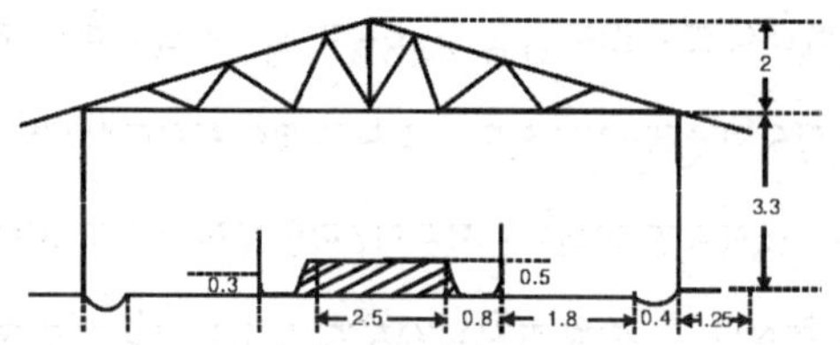

རི་མོ 8–1 མགོ་ཁ་སྤྲོད་ཅན་གྱི་ཁ་དབྱེ་བའི་སྟར་སྒྲིག་ཟུང་ཅན་གྱི་ནོར་ཁང་གི་འཕྲེད་བཅད་ངོས། (རྩིས་གཞི། སྨིད)

བཞི། འགྱུལ་སྐྱོད་ར་བ།

འགྱུལ་སྐྱོད་ར་བ་ནི་ནོར་ཁང་གི་སྟེན་གཞུག་གང་ཉུང་དུ་བཀོད་སྒྲིག་བྱེད་དགོས་ཤིང་། རྒྱ་ཁྱོན་ལ་ནོར་རེར་སྨིད་གྲུ་བཞི་མ 6 ~8 ལྟར་འཆར་འགོད་བྱ་

དགོས། རང་དབང་འགུལ་སྐྱོད་ར་བའི་ཕྱོགས་བཞིའི་ར་སྐྱོར་ལ་ལྷུགས་མདོང་བཀོལ་ཆོག་ཅིང་མཐོ་ཚད་ཕྱེད 1.5ཡིན་དགོས། འགུལ་སྐྱོད་ར་བའི་ཐང་ནི་བྱེ་མ་དང་རྡོ་ཐལ། ས་འདམ་བཅས་ཀྱིས་གྲུབ་པའི་གསུམ་བསྲེས་ས་བྱས་ན་བཟང་ཞིང་། དེར་མ་ཟད་ཕྱོགས་བཞིར(30 ~50)ཡི་གསེག་ཚད་ཡོད་དགོས། ས་ངོས་འདིའི་རིགས་ནི་ཕྱོགས་གཅིག་ནས་ནོར་ཞལ་རྗེས་བདེ་ཞིང་དྲོན་པོ་ཡིན་པ་དང་། ཕྱོགས་གཞན་ཞིག་ནས་གཅིག་ཁུ་གཏིང་དུ་ཐིམ་ཞིང་ལྕི་བའང་སྐམ་སླ་བ་ཡིན།

ལྔ། སྡོ་བསྐལ་ས་ཕུག(ཡང་ན་མཆོད་རྟེན)དང་ཤེམ་འགྱུར་རྫིང་བུ།

སྡོ་བསྐལ་ས་ཕུག(ཡང་ན་མཆོད་རྟེན)དང་ཤེམ་འགྱུར་རྫིང་བུ་ནི་སྐམས་གསོ་སྲེལ་ར་བའི་ཆེས་གཞི་རྩའི་སྒྲིག་ཆས་ཡིན་ཞིང་། སྐམས་གསོ་སྲེལ་ཐོན་སྐྱེད་བརྟན་བརླིང་དང་རྒྱུན་བསྲིངས་ངང་འཕེལ་རྒྱས་འབྱུང་བའི་ཁག་ཐེག་ཡིན། སྡོ་བསྐལ་བྱེད་སའི་གནས་ཡུལ་ནི་ས་རྒྱུ་སྲ་མཁྲེགས་ལྡན་པ་དང་། ས་བབ་མཐོ་ཞིང་སྐམ་པ། ས་འོག་ཆུ་ཡི་གནས་ཚད་དམའ་བ། ནོར་ཁང་དང་ཐག་ཉེ་བ་ཞིག་གདམ་འོས་པ་ཡིན་ལ། འོན་ཀྱང་ཆུའི་འབྱུང་ཁུངས་དང་བཤང་གཅིའི་འོབས་དང་ཡོད་ས་དང་རྒྱང་དུ་གྱིས་དགོས་པ་དང་། སྲ་ཞིང་མཁྲེགས་ལ་དབུགས་མི་ཁོར་བ། ཆུ་མི་འཛག་པ་ཞིག་ཡིན་དགོས། ནང་ཁུལ་ནི་འཇམ་ཞིང་སྙོམས་པོ་ཡིན་དགོས། དཔེར་ན་གྲུ་བཞི་འམ་གྲུ་བཞི་ནར་མོའི་དབྱིབས་ཀྱི་ས་ཕུག་གི་གྲུ་ག་བཞི་པོ་སྒོར་བྱེད་ཀྱི་དབྱིབས་སུ་བཀོས་ཏེ་སྡོ་བསྐལ་བྱེད་པའི་གཟན་ཆག་སྙོམས་པོར་མར་ཞུབ་སྟེ་བར་སྟོང་མི་བསྐྱུར་བ་བྱེད་དགོས་ཤིང་། ཞབས་ངོས་ངེས་པར་དུ་ས་འོག་ཆུའི་གནས་ཚད་ལས་ཕྱེད 0.5ཡན་གྱིས་མཐོ་བ་བྱས་ཏེ་ས་འོག་གི་ཆུ་སྡོ་བསྐལ་གཟན་ཆག་ནང་དུ་མི་ཐིམ་པ་བྱེད་དགོས། སྡོ་བསྐལ་ས་ཕུག་ནི་སྤྱིར་བཏང་ས་འོག་རྣམ་པ་དང་ཕྱེད་ས་འོག་རྣམ་པ་རིགས་གཉིས་ཡོད་ཅིང་། མིག

སྤར་ས་འོག་གི་རྣམ་པ་ཅན་གྱི་ས་ཕུག་བཀོལ་བ་རྒྱུང་ཁྱབ་ཆེ། ཡིན་ནའང་ས་འོག་ཆུའི་གནས་ཚད་མཐོ་བའི་ས་ཆར་ས་ཕུག་བརྐོ་དཀའ་བས་རབ་ཡིན་ན་ཕྱེད་ས་འོག་རྣམ་པ་བཀོལ་ན་བཟང་། སྦོ་བསྐལ་ས་ཕུག་ནི་སྒོར་དབྱིབས་སམ་གྲུ་བཞི་ནར་དབྱིབས་ཡིན་ན་ལེགས་ཤིང་ས་ཕུག་གི་མཐའ་སྐོར་བཞི་པོ་སོ་ཕག་དང་རྡོ་ཡིས་བརྩིགས་ནས་ནང་ངོས་ཨར་འདམ་གྱིས་བྱུགས་ཏེ་འཛམ་ཞིང་དབུགས་མི་ཤོར་བ། ཆུ་མི་འཛག་པ་ཞིག་བྱེད་དགོས། སྦོ་བསྐལ་ས་ཕུག་ནི་དགོས་མཁོའི་གཟན་ཆག་གི་ཚད་ཀྱི(སྟོང་ཁེ 500~600/མིད་གྲུ་བཞི་ལྷམ་པ་རེར)ལྟར་ཤོང་ཚད་འཆར་འགོད་བྱ་དགོས། སྤྱིར་བཏང་དུ་སྒོར་དབྱིབས་ས་ཕུག་གི་ཚངས་ཐིག་དང་ཟབ་ཚད་ཀྱི་བསྡུར་ནི 1:1~1:2ཡིན་ན་བཟང་བ་ཡིན། གྲུ་བཞི་ནར་དབྱིབས་ཀྱི་ས་ཕུག་གི་ཞེང་དང་ཟབ་ཚད་ཀྱི་བསྡུར་བ་ནི་སྒོར་དབྱིབས་ཀྱི་ས་ཕུག་དང་མཚུངས་ཤིང་། རིང་ཚད་དང་ཆེ་ཆུང་ནི་ནོར་གྱི་མང་ཉུང་དང་གཟན་ཆག་བཀོལ་སྐབས་ཀྱི་དགོས་མཁོའི་ཚད་ཀྱིས་གཏན་འཁེལ་བྱེད་དགོས།

དྲུག དུག་སེལ་རྫིང་བུ།

སྤྱིར་བཏང་ནོར་གསོ་ར་བའམ་ཐོན་སྐྱེད་བྱེད་ཁུལ་གྱི་ནང་དུ་འཛུལ་སར་བཀོད་སྒྲིག་བྱས་ཏེ་ནང་དུ་འགྲོ་བའི་མི་སྣ་དང་རླངས་འཁོར་ནང་དུ་འགྲོ་སྐབས་དུག་སེལ་བྱེད་བདེ་བ་དགོས། དུག་སེལ་རྫིང་བུ་ནི་ལྕགས་རྩིབས་བཞག་པའི་ནང་ལ་ཨར་འདམ་བླུག་ནས་བསྐྲུན་དགོས་ཤིང་། རླངས་འཁོར་འགྲོ་སའི་དུག་སེལ་རྫིང་བུ་ནི་སྲིད་ལ་མིད 4དང་ཞེང་ལ་མིད 3 ཟབ་ཏུ་མིད 0.1ཡིན་དགོས་པ་དང་། མི་འགྲོ་སར་མཁོ་སྤྲོད་བྱེད་པའི་དུག་སེལ་རྫིང་བུ་ནི་སྲིད་ལ་མིད 2.5དང་ཞེང་ལ་མིད 1.5 ཟབ་ཏུ་མིད 0.05ཡིན་དགོས།

བདུན། ནོར་གསོ་ར་བའི་ཆེད་སྤྱོད་སྒྲིག་ཆས།

(གཅིག)སྣོད་འཛུགས་བཟོ་བྱེད་སྒྲིག་ཆས།

རྒྱུན་བཀོལ་གྱི་སྣོད་འཛུགས་བཟོ་བའི་སྒྲིག་ཆས་ལ་སྣོད་འཛུགས་སྒྲོམ་དང་སྣ་གཙུ། ཐག་པ་དང་མཐུར་སོགས་ཡོད་པ་ཡིན། སྣོད་འཛུགས་སྒྲོམ་ནི་ནོར་གསོ་ར་བར་མེད་དུ་མི་རུང་བའི་སྒྲིག་ཆས་ཞིག་ཡིན། ཁབ་རྒྱག་པ་དང་སྨན་ལྷུད་པ། རྣ་རྟགས་རྒྱག་པ། སྨན་བཙོས་བྱེད་པ་བཅས་ཀྱི་སྐབས་སུ་བཀོལ་བ་ཡིན། ཕྱུ་བྱས་མེད་པའི་ཕོ་ཟོག་ལ་སྣ་གཙུ་སྒྲིད་པ་དགོས་གལ་ཆེ་བ་ཡིན། ར་བསྐོར་ནས་ཕོར་བཀྲམ་དུ་གསོ་བའི་རྣམ་པར་ཐག་པ་དང་མཐུར་བཀོལ་མི་དགོས་མོད། འོན་ཀྱང་བཏགས་ནས་གསོ་ཚགས་བྱེད་པའི་ཆ་རྐྱེན་འོག་ཏུ་མེད་དུ་མི་རུང་བའི་སྒྲིག་ཆས་ཡིན།

(གཉིས)འབྲོད་བསྟེན་དང་ལུས་ཁམས་བདེ་སྲུང་གི་སྒྲིག་ཆས།

ནོར་གྱི་ལུས་ཐོག་འབྲད་བྱེད་ཀྱི་ལྕགས་བྲད་དང་སྤུ་ཤད། འགྱིག་འཁོར་རྙིང་པས་བཟོས་པའི་སྐྲ་ཐིག(ལྷག་པར་དུ་འདོགས་པ་ཅན་གྱི་ནོར་ཁང) ནོར་ཁང་གཙང་སྦྲ་བྱེད་པར་བཀོལ་བའི་ཁ་དབྲག་དང་སོ་གསུམ་ཁ་དབྲག ཕྱགས་མ། ལུས་ཀྱི་ལྗིད་ཚད་འཇལ་བྱེད་ཀྱི་སྟེགས་རྒྱ། རྣ་རྟགས། རྨིག་པ་གཞོག་བྱེད་ཀྱི་གཞོག་གྲི་ཐུང་བ་དང་ཟོར་བ། ཁྲག་མེད་ཕྱུ་བྱེད་ཆས། ལྕགས་ཁབ་ལེན། ལུས་གཟུགས་ཚད་འཇལ་ཡོ་བྱད་སོགས།

(གསུམ)གཟན་ཆག་ཐོན་སྐྱེད་དང་གསོ་ཚགས་ཡོ་བྱད།

གཞི་ཁྱོན་ཆེན་པོས་གཟན་ཆག་ཐོན་སྐྱེད་བྱེད་པའི་དུས་སུ་འདྲུད་འཐེན་འཁོར་ལོ་དང་རྔོ་འདེབས་ཀྱི་འཕྲུལ་ཆས་དགོས་པ་ཡིན། སོ་བསྐལ་བྱེད་སྐབས་སོ་བསྐལ་རྒྱུ་ཆ་གཏུབ་འཐག་འཕྲུལ་འཁོར་དགོས་པ་ཡིན། སྤྱིར་བཏང་གི་སྐབས་གསོ་རབ་ལག་འདྲུད་འཁོར་ལོས་གཟན་ཆག་སྐྱེར་ཆོག་ཅིང་། ཆོན་གསོ་རབ་ཆེ་གྲས་ཀྱིས་འདྲུད་འཐེན་འཁོར་ལོ་སོགས་རང་འགུལ་ལམ་རང་འགུལ་ཕྱེད་ཅན་གྱི་ཆག་སྐྱེར་སྒྲིག་ཆས་ཀྱིས་གཟན་ཆག་སྐྱེར་བ་དང་རང་འགུལ་ཚ་བཟོ་ཆུ་བཏུང……

ཆས་སོགས་སྒྲིག་ཆས་བཀོལ་ཆོག་པ་ཡིན། རྩ་གཏུབ་བྱེད་ལ་བཀོལ་བའི་རྩ་གཏུབ་དང་གཞི་ཁྲོན་ཆེན་པོའི་གསོ་ཚགས་ལ་བཀོལ་བའི་རྩ་གཏུབ་འཕྲུལ་འཁོར། ད་དུང་གཟན་ཆག་གི་ལྡིད་འཇལ་བྱེད་ཀྱི་ཚད་འཇལ་ཆས་ཡོད་ལ། སྐབས་འགར་གནོན་གཅིར་འཕྲུལ་འཁོར་དང་ཞིབ་འཐག་འཕྲུལ་འཁོར་སོགས་ཀྱང་དགོས་པ་ཡིན། གཟན་ཆག་ལས་སྣོན་འཕྲུལ་ཆས་ལ་རྩ་གཏུབ་འཕྲུལ་འཁོར(རྫོ་བརླལ་བཛ་བསྒུ་འཕྲུལ་འཁོར)དང་དུང་འཁྱིལ་སྐྱིལ་འདྲེན་འཕྲུལ་འཁོར། སླེ་དབྱིབས་ཡར་འདེགས་འཕྲུལ་འཁོར། གཟན་ཆག་ཚད་འཇལ་དང་སྦྱབ་དཀྲུག་འཕྲུལ་འཁོར། སྣེ་གས་རྒྱ་སོགས་ཡོད་པ་ཡིན།

(བཞི)དུག་སེལ་སྒྲིག་ཆས།

རྒྱུན་བཀོལ་གྱི་དུག་སེལ་སྒྲིག་ཆས་ལ་སྨན་ཆུ་གཏོར་ཆས་དང་མཐོ་གནོན་གཙང་འབྲུད་འཕྲུལ་ཆས། མཐོ་གནོན་འདུ་ཕྲ་གསོད་ཆས། ཆུ་ཁོལ་དུ་འཚོད་པའི་དུག་སེལ་ཡོ་བྱད། མེ་ལྕེའི་དུག་སེལ་ཡོ་བྱད་སོགས་ཡོད་པ་ཡིན།

(ལྔ)ཕྱུགས་སྨན་འཕྲོད་བསྟེན་ཞིབ་བཤེར་སྒྲིག་ཆས།

དབྱེ་ཞིབ་དངོས་བཤེར་སྒྲིག་ཆས་ལ་རྒྱུན་བཀོལ་གྱི་ཕྱུགས་སྨན་འཕྲོད་བསྟེན་ཞིབ་བཤེར་སྒྲིག་ཆས་དགོས་པ་ཡིན།

(དྲུག)བཤང་གཅི་གཙང་སེལ་དང་གནོད་མེད་ཅན་དུ་བསྒྱུར་བའི་སྒྲིག་ཆས།

སྐམས་གསོ་ར་བར་བཤང་གཅི་གཙང་སེལ་སྒྲིག་ཆས་དང་ཐག་གཅོད་སྒྲིག་ཆས་སྒྲིག་སྦྱོར་བྱེད་དགོས་ཤིང་། ཐོན་སྐྱེད་བྱེད་ཁུལ་གྱི་རླུང་འབུད་ཕྱོགས་སུ་བཤང་གཅིའི་རྫིང་བུ་སོགས་འཆར་འགོད་བྱ་དགོས། དེ་ལས་གཞན། ངེས་པར་དུ་བཤང་གཅི་གནོད་མེད་ཅན་དུ་ཐག་གཅོད་བྱེད་པའི་སྒྲིག་ཆས་སྒྲིག་སྦྱོར་བྱེད་པ་སྟེ། དཔེར་ན་རྫབ་རླངས་སྒྱུར་བརླལ་དང་སྐྱེ་ལྡན་ལུད་ལས་སྣོན་གྱི་སྒྲིག་

ཆས་སོགས།

བརྒྱད། གཞི་ཁྲོན་ཆེ་བའི་སྐམས་གསོ་སྤྱིལ་ར་བ་འཛུགས་སྐྲུན།

(གཅིག)འཛུགས་སྐྲུན་གྱི་ཚད་བྱ།

མཚོ་སྔོན་ཞིང་ཆེན་གྱི་གཞི་ཁྲོན་ཆེ་བའི་སྐམས་གསོ་སྤྱིལ་ར་བ་འཛུགས་སྐྲུན་བྱེད་པ་དེ《མཚོ་སྔོན་ཞིང་ཆེན་གྱི་ཞིང་ཕྱུགས་ཐིང་གི〈མཚོ་སྔོན་ཞིང་ཆེན་གྱི་གཞི་ཁྲོན་ཆེ་བའི་སྒོ་ཕྱུགས་དང་ཁྱིམ་བྱ་གསོ་སྤྱིལ་ར་བ(འདུས་གསོ་ཁུལ)ངེས་གཏན་དོ་དམ་བྱ་ཐབས〉དཔར་བསྐྲུན་འགྲེམ་སྤེལ་ཐད་ཀྱི་བརྡ་སྦྱོར》(མཚོ་སྔོན་ཞིང་ཕྱུགས[2010]ཨང 180)པའི་གཞི་རྩའི་ཚད་བྱ་དང་མཐུན་དགོས་ཤིང་། བཟོ་སྐྲུན་སྐབས་ད་དུང་རང་ཞིང་གིས 2009ལོར་གཏན་འབེབས་དང་ཁྱབ་བསྒྲགས་བྱས་པའི《ཚོད་ལྡན་ཅན་གྱི་སྐམས་གསོ་སྤྱིལ་འདུས་གསོ་ཁུལ་འཛུགས་སྐྲུན་ཚད་གཞི》(DB63/T802—2009)སྐམས་གསོ་སྤྱིལ་ར་བའི་ངོས་འཛིན་བཀོད་སྒྲིག་རི་མོ 8–2ལ་ལྟོས།

1.ཐོན་སྐྱེད་ཀྱི་གཞི་ཁྲོན་ངེས་ཅན་ལྡན་པ། རེའུ་མིག 8–1ལ་ལྟོས།

རེའུ་མིག 8–1 གཞི་ཁྲོན་ཆེ་བའི་སྐམས་གསོ་སྤྱིལ་ར་བའི་གཞི་ཁྲོན་གྲངས་ཚད། (རྩིས་གཞི། རྟ་ར)

དམིགས་ཚད	གཞི་ཁྲོན་ཚད་དང་རན་པ	གཞི་ཁྲོན་ཅུང་ཆེ་བ	གཞི་ཁྲོན་ཆེ་བ
རྒྱུད་སྤྱིལ་ཐུབ་པའི་མ་ཟོག	100~299	300~499	500ཡན
ལོ་རེར་བཤས་ཁོངས་སུ་གཏོང་བ	500~999	1000~2999	3000ཡན

2.ས་དེ་གའི་ཞིང་ཕྱུགས་ལས་འཕེལ་རྒྱས་དང་ས་ཞིང་བཀོལ་སྤྱོད་ཀྱི་འཆར་འགོད་དང་སྣང་བྱར་མཐུན་དགོས་པ་དང་། གནས་ཡུལ་འདེམས་པ་དང་འཆར་འགོད་བྱེད་པ་ཡིས་ངེས་པར་དུ《སྲོག་ཆགས་ཀྱི་རིམས་འགོག་བཅའ་ཁྲིམས》དང་ཞིང་ལས་པུའུ་ཡི《སྲོག་ཆགས་རིམས་འགོག་གི་ཆ་རྐྱེན་ཞིབ་བཤེར་གཏན་འབེབས་དོ་དམ་བྱ་ཐབས》ཀྱིས་གཏན་འབེབས་བྱས་པའི་ཆ་རྐྱེན་སྐོང་དགོས།

3.གསོ་སྐྱེལ་ར་བའི(འདུས་གསོ་ཁུལ)ཕྱི་ཁོག་བཀོད་སྒྲིག་སྟེང་འཚོ་བ་རོལ་ཁུལ་དང་ཐོན་སྐྱེད་བྱེད་ཁུལ་སོ་སོར་དགར་བ་དང་། བཀག་གསོ་ས་ཁུལ་གྱི་ཕན་ཆད་དུ་གནས་ཤིང་ས་བབ་མཐོ་ལ་སྐམ་པ། འོད་ཡངས་པ། རླུང་ལ་གཡོལ་ཞིང་ཉིན་ཁར་འཁོར་བའི་ས་བབ། རླུང་རྒྱུ་བཟང་བ། འགྲིམ་འགྲུལ་ལམ་ཐིག་གཙོ་བོ་དང་ཡུལ་མིའི་སྡོད་ཁུལ། བྱ་ཕྱུགས་གསོ་སྐྱེལ་ཁུལ་གཞན་པ་བཅས་དབར་གྱི་བར་ཐག་སྲོག་ཆགས་ཀྱི་རིམས་འགོག་སྣང་བྱ་དང་མཐུན་པ་བཅས་བྱེད་དགོས།

4.གསོ་སྐྱེལ་ར་བར(འདུས་གསོ་ཁུལ)ཐོན་སྐྱེད་དགོས་མཁོ་སྐོང་ཐུབ་པའི་སྒོ་ཕྱུགས་དང་ཁྱིམ་བྱའི་སྦྱིལ་བུ་ཡོད་དགོས། སྒོ་ཕྱུགས་དང་ཁྱིམ་བྱའི་སྦྱིལ་བུའི་འཛུགས་སྐྲུན་འཆར་འགོད་ནི་ས་དེ་གའི་གནམ་གཤིས་ཁོར་ཡུག་གི་ཆ་རྐྱེན་དང་མཐུན་པ་དང་། ཚ་བ་འགོག་པ་དང་གྲང་ངར་འགོག་པའི་དགོས་འདུན་ལ་བསྒྲིབ་པ། ཁང་པའི་ནང་གི་མཁའ་རླུང་འཁོར་རྒྱུག་ལེགས་ཤིང་། སྒོ་ཕྱུགས་དང་ཁྱིམ་བྱའི་ཐོན་སྐྱེད་དང་། རིམས་འགོག་དང་ཟུར་དུ་དགར་བ། དུག་སེལ། བཤང་གཅི་ཐག་གཅོད། གཟན་ཆག་ལས་སྒོན། ནད་ཀྱིས་ཤི་བའི་བྱ་ཕྱུགས་གནོད་མེད་ཅན་དུ་ཐག་གཅོད་བྱེད་པ། བཏུང་ཆུ། རླུང་རྒྱུ་བ། འོད་སྣང་པ་སོགས་ཀྱི་མ་ལག་ཆ་ཚང་བའི་སྒྲིག་ཆས་འཛོམས་དགོས་པ་ཡིན། ཆུའི་མཁོ་སྤྲོད་

དང་ཆུ་འབུད་པ་སྟབས་བདེ་བ་དང་། གཙང་ལམ་དང་བཅོག་ལམ་སོ་སོར་དགར་བ། བཅོག་ཆུ་དང་བཤང་གཅི་གཅིག་བསྡུས་ཀྱིས་ཐག་གཅོད་བྱེད་པ་མ་ཟད། GB18596གི་གཏན་འབེབས་བླང་བྱར་བསླེབ་དགོས་པ་ཡིན།

5.གསོ་སྐྱེལ་ར་བས(འདུས་གསོ་ཁྱུལ) 《སྲོག་ཆགས་ཀྱི་རིམས་འགོག་ཆ་རྐྱེན་ཚད་མཐུན་དཔང་རྟགས》ལེན་དགོས་པ་དང་། སོན་བྱ་དང་སོན་ཕྱུགས་ཐོན་སྐྱེད་བདག་གཉེར་བྱེད་མཁན་གྱིས《སོན་ཕྱུགས་དང་སོན་བྱ་ཐོན་སྐྱེད་བདག་གཉེར་འཁྲོལ་འཛིན》ལེན་དགོས་པ་ཡིན།

6.གསོ་སྐྱེལ་ར་བའི(འདུས་གསོ་ཁྱུལ)གསོ་ཚགས་དོ་དམ་གྱི་བཀོལ་སྤྱོད་བྱེད་ལུགས་ཚན་རིག་དང་མཐུན་ལ་ལུགས་མཐུན་ཡིན་དགོས་ཤིང་། ལམ་ལུགས་ཆ་ཚང་བཟོ་དགོས། འགོག་ཁབ་རྒྱག་པ་དང་རིམས་འགོག དུག་སེལ། སྨན་བཀོལ་བ། འགོས་ནད་ཞིབ་བཤེར་ཡིག་ཐོག་སྣན་ཞུ། རིམས་ནད་གནས་ཚུལ་སྙན་ཞུ། གནོད་མེད་ཅན་དུ་ཐག་གཅོད་པ་སོགས་ཀྱི་ལམ་ལུགས་ཡོད་དགོས། འཐུས་ཚང་བའི་ནོར་དོན་དོ་དམ་ལམ་ལུགས་ཡོད་པ། རྩིས་གཉེར་རྒྱུ་ཆ་འཐུས་ཚང་དང་ཡང་དག་ཡིན་དགོས། ནོར་དོན་ཞིབ་རྩིས་ཚད་གཞི་དང་མཐུན་ཞིང་འཐུས་ཚང་བཟོ་དགོས།

7.གསོ་སྐྱེལ་ར་བའི(འདུས་གསོ་ཁྱུལ)མི་སྣ་བསྒྲིག་བཞག་དེ་གསོ་སྐྱེལ་གྱི་གཞི་ཁྱོན་དང་ཆ་མཐུན་ཡིན་དགོས། ཆེས་ཉུང་ནའང་ཆེད་སྦྱོང་ཡན་གྱི་སློབ་གཉེར་བརྒྱུད་རིམ་མམ་ཆེད་ལས་སྡེ་ཁག་ནས་གསོ་སྦྱོང་ཟླ་3ཡན་བརྒྱུད་པའི་དོ་དམ་མི་སྣ་དང་ཕྱུགས་ཀྱི་སྨན་པ་གཅིག་དགོས་པ་མ་ཟད། དེ་མཐུན་གྱི་ལས་ཞུགས་ཐོབ་ཐང་དང་ལུས་ཁུང《བདེ་ཐང་ཚད་མཐུན་དཔང་རྟགས》ལེན་དགོས།

8.གསོ་སྐྱེལ་ར་བས(འདུས་གསོ་ཁྱུལ)གཟབ་ནན་གྱིས་འབྲེལ་ཡོད་བཅའ་ཁྲིམས་ཁྲིམས་སྲོལ་གྱི་གཏན་འཁེལ་ལྟར་ཚད་གཞི་དང་མཐུན་པའི་གསོ་སྐྱེལ་དོ་

དམ་གྱི་ཡིག་ཚགས་བཟོས་ཏེ་ཐོན་སྐྱེད་བདག་གཉེར་གྱི་ཞིབ་རྩིང་ཁུངས་འཕེར······བའི་ཐེབ་ཐོ་འགོད་དགོས།

གསོ་སྤྱིལ་ཡིག་ཚགས་ཀྱི་ནང་དོན་ལ་རིགས་རྒྱུད་དང་རིགས་རྒྱུད་ཀྱི་ཡོང་ཁུངས། གྲངས་ཀ། རྒྱུད་སྤྱིལ་གནས་ཚུལ། ཐོན་སྐྱེད་གནས་ཚུལ། གཟན་ཆག་གི་ཡོང་ཁུངས་དང་བཀོལ་སྤྱོད་གནས་ཚུལ། ནད་བྱུང་བ་དང་བརྟག་བཅོས་བྱས······པའི་གནས་ཚུལ། རིམས་འགོག་གི་གནས་ཚུལ། གནོད་མེད་ཅན་དུ་ཐག་གཅོད་བྱས་པའི་གནས་ཚུལ། ཕྱིར་འཚོང་གི་གནས་ཚུལ་སོགས་འདུ་བ་ཡིན། གསོ་སྤྱིལ་ཡིག་ཚགས་ནི་ཅིས་ཀྱང་ལོ 2ཡན་ལ་ཉར་ཚགས་བྱ་དགོས།

རི་མོ 8–2 ཚད་ལྡན་གྱི་ཀྨམས་གསོ་སྤྱིལ་ར་བའི(འདུས་གསོ་ཁུལ)

ཇོས་མཉམ་བཀོད་སྒྲིག་རི་མོ།

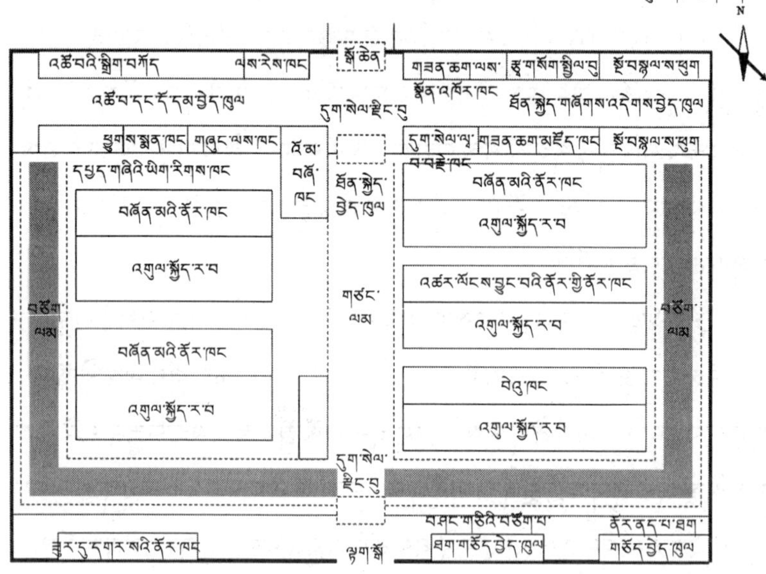

མཆན། དོར་ཁང་གི་འཛུགས་སྐྲུན་རྒྱ་ཁྱོན་ནི་དོར་རེར་སྨིད་གྲུ་བཞི་མ 4.3~4.7ལྟར་རྩིས་རྒྱག་པ་དང་། དོར་ཁང་བར་གྱི་བར་ཐག་ནི་སྨིད 10ཡན་ཡིན་པ། འགྲུལ་སྐྱོད་ར་བའི་རྒྱ་ཁྱོན་ནི་དོར་རེར་སྨིད་གྲུ་བཞི་མ 6 ~8 ལྟར་འཆར་འགོད་བྱ་དགོས། གཙང་ལམ་ནི་ཞེང་ལ་སྨིད 5དང་བཙོག་ལམ་གྱི་ཞེང་ཚད་སྨིད 3ཡིན།

9.གསོ་སྤེལ་ར་བས(འདུས་གསོ་ཁྲུལ)ཅི་ནུས་ཀྱིས་རང་ཉིད་ནས་རྒྱུད་སྤེལ་བ་དང་རང་ཉིད་ནས་གསོ་བ། མཉམ་འདྲེན་མཉམ་གཏོང་གི་ཐོན་སྐྱེད་མ་དཔེ་སྤྱོད་དེ་གསོ་ཚགས་བྱེད་པའི་རིགས་རྒྱུད་སྡོམ་བཅས་ཀྱིས་གཅིག་མཐུན་ཡིན་པར་བྱ་དགོས་པ་དང་། སོན་བཀོལ་བྱེད་པའི་སོན་ཕྱུགས་ནི《སོན་ཕྱུགས་དང་སོན་བྱ་ཐོན་སྐྱེད་བདག་གཉེར་འཁྲོལ་འཛིན》ཡོད་པའི་སོན་ཕྱུགས་ར་བ་ནས་ཡོང་བ་ཡིན་དགོས།

(གཉིས)གཞི་ཁྱོན་ཆེ་བའི་སྐམས་གསོ་སྤེལ་ར་བ་འཛུགས་སྐྲུན་བྱས་པའི་གནས་ཚུལ།

2014ལོའི་ལོ་མཇུག་བར་དུ། མཚོ་སྔོན་ཞིང་ཆེན་གྱིས་བསྡོམས་པས་ཚད་ལྡན་ཅན་གྱི་གཞི་ཁྱོན་ཆེ་བའི་སྐམས་གསོ་སྤེལ་ར་བ 205ངོས་འཛིན་གཏན་འཁེལ་བྱས་ཤིང་། ཚད་ལྡན་གྱི་དཔེ་སྟོན་སྐམས་གསོ་ར་བ 8གསར་འཛུགས་བྱས། དེའི་ནང་གཞོང་ཐང་རྫོང་གི་ཐེན་ཅི་སྐམས་གསོ་རྟེན་གཞི་དང་མཚོ་སྔོན་ཞིང་ཆེན་ཡ་རྫི་རྫོང་ཤུའུ་ཕང་སོན་ལེགས་ནོར་ལུག་གསོ་སྤེལ་ཚད་ཡོད་ཀུང་སི། ཧོར་གྲོང་རྫོང་ཞིང་རྫིང་ནོར་ལུག་གསོ་སྤེལ་ཆེད་ལས་མཉམ་ལས་ཁང་སྐམས་གསོ་སྤེལ་ར་བ། སྐྱུ་འབུམ་རྫོང་ཅིའུ་ཏའོ་ཧོ་སྐམས་གསོ་སྤེལ་རྟེན་གཞི་སོགས་སྐམས་གསོ་ར་བའི་འཛུགས་སྐྲུན་ཙུང་ཚད་ལྡན་ཡིན་ཞིང་། འཛུགས་སྐྲུན་གྱི་ཆུ་ཚད་སྡོམ་བཅས་ཀྱིས་ཙུང་མཐོ་བ་ཡིན།

ས་བཅད་གཉིས་པ། ནོར་གསོ་ར་བའི་ངོ་དམ།

གཅིག གསོ་སྤེལ་ཡིག་ཚགས་གསར་འཛུགས།

(གཅིག)ཡིག་ཚགས་ཟིན་ཐོ་འགོད་ཐབས་དང་གསང་རྒྱ་ལམ་ལུགས།

ཡིག་ཚགས་ཟིན་ཐོ་འགོད་ཐབས་ལ། ①རིགས་དབྱེ་ཨང་སྒྲིག ②ན་སྨྱུག་གམ་མདོག་མི་ལོག་པའི་སྨྱུ་གུ་ནག་པོ་བཀོལ་ཏེ་ཟིན་ཐོ་འགོད་པ། ③གྲངས་ཀ་བཟོ་བཅོས་བྱ་དགོས་ཚེ་སྔར་གྱི་གྲངས་ཀའི་སྟེང་གོར་ཐིག་རྒྱག་པ་ལས་གསུབ་པའམ་ནག་པོར་བཟོ་མི་རུང་། ④ཟིན་ཐོ་དེབ་གང་འདོད་ཀྱིས་གཤགས་ཏེ་ཤོག་གྲངས་ཆད་པ་བཟོ་མི་རུང་། ⑤ཟིན་ཐོ་དེབ་སྟེང་དུ་གང་འདོད་ཀྱིས་ཡིག་ཚགས་ལ་འབྲེལ་བ་མེད་པའི་ཡི་གེའི་རྒྱུ་ཆ་འབྲི་མི་རུང་། ⑥ཉིན་རེ་བཞིན་དུ་འབྲི་བ། ⑦ཟིན་ཐོ་འགོད་མཁན་གྱིས་མིང་རྟགས་འགོད་པ། ⑧ཟླ་ཚེས་འགོད་པ། ཡིག་ཚགས་ནི་ནོར་ཚོན་གསོ་ར་བའི་ཤིན་ཏུ་གལ་ཆེ་བའི་ཚོང་ལས་ཀྱི་གསང་བ་ཡིན་ཞིང་། ནོར་ཚོན་གསོ་ར་བའི་ཤིན་ཏུ་གལ་ཆེ་བའི་ཤེས་ཡོན་གྱི་ཐོན་དངོས་བདག་དབང་ཡང་ཡིན་པས། ཉར་ཚགས་ལེགས་པོ་བྱེད་འོས་པ་མ་ཟད་དུས་ཚོད་ངེས་ཅན་ནང་གསང་བ་དམ་སྲུང་བྱེད་དགོས་པ་ཡིན།

(གཉིས)གསོ་སྐྱོང་ཡིག་ཚགས་ཀྱི་ནང་དོན།

རྒྱལ་ཁབ་ཞིང་ལས་པུའུ་ཡིས་ལྟ་ཞིབ་བྱས་ནས་བཟོས་པའི《སྒོ་ཕྱུགས་དང་ཁྱིམ་བྱ་གསོ་སྐྱོང་ཡིག་ཚགས》སམ་ཞིང་ཆེན་རིམ་པའི་ཕྱུགས་ལས་གཙོ་གཉེར་སྡེ་ཁག་གིས་གཏན་འབེབས་བྱས་པའི་གསོ་སྐྱོང་ཡིག་ཚགས་ལྟར་ཡིག་ཚགས་བཟོ་ཚོག་པ་དང་། ཡང་ན་དེའི་རྨང་གཞིའི་སྟེང་ར་བ་ནང་གི་དོན་དངོས་ཀྱི་ཐོན་སྐྱེད་དགོས་མཁོ་གཞིར་བཟུང་སྟེ་ཁ་གསབ་བྱེད་པ་མ་ཟད། ཞིང་ལས་པུའུ་ཡིས་ལྟ་ཞིབ་བྱས་ནས་བཟོས་པའི《སྒོ་ཕྱུགས་དང་ཁྱིམ་བྱ་གསོ་སྐྱོང་ཡིག་ཚགས》དང་མཚོ་སྔོན་ཞིང་ཆེན་གྱི《སྒོ་ཕྱུགས་དང་ཁྱིམ་བྱ་གསོ་སྐྱོང་ཡིག་ཚགས》ཀྱི་བླང་བྱ་ལྟར་འབྲི་དགོས།

གཉིས། ལམ་ལུགས་འཛུགས་པ།

སྐམས་གསོ་ར་བའི་ཐོན་སྐྱེད་བདག་གཉེར་དོ་དམ་གྱི་བྱ་བ་ལེགས་པོར

བསྐྱབ་ཆེད། སྐམས་གསོ་ར་བས་ངེས་པར་རང་ར་བའི་དོན་དངོས་གནས་ཚུལ་ལ་ཟུང་འབྲེལ་གྱིས་ཐོན་སྐྱེད་བདག་གཉེར་དོ་དམ་གྱི་ལམ་ལུགས་སྣ་ཚོགས་ཆ་ཚང་བར་འཛུགས་དགོས་ཤིང་། གཙོ་བོར་མི་སྣའི་ལས་གནས་ཀྱི་འགན་འཁུར་དང་གསོ་ཚགས་དོ་དམ་ལམ་ལུགས། བཙོངས་རྗེས་ཕྱིར་འཚམས་འདྲི་ཞུ་བ། འཕྲོད་བསྟེན་རིམས་འགོག་ལམ་ལུགས། མི་སྣའི་བྱ་འབྲས་ལ་དཔྱད་ཞིབ་དོ་དམ་བྱ་ཐབས་སོགས་འདུ་བ་ཡིན།

གསུམ། བྱ་དགའ་དང་ཆད་པའི་ལམ་ལུགས།

1.གཤམ་གསལ་གྱི་གནས་ཚུལ་ཡོད་མཁན་ལ་བྱ་དགའ་ངེས་ཅན་འཐོབ་པ་ཡིན།

(1)གསོ་སྐྱེལ་ར་བའི་ནད་རིགས་འགོག་བཅོས་ལ་ནུས་པ་བརྟོན་ཏེ་གསོ་སྐྱེལ་ར་བ་སྐྱོང་གུད་ཚབས་ཆེན་ལས་བསྐྱབས་པ།

(2)རང་ཚུགས་ཀྱིས་གསར་གཏོད་བྱས་ཏེ་མ་རྩར་གྲོན་ཆུང་དང་གྲུབ་འབྲས་མངོན་གསལ་ལྡན་པ།

(3)ཕྱོགས་ཡོངས་ནས་ཕྱོགས་བསྡུས་གསོ་སྐྱེལ་བྱས་ཏེ་ཕན་ནུས་མངོན་གསལ་ཡོད་པ།

(4)དོ་དམ་བྱེད་ཐབས་ནུས་པ་དང་ལྡན་པས་གསོ་སྐྱེལ་ར་བར་བསྡད་མར་ཟླ་18ནང་དོན་རྐྱེན་ཅི་ཡང་མ་བྱུང་བ།

2.གཤམ་གསལ་གྱི་གནས་ཚུལ་ཡོད་མཁན་ལ་ཆད་པ་ངེས་ཅན་ཐོག་པ་ཡིན།

(1)མི་བདེན་རྫུན་བཟོ་བྱེད་པ་སྟེ། དཔེར་ན་ལས་ཞུགས་ཞིབ་བཤེར་དང་ཉོ་སྒྲུབ་རྫུན་བཟོ་བྱེད་པ་ལྟ་བུ།

(2)དུས་རྒྱུན་འཕྱི་འགྱོར་དང་སྔ་ཤོག(ཟླ་1ནང་གི་ཐེབ་རྩིས≥ཐེངས

3)བྱེད་པ།

(3)དོན་མེད་དུ་ལས་ཆད་བྱེད(ཟླ 1གི་སྟེབ་རྩིས≥དུས་ཚོད 18)པ།

(4)འཛིང་རེས་རྡུང་རེས་རྒྱག་པ། གནས་ཚུལ་ཚབས་ཆེ་བ་ཁྲིམས་འཛིན་ལས་ཁུངས་སུ་སྙད་དེ་ཐག་གཅོད་བྱེད་པ།

(5)ལྟ་སྲུང་པས་ནང་ཁུ་བྱེད་པའམ་གཞན་དང་ངན་རོགས་བྱས་ཏེ་ཀུང་ཟིའམ་གསོ་སྐྱིལ་ར་བར་གྱོང་གུད་ཕོག་ཏུ་བཅུག་པ། གནས་ཚུལ་ཚབས་ཆེ་བ་ཁྲིམས་ལ་སྦྲུར་ནས་ཐག་གཅོད་བྱེད་པ།

(6)རང་འདོད་ཀྱིས་གསོ་སྐྱིལ་ར་བའི་སྒོ་ཕྱུགས་བཤས་ཚེ་རིན་གོང་ལྟར་སྐྱིན་ཚབ་འཇལ་བ་མ་ཟད། བཅའ་ཁྲིམས་ཀྱི་ཁག་འགན་བདའ་འདེད་བྱེད་པ།

(7)གསོ་སྐྱིལ་ར་བར་ལྟ་སྐྱོང་བྱེད་མཁན་མེད་པར་དུས་ཚོད 30ལས་བརྒལ་བའི་གནས་ཚུལ་སོགས།

བཞི། གཟན་ཆག་དོ་དམ་ལམ་ལུགས།

1.གཟན་ཆག་ནི་ཞིང་སྨན་མེད་ཅིང་ཡོངས་སུ་སྐྱེ་ཁམས་ལ་བརྟེན་པའི་ཞིང་དུད་ཀྱིས་ཐོན་སྐྱེད་བྱས་པའི་མ་རྫས་ལོ་ཏོག་དང་ཆུ་འབྲས། སྲན་སེར་སོགས་ལས་ཡོང་བ་ཡིན་དགོས།

2.གཟན་ཆག་ཁྲིད་རྒྱལ་ཁབ་ཀྱིས་བཀོལ་སྤྱོད་བཀག་སྡོམ་བྱས་པའི་སྨན་རྫས་སམ་སྦྱོར་རྟ་སྣོན་མི་ཆོག

3.གཟན་ཆག་མཛོད་ཁང་ནང་འཇུག་སྐབས་ཉོ་སྒྲུབ་བྱེད་མཁན་དང་མཛོད་ཁང་དོ་དམ་པ་གཉིས་ནས་ངོ་ཐོག་ནས་སྤྲོད་ལེན་བྱེད་དགོས་པ་མ་ཟད། མཛོད་བཅུག་རྩིས་ཁྲ་སྟེང་འབྲི་དགོས་ཤིང་། མཛོད་ཁང་དོ་དམ་པས་དུས་ངེས་པར་མཛོད་ཁང་དུ་བཅུག་པའི་གཟན་ཆག་གི་གྲངས་ཚད་དང་རྒྱུ་སྤུས་གྲངས་བཤེར་བྱ་དགོས།

4.མཛོད་ཁང་དོ་དམ་པས་མཛོད་ཁང་གི་གཙང་སྦྲ་རྒྱུན་འཁྱོངས་བྱེད་པ་དང་། མཛོད་ཁང་ནང་དུ་སྨན་རྫས་དང་གནོད་ལྡན་དངོས་རྫས་གང་ཅུང་འཇོག་པ་གཏན་འགོག་བྱ་དགོས་ཤིང་། གཟན་ཆག་ནི་ངེས་པར་ཀྱང་དང་ས་ངོས་ལ་བྲལ་ནས་རིགས་དགར་ཏེ་འཇོག་དགོས།

5.གཟན་ཆག་མཛོད་ཁང་དུ་འཇུག་གཏོང་བྱེད་པའི་ཟིན་ཐོ་བཟོས་ཏེ་ཉིན་ལྟར་མཛོད་ཁང་དུ་བཙུག་པ་དང་ཕྱིར་གཏོང་བྱས་པའི་གནས་ཚུལ་ཞིབ་ཅིང་ཕྲ་བ་ཟིན་ཐོར་འབྲི་དགོས།

6.གཟན་ཆག་སྤེལ་སྦྱོར་བྱེད་པ་ནི་ལག་རྩལ་པས་དོན་དངོས་གནས་ཚུལ་གཞིར་བཟུང་སྟེ་སྦྱོར་བཟོ་དང་བསྲེས་སྡོན་བྱ་དགོས།

7.སྦྱོར་བཟོ་ཁང་དང་སྲུབ་དཀྲུག་འཕྲུལ་འཁོར། ལོ་བྱད་བཅས་ཀྱི་གཙང་སྦྲ་རྒྱུན་འཁྱོངས་བྱས་ཏེ་དུས་ངེས་མེད་དུ་དུག་སེལ་བྱེད་པ་དང་། སྦྱོར་བཟོ་ཁང་དུ་གནོད་ལྡན་དངོས་རྫས་འཇོག་པ་གཏན་འགོག་བྱ་དགོས།

ལྔ། སྐམས་གསོ་སྲེལ་ར་བའི་རིམས་འགོག་གོ་རིམ།

1.སྐམས་ཀྱི་ནད་ཡམས་འགོག་ཁབ། ①སྐམས་བེའུ་སྨྲུག་ན་ཚོད་ཉིན 21~25ཅན་ལ་ཐེངས་དང་པོར་སྐལ་ཆ 2ཀྱི་ཁབ་རྒྱག་པ་དང་། ན་ཚོད་ཉིན 60~70ཡི་སྐབས་རིམས་འགོག་ཐེངས་གཉིས་པ་སྤེལ་དགོས་ཤིང་སྐལ་ཆ 4ཡི་ཁབ་རྒྱག་དགོས། ②རྗེས་གྲབས་མོ་སྐམས་ལ་ཐེངས་དང་པོའི་སྤེལ་སྦྱོར་མ་བྱས་གོང་གི་ཉིན 30སྔབས་སྐལ་ཆ 4ཡི་ཁབ་རྒྱག་དགོས། ③བེའུ་སྐྱེ་པའི་མོ་སྐམས་ལ་བེའུ་རེ་སྐྱེས་ཏེ་ཧུ་མཚམས་གཅོད་པའི་ཉིན་དེ་གར་སྐལ་ཆ 4ཡི་ཁབ་རྒྱག་དགོས། འོན་ཀྱང་མངལ་སྦྲུམ་ཟིན་པའི་མོ་སྐམས་ལ་ཁབ་རྒྱག་མི་རུང་། ④སོན་བཀོལ་ཕོ་སྐམས་ལ་ལོ་རེའི་དཔྱིད་དུས་སུ་སྐལ་ཆ 4ཡི་ཁབ་ཐེངས་གཅིག་རྒྱག་དགོས།

2.སྐམས་ཀྱི་མེ་དབལ་དང་སློ་བའི་གཉིས་སྡེབ་འགོག་སྨན། ①སྐམས་བེའུ་

ན་ཚོད་ཉིན 60སྐབས་སྐལ་ཆ 2ཀྱི་ཁབ་རྒྱག་དགོས། ②རྗེས་གྲབས་སྐམས་ཕོ་མོ་ཚང་མར་རྒྱུད་ཐེངས་དང་པོ་སྤེལ་བའི་གོང་གི་ཉིན 30ཡི་སྐབས་སྐལ་ཆ 3ཀྱི་ཁབ་རྒྱག་དགོས། ③བེའུ་སྐྱེ་པའི་མོ་སྐམས་ལ་བེའུ་སྐྱེས་ཐེངས་རེའི་ནུ་མཚམས་གཅོད་པའི་ཉིན་དེ་གར་སྐལ་ཆ 3ཀྱི་ཁབ་རྒྱག་དགོས། ④སོན་བཀོལ་ཕོ་སྐམས་ལ་ལོ་རེའི་ཟླ 3པ་དང་ཟླ 9པར་ཁབ་ཐེངས 1རེ་རྒྱག་པ་དང་། ཐེངས་རེར་སྐལ་ཆ 3རེ་རྒྱག་དགོས།

3.སྐམས་བེའུའི་འདར་ནད་ཕལ་བའི་འགོག་ཁབ། ན་ཚོད་ཉིན 21~25ཡི་སྐབས་སྐལ་ཆ 1.5ཡི་ཁབ་རྒྱག་དགོས།

4.ཁ་ཚ་རྨིག་ཚའི་འགོག་ཁབ། ①སྐམས་བེའུ་ན་ཚོད་ཉིན 35~45ཡི་སྐབས་ཐེངས་དང་པོའི་ཁབ་ཏའོ་ཧྲིན 1རྒྱག་པ་དང་། ན་ཚོད་ཉིན 70~80ཡི་སྐབས་ཐེངས་གཉིས་པའི་འགོག་ཁབ་ཏའོ་ཧྲིན 2རྒྱག་དགོས། ②རྗེས་གྲབས་སྐམས་ལ་རྒྱུད་ཐོག་མར་སྤེལ་བའི་སྔོན་གྱི་ཉིན 20ཡི་སྐབས་ཏའོ་ཧྲིན 2རྒྱག་དགོས། ③བེའུ་སྐྱེ་པའི་མོ་སྐམས་ལ་བེའུ་མ་སྐྱེས་གོང་གི་ཉིན 45ཡི་སྐབས་ཏའོ་ཧྲིན 2རྒྱག་དགོས། ④སོན་བཀོལ་ཕོ་སྐམས་ལ་ལོ་རེའི་ཟླ 2པ་དང་ཟླ 9པ་སོ་སོར་ཁབ་ཐེངས 1རེ་རྒྱག་པ་དང་། ཐེངས་རེར་ཏའོ་ཧྲིན 2རེ་རྒྱག་དགོས།

5.སྣ་འཁྲུམ་གཉན་ཚད་འགོས་ནད་ཀྱི་འགོག་ཁབ། ①སྐམས་བེའུ་ན་ཚོད་ཉིན 35ཡི་སྐབས་སུ་ཁབ་ཏའོ་ཧྲིན 2རྒྱག་དགོས། ②བེའུ་སྐྱེ་པའི་མོ་སྐམས་ལ་བེའུ་མ་སྐྱེས་གོང་གི་ཉིན 30ཡི་སྐབས་ཏའོ་ཧྲིན 2རྒྱག་དགོས། ③སོན་བཀོལ་ཕོ་སྐམས་ལ་ལོ་རེའི་ཟླ 3པ་དང་ཟླ 9པ་སོ་སོར་ཁབ་ཐེངས 1རེ་རྒྱག་པ་དང་། ཐེངས་རེར་ཏའོ་ཧྲིན 2རྒྱག་དགོས།

6.དུག་སྦྱིན་ཀླུམ་ཕྲེང་ཅན་གྱི་འགོག་ཁབ། ①སྐམས་བེའུ་ན་ཚོད་ཉིན 7གྱི་སྐབས་སྐལ་ཆ 1.5ཡི་ཁབ་རྒྱག་དགོས། ན་ཚོད་ཉིན 70ཡི་སྐབས་ཡང་བསྐྱར

སྐལ་ཆ 2གྱི་ཁབ་རྒྱག་དགོས། ②བེའུ་སྐྱེ་པའི་མོ་སྐམས་དང་སོན་བཀོལ་ཕོ་སྐམས་ལ་ལོ་རེའི་ཟླ 3པ་དང་ཟླ 9པ་སོ་སོར་ཁབ་ཐེངས 1རེ་རྒྱག་པ་དང་། ཐེངས་རེར་སྐལ་ཆ 2རེ་རྒྱག་དགོས།

7.ཁ་དབྱིབས་ཀླད་པའི་གཉན་ཚད་དང་ཕྲ་ཆུང་ནད་དུག་གི་གཉིས་སྡེབ་འགོག་ཁབ། ①རྗེས་གྲབས་སོན་བཀོལ་སྐམས་ལ་རྒྱུད་ཐོག་མ་སྤེལ་བའི་སྔོན་གྱི་ཉིན 15དང་ཉིན 30ཡི་སྐབས་སོ་སོར་ཁབ་ཐེངས 1རེ་རྒྱག་པ་དང་། ཐེངས་རེར་ཧ་འོ་ཧྲིན 2རེ་རྒྱག་དགོས། ②བེའུ་སྐྱེ་པའི་མོ་སྐམས་ལ་སྐྱེས་རྗེས་ཉིན 20ཡི་སྐབས་ཁབ་ཐེངས 1ལ་ཧ་འོ་ཧྲིན 2རྒྱག་དགོས། ③བེའུ་སྐྱེ་པའི་མོ་སྐམས་དང་སོན་བཀོལ་ཕོ་སྐམས་ལ་ལོ་རེའི་ཟླ 3པ་དང་ཟླ 9པ་སོ་སོར་ཁབ་ཐེངས 1རེ་རྒྱག་པ་དང་། ཐེངས་རེར་ཧ་འོ་ཧྲིན 2རེ་རྒྱག་དགོས།

8.ཁྲི་སྨྱོན་གྱི་ནད་རྫུན་མའི་འགོག་ཁབ། ①རྗེས་གྲབས་སྐམས་ལ་རྒྱུད་ཐོག་མ་སྤེལ་བའི་སྔོན་གྱི་ཟླ 1 ~2ཀྱི་སྐབས་སོ་སོར་རིམས་འགོག་ཁབ་ཐེངས 1རེ་རྒྱག་དགོས། ②བེའུ་སྐྱེ་པའི་མོ་སྐམས་ལ་བེའུ་མ་སྐྱེས་གོང་གི་ཉིན 30སྐབས་ཁབ་ཐེངས 1རྒྱག་དགོས། ③སོན་བཀོལ་ཕོ་སྐམས་ལ་དཔྱིད་དུས་དང་སྟོན་དུས་སོ་སོར་ཁབ་ཐེངས 1རེ་རྒྱག་དགོས།

དྲུག　བཙོངས་རྗེས་ཕྱིར་འཚམས་འདྲི་བྱེད་པའི་ལམ་ལུགས།

1.ནང་ཁུལ་གྱི་གསོ་སྐྱེལ་ལག་རྩལ་སྐོར་གྱི་རྒྱུ་ཆ་དང་འོད་སྡེར་སོགས་འབུལ་བ།

2.སྐམས་ཕྱིར་བཙོངས་རྗེས་རྗེས་སྙེག་ཞབས་ཞུ་བྱེད་པ་དང་། ཚོང་མགྲོན་གྱི་དོགས་གནད་ཅན་གྱི་དྲི་བ་སྣ་ཚོགས་ལ་འགྲེལ་བཤད་བྱས་ཏེ་ཚོང་མགྲོན་གྱི་དགོས་མཁོ་མི་འདྲ་བ་སྐོང་དགོས།

3.ཁ་པར་དང་དྲ་བ། སྒོ་ནང་དུ་འགྲོ་བ་སོགས་ཀྱི་བྱེད་ཐབས་སྤྱད་དེ་དུས་

ངེས་གཏན་དང་ངེས་གཏན་མ་ཡིན་པར་ཕྱིར་འཚམས་འདྲི་བྱས་ཏེ་བཙོངས་ཟིན་པའི་སྐམས་ཀྱི་བདེ་ཐང་གནས་ཚུལ་དང་འཕྲོད་པའི་གནས་ཚུལ་སོགས་ལ་རྒྱུས་ཡོན་བྱེད་པ་མ་ཟད། ཚོང་མགྲོན་གྱི་དགོས་འདུན་ལྟར་དེ་མཐུན་གྱི་ལག་རྩལ་འདྲི་རྟོག་དང་ཞབས་ཞུ་མཛུབ་སྟོན་བྱ་དགོས།

དེ་ལས་གཞན། ར་བ་སོ་སོས་གསོ་སྐྱེལ་གྱི་གཞི་ཁྱོན་དང་དོན་དངོས་ཀྱི་ཐོན་སྐྱེད་གནས་ཚུལ་གཞིར་བཟུང་སྟེ་ལུགས་མཐུན་གྱི་སྐམས་གསོ་ཚགས་དོ་དམ་ལམ་ལུགས་དང་ལག་རྩལ་སྒྲིག་སྲོལ། ངལ་རྩོལ་དུས་བཅད། མི་སྣའི་གྲུབ་འབྲས་པན་ནུས་ཀྱི་དཔྱད་ཞིབ་དང་ཡིག་ཚགས་དོ་དམ་ལམ་ལུགས། ར་བའི་ནང་གི་དངོས་རྫས་དང་རྒྱུ་ནོར་དོ་དམ་ལམ་ལུགས། ཉིན་རྒྱུན་བྱ་བའི་སྒྲིག་སྲོལ་ལམ་ལུགས་སོགས་ལ་དགོས་པའི་ཐོན་སྐྱེད་བདག་གཉེར་དོ་དམ་ལམ་ལུགས་གཞན་དག་གཏན་འབེབས་བྱ་དགོས།

བདུན། བཤང་གཅིའི་བཙོག་པ་ཐག་གཅོད་པ།

བཤང་གཅིའི་བཙོག་པ་ཐག་གཅོད་པ་ནི་འབྲེལ་ཡོད་དགོས་འདུན་ལྟར་གནོད་མེད་ཅན་དུ་ཐག་གཅོད་བྱ་དགོས།

1.སྤྱི་ཡོངས་རང་འགུལ་སྒྲོམ་བསྐྱུ་རུབ་བྱེད་པ། དེ་ལ་ཆུས་བཤལ་བའི་ཚུལ་དང་གཞོག་འབྲད་བྱེད་པའི་ཚུལ་གཉིས་ཡོད་ཅིང་། ཙུང་སྤྱོད་ཤན་ཆེ་བ་ནི་གཞོག་འབྲད་བྱེད་པའི་ཚུལ་ཡིན།

2.ཐོན་ཁུངས་གང་ལེགས་ཀྱིས་བེད་སྤྱོད་པ། ཐད་ཀར་ཕྱིར་ཞིང་ཁར་སློག་པ་དང་སྐྱེ་ལྡན་ལུད་བཟོ་བ། རྫབ་རླངས་ཀྱིས་སློག་འདོན་པ་བཅས་འདུ་བ་ཡིན། རྫབ་རླངས་ཀྱིས་སློག་འདོན་པ་འདོན་སྤེལ་བྱེད་པར་མཚོན་ན། དང་ཐོག་གི་མ་རྩ་འཛུགས་པ་མཐོ་ན་ཡང་འཁོར་རྒྱུག་བྱེད་པའི་འགྲོ་གྲོན་དམའ་བ་མ་ཟད། མ་མཐའ་ཡང་གསོ་སྐྱེལ་ར་བའི་སློག་བཀོལ་བ་རང་མཁོ་རང་སྤྲོད་བྱེད་པར་ཁག

ཐེག་བྱ་ཐུབ་པ་ཡིན།

3.སྲ་གཟུགས་དང་གཤེར་གཟུགས་ནུས་ལྡན་གྱིས་སོ་སོར་དབྲལ་བ། འཁོར་རྒྱུག་གི་མ་རྩ་ཤིན་ཏུ་དམའ་བའི་ཁོ EAམངའ་འོག་གི HOULEཀྱང་ཟེའི་འཁོར་ལོ 3མམ 5ཅན་གྱི་འགྲིལ་གནོན་འཕྲུལ་འཁོར་བཀོལ་བར་འོས་སྦྱོར་བྱས་པ་ཡིན། གཤེར་གཟུགས་ཀྱི་ཁག་ཆུར་བསྲེས་རྗེས་ས་ཞིང་ནང་འདྲེན་པ་དང་། སྲ་གཟུགས་ཀྱི་ཁག་གིས་མལ་སྔོན་གྱི་རྒྱུ་ཆའམ་བཟོ་སྐྲུན་རྒྱུ་ཆ། ཤོག་བུ་བཅས་བཟོ་བ་དང་། ཕྱིར་ས་ཞིང་སྟེང་གཏོར་ཀྱང་ཆོག་པ་ཡིན།

4.བཙོག་ཆུ་ཡི་མཇུག་མཐའི་ཐག་གཅོད། བྱེད་ཐབས་སྣ་ཚོགས་སྤྱད་དེ་བཙོག་ཆུའི CODནི་ཆེས་ཐོག་མའི 30000 ~50000དེ 400 ~1000ལ་མར་ཕབ་རྗེས་གྲོང་ཁྱེར་གྱི་སྦུབས་དྲ་ནང་འཛུག་པ་ཡིན་ཞིང་། ཡང་ན་ལྷུ་མཐུད་ཐག་གཅོད་བྱས་ནས་བཏང་ཆུ་གཙང་མ་འབྱུང་དུ་འཇུག་པ་ཡིན།

མདོར་ན། ནོར་གསོ་རའི་བཤང་གཅིའི་བཙོག་པ་དེ་བརྒྱུད་རིམ་ལྡན་པའི་ངང་ཐག་གཅོད་བྱས་ན་ད་གཟོད་སྔར་ལས་ལེགས་པར་གཞི་ཁྱོན་ཅན་གྱི་སྐམས་གསོ་སྐྱེལ་ར་བ་མངོན་འགྱུར་བྱེད་ཐུབ་པ་ཡིན།

ལེའུ་དགུ་པ། སྐམས་ཀྱི་རིམས་འགོག་ལུས་ཁམས་བདེ་སྲུང་།

ས་བཅད་དང་པོ། རིམས་འགོག་ལུས་ཁམས་བདེ་སྲུང་གི་བྱེད་ཐབས་དང་ལམ་ལུགས།

སྐམས་ཀྱི་རིམས་འགོག་ལུས་ཁམས་བདེ་སྲུང་ནི་མོ་ཟོག་རྒྱུད་སྤེལ་བ་ནས་སྒྲིམ་ལོངས་ནོར་ཚོན་གསོ་བར་དུ་དགོས་པ་སྟེ། གནད་འགག་སོ་སོ་ཡོངས་ལ···མེད་དུ་མི་རུང་ཞིང་། གནད་འགག་སོ་སོ་ཚང་མར་སྐྱོན་ཆ་ཡོད་མི་རུང་།

གཅིག རིམས་འགོག་ལུས་ཁམས་བདེ་སྲུང་གི་རྩ་བའི་བྱེད་ཐབས།

1.ལུགས་མཐུན་གྱིས་གནས་ཡུལ་འདེམས་པ་དང་བཀོད་སྒྲིག་བྱེད་པ།

2.གཏོང་འདྲེན་གྱི་འགག་སྒོ་དམ་སྲུང་བྱས་ཏེ། རིམས་འགོག་ལྟ་སྐུལ······ཤུགས་དྲག་ཏུ་གཏོང་བ།

3.ཉིན་རྒྱུན་གྱི་གསོ་ཚགས་དོ་དམ་ལེགས་པོར་བསྒྲུབ་ནས། གཟན་ཆག····གི་རྒྱུ་ཐུས་ཁག་ཐེག་བྱེད་པ།

4.གསོ་ཚགས་དོ་དམ་མི་སྣའི་ལག་རྩལ་གྱི་ཚུ་ཚད་མཐོར་འདེགས་གཏོང······བ།

5.འཕྲོད་བསྟེན་དུག་སེལ་གྱི་བྱ་བར་ཤུགས་སྣོན་པ།

6.ཚན་རིག་གི་རིམས་འགོག་གོ་རིམ་གཏན་འབེབས་བྱེད་པ།

7.དུས་ངེས་གཏན་གྱིས་འབུ་སྐྱོད་བྱེད་པ།

8.རིམས་ནད་ཀྱི་གནས་ཚུལ་ལྟ་ཞིབ་ཚད་ལེན་ལེགས་པོར་བསྒྲུབ་པ།

9.བེད་མེད་དངོས་རྫས་ཐག་གཅོད་ཀྱི་བྱ་བ་ལེགས་པོར་བསྒྲུབ་པ།

10.དོ་དམ་ལ་ཤུགས་སྣོན་པ།

གཉིས། རིམས་འགོག་ལུས་ཁམས་བདེ་སྲུང་གི་ལམ་ལུགས་འཛུགས་པ།

(གཅིག)སྒྲིམ་ལོངས་ནོར་གྱི་རིམས་ནད་གནས་ཚུལ་ལ་རྟོག་ཞིབ་བྱེད་པ།

1.ཐོན་ཡུལ་གྱི་ནད་ཡམས་གནས་ཚུལ་ལ་རྟོག་ཞིབ་བྱེད་པ། རྫོང་དང······ཡུལ་ཚོ། སྐྱེ་བ་བཅས་ཀྱི་རིམས་འགོག་སྐྱེ་ཁག་རིམ་པ་སོ་སོ་བརྒྱུད་དེ་ས་དེ་གའི···ཉེ་བའི་ལོ་ཕྱེད་ནང་གི་རིམས་ནད་ཡོད་མེད་དང་རིམས་ནད་རིགས་གང་ཡིན་པ། ནད་བྱུང་བའི་ནོར་གྱི་གྲངས་ཀ ནད་བྱུང་བའི་དུས་ཚིགས། ཤི་བའི་གྲངས་ཀ ཤི་རྗེས་ཀྱི་ཐག་གཅོད་བྱེད་ཐབས་སོགས་ལ་རྒྱུས་ལོན་བྱ་དགོས།

2.ཉོ་ཚོང་གི་ཡུལ་དངོས་ལ་ཞིབ་བཤེར་བྱེད་པ། སྒྲིམ་ལོངས་ནོར་ཉོ་ཚོང······བྱེད་ཡུལ་ལ་ཡུལ་དངོས་ཞིབ་བཤེར་བྱེད་པ། ①ནོར་གྱི་ཡི་ག ②འཛུགས་རྣམ་དང་འགྱུལ་རྣམ་གྱི་མངོན་རྟགས། ③ལུས་དྲོད་བརྟག་པ། ④འགོག་ཁབ་རིགས་སྣ་ཚོགས་བརྒྱབ་པའི་དཔང་ཡིག་དང་། དཔང་ཡིག་གི་གོ་ཆོད་པའི་དུས་ཚོད།

3.དངོས་བཤེར་ཁང་ནས་ཞིབ་བཤེར་བྱེད་པ། དགོས་ངེས་ཀྱི་དུས་སུ······དངོས་བཤེར་ཁང་ནས་ཞིབ་བཤེར་བྱེད་པ། ཞིབ་བཤེར་གྱི་ནང་དོན། ①ནོར་གྱི་ཁ་ཚ་སྨིག་ཚའི་ནད། ②འདུས་འདྲིལ་གཅོང་ནད། ③ཕུ་ལུ་པ་འབུ་ཕྲའི་ནད། ④འདུས་འདྲིལ་གཅོང་ནད་ཐལ་བ། ⑤ནོར་གྱི་གློ་ནད། ⑥ས་ནད།

(གཉིས)ནོར་ཚོན་གསོ་ར་བའི་རིམས་འགོག་བྱ་བ།

1.ནོར་གསོ་ར་བའི་སྒོ་ཆེན་ཁར་དུག་སེལ་རྫིང་བུ་བཀོད་སྒྲིག་བྱས་ཏེ་འགྲོ···

འོང་བྱེད་པའི་རླངས་འཁོར་དང་མི་སྣར་ངེས་པར་དུག་སེལ་བྱེད་པ།

2.ཆེད་སྤྱོད་ཀྱི་ཕྱུགས་ཀྱི་སྨན་ཁང་འཛུགས་པ་མ་ཟད། ནོར་ཁང་ལ་སྐོར་ཞིབ་བྱེད་པའི་ལམ་ལུགས་འཛུགས་པ།

3.ནོར་ཁང་ལ་དུས་བཅད་ལྟར་དུག་སེལ་བྱེད་པ།

4.ནོར་ནད་པའི་ནོར་ཁང་བཀོད་སྒྲིག་བྱས་ཏེ་ནོར་ནད་པ་ཤེས་རྟོགས་བྱུང་ཚེ་ཟུར་དུ་དགར་ཏེ་གསོ་བཅོས་བྱེད་པ།

5.རིམས་ནད་སྔོན་ཞུའི་ལམ་ལུགས་དང་ནོར་ནད་པའི་ཡིག་ཚགས་ལམ་ལུགས། ནོར་ནད་པའི་ཐག་གཅོད་ཐོ་འགོད་ལམ་ལུགས་འཛུགས་པ།

6.ཐོན་སྐྱེད་བྱ་ཡུལ་དུ་ལྟ་སྐོར་མི་བྱེད་པར་ཞུ་བ། དཔེར་ན་ནོར་བྲིས་དང་གཟན་ཆག་སྦྱོར་བཟོ་ཁང་སོགས་ལྟ་བུ། གལ་སྲིད་རྟོག་ཞིབ་ལྟ་སྐོར་བྱ་དགོས་ཚེ་ཚོད་འཛིན་བརྟན་ཞིག་གི་མ་ལག་བཀོལ་ཏེ་ཚབ་བྱེད་ཚོག

(གསུམ)ནང་འདྲེན་བྱས་པའི་སྒྲིམ་ལོངས་ནོར་གྱི་རིམས་འགོག་ལམ་ལུགས།

1.སྒྲིམ་ལོངས་ནོར་ཉོ་སྒྲུབ་མ་བྱས་སྔོན་དུ་ཐོན་ཁུལ་དང་སྐྱེལ་འདྲེན་ལམ་ཐིག་ཏུ་རིམས་ནད་བརྟག་དཔྱད་བྱས་ཏེ་རིམས་ནད་ཡོད་པའི་ས་ཁུལ་ནས་སྒྲིམ་ལོངས་ནོར་ཉོ་བསྒྲུ་མི་བྱེད་པ།

2.ནོར་ཚོན་གསོ་ར་བའི་གཞོགས་གཅིག་ཏུ་སྒྲིམ་ལོངས་ནོར་སྐྱེལ་འདྲེན་བྱེད་པའི་རླངས་འཁོར་ལ་དུག་སེལ་བྱེད་པའི་གནས་ཤིག་བཀོད་སྒྲིག་བྱས་ཏེ། སྒྲིམ་ལོངས་ནོར་རླངས་འཁོར་ལས་འབབས་པའི་གོང་དུ་རླངས་འཁོར་གྱི་སྟེང་དང་འཁོར་སྐམ། འཁོར་ལོ་བཅས་ལ་དུག་སེལ་དཔྱིས་ཕྱིན་པ་བྱ་དགོས།

3.སྒྲིམ་ལོངས་ནོར་རླངས་འཁོར་ལས་ཕབ་རྗེས་དེ་མ་ཐག་རིམས་ནད་ཞིབ་བཤེར་དང་ལྟ་ཞིབ། དུག་སེལ(དཔེར་ན་དུག་སེལ་སྨན་ཁུ་གཏོར་བ་དང་སྨན

ཚ་བྲན་པ། ཡང་ན་འོད་ཐོག་དུག་སེལ་བཀོལ་བ་ལྟ་བུ)བཅས་བྱ་དགོས།

4.སྒྲོམ་ཡོངས་ནོར་ནོར་གསོ་ར་བར་བསླེབས་རྗེས་ངེས་པར་ཡང་བསྐྱར་རིམས་ནད་ཞིབ་བཤེར་དང་ལྟ་ཞིབ་བྱ་དགོས་པ་དང་། སྤྱིར་བཏང་ཉིན 45ལ་ཟུར་དུ་དགར་དགོས་ཤིང་། བདེ་ཐང་ནད་མེད་ཡིན་པ་ངོས་འཛིན་གཏན་འཁེལ་བྱས་རྗེས་གཞི་ནས་ནོར་ཁང(རིམས་ནད་ཞིབ་བཤེར་བྱེད་སའི་ནོར་ཁང)ནང་སྤོར་དགོས་ལ། རིམས་ནད་ཞིབ་བཤེར་གྱི་འགག་གནད་གང་ཞིག་ལའང་སྣང་གཡེང་བྱེད་མི་རུང་།

5.སྒྲོམ་ཡོངས་ནོར་ཉོ་སྒྲུབ་བྱེད་དུས། སྒྲོམ་ཡོངས་ནོར་ཐོན་ཁུལ་ནས་རྫོང་རིམ་པ་ཡན་གྱི་རིམས་ནད་ཞིབ་བཤེར་ལས་ཁུངས་ཀྱི་རིམས་ནད་ཞིབ་བཤེར་དཔང་ཡིག་དང་རིམས་འགོག་དཔང་ཡིག རིམས་ནད་ཁྱབ་ཁུལ་མ་ཡིན་པའི་དཔང་ཡིག་བཅས་འདོན་དགོས།

(བཞི)ནོར་ནད་པའི་རིམས་ནད་སྔོན་འགོག་ལམ་ལུགས།

1.གསོ་ཚགས་མི་སྣས་ནོར་ལ་ནད་ཐོག་པ་ཤེས་མ་ཐག་འཕྲལ་དུ་ཕྱུགས་ཀྱི་སྨན་པར་སྙན་ཞུ་བྱེད་གོས། སྙན་ཞུ་བྱེད་མཁན་གྱིས་གསལ་ཞིང་དག་པའི་སྒོ་ནས་ནད་ཐོག་པའི་ནོར་གྱི་གནས་ཡུལ(ནོར་ཁང་གི་ཨང་རྟགས་དང་ནོར་བྲིས་ཀྱི་ཨང་རྟགས)དང་ནད་ཐོག་པའི་ནོར་གྱི་ཨང་རྟགས། ནད་ཀྱི་གནས་ཚུལ་སོགས་གསལ་བཤད་བྱ་དགོས།

2.ཕྱུགས་ཀྱི་སྨན་པར་སྙན་ཞུ་འབྱོར་རྗེས་དེ་མ་ཐག་ནད་ཐོག་པའི་ནོར་ལ་ནད་བརྟག་དང་ནད་བཅོས་བྱ་དགོས།

3.ནད་ཐོག་པའི་ནོར་དེ་ཟུར་དུ་དགར་དགོས་མིན་ནི་ཕྱུགས་ཀྱི་སྨན་པས་ཐ་ཚམ་ནས་བརྫར་ཤ་གཅོད་དགོས།

4.འགོས་ནད་དམ་ནད་ཀྱི་གནས་ཚུལ་ཚབས་ཆེན་བྱུང་དུས་ཕྱུགས་ཀྱི་སྨན་

པས་སྦྱར་ཏུ་ནོར་གསོ་ར་བའི་འགོ་ཁྲིད་དང་རིམ་པ་གོང་མའི་ཕྱུགས་སྨན་དོ་དམ་སྡེ་ཁག་ལ་སྙན་ཞུ་བྱེད་པ་མ་ཟད། གསོ་བཅོས་དང་ཐག་གཅོད་འཆར་གཞི་འདོན་དགོས།

(ལྔ)ནོར་ནད་པ་ཟུར་དུ་དགར་བའི་ལམ་ལུགས།

1.ནོར་ཚོན་གསོ་ར་བའི་ཟུར་དུ་ནོར་ནད་པའི་ནོར་ཁང་བཀོད་སྒྲིག་བྱ་དགོས། ནོར་ནད་པའི་ནོར་ཁང་གི་གནས་ཡུལ་ནི་ནོར་གསོ་ར་བའི་ལོ་རྒྱུན་གྱི་རླུང་རྒྱུ་ཕྱོགས་གཙོ་བོའི་མར་སྣེ་ཡིན་དགོས་ཤིང་། བདེ་ཐང་གི་ནོར་ཁང་ལ་བར་ཐག་ངེས་ཅན་ཞིག་ཡོད་དགོས་པའམ་ཀྱང་ར་ཡིས་བར་གཅོད་དགོས།

2.ནོར་ནད་པའི་ནོར་ཁང་ལ་ཆེད་གཉེར་ལས་འགན་གྱི་གསོ་ཚགས་མི་སྣ་ཡོད་དགོས། གསོ་ཚགས་མི་སྣ་དུས་རྒྱུན་བདེ་ཐང་གི་ནོར་ཁང་དུ་འགྲོ་མི་ཆོག་ཅིང་། བདེ་ཐང་ནོར་ཁང་གི་གསོ་ཚགས་མི་སྣའང་ནོར་ནད་པའི་ནོར་ཁང་དུ་འགྲོ་མི་ཆོག ནོར་ནད་པའི་ནོར་ཁང་གི་སྒྲིག་ཆས་བཀོལ་དངོས་དག་བདེ་ཐང་གི་ནོར་ཁང་དུ་འཁྱེར་བ་གཏན་འགོག་བྱ་དགོས།

3.གཞན་པའི་མི་སྣ་ནོར་ནད་པའི་ནོར་ཁང་དུ་འགྲོ་འོང་བྱས་རྗེས་ངེས་པར་ལས་གོས་དང་ཞྭ་ལྷམ་བརྗེ་ཞིང་། དུག་སེལ་བྱས་རྗེས་ད་གཟོད་བདེ་ཐང་གི་ནོར་ཁང་དུ་འགྲོ་ཆོག་པ་ཡིན།

4.ཕྱུགས་ཀྱི་སྨན་པས་ཐེངས་རེ་རེའི་གསོ་བཅོས་ལ་སྨན་བཀོལ་བའི་གནས་ཚུལ་ངེས་པར་སྨན་ཐོ་འབྲི་དགོས་པ་མ་ཟད་ཟིན་ཐོ་འགོད་པ་དང་ཉར་ཚགས་བྱ་དགོས།

5.ནོར་ནད་པ་དྲག་སྐྱིད་བྱུང་རྗེས་ཕྱུགས་ཀྱི་སྨན་པས་གནས་ཚུལ་ལྟར་བརྟག་དཔྱད་བྱས་ནས་འཐད་པ་བྱུང་ན་ད་གཟོད་ཡང་བསྐྱར་བདེ་ཐང་གི་ནོར་ཁང་དུ་ཕྱིར་བསྐྱལ་ཆོག་པ་ཡིན།

6.ནད་གྱིས་ཤི་བའི་སྐམས་དུས་ཐོག་ཏུ་ངེས་གཏན་བྱས་པའི་ས་གནས་སུ། GB16548 −1996《སྒོ་ཕྱུགས་དང་ཁྱིམ་བྱ་ནད་གྱིས་ཤི་བའི་རོ་དང་དེའི་ཐོན་རྫས་གནོད་མེད་ཅན་དུ་ཐག་གཅོད་བྱེད་པའི་སྒྲིག་སྲོལ》དང《སྲོག་ཆགས་ཀྱི་རིམས་འགོག་བཅའ་ཁྲིམས》གཞིར་བཟུང་སྟེ་མེད་པར་བཟོ་བའམ་གནོད་མེད་ཅན་དུ་ཐག་གཅོད་བྱས་ཏེ། ནད་གྱིས་ཤི་བའི་སྒོ་ཕྱུགས་དང་ཁྱིམ་བྱ་བར་ཚོང་དང་ལས་སྒྲོན་བྱེད་པ་བཀག་སྡོམ་མཐའ་གཅིག་ཏུ་བྱེད་དགོས།

(དྲུག)དུག་སེལ་ལམ་ལུགས།

སྐམས་གསོ་སྤེལ་ར་བས་རྒྱུན་དུ་དུག་སེལ་གྱི་བྱ་བ་རྒྱུན་འཁྱོངས་བྱས་ཏེ་དུས་ཐོག་ཏུ་སྐམས་གསོ་སྤེལ་ར་བའི་ནང་ཁུལ་ཁོར་ཡུག་ཁྲོད་ཀྱི་ནད་ཀྱི་འབྱུང་ཁུངས་སྐྱེ་དངོས་ཕྲ་རབ་དང་གཞན་བརྟེན་སྲིན་འབུ་རྩ་མེད་བཟོ་དགོས།

1.དུག་སེལ་སྨན་གྱི་གདམ་གསེས། མི་དང་ཕྱུགས་ཟོག མཐའ་འཁོར་གྱི་ཁོར་ཡུག་ལ་ཚུང་བདེ་འཛགས་དང་དུག་ནུས་ཀྱི་ལྷག་རོ་མེད་པ་དང་། སྒྲིག་ཆས་ལ་གཏོར་བརླག་དང་སྐམས་ཀྱི་ལུས་པོར་གནོད་ལྡན་གསོག་འཇོག་མི་ཐེབས་པའི་དུག་སེལ་སྨན་བདམ་དགོས། བདམ་བཀོལ་བྱ་ཚོག་པའི་དུག་སེལ་སྨན་ལ་སོའུ་སོན་ཡན་ཕལ་བ་དང་སྐྱི་ལྡན་ཏེན། དབྱང་བཀྲལ་ཡིས་སོན། རྡོ་ཐལ་རྗེན་པ། ཆིང་དབྱང་ན་རྫས། ཀའོ་མིན་སོན་ཙ། ལིག་སོན་ཟངས། ཙེ་ཨེར་མིའི་གསར་པ། ཆང་བཙུད་སོགས་ཡོད།

2.དུག་སེལ་བྱེད་ཐབས།

(1)སྨན་ཆུ་གཏོར་བའི་དུག་སེལ། གར་ཚད་ངེས་ཅན་གྱི་སོའུ་སོན་ཡན་ཕལ་བ་དང་དབྱང་བཀྲལ་ཡིས་སོན། སྐྱི་ལྡན་ཏེན་གྱི་མཉམ་བསྲེས་དངོས་པོ། ཙེ་ཨེར་མིའི་གསར་པ་སོགས་གཏོར་བྱེད་སྒྲིག་ཆས་བཀོལ་ཏེ་སྨན་ཆུ་གཏོར་ནས་དུག་སེལ་བྱེད་ཅིང་། གཙོ་བོར་ནོར་ཁང་གཙང་མར་བཀྲུས་ཚར་རྗེས་ཀྱི

སྨན་ཆུ་གཏོར་ནས་དུག་སེལ་བྱེད་པ་དང་ནོར་དང་བཅས་ཏེ་ཁོར་ཡུག་ལ་དུག་སེལ་བྱེད་པ། སྐམས་གསོར་བའི་བགྲོད་ལམ་དང་མཐའ་འཁོར། ར་བར་ཡོང་བའི་རླངས་འཁོར་བཅས་ལ་དུག་སེལ་བྱེད་པར་བཀོལ་བ་ཡིན།

(2)སྤང་སེམ་དུག་སེལ། གར་ཚད་ངེས་ཅན་གྱི་ཅེ་ཨེར་མིའི་གསར་པ་དང་སྐྱེ་ལྡན་ཏེན་གྱི་མཉམ་བསྲེས་དངོས་པོའི་ཆུའི་ཞུན་མ་བཀོལ་ཏེ་ལག་པ་བཀྲུ་བ་དང་ལས་གོས་སམ་འཁྱིག་ལྷམ་བཀྲུ་བ།

(3)སྨུག་ཕྱིའི་འོད་ཀྱི་དུག་སེལ། མི་སྣ་འཛུལ་སྒོ་ཁར་རྒྱུན་དུ་སྨུག་ཕྱིའི་འོད་ཀྱི་གློག་སྒྲོན་བཀར་ཏེ་འབུ་ཕྲ་གསོད་པའི་ནུས་པ་ཐོན་པར་བྱེད་དགོས།

(4)གཏོར་འགྲེམ་དུག་སེལ། ནོར་ཁང་གི་མཐའ་སྐོར་དང་འཛུལ་སྒོ་ཁ། སྐྱེ་སྟེགས་དང་ནོར་སྟེགས་ཀྱི་འོག་བཅས་སུ་རྡོ་ཐལ་རྗེན་པའམ་ཤུགས་ཆེའི་བུལ་ཏོག་གཏོར་འགྲེམ་བྱས་ཏེ་ཕྲ་སྲིན་དང་ནད་དུག་གསོད་པར་བྱེད་དགོས།

3.དུག་སེལ་ལམ་ལུགས།

(1)ཁོར་ཡུག་དུག་སེལ། ནོར་ཁང་མཐའ་སྐོར་གྱི་ཁོར་ཡུག་འགྱུལ་སྐྱོད་ར་བ་དང་བཅས་པར་གཟའ་འཁོར་རེའི་ནང 2%ཀྱི་ཤུགས་ཆེའི་བུལ་ཏོག་བཀོལ་ཏེ་དུག་སེལ་བྱེད་པའམ་རྡོ་ཐལ་རྗེན་པ་ཐེངས 1གཏོར་བ། ར་བའི་མཐའ་སྐོར་དང་ར་བ་ནང་གི་བཙོག་ཆུའི་རྫིང་བུ། བཤང་གཅི་འདོར་དོང་། ས་འོག་ཆུ་ལམ་གྱི་འབུད་སྒོ་བཅས་སུ་ཟླ་རེར་དཀར་སྦྱར་ཕྱེ་མ་བཀོལ་ནས་དུག་སེལ་ཐེངས 1བྱེད་པ། སྒོ་ཆེན་ཁ་དང་ནོར་ཁང་གི་འཛུལ་སྒོར་དུག་སེལ་རྫིང་བུ་བཀོད་སྒྲིག་བྱས་ཏེ 2%ཀྱི་ཤུགས་ཆེའི་བུལ་ཏོག་གི་ཞུན་མ་བཀོལ་ནས་དུག་སེལ་བྱེད་པ།

(2)མི་སྣ་དུག་སེལ། ལས་སྒྲུབ་མི་སྣ་ཐོན་སྐྱེད་བྱེད་ཁུལ་དུ་འཛུལ་རྗེས་ངེས་པར་ལྭ་བ་བརྗེ་པ་དང་སྨུག་ཕྱིའི་འོད་ཀྱིས་སྐར་མ 3~5ལ་དུག་སེལ་བྱེད་པ་དང་། ལས་གོས་གྱོན་ནས་ར་བའི་ཕྱི་རུ་སོང་མི་ཆོག

(3)ནོར་ཁང་དུག་སེལ། ནོར་ཁང་ནི་ནོར་སྐོར་ཐེངས་རེ་ཁ་ར་དང་ཐལ་རྡོས་གཙང་དག་དཔྱིས་ཕྱིན་པར་བྱེད་པ་དང་། དུས་བཅད་ལྟར་མཐོ་གནོན་ཆུ་མདའ་བཀོལ་ནས་བཤལ་བ་མ་ཟད། སྨན་ཆུ་གཏོར་ནས་དུག་སེལ་བྱེད་པ་དང་ཚང་ད་བདུགས་ནས་དུག་སེལ་བྱེད་དགོས།

(4)ཡོ་བྱད་དུག་སེལ། དུས་བཅད་ལྟར་གསོ་ཚགས་ཀྱི་ཡོ་བྱད་དང་ཆག་གཞོང་། གཟན་ཆག་སྐྱེལ་འཁོར་སོགས་ལ་དུག་སེལ་བྱེད་དགོས་ཤིང་། 0.1%གི་ཅེ་ཨེར་མིའི་གསར་པའམ 0.2% ~0.5%ཡི་དབྱང་བརྒྱལ་ཡིས་སོན་བཀོལ་ཏེ་དུག་སེལ་བྱེད་ཆོག ཉིན་རྒྱུན་གྱི་བཀོལ་ཆས་ཏེ་དཔེར་ན་ཕྱུགས་སྨན་གྱི་ཡོ་བྱད་དང་སྐྱེ་གཡོག་ཡོ་བྱད། རྒྱུད་སྤེལ་ཡོ་བྱད་སོགས་བཀོལ་སྤྱོད་བྱེད་པའི་སྔོན་དུ་དུག་སེལ་དང་གཙང་བཀྲུ་དཔྱིས་ཕྱིན་པ་བྱ་དགོས།

(5)སྐྱེ་གཡོག་དང་རྒྱུད་སྤེལ་བ། ཁབ་རྒྱག་པའི་གསོ་བཅོས་དང་ནོར་ལ་འབྲེལ་ཐུག་བྱེད་པའི་སྦྱོར་བ་གང་རུང་རྩོམ་པའི་སྔོན་ལ། ཐོག་མར་ནོར་གྱི་འབྲེལ་ཡོད་ཀྱི་གནས་དཔེར་ན་ནུ་མ་དང་མངལ་ལམ་གྱི་ཁ། ཁོག་སྨད་སོགས་ལ་དུག་སེལ་དང་གཙང་མར་ཕྱིས་ཏེ་སྐམས་ཀྱི་ལུས་སྲུང་བདེ་ཐང་ལ་ཁག་ཐེག་བྱ་དགོས།

(6)དུག་སེལ་རྫིང་བུ་དང་དུག་སེལ་ཁང་མིག་ནང་གི་དུག་སེལ་སྨན་ཁུ་དུས་བཅད་ལྟར་བརྗེ་བ་དང་། སྨུག་ཕྱིའི་འོད་ཀྱི་གློག་སྒྲོན་སོགས་དུག་སེལ་ཡོ་བྱད་དག་ལ་དུས་རྒྱུན་ཞིབ་བཤེར་བྱས་ཏེ་གལ་ཏེ་ཆག་སྐྱོན་བྱུང་ནས་བཀོལ་མི་ཐུབ་པའི་ཚེ་དུས་ཐོག་ཏུ་བརྗེ་དགོས།

(བདུན)གསོ་ཚགས་དང་དོ་དམ་མི་སྣའི་འགྲོད་བསྐྱེན་ལུས་ཁམས་བདེ་སྲུང་།

1.གསོ་ཚགས་དང་དོ་དམ་མི་སྣར་དུས་བཅད་ལྟར་ལུས་པོར་ཞིབ་བཤེར

བྱེད་པ།

2.ལས་གོས་སོགས་ལ་དུས་བཅད་ལྟར་དུག་སེལ་བྱེད་པ།

3.ཁྲུས་བྱེད་པར་བརྩོན་པ་དང་ལྭ་བ་བརྗེ་བར་བརྩོན་ཏེ་མི་སྒེར་གྱི་འཕྲོད་བསྟེན་ལ་ག་ཙོགས་ཆེན་བྱེད་པ།

4.གང་འདོད་དུ་རིམས་འགོག་དང་འགོས་ནད་ཞིབ་བཤེར་མ་བརྒྱུད་པའི་ཤ་བཟོས་ཟས་རིགས་ཉོས་ཏེ་ར་བ་ནང་ཁྱེར་ཡོང་ནས་བཀོལ་སྤྱོད་བྱེད་མི་རུང་བ་སྟེ། འགོས་ནད་བྱུང་སྟེ་ཁྱབ་སྤེལ་འབྱུང་བ་འགོག་བཅོས་བྱེད་པ།

(བརྒྱད)རིམས་འགོག་ཡིག་ཚགས་བཟོ་བ།

1.ནོར་ནད་པའི་ཡིག་ཚགས། ནོར་གྱི་ཨང་རྟགས་དང་ནོར་བྲིས་ཀྱི་ཨང་རྟགས། ཕོ་མོ། ལོ་ཚོད། ལུས་ཀྱི་ལྗིད་ཚད། ཐོག་མའི་ནད་དཔྱད་བྱས་པའི་ནད་མིང་། ནད་ཀྱི་གནས་ཚུལ། གསོ་བཅོས་ཀྱི་གནས་ཚུལ་བཅས་འདུ་ཞིང་། ཕྱུགས་ཀྱི་སྨན་པས་མིང་རྟགས་འགོད་པ།

2.ནད་རིགས་ཀྱི་སྨན་ཐོའི་ཡིག་ཚགས། སྨན་རྫས་ཀྱི་མིང་དང་བཟོ་གྲྭ། ཐོན་རིམ་གྱི་ཨང་གྲངས། བཀོལ་ཚད། རིན་གོང་བཅས་འདུ་ཞིང་། ཕྱུགས་ཀྱི་སྨན་པས་མིང་རྟགས་འགོད་པ།

3.ཕྱུགས་སྨན་སྨན་རྫས་ཀྱི་ཡིག་ཚགས།

4.ཤི་བའི་ནོར་གྱི་ཡིག་ཚགས། ནོར་གྱི་ཨང་རྟགས་དང་ནོར་བྲིས་ཀྱི་ཨང་རྟགས། ཕོ་མོ། ལོ་ཚོད། ལུས་ཀྱི་ལྗིད་ཚད། ཐག་གཅོད་བྱེད་ཐབས་བཅས་འདུ་ཞིང་། ཕྱུགས་ཀྱི་སྨན་པས་མིང་རྟགས་འགོད་པ།

5.རིམས་འགོག་ཡིག་ཚགས། འགོག་ཁབ་ཀྱི་མིང་དང་བཟོ་གྲྭ། ཐོན་རིམ་གྱི་ཨང་གྲངས། ཁབ་བརྒྱབ་པའི་དུས་ཚོད། སྨན་གྱི་བཀོལ་ཚད་བཅས་འདུ་ཞིང་། ཕྱུགས་ཀྱི་སྨན་པས་མིང་རྟགས་འགོད་པ།

6.དུག་སེལ་སྨན་རྫས་ཀྱི་ཡིག་ཚགས། དུག་སེལ་སྨན་རྫས་ཀྱི་མིང་དང་གར་ཚད། དུག་སེལ་བྱས་པའི་དུས་ཚོད་བཅས་འདུ་ཞིང་། ཕྱུགས་ཀྱི་སྨན་པས་མིང་རྟགས་འགོད་པ།

ས་བཅད་གཉིས་པ། ཆོན་གསོ་ནོར་གྱི་རྒྱུན་མཐོང་ནད་ཀྱི་འགོག་བཅོས།

གཅིག ཕོ་བ་མདུན་མ་ལྷོད་དལ།

གཙོ་བོར་གཟན་ཆག་བཟེ་བསྒྱུར་གྱི་བྱེད་ཐབས་མ་འགྲིག་པ་སྟེ། གཟན་ཆག་ཞིབ་མོ་མཁོ་སྤྲོད་བྱས་པ་མང་དྲགས་པའི་ཁར་ཆོན་གསོའི་དུས་སྐབས་སུ་འགུལ་སྐྱོད་བྱས་པ་མ་འདང་བ་སོགས་ཀྱི་རྐྱེན་པས། ཟོས་པ་མང་དྲགས་ཏེ་ཕོ་བར་རྫས་སྐྱོན་བཟོས་ཤིང་། ཕོ་བ་མདུན་མའི་འགུལ་སྐྱོད་ནུས་པ་ཉམ་ཞན་དུ་གྱུར་ཏེ་འཇུ་སྟོབས་ནུས་པ་རྙོག་འཁྲུག་འབྱུང་དུ་བཅུག་པ་རེད། དེ་ལས་གཞན། གཟན་ཆག་གི་རྒྱུ་སྤྲུས་མི་ལེགས་ཤིང་རླམ་ཆགས་པ་དང་འབྲུགས་པ་ཆགས་པ། དུས་ཡུན་རིང་པོར་རྩེང་ཞིང་སྲ་བ་འཇུ་དཀའ་བའི་གཟན་རྩྭ་སྟེར་གསོ་བྱས་པ། ཁོང་ནད་དང་ཕྱི་ནད་ཀྱི་ནད་རིགས་སོགས་འདི་དག་ཚང་མས་ནད་འདི་འབྱུང་བར་བྱེད་པ་ཡིན།

ནད་འདི་ཕོག་པའི་ནོར་ནི་རྣམ་རིག་ཉོབ་ཅིང་ཟས་ཀྱི་ཡི་ག་ཞན་པ། ལྡད་རྒྱག་པ་ཇེ་ཞན་ནམ་མཚམས་འཛོག་པ། ཆུ་མི་འཐུང་བ། གཅིན་ཉུང་ཞིང་མདོག་སེར་བ། སྣ་ཁུང་ནང་སྐམ་ཞིང་གས་པ། རྩ་འགག་པ་དང་རྐྱང་མ་རེས་མོས་སུ་འབྱུང་བ་ཡིན།

(གཅིག)ཕོ་འབུར་ལ་ངར་སློང་བ།

སྨོད་རྩ་ནང་ 10%ཡི་ཞོའུ་ཧྭ་ནཱ་ཧའོ་ཧྲིན 300~400དང་། 10%ཡི་ཨན་ནཱ་ཁ་ཧའོ་ཧྲིན 10~20ཡི་ཁབ་རྒྱག་པ། ཉིན་རེར་ཐེངས་ 1གམ་ཉིན་རེའི་བར་ནས་ཐེངས་ 1རེ་རྒྱག་པ།

(གཉིས)ནོར་གྱི་ཡི་ག་སླར་གསོ་བྱེད་པ།

ནང་སྙིང་བསིལ་བའི་ཚི་པི་ཁ་ཁེ 20དང་གྲོ་སྨུག་ཁེ 500 ཕབས་རྩེ་ཁེ 250 སྐྱུ་རུ་ར་ཁེ 250 བཟའ་ཚྭ་ཁེ 30བཅས་ཆུར་གདུས་ཏེ་ཐེངས་ 1གིས་ལྡུད་པ། དུས་རྒྱུན་གཟན་ཆག་ཞིབ་མོ་དང་རྩིང་པོ་ལུགས་མཐུན་གྱིས་བསྟེབ་པ་དང་། སྟེར་གསོ་བྱེད་སྐབས་དུས་ཚོད་ངེས་གཏན་དང་ཚད་ངེས་གཏན་བྱེད་པར་མཉམ་འཛོག་དགོས་ཤིང་། གཟན་ཆག་བརྗེ་བསྒྱུར་བྱེད་སྐབས་རིམ་གྱིས་བར་བརྒྱལ་བྱེད་པ་ལས་གཟན་ཆག་སྟེབ་པའི་བསྡུར་ཚད་གློ་བུར་བསྒྱུར་བའམ་གཟན་ཆག་གི་རིགས་གློ་བུར་བསྒྱུར་བ་སོགས་བྱེད་མི་རུང་།

གཉིས། ཕོ་འབྲུར་ནང་ཟས་བསགས་པ།

གཙོ་བོར་ཟོས་པ་མང་དྲགས་པ་སྟེ་གཟན་ཆག་ཞིབ་མོ་ཟོས་པ་མང་དྲགས་པའམ་ཕྱེད་སྐམ་གཟན་ཆག་སྟེར་གསོ་བྱས་པ་མང་དྲགས་ཤིང་། དེའི་ཁར་ཆུ་འཐུང་བ་མི་འདང་བ་དང་འགུལ་སྐྱོད་བྱས་པ་འང་མ་འདང་པས་ཕོ་འབྲུར་ནང་དུ་གཟན་ཆག་གསོག་པ་ཚད་ལས་བརྒལ་ཞིང་ཕོ་ངོས་ཆེར་བསྐྱེད་དེ་ཕོ་འབྲུར་འགུལ་སྐྱོད་དང་འཇུ་བ་ལ་རྐྱེན་འཕྲུག་བྱུང་དུ་བཅུག་པ་རེད།

ཕོ་འབྲུར་ནང་ཟས་བསགས་པའི་ནད་ཀྱི་གནས་ཚུལ་འཕེལ་བ་མགྱོགས་ཤིང་རྒྱུན་དུ་ཟས་ཟོས་པའི་རྗེས་སུ་དུས་ཚོད་འགའི་ནང་འབྱུང་བ་ཡིན། ནད་བྱུང་བའི་དུས་མགོར་ཟས་ཀྱི་ཡི་ག་དང་ལྡད་རྒྱག་པ། སྐྱིགས་བུ་བཅས་ཇེ་ཉུང་དུ་འགྲོ་བའམ་མཚམས་འཇོག་ཅིང་། རྐེད་པ་གུག་པ་དང་སུག་པས་ལྟོ་བར་རྡེག་པར་བྱེད་ལ་སྐབས་འགར་འཁྲུན་སྒྲ་འབྱིན་པར་བྱེད་པ་ཡིན། རྟུང་བརྟག་བྱེད

སྐབས་རྟོག་སྒྲ་ལྡན་ལ་ཉན་བརྟག་བྱས་ཚེ་ཕོ་འབུར་ནུར་འགྲུལ་བྱེད་པའི་སྒྲ་ཐོག་མར་དེ་ཞན་དུ་འགྲོ་ཞིང་རྗེས་ནས་ཡལ་བར་འགྱུར། ཚབས་ཆེན་མང་ཆེ་བ་ལུས་ཚ་ཟད་པ་དང་སྐྱུར་དུག་ཐོག་པ། ལུས་ཟུངས་ཟད་པའམ་དབུགས་འགག་ནས་ཤི་བར་འགྱུར།

ནད་འདི་གསོ་བཅོས་བྱེད་པ་ལ་ཕོ་བ་མདུན་མའི་འགྲུལ་སྐྱོད་ནུས་པ་སླར་གསོ་བྱེད་པ་དང་ཕོ་འབུར་ནང་བསགས་པའི་ཟས་ཕྱིར་ཕུད་པར་སྐུལ་འདེད་བྱས་ཏེ། ལུས་ཚ་ཟད་པ་དང་རང་ནད་རང་དུག་ཐོག་པ་འགོག་པར་བྱེད་དགོས་པ་ཡིན།

(གཅིག)སྤྱིར་བཏང་གི་ནད་ཀྱི་བྱུང་དཔེ།

ཐོག་མར་ཟས་དགག་པ་དང་ད་དུང་ཕོ་འབུར་ལ་འཕུར་མཉེད་བྱས་ཏེ་ཐེངས་རེར་སྐར་མ 5~10དང་བར་མཚམས་སྐར་མ 30རེའི་ནང་ཐེངས 1རེ་བྱེད་དགོས། ཡང་ན་ཐོག་མར་ཆུ་རྡོན་འཛམ་མང་དུ་ལྡུད་པ་དང་དེ་ནས་འཕུར་མཉེད་བྱས་ན་ཕན་ནུས་ལྷག་ཏུ་བཟང་བ་ཡིན། ཕབས་རྩིའི་ཕྱེ་མ་ཁེ 500~1000 བཀོལ་ཏེ་ཉིན་རེར་ཐེངས 2ལ་བགོས་ནས་འཐུང་དུ་བཙུག་ན་ཟས་འཇུ་བའི་བྱེད་ནུས་ཐོན་པ་ཡིན།

(གཉིས)འཇུ་བར་བྱེད་པ་དང་གྲོད་ཁོག་བཤལ་དུ་འཇུག་པ།

ལིག་སོན་མའི་ཁེ 300 ~500དང་། གཤེར་གཟུགས་ཀྱི་རྡོ་ལ་སྨུམ་ཏའོ་ཧྲིན 500~1000 རྡོ་སྣད་ཁེ 15~20 75%ཡི་ཚང་བཙུད་ཏའོ་ཧྲིན 50~100 བཅས་བཀོལ་ཏེ་ཆུ་ཏའོ་ཧྲིན 6000 ~10000བསྣན་ནས་ལྡུད་ཐེངས 1བྱེད་ཆོག་པ་ཡིན།

(གསུམ)ཕོ་འབུར་གྱི་ནུར་འགྲུལ་ལ་ངར་སློང་བ།

ཕོ་འབུར་ནང་གི་དངོས་རྫས་བཤལ་བར་གྱུར་རྗེས་ཕོ་འབུར་ནུར་འགྲུལ་ལ་ངར་སློང་བའི་སྨན་རྫས་ཏེ་དཔེར་ན 10%ཡི་སེམ་ཤུགས་ཆེ་བའི་ལོའུ་ཧྭ་ནྭ

ཏའོ་ཧྲིན 300~500བཀོལ་ནས་སྡོད་རྩ་ནང་ཁབ་རྒྱག་ཚོག ཞིན་སི་ཏེ་མིང་ཁེ 0.01~0.02ཡང་ན་སྲུ་ལྷན་སྤྱོས་དཀར་བྱུལ་ཏོག་ཁེ 0.05~0.2པགས་འོག་ཏུ་ཁབ་ཐེངས 1རྒྱག་པ།

(བཞི)ངན་རིངས་རང་བཞིན་གྱི་ཕོ་འབྲུར་ནང་ཟས་བསགས་པ།

གོང་སྨོས་ཀྱི་བཤགས་བཅོས་མ་ཡིན་པའི་གསོ་བཅོས་ཐབས་བཀོལ་བར་ཕན་ནུས་མ་བྱུང་བའི་སྐབས་སུ་མྱུར་དུ་ཕོ་འབྲུར་བཤགས་བཅོས་བྱེད་པའི་ཐབས་སྤྱད་དེ་ནང་གི་དངོས་རྫས་མང་ཆེ་བ་ཕྱིར་འདོན་པ་དང་། དགོས་ངེས་ཀྱི་སྐབས་སུ་བདེ་ཐང་གི་ནོར་གྱི་ཕོ་འབྲུར་གཤེར་ཁུ་ཚད་འོས་འཚམ་ཞིག་ནང་དུ་བཞག་ཆོག་ཅིང་། ཚང་མར་ཕན་ནུས་ལེགས་པོ་འབྱུང་ཐུབ་པ་ཡིན།

གཟན་ཆག་ཞིབ་མོ་འཕོར་ཆེན་སྐྱེར་གསོ་བྱས་ཏེ་ཆོན་གསོ་བྱེད་སྐབས་སྐྱེར་གསོའི་བསྡུར་ཚད་རིམ་གྱིས་ཇེ་ཆེར་གཏོང་བ་ལས་གོམ་གང་གིས་བསླེབ་པར་བྱེད་མི་རུང་ཞིང་། དུས་ཚོད་གཏན་འཁེལ་དང་སྐྱེར་ཚད་ངེས་གཏན་བྱེད་པ་ལས་སྐྱེར་ཚད་མང་དྲགས་མི་རུང་།

གསུམ། དོས་དྲག་གི་ཕོ་འབྲུར་དབུགས་སྦྲོས།

སྐྱུར་བསྐལ་འབྱུང་སླ་བའི་གཟན་ཆག་ཚད་ལས་བརྒལ་བ་ཐོས་ཆེ་ལུས་པོས་དབུགས་གཟུགས་བསྐུ་ལེན་དང་ཕྱིར་ཐུད་པར་བར་ཆད་བཟོ་ཞིང་། ཕོ་འབྲུར་ནང་སྐྱུར་བསྐལ་འབྱུང་དུ་བཅུག་སྟེ་དབུགས་གཟུགས་འཕོར་ཆེན་བྱུང་ནས་ཕོ་འབྲུར་དྲག་ཏུ་སྦྲོས་པར་བྱེད་པ་ཡིན།

ནད་ཕོག་པའི་ནོར་ནི་ཁོག་པ་ན་ཞིང་མི་བདེ་བ་དང་སྐལ་བ་སྒྲུར་ཞིང་ཇ་མ་གཡུག་པར་བྱེད་ལ། ཁ་ཤས་གཡོན་ཕྱོགས་ཀྱི་ལྟོ་བའི་གོང་རོལ་ཕྱིར་འབུར་ཞིང་། ཟས་ཀྱི་ཡི་ག་དང་ལྷད་རྒྱག་པ། སྐྱིགས་བུ་བྱེད་པ་བཅས་མཚམས་འཛོག་པར་བྱེད་ལ། རྡུང་བརྟག་བྱས་ཆེ་ཟ་སྐད་འབྱུང་བ་ཡིན། ཚབས་ཆེ་བ་ནི་ཁ

གདངས་ནས་དབུགས་རྒྱབ་ཅིང་ཁོམ་འགྲོས་མི་བརྟན་པ་ཡིན། གལ་ཏེ་དུས་ཐོག་ཏུ་གསོ་བཅོས་མ་བྱས་ཚེ་མྱུར་དུ་དབུགས་འགག་པའམ་སྙིང་ཁ་སྡོད་ནས་ཤི་བ་ཡིན།

(གཅིག)དབུགས་འབུད་པ།

དབུགས་སྦོས་པ་ཚབས་ཆེན་ཞེལ་སྦུབས་ཁབ་བཀོལ་ནས་གཡས་ཕྱོགས་ཀྱི་སྦོས་པ་ཆེས་མཐོ་སར་གཙུགས་ཏེ་ཕོ་འབུར་ནང་གི་དབུགས་དལ་མོར་ཕྱིར་གཏོང་དགོས།

(གཉིས)སྐྱུར་བསྐལ་འབྱུང་བ་འགོག་པ།

ཐྣན་སོན་ཆེང་ནྭ་ཁེ 50~100 ཆུ་ཁོལ་དྲོན་འཇམ་གྱིས་ལྷུད་པ་དང་། ཡང་ན་རྡོ་སྣད་ཁེ 10 ~30དང་ཆང་བཙུད་ཧའོ་ཧྲིན 30 ~40བཟོས་སྨན་དུ་བསྐྱེབས་ཏེ་ཆུ་ཧའོ་ཧྲིན 1000བསྣན་ནས་ལྷུད་དགོས།

སྐྱུར་བསྐལ་འབྱུང་སླ་བའི་གཟན་ཆག་མང་དྲགས་པ་བཟའ་བ་དང་རླམ་ཆགས་ནས་རུལ་བའི་གཟན་ཆག་བཟའ་བ་འགོག་དགོས།

བཞི། ཕོ་རྒྱུའི་གཉན་ཚད།

རུལ་བའི་གཟན་ཆག་གམ་དུག་ཅན་གྱི་གཟན་ཆག་སྟེར་གསོ་བྱས་པ་དང་། གཙང་མ་མིན་པའི་ཆུ་འཐུང་བ་སོགས་ལས་བྱུང་བ་ཡིན། དེ་ལས་གཞན་དུག་ཐོག་པ་དང་། ནད་དུག་དང་ཕྲ་སྲིན། གཞན་བརྟེན་སྲིན་འབུ་ཁ་ཤས་སོགས་ཀྱིས་ཀྱང་ནད་འདི་འབྱུང་བར་བྱེད་པ་ཡིན།

ནད་ཐོག་པའི་ཐོར་ནི་རྣམ་རིག་ཉོབ་ཅིང་ཟས་ཀྱི་ཡི་ག་འགག་པ། ལྟད་རྒྱག་པ་མཚམས་འཛོག་པ། གྲོད་ཁོག་བཤལ་བ། འབྱར་ལྒུ་དང་ཁྲག་ལྒུ་ལྡན་པའམ་རྣག་པའི་དངོས་རྫས་ཅན་གྱི་རྐྱང་མ་བཏང་བར་བྱེད་པ་ཡིན། རྒྱུ་མའི་སྒྲ་ནི་དུས་མགོར་གསལ་ཞིང་དྭངས་ལ་ལྷུགས་རིགས་ཀྱི་སྒྲ་འདྲེས་ཤིང་། དུས་དཀྱིལ་

དང་དུས་མཇུག་ཏུ་ཇེ་ཞན་ནམ་ཡལ་བར་འགྱུར་བ་དང་། རྒྱུན་མཐུད་རང་བཞིན་གྱི་གྲོད་ཁོག་དྲག་ཏུ་བཤལ་བ་འབྱུང་བ་ཡིན།

(གཅིག) ཟོ་རྒྱུ་གཙང་མར་བཟོ་བ།

རྒྱུན་དུ་གཞེར་གཟུགས་ཀྱི་རྫ་ལ་ཧ་འོ་ཧྲིན་500~1000དང་། རྫ་སྨད་ཁེ་10~30 ཆང་བཙུད་ཧ་འོ་ཧྲིན་50བཅས་བཀོལ་ཏེ་ཐེངས་1ལ་ལྡུད་པ། ཡང་ན་ནད་ཕོག་པའི་ནོར་ལ་དན་ཁྲ་སྨུམ་ཧ་འོ་ཧྲིན་500~1 000ལྡུད་དགོས།

(གཉིས) གཉན་འཛོམས་དུག་སེལ།

0.9%ཡི་ལོའུ་ཧྭ་ནཱ་ཧ་འོ་ཧྲིན་2000དང་། 25%ཡི་ཀྲུན་འབྲུམ་ཏྭགས་ཀྱི་གཞེར་ཁུ་ཧ་འོ་ཧྲིན་1000 འཚོ་རྒྱུ་Cཁེ་1~2 3%~5%ཡི་ཐན་སོན་ཆིང་ནཱའི་ཞུན་མ་ཧ་འོ་ཧྲིན་300~500 ཏན་པིང་ཏྲ་ཞིང་ཧ་འོ་ཧྲིན་250བཅས་སྦྱོད་རྩ་ནང་ཁབ་ཐེངས་1རྒྱག་པ།

(གསུམ) ཀྲུང་ལུགས་རྩི་སྨན་གྱི་བཅོས་ཐབས།

ཅིན་དབྱིན་ཧྭ་དང་རི་སྲུག་སོ་སོར་ཁེ་100དང་། ཏང་ལེན་དང་མེ་ཏོག་གི་རྟུལ། ཤིང་པད་མའི་རྩད་ཤུན། ཙུ་ཏ། གྲི་ཆའོ། ཚ་ལུ་མའི་ཤུན་པ་བཅས་སོ་སོར་ཁེ་35 ཏང་ཆེན། རམས་རྩ་དང་ཧྭུ་ལིང་སོ་སོར་ཁེ་50 ཤིང་མངར་ཁེ་25བཅས་བསྡེབས་པའི་སྨན་རྫས་ཆུར་ཐེངས་2ལ་འཚོད་པ་དང་། དེ་རྗེས་ཐེངས་1ལ་ལྡུད་པ་དང་ཉིན་རེར་སྨན་ཐེངས་1རེ་ལྡུད་དགོས། སྤྱིར་བཏང་བསྟུད་མར་ཉིན་3ལ་བཀོལ་ཆེ་ནད་ཕོག་པའི་ནོར་རིམ་གྱིས་བདེ་ཐང་སླར་གསོ་འབྱུང་བ་ཡིན།

དུས་རྒྱུན་དུས་ཚོད་ངེས་གཏན་དང་ཚད་ངེས་གཏན་གྱིས་ནོར་ལ་གཟན་ཆག་སྟེར་གསོ་བྱས་ཏེ་ལྷམ་ཆགས་ནས་ཀུལ་བར་གྱུར་པའི་གཟན་ཆག་སྟེར་གསོ་བྱེད་པ་འགོག་དགོས་ལ། བཏུང་ཆུ་འདང་ཆེམ་པ་མཁོ་སྤྲོད་བྱེད་པ་དང་ད་དུང་

བཏུང་ཆུའི་འཕྲོད་བསྟེན་ལ་དོ་སྣང་བྱ་དགོས་པ་ཡིན།

ལྔ། ཆམ་ནད།

གནམ་གཤིས་ལ་གློ་བུར་འགྱུར་ལྡོག་བྱུང་སྟེ་ལུས་པོ་འཁྱག་པ་ལས་བྱུང་བའི་དོས་དྲག་རང་བཞིན་གྱི་ལུས་ཡོངས་ལ་ཚ་དྲོད་རྒྱས་པ་ཅན་གྱི་ནད་ཀྱི་རིགས་ཞིག་ཡིན་ཞིང་། དགུན་དང་དཔྱིད་ཀྱི་དུས་ཚིགས་སུ་ཐུང་མང་པོ་མཐོང་བ་ཡིན།

ནད་ཕོག་པའི་ནོར་ནི་རྣམ་རིག་ཉོབ་ཅིང་ཟས་ཀྱི་ཡི་ག་དང་ལྷོད་རྒྱག་པ་ཇེ་ཞན་དུ་འགྲོ་བ་དང་། གྲང་རེག་མི་ཐེག་པ། རྒྱུན་དུ་གློ་ལུ་རྒྱག་པ། སྣ་ཆུ་དྭངས་མོ་བཞུར་བ། ལུས་དྲོད་མཐོན་པོར་རྒྱས་པ། སྣ་ཁུང་སྐམ་པ། འགྲོ་འགུལ་བྱེད་མི་འདོད་པ་བཅས་འབྱུང་བ་ཡིན།

(1) ཨན་ཐུང་ཉིང་ངམ་ཨན་ནའི་ཅིན་ཏའོ་ཧྲིན་ 40 ~50ཤ་གནད་དུ་ཁབ་རྒྱག་པ།

(2) ཅི་སུའུ་ཡེ་ཁེ 200དང་སྣ་སྔོན་ཁེ 100 ཅོང་རྡོག་ཁེ 100བཅས་སིལ་བུར་བརྡུངས་ནས་ཆུ་ཁོལ་ནང་སྦངས་ཏེ་དྲོན་འཇམ་དུ་གྱུར་རྗེས་ལྡུད་དགོས། ཡང་ན་བྱི་རུག་དང་ཏང་ཀུན་དཀར་པོ། སོ་ལོ་བཅས་སོ་སོར་ཁེ 30རེ་དང་། སྦྲུ་ནག་དང་ཧུའུ་ཧུ། ཁྲའི་ཧུའུ། ཆན་ཧུའུ། གྲི་ཚའོ་བཅས་སོ་སོར་ཁེ 25རེ། སྒྲུ་ཤིང་ཁེ 45 ཁྲོན་ཞུང་ཁེ 20 ཤིང་མངར་ཁེ 15བཅས་མཉམ་དུ་ཞིབ་བུར་བཏགས་ནས་ཆུ་ཁོལ་ནང་སྦངས་ཏེ་དྲོན་འཇམ་དུ་གྱུར་རྗེས་ལྡུད་དགོས།

དོ་དམ་ཁྲིད་གནམ་གཤིས་ཀྱི་འགྱུར་ལྡོག་ལ་མཉམ་འཇོག་དགོས་ཤིང་། དྲོད་སྲུང་དང་ཚ་བ་འགོག་པ་ལའང་མཉམ་འཇོག་དགོས།

དྲུག གཅིན་རྒྱུའི་དུག་ཕོག་པ།

གཅིན་རྒྱུ་སྐྱེར་གསོ་བྱས་པ་ཚད་ལས་བརྒལ་བའམ་སྐྱེར་གསོ་བྱེད་ཐབས་མ་འགྲིག་པ། ཡང་ན་ཟས་ནོར་ཐེབས་ནས་འཕོར་ཆེན་ཟོས་པས་ཕོ་འཕུར་ནང་

གཅིན་རྒྱུའི་གར་ཚད་མཐོ་དྲགས་པ་དང་། དབྱེ་ཕྲལ་བྱས་པ་མགྱོགས་དྲགས་པ······ལས་དུག་ཐོག་ཏུ་བརྟུག་པ་རེད།

སྤྱིར་བཏང་དུ་དུག་ཐོག་པ་དེ་གཅིན་རྒྱུ་ཟོས་རྗེས་ཀྱི་སྐར་མ 15~20ནང་འབྱུང་བ་དང་། མངོན་རྟགས་ནི་ལྷོད་རྒྱུག་པ་མཚམས་འཛོག་པ་དང་ལྡོད་ལ་མི་འབབ་པ། ཤ་གནད་རེངས་འཁྲུམ་འབྱུང་བ་ཡིན། སྐར་མ 30~40ཡི་རྗེས་ནས་ཁོམ་འཁྲོས་མི་བརྟན་པ་དང་ཡར་འཁྱེང་དཀའ་བ་མ་ཟད། དེ་དང་འགྲོགས····ཏེ་ད་དུང་མཆིལ་མ་བཞུར་བ་དང་ཁ་ནང་ནས་ལྦུ་བ་དཀར་པོ་འཕྱུར་བར་བྱེད་པ་ཡིན། དུས་མཚུག་ཏུ་མིག་གི་ཉེ་ཁྲམ་པ་དང་བཤང་སྣ་ལྡོད་པ། ལུས་དྲོད་མར···ཆག་པ་སོགས་ཀྱི་ནད་རྟགས་འབྱུང་བ་ཡིན་ཞིང་། འདིའི་སྐབས་སུ་གལ་ཏེ་དུས་ཐོག་ཏུ་གསོ་བཅོས་བྱེད་མ་ཐུབ་ཚེ་དུས་ཚོད 2~3ཀྱི་རྗེས་ནས་ཤི་བར་འགྱུར་ལ། ཤི་ཚད 80%ལ་བསླེབ་པ་ཡིན།

(གཅིག)གཅིན་རྒྱུ་སྐམས་སྦྱོར་དང་ཨེམ་དབྱེ་ཕྲལ་བྱེད་པ།

1% ~2%ཀྱི་ཚྭའུ་སྐྱུར་ཞུན་མ་ཧྥའོ་ཧྲིན 1000 ~2000ལྡུད་པའམ་ཡང་ན་བཟའ་ཚྭའུ་ཧྥའོ་ཧྲིན 500དང་ཀ་ར་དཀར་པོ་ཁ 500ཆུ་དྲོན་འཛམ་ཧྥའོ་ཧྲིན 2000ནང་བསྲེས་ཏེ་ཐེངས 1གིས་ལྡུད་དགོས།

(གཉིས)ཕོ་འབུར་སྦོས་པ་འགོག་པ།

5%ཡི་ཐླན་སོན་ཆེང་ནྭ་ཞུན་མ་ཧྥའོ་ཧྲིན 500སྨོད་རྩ་ནང་ཁབ་རྒྱག་པ། 3%~5%ཡི་རྫི་ལ་ཞུན་མ་ལྡུད་པ། ཚབས་ཆེ་བའི་སྐབས་སུ་ཕོ་འབུར་ལ་གཏར་ཁ་གཙགས་ཏེ་དབུགས་གཏོང་དགོས།

(གསུམ)སྙིང་ཤུགས་གསོ་བ་དང་ལུས་ཆུ་ནུས་ཚད་ཁ་གསབ་བྱེད་པ།

10% ~25%ཡི་རྒྱུན་འབྲུམ་རྡུགས་གཤེར་ཁུ་ཧྥའོ་ཧྲིན 1000 ~2000དང་། 10%ཡི་ཨན་ནྭ་ཁ་ཧྥའོ་ཧྲིན 10ཐེངས 1གིས་སྨོད་རྩ་ནང་ཁབ་རྒྱག་པ།

གཅིན་རྒྱ་ལ་ཉར་ཚགས་དོ་དམ་བྱས་ཏེ་ནོར་གྱིས་སློག་ཏུ་བཟའ་བ་འགོག་པ། ནོར་ལ་སྙིར་གསོ་བྱེད་སྐབས་བཀོལ་ཚད་གཟབ་ནན་གྱིས་ཚོད་འཛིན་བྱེད་དགོས་ཤིང་། ད་དུང་ཆུར་ཞུ་རྗེས་གཟན་ཆག་གཞན་པའི་ནང་སྨྱོམས་པོར་གཏོར་ཏེ་སྤྱོད་དགོས། སྙིར་གསོའི་བྱེད་ཐབས་ཡང་དག་ཡིན་དགོས་པ་ཏེ་སྙིར་ཚད་རིམ་གྱིས་སྣོན་པའི་བྱེད་ཐབས་སྤྱོད་དགོས། དེའི་མཚུངས་སུ་ད་དུང་སྐམས་ཀྱིས་གཅིན་རྒྱ་ཟོས་རྗེས་དུས་ཚོད་0.5ནང་དུ་ཆུ་འཐུང་བ་གཏན་འགོག་བྱ་དགོས།

ས་བཅད་གསུམ་པ། འགོས་ནད་བྱུང་བའི་ནོར་གྱི་ཐག་གཅོད།

སྐམས་གསོ་ར་བར་རིམས་ནད་བྱུང་བའམ་རིམས་ནད་བྱུང་བར་དོགས་པའི་སྐབས་སུ། 《ཀྲུང་ཧྭ་མི་དམངས་སྤྱི་མཐུན་རྒྱལ་ཁབ་ཀྱི་སྲོག་ཆགས་ཀྱི་རིམས་འགོག་བཅའ་ཁྲིམས》གཞིར་བཟུང་སྟེ་དུས་ཐོག་ཏུ་གཤམ་གྱི་བྱེད་ཐབས་སྤྱོད་པ་སྟེ། ར་བར་སྡོད་པའི་ཕྱུགས་ཀྱི་སྨན་པས་དུས་ཐོག་ཏུ་ནད་བརྟག་བྱེད་པ་མ་ཟད་ས་དེ་གའི་ཕྱུགས་ལས་སྨན་བཅོས་དོ་དམ་སྡེ་ཁག་ལ་རིམས་ནད་ཀྱི་གནས་ཚུལ་སྙན་སེང་ཞུ་དགོས། ཁ་ཚ་རྨིག་ཚ་དང་གོར་ནད། སྐམས་ཀྱི་བྲང་སྐྱིའི་གློ་བའི་གཉན་ཚད་ཀྱི་འགོས་ནད་བཅས་གང་རུང་བྱུང་བ་ནད་གཞི་གཏན་འཁེལ་བྱུང་བའི་དུས་སུ་སྐམས་གསོ་ར་བས་ས་དེ་གའི་ཕྱུགས་ལས་སྨན་བཅོས་དོ་དམ་སྡེ་ཁག་ལ་གཞོགས་འདེགས་བྱས་ཏེ། ནོར་ཕྲུ་ལ་གཟབ་ནན་གྱིས་ཟུར་དུ་དགར་བ་དང་བསད་ནས་མེད་པར་གཏོང་བ་ལག་བསྟར་བྱེད་དགོས། ན་ཚེ་སྔོན་པོར་འགྱུར་བའི་ནད་དང་ནོར་གྱི་ཁྲག་ཐོན་ནད། འདུས་འདྲིལ་གཅོང་ནད། ཕུ་ལུ་པ་འབུ་ཕྲའི་ནད་སོགས་བྱུང་སྐབས་ནོར་ཕྲུ་གཙང་བཤེར་དང་གཙང་མ་བཟོ་བའི་བྱེད་

ཐབས་ལག་བསྟར་བྱས་ཏེ་ཞོའི་རང་བཞིན་ཅན་གྱི་སྐམས་བསད་ནས་མེད་པར་གཏོང་དགོས། རབ་གང་བོར་གཙང་འཁྲུད་དང་དུག་སེལ་མཐིལ་ཕྱིན་པ་བྱས་ཏེ་ནད་ཀྱིས་ཤི་བའམ་ཕྱིར་འབུད་བྱས་པའི་ནོར་གྱི་པེམ་རོ《སྒོ་ཕྱུགས་དང་ཁྱིམ་བྱ་ནད་ཀྱིས་ཤི་བའི་རོ་དང་དེའི་ཐོན་རྫས་གནོད་མེད་ཅན་དུ་ཐག་གཅོད་བྱེད་པའི་སྒྲིག་སྲོལ》GB16548 ལྟར་གནོད་པ་མེད་པར་ཐག་གཅོད་བྱེད་དགོས་ཤིང་། དུག་སེལ་ནི《སྒོ་ཕྱུགས་དང་ཁྱིམ་བྱའི་ཐོན་རྫས་དུག་སེལ་བྱེད་པའི་སྒྲིག་སྲོལ》(GB/16569)ལྟར་སྤེལ་དགོས།

ཟུར་ལྟའི་དཔྱད་གཞི།

[1]ལི་ཙུས་ཚའེ། ཀྲང་ཁྲུན་ཀྲེན། ནུས་ཆེའི་སྨན་མས་གསོ་སྤྱོལ་གྱི་ཉེར་སྤྱོད་ལག···རྩལ། [M] པེ་ཅིང་། ཚན་རིག་ལག་རྩལ་གྱི་ཚོད་ལྡན་ཡིག་ཚང་དཔེ་སྐྲུན་ཁང་། 2010

[2]རྡོའུ་ཧྲང་ལིའང་། ནོར་གྱི་རྒྱུད་སྤྱོལ་དང་ལེགས་བསྒྱུར་གྱི་ལག་རྩལ་གསར་པ། [M] པེ་ཅིང་། ཀྲུང་གོའི་ཞིང་ལས་དཔེ་སྐྲུན་ཁང་། 2005

[3]དབྱང་ཙེ་ལིན། སྨན་མས་ཆོན་གསོ་དང་ནད་རིགས་འགོག་བཅོས། [M] པེ་ཅིང་། ཅིན་ཏུན་དཔེ་སྐྲུན་ཁང་། 2010

[4]མཚོ་སྔོན་ཞིང་ཆེན་ཕྱུགས་ལས་སྤྱི་ཁྱབ་ས་ཚོགས། ནོར་ལུག་ཆོན་གསོ་ལག་རྩལ། [M] མཚོ་སྔོན། མཚོ་སྔོན་མི་དམངས་དཔེ་སྐྲུན་ཁང་། 2010

[5]ཅང་ཏུང་མའོ། སྨན་མས་སྨུར་གསོ་བེད་སྤྱོད་ལག་རྩལ། [M] པེ་ཅིང་། ཅིན་ཏུན་དཔེ་སྐྲུན་ཁང་། 2009